Gerhard Haux

# Tauchtechnik

Band II

Springer-Verlag Berlin Heidelberg GmbH 1970

Gerhard Haux
Oberingenieur
24 Lübeck

Mit 238 Bildern



© Springer-Verlag Berlin Heidelberg 1970
Ursprünglich erschienen bei Springer-Verlag Berlin Heidelberg New York 1970
Softcover reprint of the hardcover 1st edition 1970

ISBN 978-3-642-88353-8          ISBN 978-3-642-88352-1 (eBook)
DOI 10.1007/978-3-642-88352-1

Library of Congress Catalog Card Number 79-99015



Titel-Nr. 1628

# INHALT

# I. Tauchsimulatoren



# K. Tauchkammern, Taucherglocken, Beobachtungskammern, Rettungskammern

# L. Tieftauchanlagen



# M. Bemannte Unterwasserstationen

## N. Ausschleussysteme an Tauchbooten



## O. Versorgungseinrichtungen

## P. Ausbildungs- und Testeinrichtungen



## Q. Technische Daten, Ersteinsätze und Einsatztiefen von bemannten Unterwasserstationen

# H. Druckkammern für Taucherei, Forschung und Geräteprüfungen

## 1. Allgemeines

Die Verwendung von Überdruckkammern zur Behandlung erkrankter Taucher ist seit Jahrzehnten üblich. Von den transportablen Teleskopkammern über die starren Einmannkammern für den Hubschraubertransport bis hin zu den mehrschleusigen, begehbaren Großkammern erstreckt sich ein weites Gebiet mit vielen Variationsmöglichkeiten.

Durch die Abgrenzung der Konstruktionen auf bestimmte Einsatzgebiete unterscheiden sich die Druckkammern nicht nur in Größe, Form und Raumaufteilung, sondern auch in bezug auf Betriebsdruck und verwendeten Werkstoff.

Zur Durchführung von Tierversuchen, die regelmäßig zur Grundlagenforschung in der Überdrucktechnik gemacht werden, sind Kammern im Gebrauch, die speziell auf die zu untersuchende Tiergattung zugeschnitten sind; es sind Kammern im Einsatz, die sich sowohl für Land- als auch für Wassertiere eignen. Häufig sind solche Kammern mit Fütterungseinrichtungen und Vorrichtungen zur Exkrementenabfuhr eingerichtet, um Langzeitversuche unter optimalen Bedingungen durchführen zu können.

Anlagen, die größenordnungsmäßig mit den Tierversuchskammern vergleichbar sind, werden auch für die Überprüfung von Geräten und Werkstoffen eingesetzt. Neben einer eingehenden Beschreibung der verschiedenen Kammermodelle werden auch Baugruppen und Einzelbauelemente einer kritischen Betrachtung unterzogen.

## 2. Überblick über die Bauformen

Die Druckkammern unterscheiden sich in ihren Abmessungen erheblich. Das Bild 1 zeigt schematisch den Größenvergleich der heute hauptsächlich verwendeten Druckkammermodelle. Obwohl in besonderen Kapiteln behandelt, werden zur besseren Übersicht eine Tauchkammer und ein Tauchsimulator in den Größenvergleich aufgenommen. Das gleiche gilt für die Größenstufung sowie den Gewichts- und Betriebsdruckvergleich.

Eine Abgrenzung der einzelnen Bauformen ist nach der Anlagengröße gut möglich. Die Kammern lassen sich in das folgende Schema einordnen, wobei sie von klein nach groß abgestuft sind:

I.    Druckkammern für Tierversuche, Werkstoffuntersuchungen und Geräteprüfungen

II.    Transportable Druckkammern (Einmannkammern)

III.    Tauchkammern

IV.    Stationäre Druckkammern (für mehrere Personen)

V.    Tauchsimulatoren

Sehr anschaulich zeigt das Bild 1 die enormen Größenunterschiede, mit denen sich der Konstrukteur beim Entwurf, beim Bau und der Benutzer beim Einsatz dieser Einrichtungen auseinanderzusetzen hat. Während die kleinsten Kammern für Tierversuche die bescheidene Länge von wenigen Dezimetern haben, beträgt die Länge von Tauchsimulatoren bis zu 10 m und mehr.

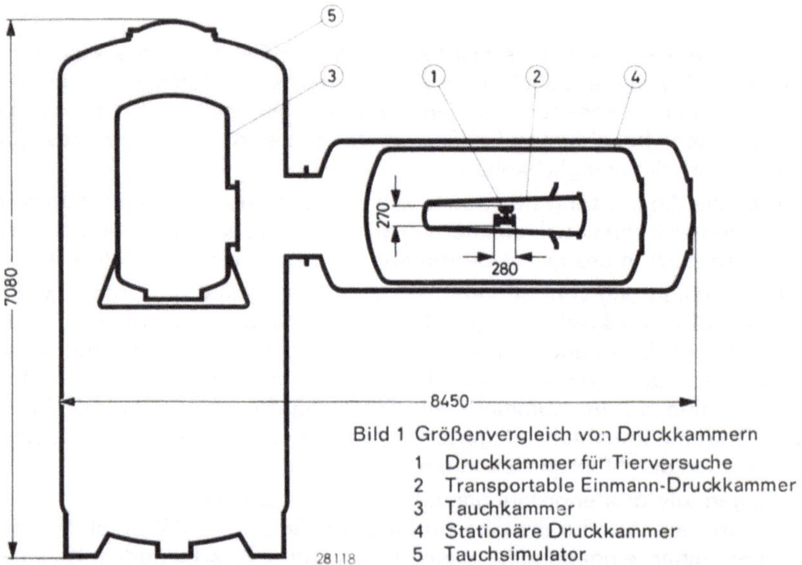


Bild 1 Größenvergleich von Druckkammern
1   Druckkammer für Tierversuche
2   Transportable Einmann-Druckkammer
3   Tauchkammer
4   Stationäre Druckkammer
5   Tauchsimulator

Ebenso wie die Abmessungen sind auch die Gewichte außerordentlich verschieden. Sie werden nicht nur von der Baugröße bestimmt, sondern auch Faktoren wie Betriebsdruck, Werkstoff, Einsatzort, Größe der verlangten Berechnungssicherheit und andere Dinge mehr können eine ausschlaggebende Rolle spielen.

Eine Übersicht läßt in etwa die Größenordnungen, mit denen zu rechnen ist, erkennen:

| | | |
|---|---|---|
| Druckkammern für Tierversuche und Werkstoffprüfungen | 20 — | 2 000 kg |
| Transportable Druckkammern (Einmannkammern) | 70 — | 140 kg |
| Stationäre Druckkammern (für mehrere Personen) | 1 500 — | 5 000 kg |
| Tauchkammern (einschl. Ballast) | 3 000 — | 7 000 kg |
| Tauchsimulatoren | 10 000 — | 50 000 kg |

Das Gewicht der Kammerkörper wird, wie schon angedeutet, im wesentlichen vom Betriebsdruck, Kammer-Innendurchmesser und Werkstoff bestimmt.

In dem Diagramm (Bild 2) zeigen die Kurven die Abhängigkeit der Manteldicke vom Betriebsdruck und Werkstoff für einen Kammer-Innendurchmesser von 1 800 mm; bei der Wanddickenberechnung wurden die AD-Merkblätter zugrunde gelegt.

Die Kammerbetriebsdrücke engen verhältnismäßig wenig ein; daher ist es schwer, für die einzelnen Kammern charakteristische Druckbereichsangaben zu machen. In etwa lassen sich folgende Angaben machen:

12

| | |
|---|---|
| Druckkammern für Tierversuche und Werkstoff-prüfungen | 50 — 100 kp/cm² |
| Transportable Druckkammern (Einmannkammern) | 3 — 8 kp/cm² |
| Stationäre Druckkammern (für mehrere Personen) | 10 — 50 kp/cm² |
| Tauchkammern (Innen-Außen-Druck) | 5 — 50 kp/cm² |
| Tauchsimulatoren | 10 — 100 kp/cm² |

Innerhalb der einzelnen Kammerausführungen sind erhebliche Abweichungen möglich; so ist zum Beispiel eine Druckkammer für Tierversuche für einen Betriebsdruck von 1000 kp/cm² ausgelegt.

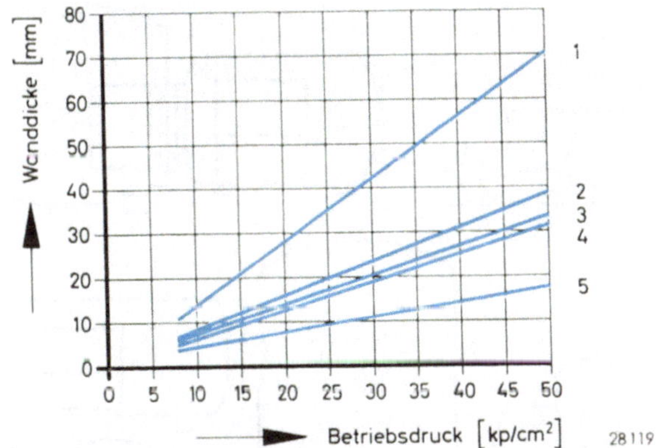


Bild 2  Wanddicken von Druckkammerzylindermänteln in Abhängigkeit von Betriebsdruck und Werkstoff (Gewählter innerer Kammerdurchmesser 1800 mm); Berechnung nach AD-Merkblättern

| | | |
|---|---|---|
| 1 | AL-Legierung | 4  VA-Stahl |
| 2 | Kesselblech H I | 5  Feinkornbaustahl |
| 3 | Kesselblech H II | |

Auch die geometrische Formgebung für die einzelnen Kammermodelle ist unendlich vielfältig. Das Schema (Bild 3) zeigt die vier Hauptgruppen, wobei keinerlei Anspruch auf Vollständigkeit erhoben werden kann.

In den folgenden Abschnitten werden die Kammern einzeln besprochen, um die Problematik dieses Arbeitsgebietes aufzuzeigen.

## 3. Druckkammern für Tierversuche, Werkstoff- und Geräteprüfungen

Viele physiologische und medizinische Fragen, insbesondere solche, die im Zusammenhang mit der Taucherei stehen, müssen zunächst im Tierexperiment vorgeklärt werden, bevor man den Menschen den veränderten Bedingungen aussetzen kann. So werden mit Mäusen, Ratten, Kaninchen, Ziegen, Schweinen usw. unzählige Versuche durchgeführt, um die unterschiedlichsten Fragen, die z. B. in Verbindung mit der Caissonkrankheit oder dem Sättigungstauchen stehen — und auch jetzt zum Teil noch ungeklärt sind —, zu bearbeiten.

13

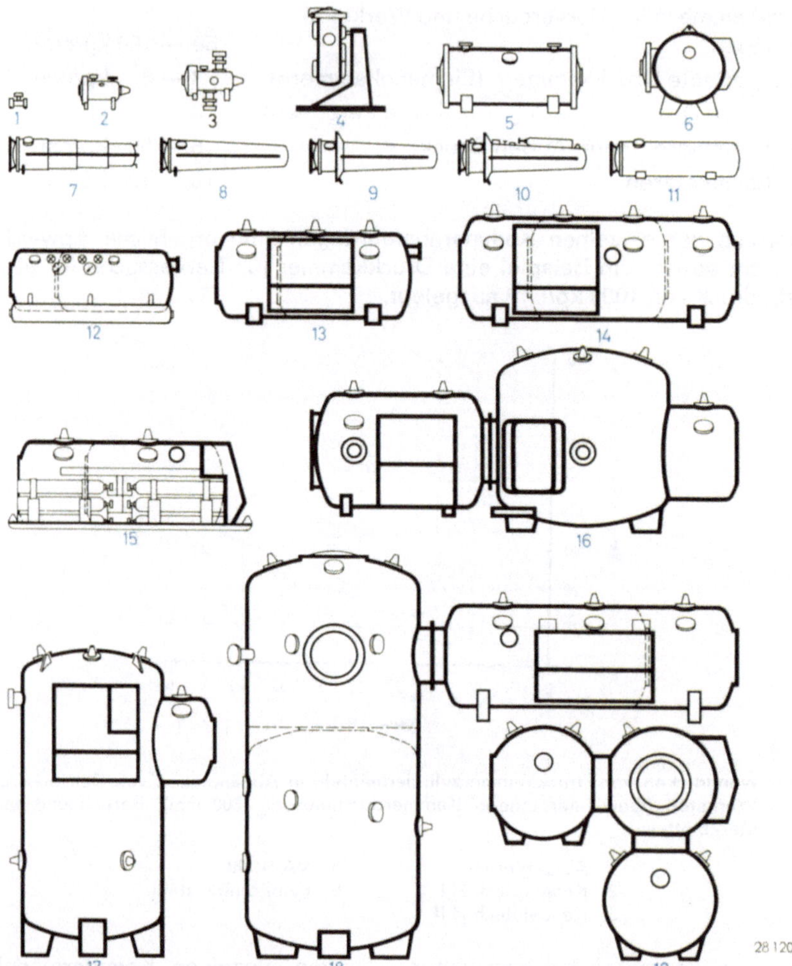

Bild 3  Übersicht über die hauptsächlichen Bauformen von Druckkammern und Tauchsimulatoren

1  Tierversuchskammer für Kleinsttiere (Mäuse, Ratten)

2  Tierversuchskammer für Kaninchen

3  Tierversuchskammer mit Fütterungseinrichtung und Schleuse zur Exkrementenabfuhr

4  Werkstoffprüfkammer mit Schwenkeinrichtung

5  Geräteprüfkammer mit Doppelverschluß

6  Tierversuchskammer für höchste Betriebdrücke (Naßtank)

7  Einmann-Teleskopkammer (transportabel)

8  Starre Einmannkammer (transportabel)

9  Starre Einmannkammer mit Anschlußflansch (transportabel)

10  Starre Einmannkammer für Hubschraubertransport mit Gasversorgung und Anschlußflansch

11  Starre Einmannkammer, stationär

12  Stationäre, einschleusige Taucherdruckkammer für Baustelleneinsatz (Niederdruckversorgung)

13  Stationäre, einschleusige Taucherdruckkammer

14  Stationäre, zweischleusige Taucherdruckkammer

15  Transportable, einschleusige Taucherdruckkammer für autonomen Einsatz, Hubschrauber-verlastbar

16  Taucherdruckkammer für Ausbildungszwecke mit Dekompressionskammer und Schleuse

17  Tauchsimulator ohne Dekompressionskammer (Einfachausführung)

18  Tauchsimulator mit getrenntem Naßraum und einschleusiger Dekompressionskammer

19  Tauchsimulator f. höchste Betriebsdrücke

Dies gilt heute in besonderem Maße für Fragen, die sich mit der Einführung der hyperbaren Sauerstoff-Behandlung ergeben.

Auch die rasch fortschreitende Entwicklung der Tieftauchtechnik erzwingt Druckkammerarbeit im Tierversuch auf breitester Ebene. Die Ausführungsformen der Kammern sind vielfach den speziellen Untersuchungszwecken angepaßt und die Abmessungen meist auf die zu untersuchende Tiergattung zugeschnitten.

Da aber der Druckkammerbau, von wenigen Ausnahmen abgesehen, technische Maßschneiderei ist, können fast ausnahmslos alle technischen Wünsche erfüllt werden.

Bild 4   Einfache Druckkammer für Tierversuche (max. Betriebsdruck 200 kp/cm²)        28 121

Je nach Aufgabenstellung wird die Ausrüstung sehr unterschiedlich sein. Das Bild 4 zeigt eine Druckkammer für Mäuse und Ratten; sie zeichnet sich durch besonders einfachen Aufbau aus.

Der Betriebsdruck beträgt für diese Kammer 200 kp/cm², die lichten Innenmaße sind 80 mm Durchmesser und 190 mm Länge.

Auf der linken Stirnseite befindet sich der Anschluß für die Gaszuführung mit Absperrventil und Manometer, die rechte Stirnseite nimmt ein Schauglas auf, um die Tiere während des Versuches beobachten zu können. Zwölf einzeln abgeschirmte, elektrische Durchführungen auf dem oberen Flansch gestatten es, elektrische Meßwerte, die am Tier abgenommen werden, nach außen zu leiten. Diese Einrichtung ist allerdings nur für kurzzeitige Expositionen vorgesehen. Wesentlich reichlicher ausgestattet ist dagegen die Druckkammer nach Bild 5. Mit dieser Anlage — für Institutsarbeiten entwickelt — lassen sich bequem auch längerdauernde Tierversuche durchführen.

15

Diese Kammer, die für einen maximalen Betriebsdruck von 100 kp/cm² ausgelegt ist, hat einen lichten Durchmesser von 300 mm und eine lichte Länge von 500 mm. Das Schaltpult mit sämtlichen Überwachungseinrichtungen einschließlich Druckschreiber, Zeituhr und Fernthermometer ist so eingerichtet, daß die Kammerbefüllung mit verschiedenen Gasen wie Luft, Sauerstoff, Stickstoff, Helium, Wasserstoff und vorgefertigten Mischgasen vorgenommen werden kann. In einer besonderen Ausführungsform wird eine Mischgasanlage integriert, die die kontinuierliche Herstellung von Gasmischungen ermöglicht.

Bild 5  Druckkammer für Tierversuche mit Schaltpult und Schrank    26 143
        (max. Betriebsdruck 100 kp/cm²)

Ein Feinmeßmanometer für einen Druckbereich von 0 ÷ 1,0 kp/cm² gestattet ein besonders exaktes Ausfahren der wichtigen niedrigen Druckstufen.

Die Kammer selbst ist mit 2 Beobachtungsfenstern, einem Beleuchtungsfenster an der Stirnseite, 2 Meßstutzen mit abgeschirmten Kabeldurchführungen, einem Probeentnahmeventil und einer Reihe von Blindanschlüssen für den nachträglichen Einbau von Meßleitungen usw. ausgerüstet.

Der Bajonettverschluß ermöglicht es, die Kammer sehr schnell und leicht zu öffnen oder zu schließen. Im Laufe der Erprobung hat sich gezeigt, daß es von Vorteil ist, beispielsweise die Ratten in einem Plexiglaskäfig in die Druck-

16

kammer zu bringen; man hat dann die Gewißheit, daß die Tiere sich während der Versuchszeit gut im Beobachtungsfeld befinden und sich nicht in irgendeine Ecke verkriechen.

Diese Anlage ist noch erweiterungsfähig. Sollen lang andauernde Versuche durchgeführt werden, die sich über Wochen hinziehen, sind eine Fütterungseinrichtung und die Exkrementenabfuhr unerläßlich.

Das Bild 6 zeigt eine solche Druckkammer. Oben auf dem Zylindermantel ist eine Schleuse angebracht, die es gestattet, Futter in die Kammer zu geben, ohne den Druckzustand in der Kammer zu ändern. Zwei hintereinander geschaltete Kugelhähne bilden die Schleuseneinheit.

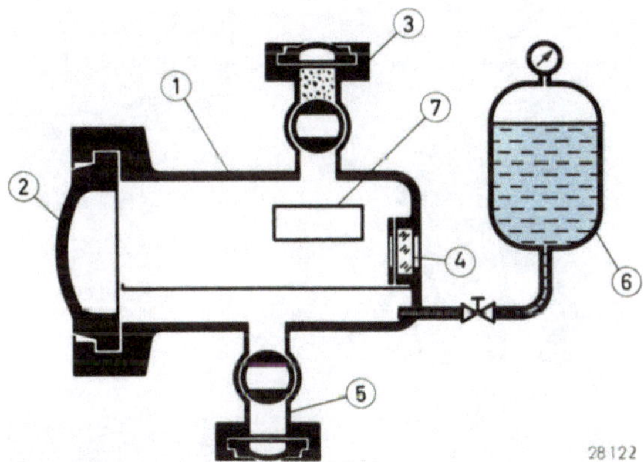


Bild 6  Schema einer Druckkammer für Tierversuche mit Schleusen für Fütterung und Exkrementenabfuhr

| | | | |
|---|---|---|---|
| 1 | Druckkammerkörper | 4 | Beobachtungsfenster |
| 2 | Tür mit Bajonettverschluß | 5 | Schleuse für Exkrementenabfuhr |
| 3 | Fütterungsschleuse mit Bajonettverschluß und Kugelhahn | 6 | Behälter für Hochdruckspülwasser |
| | | 7 | Futteraufnahme |

Das Abführen der Exkremente geschieht über eine weitere gleiche Schleusenanordnung, die sich unten an der Kammer befindet. Damit eine restlose Säuberung des Kammerbodens möglich ist, werden durch eine Druckwasserspülung alle Rückstände in die Schleuse geschwemmt.

Als Zusatzeinrichtung kann auch noch eine Entnahmeapparatur für Blut an die Kammer angeschlossen werden.

Spezielle Untersuchungen — vornehmlich mit Kaninchen — sind in der Tierversuchskammer nach Bild 7 möglich. Zwar beträgt wegen der besonderen Aufgabenstellung der maximale Kammerüberdruck nur 3 kp/cm², jedoch kann während des Versuchsablaufes z. B. ein Luft-Sauerstoff-Gemisch (oder jede andere 2-Komponenten-Gasmischung) stufenlos in seiner prozentualen Zusammensetzung verändert werden.

Das Gasmisch- und Spülungssystem ist in Bild 8 erklärt. Luft und Sauerstoff werden dabei aus zwei getrennten Vorratsbatterien entnommen und über die Druckminderer $D_3$ und $D_4$ unter einem konstanten Überdruck von 10 kp/cm² den druckfesten Glaskonusdurchflußmessern $M_1$ bzw. $M_2$ und den Druckminderern

$D_1$ bzw. $D_2$ zugeleitet. Von dort strömen die Gase über die Einlaßventile $E_1$ bzw. $E_2$ direkt in die Kammer ein. Ein Prallblech vor den Druckgaseinlässen schützt die Versuchstiere vor der Einwirkung des Druckgasstrahles.

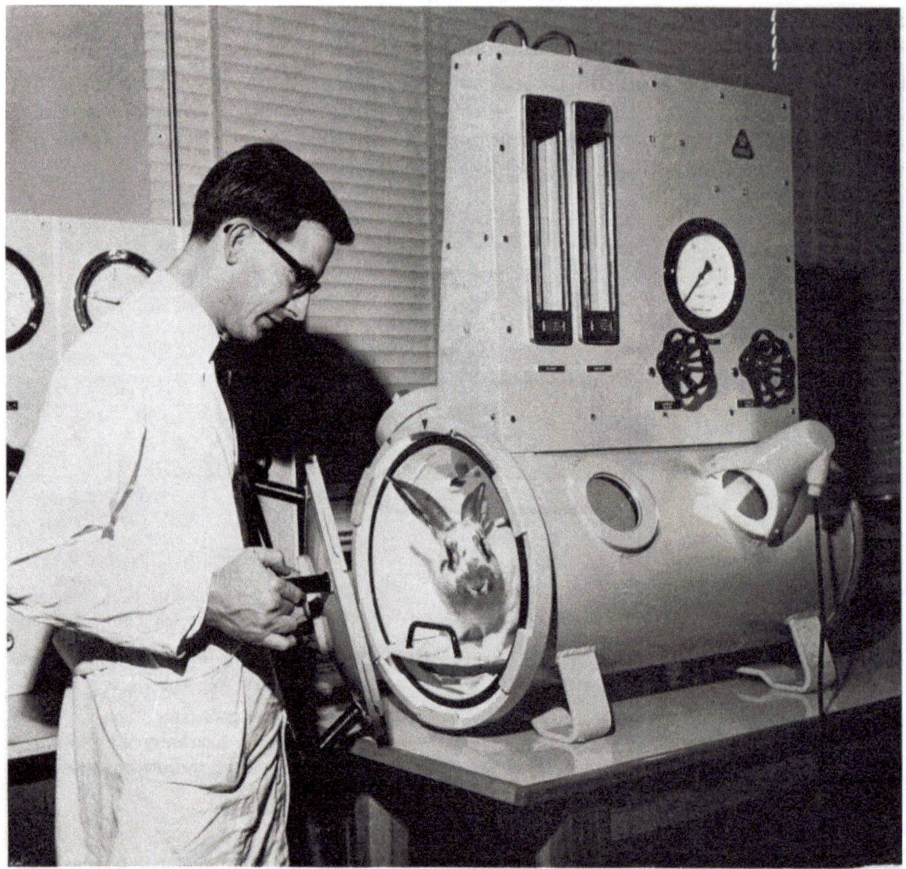

28 123

Bild 7 Druckkammer für Tierversuche mit Einrichtung zur kontinuierlichen Herstellung von 2-Komponenten-Gasmischungen; maximaler Kammerbetriebsdruck 3 kp/cm²

Um einen ausreichenden Gaswechsel in der Kammer zu erzielen, sind die Druckminderer $D_1$ und $D_2$ je für eine Durchflußmenge von 20 000 l/h ausgelegt, wobei als Vordruck 10 kp/cm² und als Hinterdruck 6 kp/cm² angenommen sind. Durch diese Leistungsfestlegung ist gewährleistet, daß bei dem maximal möglichen Kammerüberdruck von 3 kp/cm² immer ein überkritisches Druckverhältnis vorliegt und damit die eingestellten Gasmengen konstant bleiben, unabhängig davon, wie sich der Kammerdruck verändert.

Aufgrund der gegebenen Aufgabenstellung muß unabhängig von der Größe des Gaszuflusses der jeweils gewünschte Kammerüberdruck automatisch konstant gehalten werden. Dies besorgt ein Überströmregler Ü, der direkt hinter der Kammer in die Hauptablaßleitung eingesetzt ist. Die genaue Druckeinstellung ist dabei in einem Bereich von 0,3 — 3 kp/cm² Überdruck möglich.

Um genaue Gasanalysen durchzuführen, ist es erforderlich, kontinuierlich eine geringe Gasmenge aus dem Kammerraum abzunehmen; dies wird durch die Kombination des Ventiles V mit einem Spezialregler R ermöglicht.

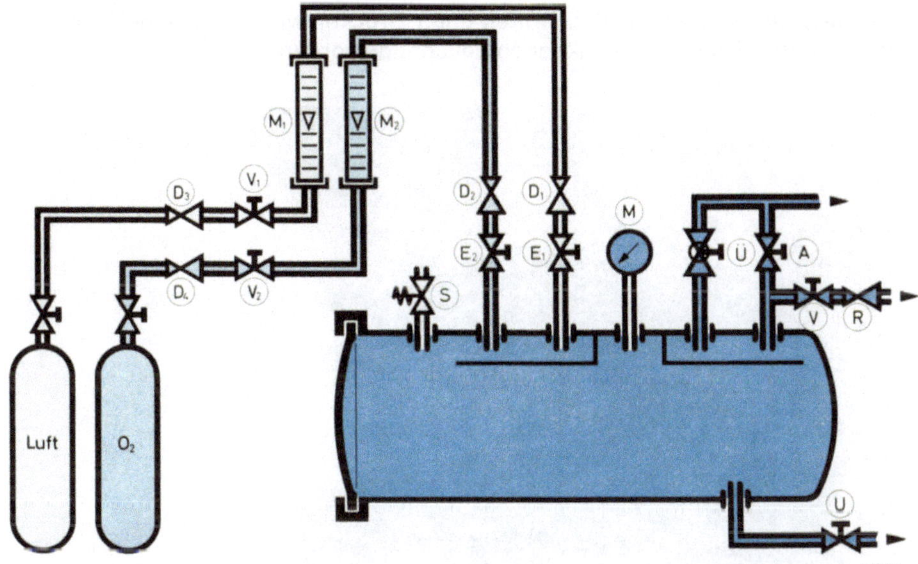


Bild 8  Schema der Einrichtung für die Herstellung von 2-Komponenten-Mischgasen und des Abluftsystems der Tierversuchskammer nach Bild 7

Schließlich befindet sich noch an dem Kammerboden ein Absperrventil U für den Urinablaß. Zu beachten ist, daß die Meßröhren der Glaskonusdurchflußmesser leicht auswechselbar sind und durch Röhren mit anderen Meßbereichen ersetzt werden können. Somit ist es möglich — innerhalb der Leistungsgrenzen der Druckminderer — die jeweils erforderlichen Luft-Sauerstoff-Mischungen für den Arbeitsbereich herzustellen.

Die Versuchskammern für Geräte- und Werkstoffprüfungen sind in ihrem Aufbau, ihren äußeren Abmessungen und in ihren Betriebsdrücken ebenfalls verschieden. Stellvertretend für die vielen Möglichkeiten seien hier zwei Ausführungen gezeigt.

Die Druckkammer (Bild 9) wird in einem Prüffeld für Tauchgeräteentwicklung eingesetzt. Gerade hier ist es von Bedeutung, die Geräte und Baugruppen unter den Druckbedingungen zu prüfen, denen sie bei späteren Einsätzen ausgesetzt sind.

Das gilt auch bei der Erfassung von Leistungsdaten.

Die besprochene Kammer mit einem maximalen Betriebsdruck von 50 kp/cm² ist so ausgelegt, daß sie Tauchgeräte — vor allem Tieftauchgeräte — aufnehmen kann.

Ein wesentliches Erkennungsmerkmal für diese Kammern ist die große Zahl von Blindstutzen, die es ermöglichen, auch nachträglich Meßleitungen aller Art, Gasdurchführungen und Manipulatorgestänge einzubauen, ohne eine Kammeränderung zu verursachen.

Erforderlich ist es, daß das Kammerinnere gut beobachtet sowie gut ausgeleuchtet werden kann. Eine Tür mit Bajonettverschluß gestattet ein leichtes und schnelles Schließen und Öffnen der Kammer. Damit ist ein schneller Ablauf von Testreihen, bei denen die Geräte oft gewechselt werden, möglich.

Für Untersuchungen von Werkstoffen unter Druckeinwirkung ist eine Reihe von interessanten Sonderkonstruktionen bekannt geworden.

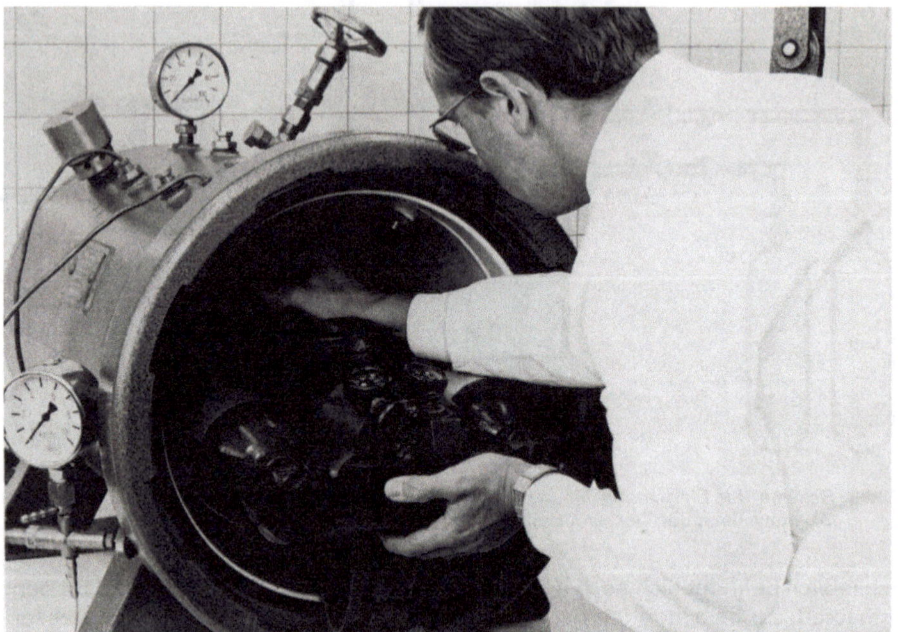

Bild 9  Druckkammer für Geräte- und Werkstoffprüfungen                                      28 125

Als Beispiel wird hier eine Anlage gezeigt, die es erlaubt, das magnetische Verhalten von Hohlkörpern unter Druckeinwirkung zu studieren.

Die Kammer selbst muß magnetisch neutral sein; das erfordert eine ganz besonders sorgfältige Materialauswahl. Da nicht nur unter statischen Bedingungen gemessen wird, sondern der Druck zwischen 0 — 30 kp/cm² und einer Frequenz von 1 — 50 Hz schwankt, ist eine zusätzliche Hydraulikanlage erforderlich. Für diese Versuche kann die Druckkammer mit verschiedenen Flüssigkeiten gefüllt werden.

Da die mechanisch arbeitenden Druckanzeiger rasche Druckschwankungen nicht mehr ohne Verzerrungen aufnehmen können, wurde ein induktiver Meßwertgeber eingebaut, der die Signale auf einen Oszillographen oder einen Schreiber weitergibt. Das Bild 10 zeigt die komplette Anlage.

Die Kammer ist an einem Drehgestell montiert. So kann das Prüfobjekt in beliebiger Lage durchgemessen werden.

Damit sind die Ausführungen für Geräte- und Werkstoffprüfkammern noch lange nicht erschöpft. Die gezeigten Beispiele umreißen jedoch das Einsatzgebiet, das derartige Anlagen zu überdecken vermag.

20

Bild 10 Druckkammer für die Prüfung von Werkstoffeigenschaften (amagnetisch)   28126

## 4. Transportable Einmann-Druckkammern

Aus Raummangel auf den Schiffen, aber oft auch aus finanziellen Gründen erfreuen sich in der Taucherei Einmann-Taucherdruckkammern großer Beliebtheit.

Trotz prinzipiell gleicher Aufgabenstellung wie bei den stationären Taucherdruckkammern sind in bezug auf die Bauformen wesentliche Unterscheidungsmerkmale vorhanden. Eine Übersicht der gängigsten Modelle zeigt das Bild 11, wobei innerhalb der 5 Hauptgruppen sich wieder zwei große Untergruppen ergeben.

Es handelt sich dabei einmal um halbstarre, zusammenschiebbare oder zusammensteckbare Ausführungen und als Gegensatz dazu um völlig starre Kammern. Die erste Ausführungsform ist dabei auf den frühesten Versuch zurückzuführen, transportable Einmannkammern herzustellen, bei denen ein Gewebesack, der mit einem Kettennetz verstärkt war, den Druckkörper darstellte.

Die Teleskopkammern, die in bezug auf den erforderlichen Stauraum zunächst besonders günstig erscheinen und von kleinsten Schiffen mitgeführt werden, nehmen in der nachfolgenden Betrachtung eine Sonderstellung ein.

Diese kleinen Druckkammern leisten gute Dienste bei der trockenen Dekompression; mancher Taucher verdankt ihnen sein Leben.

Da bei diesen Druckkammern eine ärztliche Hilfe für den Taucher unter Druck nicht möglich ist, läßt sich die Teleskopkammer in eine stationäre Taucherdruckkammer einbringen; diese Tatsache ist sehr wichtig.

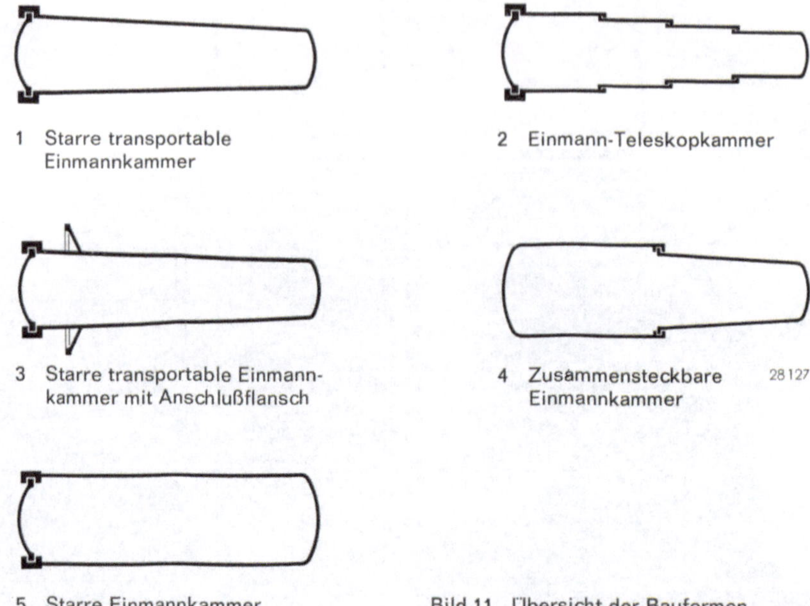

1 Starre transportable
Einmannkammer

2 Einmann-Teleskopkammer

3 Starre transportable Einmannkammer mit Anschlußflansch

4 Zusammensteckbare
Einmannkammer

5 Starre Einmannkammer,
stationär

Bild 11  Übersicht der Bauformen
von Einmann-Druckkammern

Bei modernen Einmann-Teleskopkammern (Bild 12) bilden in einsatzklarem Zustand vier teleskopartig ineinanderschiebbare, zylindrische Ringe zusammen mit dem am letzten Ring angeschweißten Klöpperboden und der mit einem Bajonettverschluß aufzusetzenden Tür den Druckkessel. Türverschlüsse mit 10—16 Bolzen, die hin und wieder anzutreffen sind, dürfen als veraltet angesehen werden. Auf jeder Kammerseite wird je eine Spreizstange eingesetzt, die bei geringem Druck in der Kammer für die nötige Anfangsdichtheit und Gesamtstabilität sorgen.

Das Einbringen des Tauchers in die Kammer geschieht mit einer Trage, wobei eine besondere Rollenkonstruktion am Tragenende ein leichtes Überfahren der Zargen an den Kesselschüssen ermöglicht. Die Trage kann in kurze Stücke zerlegt und bei Nichtgebrauch im Transportkoffer untergebracht werden.

Alle Bedienungsarmaturen sind durch einen Rohrrahmen vor mechanischen Beschädigungen geschützt im Verschlußdeckel angeordnet. Auf dem Deckel sind zum Ablesen des Betriebsdruckes ein Tiefenmanometer, zum Lufteinlaß ein Luftanschluß und ein Pumpenanschluß, zur Frischluftspülung ein einstellbares Spülventil, zur Kammerentleerung ein Entlastungsventil und zur Sicherheit gegen die Überschreitung des maximal zulässigen Betriebsdruckes ein federbelastetes Sicherheitsventil angeordnet.

Da auch bei Einmannkammern in den unteren Druckstufen die Sauerstoffatmung vorteilhaft ist, wurde ein Sauerstoffanschluß installiert. Bei der Beschreibung der starren Einmann-Taucherdruckkammern wird das Sauerstoff-Atemsystem noch näher behandelt. Da neben der Beobachtung des Tauchers durch die beiden Fenster auch noch eine Sprechverständigung erforderlich ist, wurde in den Deckel eine transistorverstärkte Wechselsprechanlage eingesetzt.

Äußerst wichtig ist bei den verhältnismäßig kleinen Einmannkammern, daß in jedem Betriebsfalle eine ausreichend große Frischluftspülung garantiert ist, um den $CO_2$-Partialdruck nicht über das zulässige Maß ansteigen zu lassen. Bei einem Kesselinhalt von ca. 350 l, von dem durch den Taucher noch durchschnittlich 75 l verdrängt werden, ist (siehe Band I, Kapitel G) mit einem schnellen $CO_2$-Anstieg zu rechnen.

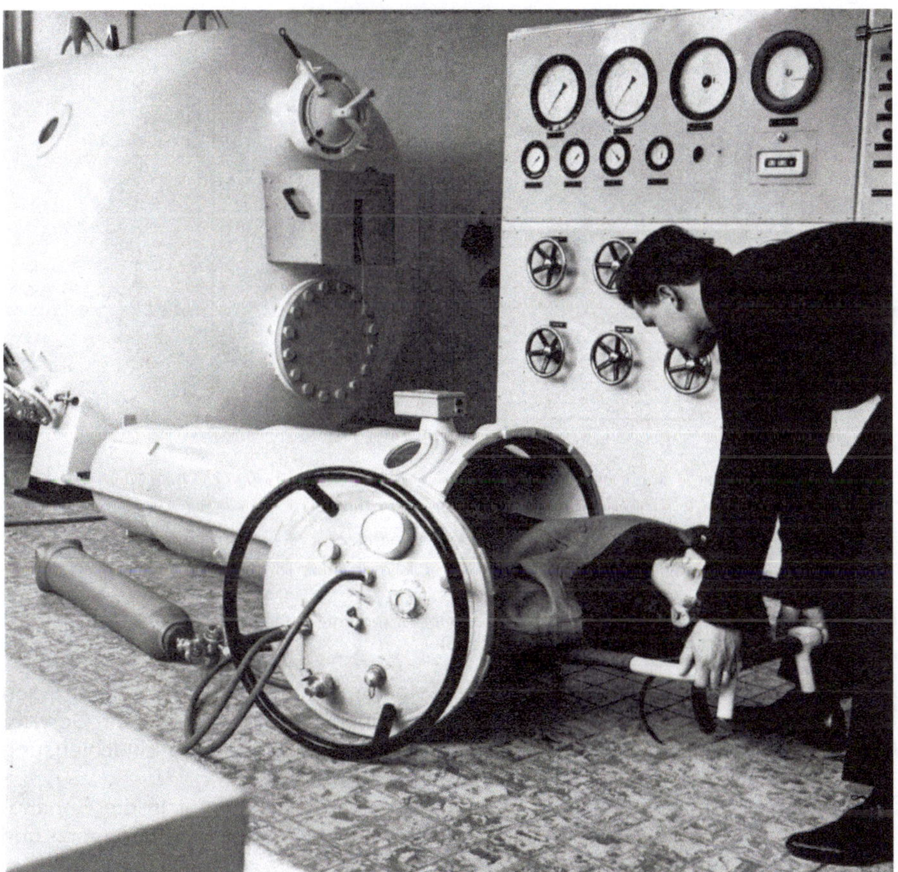

Bild 12  Teleskop-Druckkammer in einsatzbereitem Zustand                    28 128

Da mit steigendem Betriebsdruck zunehmende Spülluftmengen durch die Kammer zu führen sind, muß eine geeignete Zumeßeinrichtung vorhanden sein. Die Rotameter und die Glaskonusdurchflußmesser sind aber für diese Aufgabe zu teuer, zu unhandlich und mechanisch nicht robust genug. Alle DRÄGER-Einmann-Taucherdruckkammern sind daher mit einem Spülventil ausgerüstet, das in seiner Einstellung mit dem jeweiligen Kammerdruck in Übereinstimmung zu bringen ist, wobei dann zwangsläufig die richtige Luftmenge aus der Kammer abströmt, damit der $CO_2$-Partialdruck einen bestimmten Wert nicht überschreitet. Die Konstanthaltung des Kammerdruckes muß dann durch die Zufuhr einer entsprechenden Menge Druckluft erreicht werden.

In dem Diagramm (Bild 13) sind die erforderlichen Spülluftmengen und die sich durchschnittlich einstellenden $CO_2$-Partialdrücke graphisch aufgezeichnet.
Noch ein Wort zum Betriebsdruck. Während viele Jahre hindurch Teleskopkammern für einen maximalen Betriebsdruck von 3 kp/cm² gebaut wurden, hat man jetzt den Betriebsdruck auf 5 kp/cm² erhöht. Damit ist es möglich, im Bedarfsfalle den erkrankten Taucher nach der neuesten Behandlungstabelle zu versorgen.

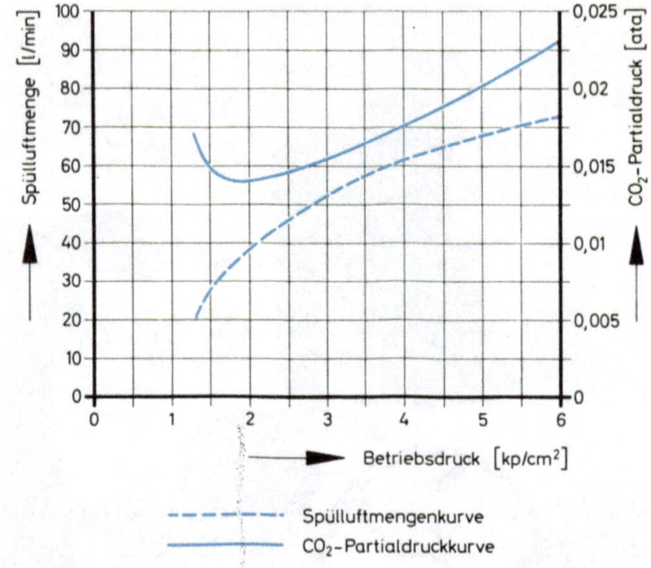


Blid 13  Spülluftmengen und $CO_2$-Partialdruck einer Einmann-Teleskopkammer in Abhängigkeit vom Betriebsdruck (stationärer Zustand)

Aus Gewichtsgründen werden moderne Teleskopkammern aus AL-Legierungen hergestellt. Einsatzbereit wiegen sie immer noch ca. 120 kg. Dieses Gewicht bedingt eine gewisse Unhandlichkeit, vor allem dann, wenn eine Einschleusung in eine stationäre Kammer erforderlich wird.
Zum leichteren Einschieben der Teleskop-Taucherdruckkammer in die Behandlungskammer wird die Teleskopkammer auf eine Rollvorrichtung aufgesetzt und in die Großkammer eingefahren.
Nach dem Druckausgleich wird der Taucher aus der Teleskopkammer genommen; sie wird dann in zusammengeschobenem Zustand in der Schleuse abgestellt. Diese ganze Prozedur erfordert nicht nur starke Männer und viel Geschicklichkeit, sondern nimmt auch recht viel Zeit in Anspruch. Für die Aufbewahrung und den Transport der Kammer bei Nichtgebrauch dient ein stabiler Transportkoffer (Bild 14). In dem Transportkoffer werden auch alle Zubehörteile, wie Sauerstoffdruckminderer, Maske mit Lungenautomat, Trage, Werkzeug und Reserveteile aufbewahrt.
Da die Teleskopkammer trotz mancher Vorteile doch eine Reihe unvermeidbarer Nachteile besitzt, wurden die starren, transportablen Einmann-Taucherdruckkammern entwickelt. Diese Bauform bringt bei einer Vereinfachung der Gesamtkonstruktion eine erhebliche Gewichtseinsparung, läßt sich besser transportieren, ist sofort einsatzbereit und führt letztlich zu einer Kostenreduzierung.

Als Nachteil ist nur die erforderliche größere Stauraumhöhe zu nennen. Es ist verständlich, daß die starre Einmann-Taucherdruckkammer immer mehr zum Einsatz kommt.

Bild 14  Teleskop-Druckkammer, zusammengeschoben; 28 130
Transportkoffer für Teleskop-Druckkammer

Das Bild 15 zeigt die einfachste Ausführungsform. Der Druckkammermantel ist als Kegelstumpf ausgeführt, der am kleineren Druckmesser mit einem Klöpperboden abgeschlossen ist. Durch die kegelförmige Ausführung wird der Kammerinhalt so weit, wie überhaupt möglich, reduziert und beträgt nur noch ca. 350 l. Für eine Kammerfüllung auf beispielsweise 5 kp/cm² Überdruck werden nur noch ca. 1375 Liter Luft benötigt. (Vorher wurden vom Kammerinhalt 75 l für den Taucher abgezogen.)

Der Kammerabschluß erfolgt genau wie bei der Teleskopkammer mit einem Bajonettverschlußdeckel, der in Sekundenschnelle gas- und druckdicht zu verschließen ist. Der Taucher wird auf einer Trage in die Kammer eingeschoben, die auf Rollen und Schienen eingeführt wird und zum Transport mit einer Verriegelung gegen Verrutschen gesichert ist.

Die Armaturenausrüstung entspricht der bereits beschriebenen Teleskopkammerausführung, d. h. am Kammermantel sind zur Beobachtung des Tauchers zwei Fenster eingesetzt, und alle Bedienungsarmaturen sind im Deckel unter-

25

Bild 15   Starre transportable Einmann-Taucherdruckkammer   28 131

gebracht. Das Bild 16 zeigt in einem Schema alle Funktionselemente einer starren Einmannkammer, die zum reibungslosen Betrieb einer derartigen Einrichtung erforderlich sind.

Es ist noch hinzuzufügen, daß Druckkammern dieser Bauform serienmäßig bis zu Betriebsdrücken von 8 kp/cm² gebaut werden. Als Werkstoff finden AL-Legierungen Verwendung, wodurch das Gewicht so stark reduziert werden kann, daß diese Kammern in einsatzklarem Zustand nur noch ca. 70 kg wiegen. Offensichtlich hat diese Kammerbauform jedoch einen Nachteil: Der Anschluß oder das Einführen in eine große Behandlungskammer ist praktisch nicht möglich und damit ist der Anwendungsbereich nachhaltig eingeschränkt.

Dieser Nachteil wird bei grundsätzlicher Beibehaltung des ursprünglichen Druckkörperkonzeptes dadurch eliminiert, daß am vorderen Kammerende ein Ringflansch angeschweißt wird, der mit einer Bajonettverzahnung ausgerüstet ist. Der Gegenflansch hierzu befindet sich an der stationären Behandlungskammer. Damit wird gewährleistet, daß ein druckfester und gasdichter Anschluß der Einmannkammer in wenigen Minuten möglich ist. Das Bild 17 zeigt ein bewährtes Modell.

Leider ist es nicht gelungen, die Flanschmaße international zu normen, jedoch dürfte am weitesten der Anschluß mit einem Ringdurchmesser von 800 mm verbreitet sein. So sind beispielsweise bei der deutschen Bundesmarine alle Taucherdruckkammern mit diesem Anflanschsystem ausgerüstet. Als Ausweg bleibt auch hier, für die verschiedenen Anflanschsysteme entsprechende Zwischenringe (Adapter) bereitzustellen.

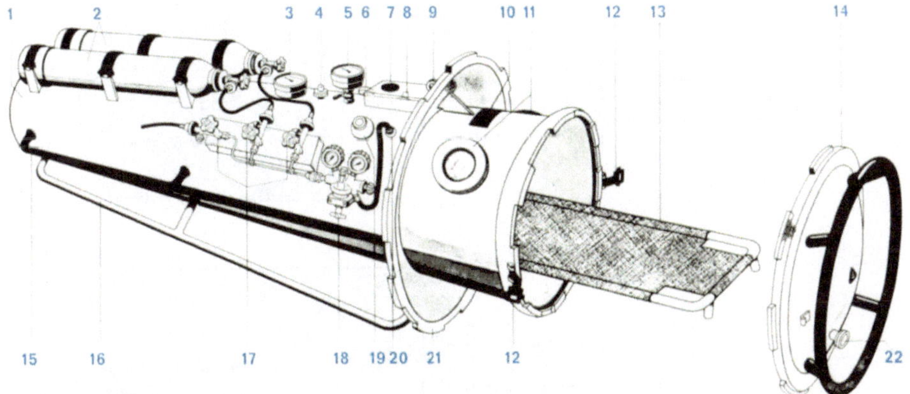

Bild 16  Funktionselemente einer starren transportablen Einmann-Druckkammer                28 480

| | | | | | |
|---|---|---|---|---|---|
| 1 | Druckbehälter | 9 | Schäkelöse | 17 | Anschlußventile |
| 2 | Preßluftflaschen | 10 | Typenschild | 18 | Druckminderer |
| 3 | Druckmesser 0–100 mWS | 11 | Fenster | 19 | Lüftungsventil |
| 4 | Sicherheitsventil | 12 | Deckelspannband | | (Ventilation) |
| 5 | Druckmesser 0–30 mWS | 13 | Trage | 20 | Preßluftanschluß |
| 6 | Druckauslaßventil | 14 | Deckel | 21 | Bajonettanschlußflansch |
| 7 | Wechselsprechanlage | 15 | Griffrohr | 22 | Druckausgleichsventil |
| 8 | Sauerstoffanschluß | 16 | Kufenrohr | | |

Bild 17  Starre transportable Einmann-Druckkammer mit Anflanschring                28 133

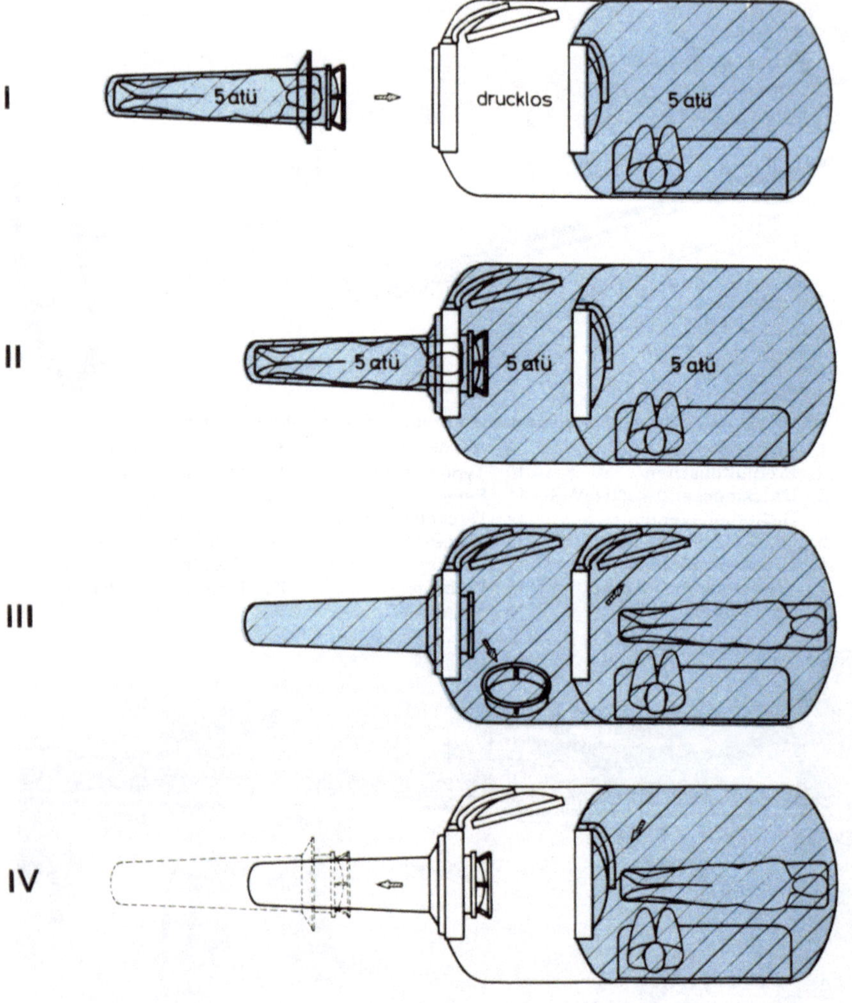


**Bild 18**  Schematische Darstellung des Umschleusvorganges eines Tauchers von einer transportablen Einmannkammer in eine Behandlungskammer

Nun ist noch der Umschleusvorgang zu beschreiben (siehe Bild 18): Es ist davon auszugehen, daß die Einmannkammer sowie der Hauptkammerraum der Behandlungskammer unter dem gleichen Betriebsdruck stehen. Die Schleuse ist zunächst drucklos (I). Der behandelnde Arzt befindet sich bereits in der Behandlungskammer. Nun wird die Transportkammer mit der Behandlungskammer verflanscht (II) und die Schleuse auf Gleichdruck gebracht. Nach dem Druckausgleich werden die Hauptkammertür und die Transportkammertür geöffnet (III) und der Taucher auf der Trage in die Hauptkammer umgeschleust. Die Hauptkammertür kann jetzt wieder verschlossen, die Schleuse entlastet und die Einmannkammer abgeflanscht werden (IV). Mit einem eintrainierten Team kann dieser Vorgang in weniger als 3 Minuten durchgeführt werden.

28

Bei der vorher beschriebenen Ausführungsform wird noch keine völlige Autonomie erreicht, da in jedem Falle für eine zusätzliche Gasversorgung gesorgt werden muß.

Solange die Druckkammer während des Transportes zur Behandlungskammer nur mit einem einzigen Verkehrsmittel — beispielsweise einem LKW — transportiert wird, ist diese Aufgabe noch verhältnismäßig einfach zu lösen. Der erforderliche Gasvorrat — Luft und eventuell Sauerstoff — wird dann am besten in Druckgasflaschen fest in Kammernähe installiert.

Muß jedoch damit gerechnet werden, daß während des Transportes mehrmals das Beförderungsmittel gewechselt wird oder aber sogar ein Hubschraubertransport erforderlich ist, wird eine völlig autonome Einmann-Druckkammer vorzuziehen sein. Bei diesen Druckkammern ist die Druckgasversorgung in den Kammeraufbau mit einbezogen, wobei beispielsweise oben auf dem Kammermantel zwei 11-Liter-Druckgasflaschen liegend angeordnet sind.

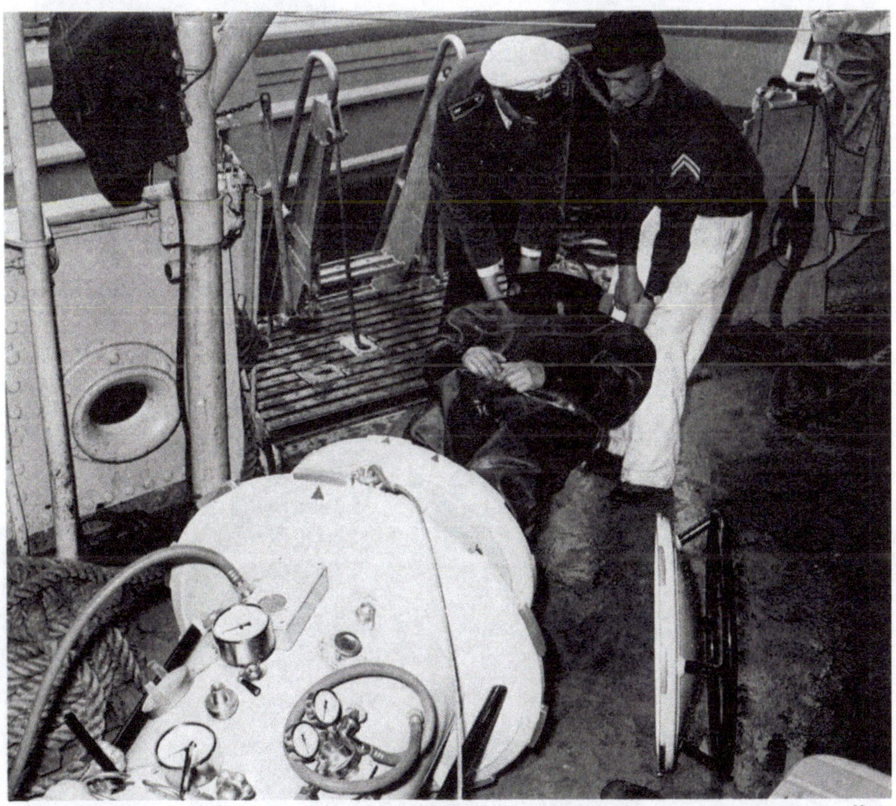

28 154

Bild 19  Einbringen des Tauchers in eine starre Einmann-Druckkammer auf einem Taucherschiff der deutschen Bundesmarine

Je nach Behandlungsart wird dabei entweder nur Luft oder Luft und Sauerstoff mitgeführt. Die Bilder 19—22 zeigen einige mögliche Transportwege eines Tauchers, der aufgrund der aufgetretenen Krankheitssymptome in eine stationäre Behandlungskammer überführt werden muß.

28 135

Bild 20 Übernahme der Einmann-Druckkammer durch ein Verkehrsboot, das die Kammer in den Hafen bringt

28 136

Bild 21 An Bord des Hubschraubers wird die Kammer in ein Marinelazarett geflogen, wo sie an eine große Behandlungskammer angeschlossen wird

Das Bild 19 zeigt das Einschieben des Tauchers in eine Einmann-Transportkammer an Bord des Taucherschiffes. Von dem kleinen, schnellen Verkehrsboot (Bild 20) wird die Kammer dann übernommen und in den Hafen gebracht. Dort wartet bereits ein Hubschrauber auf die Transportkammer und nimmt sie mit seinem Flaschenzug an Bord (Bild 21).

Bei kleineren Hubschraubern ist ohne weiteres ein Transport der Kammer auch außen hängend möglich. Schließlich wird mit Hilfe von 4 Personen die Transportkammer an eine Behandlungskammer angeflanscht (Bild 22), der Taucher umgeschleust und von einem Taucherarzt behandelt.

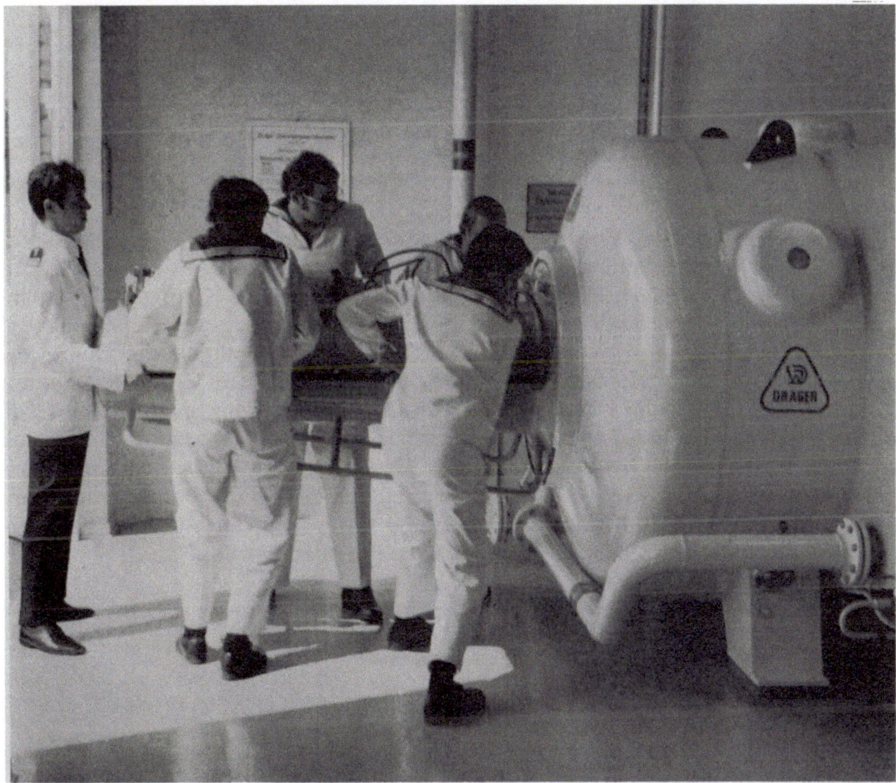

Bild 22  Anschluß der Einmann-Transportkammer an die Behandlungskammer     28 137

Der Aufbau dieser Kammer stimmt weitgehend mit den vorher beschriebenen Modellen überein, weil die Einmannkammern nach dem Baukastensystem aufgebaut sind, bei dem immer wieder die gleichen Armaturen, die gleichen Verschlußtüren und die gleichen Anflanschelemente Verwendung finden. Allerdings wurden die Armaturen auf den Kammermantel versetzt und zusätzlich Gasflaschen, Druckminderer und Anschlußarmaturen hinzugefügt. Gleichfalls gehören die Einhängeösen für das Seilgeschirr und das Seilgeschirr zum Lieferumfang.

Durch die zusätzliche Geräteausrüstung hat auch das Gewicht der Kammer zugenommen und beträgt einsatzbereit ca. 133 kg.

Eine Ideenkombination, bei der die Vorteile der Teleskopkammer und der starren Einmannkammern in vorzüglicher Weise vereint sind, ohne deren Nachteile mit in Kauf nehmen zu müssen, scheint in einer Ausführung gefunden worden zu sein, die die Bilder 23 und 24 zeigen.

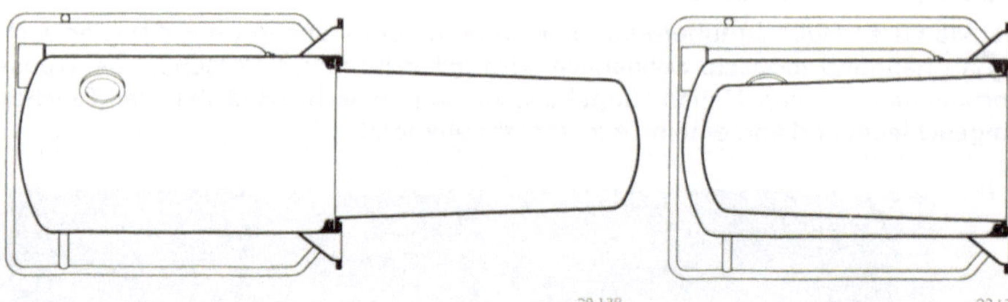

Bild 23
Starre Einmann-Druckkammer mit eigener Gasversorgung; für den freihängenden Hubschraubertransport geeignet

Bild 24
Starre Einmann-Druckkammer nach Bild 23 im Lagerzustand

Hier wurden zwei etwa gleich lange Druckbehälterhälften so miteinander kombiniert, daß sie in zusammengestecktem Zustand eine vollwertige, starre Einmann-Taucherdruckkammer abgeben. Dadurch, daß die eine Kammerhälfte zylindrisch geformt ist, hat der Taucher um den Oberkörper und den Kopf relativ viel Bewegungsfreiheit; der zweite konische Teil — zur Aufnahme der Beine bestimmt — hält dagegen den Gesamtdruckkammerinhalt in Grenzen. Um der Kammer eine gute Standsicherheit zu verleihen, ist um den zylindrischen Teil ein kräftiger Rohrrahmen aufgebaut. Dieser ist gleichzeitig so ausgebildet, daß er einen zusätzlichen Transportkasten erspart. Innerhalb dieses Rohrrahmengestelles können 4 Flaschen à 10 Liter Inhalt für die Druckgasversorgung angeordnet werden. Diese Flaschenausführung entspricht den 10-Liter-Flaschen, die immer häufiger für Preßluft-Tauchgeräte eingesetzt werden.

Bild 25  Einmann-Druckkammer für vornehmlich stationären Betrieb.

Zur Einbringung des Tauchers wird dieser auf eine Trage gelegt; dieses Mal wird zuerst der Kopf eingeführt. Dann wird der konische Behälterteil übergeschoben und mittels des Bajonettverschlusses verschlossen. Sowohl die Aufhängeösen und das Tragegeschirr als auch die Armaturenausrüstung wurden von den anderen Modellen übernommen. Ein Anflanschring befindet sich am Verschlußring des Druckbehälters, so daß auch die druckdichte Verbindung mit einer Behandlungskammer möglich ist. Um den einzigen Nachteil der starren Transportkammer auszuschließen, wurde der Aufbau so gewählt, daß bei Nichtgebrauch das konische Behälterteil in den Zylinder eingesetzt werden kann, womit ein kompakter Block mit den Abmessungen 880 x 880 x 1260 mm entsteht. Der Betriebsdruck für diese Einrichtung beträgt 5 kp/cm², das Gesamtgewicht wird mit 110 kg angegeben.

Die bisher beschriebenen Einmannkammern wurden aus Gründen der Gewichtseinsparung in den Abmessungen so klein wie möglich gehalten. Das heißt, der Taucher hat in ihnen keinerlei Bewegungsfreiheit. Um bei einer stationären Verwendung von Einmannkammern — dies kommt zuweilen bei kleineren Schiffseinheiten vor — den Taucher etwas bequemer unterzubringen, wird ein Kammermodell eingesetzt, das zwar notfalls noch für den Tauchertransport verwendet werden kann, hauptsächlich jedoch stationär eingesetzt wird. Diese Kammern (Bild 25) haben einen zylindrischen Druckkörper mit einem Innendurchmesser von 600 mm. Der maximale Betriebsdruck beträgt 5 kp/cm². Als Werkstoff findet Kesselblech Verwendung, da das Gewicht keine große Rolle spielt.

## 5. Stationäre Taucherdruckkammern (Behandlungskammern)

Die stationären Taucherdruckkammern sind ortsgebunden und mit einer festen Gasversorgungsanlage ausgerüstet.

Das schließt nicht aus, daß diese Anlagen auch auf schwimmenden Einheiten untergebracht werden können. So sind zum Beispiel viele Taucherschiffe, U-Boot-Tender, Bergungsschiffe und Forschungsschiffe mit solchen Anlagen ausgerüstet. Als kleinste stationäre Einheit kennt man die im letzten Absatz beschriebene Einmannkammer. Da dort das Eingreifen eines Arztes nicht möglich ist, scheidet dieses Kammermodell aus der Betrachtung der Behandlungskammern aus.

Die mehrsitzigen, begehbaren Taucherdruckkammern sind nicht nur am weitesten verbreitet sondern auch die wichtigsten.

Diese Kammern können ein- oder zweischleusig gebaut sein. Weitere wichtige Unterscheidungsmerkmale sind der Betriebsdruck, der Kammerdurchmesser und der für den Bau verwendete Werkstoff. Die Anzahl der Schleusen hängt von der Art des Einsatzes ab; der Durchmesser der Kammer bestimmt den Raum und die Grundfläche — ist aber auch ein direktes Maß für die Bequemlichkeit der Kammerinsassen. Daß von der Kammergröße und dem Betriebsdruck entscheidend auch das Gewicht und der Preis beeinflußt werden, ist verständlich. Bei der Werkstoffauswahl sind außer dem Gewicht auch noch die Fragen des Korrosions- und des magnetischen Verhaltens zu berücksichtigen. Auf die Bauformen der stationären Taucherdruckkammern wurde bereits im Abschnitt 2 dieses Kapitels kurz eingegangen, die wichtigsten Ausführungsformen sind im Bild 3 zusammengefaßt. In der Regel werden für den Druckkörper liegende, zylindrische Behälter verwendet, äußerst selten, und dann nur für spezielle

Verwendungszwecke, findet man andere Bauformen, wie beispielsweise stehende Zylinder oder Kugeln. Die Anordnungen der Schleusen sind aus dem Bild 26 ersichtlich. Die Schleusen werden in der Regel in der gleichen Achse wie der Hauptkammerraum angeordnet und haben auch gleiche Türdurchmesser. Die Länge der Schleuse bewegt sich zwischen 1000 und 1200 mm und wird möglichst klein gehalten, um beim Schleusvorgang nicht zuviel Luft zu verbrauchen.

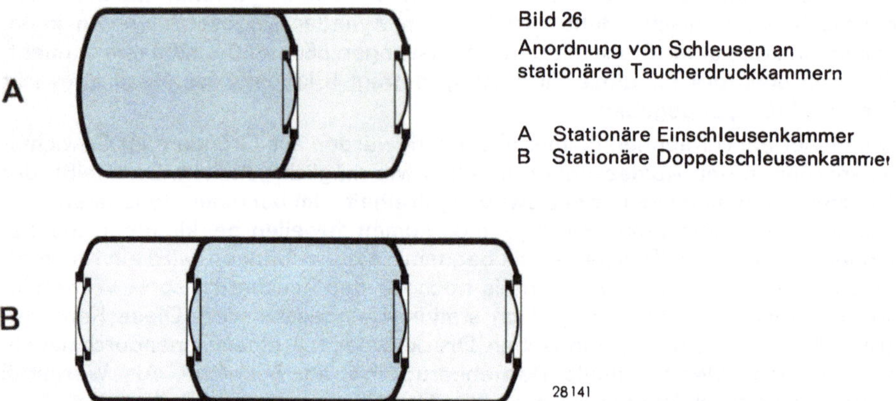

Bild 26
Anordnung von Schleusen an
stationären Taucherdruckkammern

A   Stationäre Einschleusenkammer
B   Stationäre Doppelschleusenkammer

## 5.1. Einschleusige Behandlungskammern 1300 mm Durchmesser

Es besteht kein Zweifel, daß der kleinste noch vertretbare Durchmesser für eine „begehbare" Druckkammer bei 1300 mm liegt. Hier kann man schon nicht mehr von „gehen" sprechen, sondern es müßte besser „bekriechen" heißen. Diese Kammern werden auch nur dort eingesetzt, wo von den Tauchern keine allzu großen Ansprüche an die Bequemlichkeit gestellt werden und finanzielle, räumliche oder Gewichtsgründe zu berücksichtigen sind. Das nachstehend näher beschriebene Kammermodell entspricht diesem Bedarf so sehr, daß es schwer fällt, noch weitere Vereinfachungen vorzuschlagen.

Bei grundsätzlich gleichem Druckbehälter unterscheiden sich beide Kammern nur durch die Art ihrer Druckluftversorgung. Während das erste Modell von einer Hochdruckbatterie aus gespeist wird, erfolgt bei dem zweiten Modell die Luftversorgung von einem Niederdruckkompressor aus. Der Druckbehälter — aus Kesselblech gefertigt — hat bei einem Innendurchmesser von 1300 mm eine Länge von 3500 mm. Davon entfallen auf die Hauptkammer 2500 mm. Da der maximale Betriebsdruck auf 5 kp/cm² beschränkt wurde, konnten für die Türen, die einen lichten Durchmesser von 700 mm haben, flache Türblätter verwendet werden. Die Druckbeaufschlagung erfolgt einseitig, dadurch wird als Verschluß·element nur ein einziger Vorreiber benötigt. Zur Beobachtung der Taucher von außen wurde in die Vor- und die Hauptkammer je ein Fenster eingesetzt. Die Steuerung erfolgt vom zentralen „Steuerstand" aus. Innerhalb eines kräftigen Schutzrahmens befinden sich je ein Manometer für die Anzeige des Betriebsdruckes in der Vor- und der Hauptkammer, ein Ein- und ein Auslaßventil, zwei Wechselsprechanlagen in der gleichen Bauform, wie sie bei den Einmannkammern verwendet werden, sowie zwei Lichtschalter für die Innenbeleuchtung.

Damit beschränkt sich die Instrumentierung auf das allernotwendigste. Vorgesehen ist noch eine kleine Versorgungsschleuse, auf die aber verzichtet werden könnte, da ohne großen Luftverbrauch auch durch die Vorkammer geschleust werden kann. Die Innenausstattung ist einfach. Vorgesehen sind in der Hauptkammer eine Sitzbank für zwei Personen, eine druckfeste Lampe für die Beleuchtung, ein Schalldämpfer für den Lufteinlaß und eine Anschlußstelle für zwei Sauerstoffatemanlagen.

Bild 27  Einschleusige Behandlungskammer 1300 mm $\emptyset$ (für Hochdruck-Luftversorgung)  28 142

Auf jede weitere Instrumentierung wurde verzichtet. Die Kammern unterscheiden sich in der Art der Luftversorgung. So wird ein Modell (Bild 27) z. B. aus einer Hochdruckbatterie versorgt, die auf die Kammerauslegung keinen Einfluß hat. Hier ist der Rohrrahmenfuß als Schlitten ausgebildet, um das Aufstellen und den Transport so einfach wie möglich zu gestalten.

Bei der Druckkammer mit der Niederdruckversorgung (Bild 28) sind die Standfüße auf Kesselausmaße vergrößert und nehmen einen Luftvorrat auf, der zum zweimaligen Füllen der Anlage auf vollen Betriebsdruck ausreicht. Diese Kessel haben einen Inhalt von zusammen 900 Liter bei einem maximalen Betriebsdruck von 25 kp/cm². Der für diese Druckkammer vorgesehene Kompressor hat eine Förderleistung von 42 m³ und ist in einem stabilen Rohrrahmengestell untergebracht.

Beide Kammermodelle eignen sich aufgrund ihrer Auslegung, ihrer Größe und ihres einfachen, robusten Aufbaues ausgezeichnet für kurzzeitige Dekompressionen, die auf Baustellen oder auf — im flachen Wasser stehenden — Bohrinseln durchzuführen sind.

Bild 28  Einschleusige Behandlungskammer 1300 mm ⌀ (für Niederdruck-Luftversorgung)  28 143

## 5.2. Einschleusige Behandlungskammern 1500 mm Durchmesser, Leichtmetallausführung

Wenn eine Taucherdruckkammer an Deck eines Schiffes aufgestellt werden soll, muß auf ein möglichst geringes Gewicht dieser Anlage geachtet werden, um die Decklastigkeit nicht über Gebühr zu erhöhen. Es gibt auch Einsätze, beispielsweise auf Minensuchbooten, bei denen die antimagnetischen Eigenschaften der installierten Geräte zu beachten sind. Beiden Bedingungen kommen die Druckkammern entgegen, die aus einer Aluminium-Legierung gefertigt sind. Wird dann noch der Kammerdurchmesser von 1500 mm gewählt, verbindet man ein geringes Gewicht mit einer für die Taucher noch diskutablen Bequemlichkeit. Die Druckkammer nach Bild 29 erfüllt diese Forderungen völlig. Es handelt sich dabei um ein Kammermodell, das gern bei kleineren Marineeinheiten eingesetzt wird. Da nicht nur der Kammerkörper mit einer Hauptkammerlänge von 2250 mm und einer Schleusenlänge von 1100 mm äußerst kompakt ist, sondern auch das Schaltpult durch seine besondere Formgebung nur wenig auskragt, kann diese Kammer auch bei beengten Raumverhältnissen noch aufgestellt werden. Der Betriebsdruck beträgt normalerweise 10 kp/cm² und das Gesamtgewicht liegt bei 2000 kg; diese Kammer ist im Vergleich zu einer gleich großen Stahlkammer um ca. 1/3 leichter.

Da es sich um eine einschleusige Kammer handelt, kann die Hauptkammer durch das Personal, den Arzt oder den Taucher betreten werden, ohne den Druckzustand der Hauptkammer zu beeinflussen. Zum besseren Verständnis ist ein solcher Einschleusvorgang im Bild 30 dargestellt. Das Ausschleusen einer Person oder eines Gegenstandes erfolgt sinngemäß in umgekehrter Reihenfolge.

Da diese Kammern mit Türen ausgestattet sind, die einen lichten Durchmesser von ca. 800 mm aufweisen, wird normalerweise der Anflanschring zum Anschluß der transportablen Einmannkammern serienmäßig vorgesehen. Das Bild 29 zeigt eine an die Behandlungskammer angeschlossene Einmannkammer.

Die Druckkammern dieser Größenordnung bieten vier Personen Sitzgelegenheit. Allerdings können liegend nur zwei Personen untergebracht werden. Im Ernstfall kann aber eine Belegung der Gesamtkammer auch mit acht Insassen erfolgen.

Die gesamte Steuerung der Druckkammer wird von dem an die Kammeraußenwand angebauten Schaltpult aus vorgenommen. Das kompakte Schaltpult ist mit allen erforderlichen Instrumenten für die Steuerung und mit Sicherheitseinrichtungen bestückt — wobei nicht die sparsamen Maßstäbe angelegt werden mußten, wie es bei den Kammern nach Abschnitt 5.1. der Fall war —; darüber hinaus enthält das Schaltpult Nachrichtenmittel wie Lautsprecheranlage und Telefon, die Schalter für Beleuchtung, Heizung und die Sauerstoffatemanlage.

In Sonderfällen kann die Kammer auch von innen gesteuert werden.

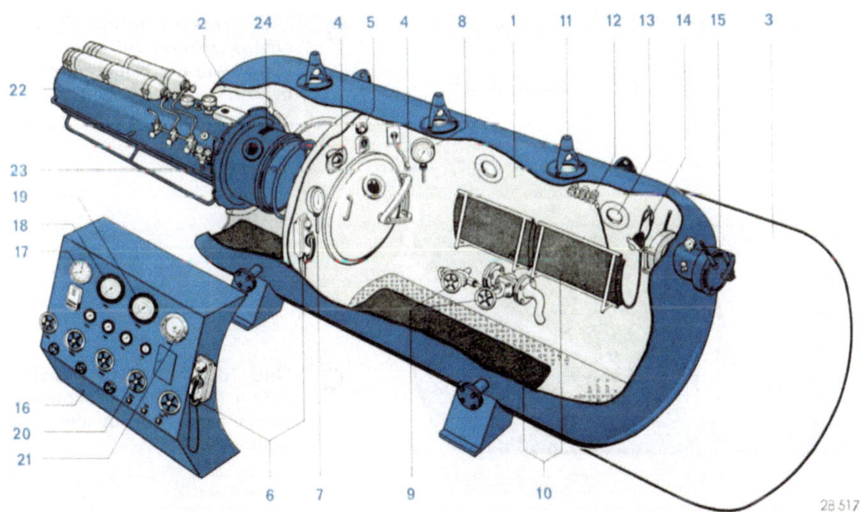


Bild 29  Einschleusige Behandlungskammer 1500 mm ⌀ mit angeflanschter Einmannkammer

| | | | |
|---|---|---|---|
| 1 | Hauptkammer | 13 | Beobachtungsfenster |
| 2 | Vorkammer | 14 | Halbmaske mit Lungenautomat |
| 3 | 2. Vorkammer | 15 | Versorgungsschleuse |
| 4 | Lautsprecheranlage | 16 | Schaltpult |
| 5 | Druckausgleichsventil | 17 | Zeituhr |
| 6 | Telefonanlage | 18 | Druckmesser „Vorkammer" |
| 7 | Thermometer | 19 | Druckmesser „Hauptkammer" |
| 8 | Druckmesser | 20 | Ventil |
| 9 | Innensteuerventile | 21 | Druckschreiber |
| 10 | Sitz-Liegebänke | 22 | Transp. Einmann-Taucherdruckkammer |
| 11 | Beleuchtung | 23 | Bajonett-Anschlußflansch |
| 12 | Sauerstoff-Versorgungsanschlüsse | 24 | Baudaten |

Da diese Anlage charakteristisch für alle nachfolgend beschriebenen Anlagen ist, werden hier summarisch alle Bedienungsarmaturen und Einrichtungsgegenstände aufgezählt, die an einer Kammer zu finden sind.

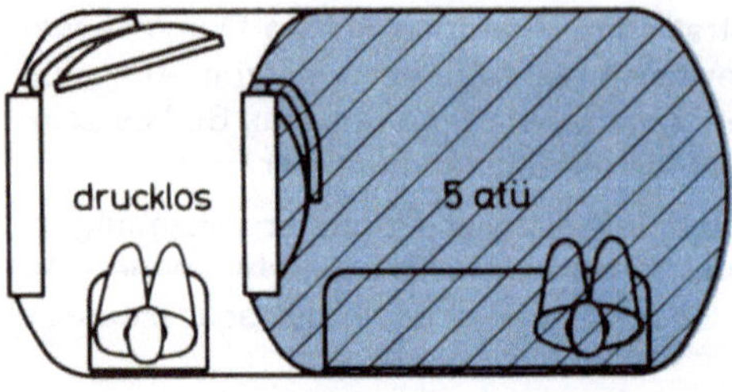


**A** Der Hauptkammerraum ist bereits mit dem zu behandelnden Taucher besetzt und befindet sich beispielsweise unter einem Druck von 5 kp/cm². Die Vorkammer ist drucklos und wird von einem Arzt besetzt.

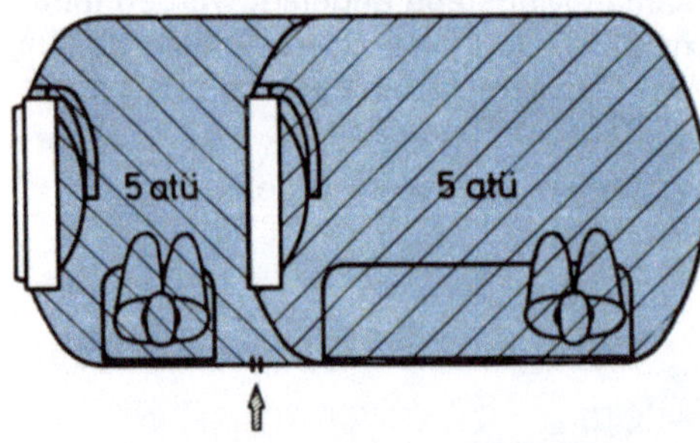


**B** Die Vorkammertür wird geschlossen und auf den gleichen Druck wie die Hauptkammer gebracht.

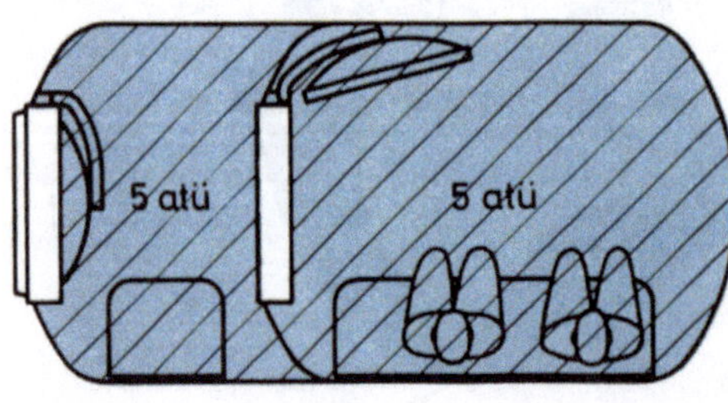


**C** Nach dem Druckausgleich zwischen Vor- und Hauptkammer steigt der Arzt in die Hauptkammer um.

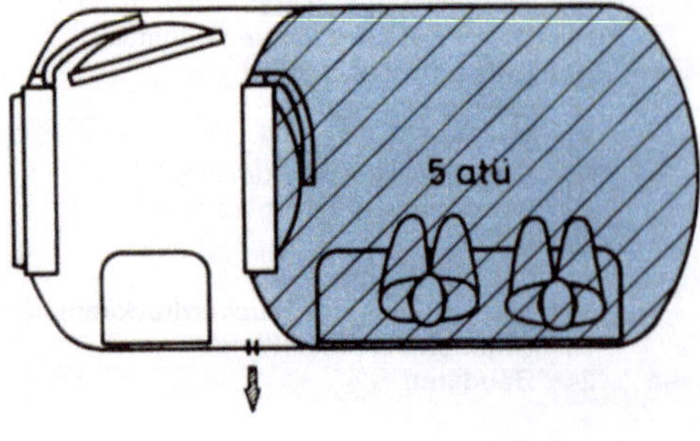


**D** Die Hauptkammertür kann geschlossen werden, die Vorkammer wird entlastet und ist für einen neuen Schleusvorgang fertig.

13944

Bild 30 Einschleusvorgang durch die Vorkammer einer einschleusigen Behandlungskammer

Im **Schaltpult** sind untergebracht:

Zeituhr — Manometer für Vorkammer — Manometer für Hauptkammer — Druckschreiber — Lautsprecheranlage — Manometer für Luftvorratsdruck — Manometer für $O_2$-Vorratsdruck — Manometer für $O_2$-Arbeitsdruck — Fernthermometer — Umschaltventile für Druckschreiber — Telefon, batterielos — Lufteinlaßventil H. K. — Lufteinlaßventil V. K. — Luftauslaßventil H. K. — Luftauslaßventil V. K. — Lufteinlaßventil indirekt H. K. — Luftauslaßventil indirekt H. K. — $O_2$-Hauptabsperrventil — Luft-Hauptabsperrventil — $O_2$-Druckminderer — Spülventil, Auslaß, normal — Spülventil, Auslaß, $O_2$ — Spülventil, Einlaß — Elektrischer Hauptschalter — Schalter für Beleuchtung — Schalter für Heizung — Schaltpultbeleuchtung

In der **Vorkammer** findet man:

Beleuchtungseinheit — Beobachtungsfenster — Sauerstoff-Atemeinrichtung — Schalldämpfer für Lufteinlaß — Schalldämpfer für Luftauslaß — Sitzbank — Fußboden — Manometer für Vorkammerdruck — Überströmventil — Meßstutzen

Die **Hauptkammer** ist ausgerüstet mit:

Zeituhr — Beleuchtungseinheiten — Beobachtungsfenster — Sauerstoff-Atemeinrichtungen — Schalldämpfer für Lufteinlaß — Schalldämpfer für Luftauslaß — Einlaßventil — Auslaßventil — Sitzbänken — Fußboden — Manometer für Hauptkammerdruck — Differenzdruckmanometer — Heizung — Versorgungsschleuse — Meßstutzen

Für besondere Einsatzfälle können noch Temperaturschreiber, Feuchtigkeitsschreiber, Einrichtungen zur Messung des Sauerstoff- und $CO_2$-Partialdruckes sowie automatische Drucksteuereinrichtungen eingebaut werden.

Das Bild 31 zeigt schematisch die komplette Druckluft- und Sauerstoff-Versorgung sowie die Schaltpult- und Kammerinstrumentierung. Ausgenommen ist lediglich die elektrische Installation. Bei Doppelschleusenkammern kann eine sinngemäße Erweiterung erfolgen.

Interessant ist, daß die Kammerfüllung und die Kammerspülung über zwei getrennte Systeme erfolgt. Das Auffüllen der Kammerräume erfolgt aus Temperaturgründen durch ein Düsen-Injektorsystem; bei der Spülung muß mehr Wert auf möglichst geringe Geräuschbildung gelegt werden. (Darüber mehr bei der Beschreibung der Einzelbauelemente.)

Die Gewichtsersparnis, die durch die Verwendung einer Aluminium-Legierung erreicht wird, muß durch einen höheren Preis bezahlt werden. Wird aus Korrosions- und magnetischen Gründen austenitischer Stahl verwendet, werden sowohl das Gewicht als auch der Preis höher. Die nachstehende Tabelle gibt die ungefähren prozentualen Abweichungen der Rohkammergewichte und die Rohkammerpreise im Verhältnis zum Kesselblech H 1 an, das normalerweise für die Herstellung der Druckbehälter verwendet wird.

| Werkstoff | Gewicht [%] | Preis [%] |
|---|---|---|
| Feinkornstahl BH 31 | − 20 | + 10 |
| Austenitischer Stahl | + 40 | + 200 |
| Al-Mg-Si | − 50 | + 150 |

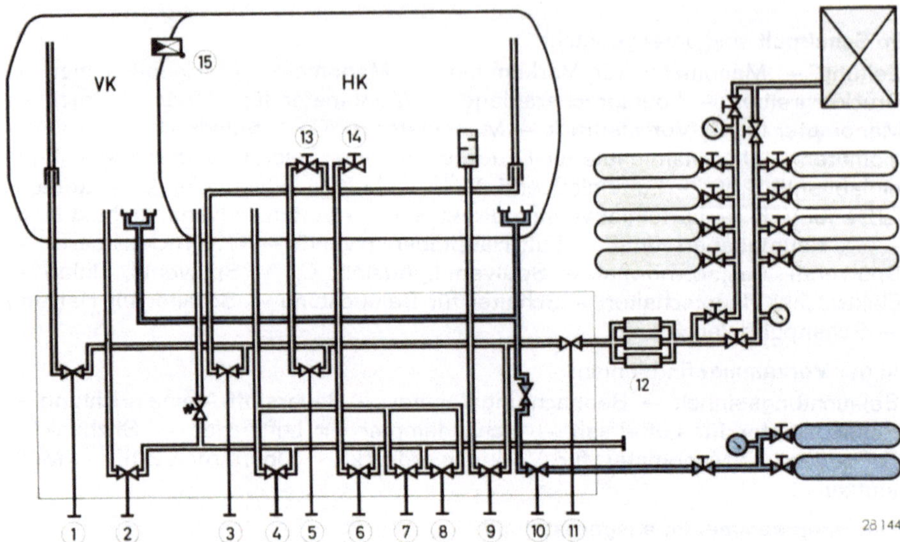


**Bild 31** Druckluft- und Sauerstoff-Versorgung einer einschleusigen Taucherdruckkammer, schematisch

| | | |
|---|---|---|
| 1 | Einlaßventil Vorkammer | 9 | Einlaßspülventil |
| 2 | Auslaßventil Vorkammer | 10 | Hauptabsperrventil für Sauerstoff |
| 3 | Einlaßventil Hauptkammer | 11 | Hauptabsperrventil für Druckluft |
| 4 | Auslaßventil Hauptkammer | 12 | Luftfilter |
| 5 | Einlaß-Absperrventil Hauptkammer Innensteuerung | 13 | Einlaßventil Hauptkammer Innensteuerung |
| 6 | Auslaß-Absperrventil Hauptkammer Innensteuerung | 14 | Auslaßventil Hauptkammer Innensteuerung |
| 7 | Abluftspülventil, normal | 15 | Druckausgleichsventil |
| 8 | Abluftspülventil, Sauerstoffatmung | | |

## 5.3. Druckkammern aus austenitischem Stahl

Eine Sonderstellung im Druckkammerbau nehmen zweifellos solche Kammern ein, die aus austenitischen Stählen hergestellt sind. Wird eine gute Korrosionsbeständigkeit bei möglichst neutralem magnetischen Verhalten vom verwendeten Werkstoff erwartet, so eignet sich sogenannter „nichtrostender Stahl" ausgezeichnet zur Lösung dieser Aufgabe. Allerdings erfordert der Einsatz dieser Werkstoffe besondere Vorkehrungen bei der Verarbeitung. Insbesondere sind genaue Schweißpläne auszuarbeiten, um beim Schweißen die erwünschte niedrige Permeabilität nicht zu zerstören.

Genauso scharfe Maßstäbe sind auch bei der Auswahl der Armaturen anzulegen. Nicht selten müssen hierzu Sondermetalle verwendet werden, um die gewünschten antimagnetischen Eigenschaften zu erhalten.

Das Bild 32 zeigt einen Ausschnitt aus der Serienfertigung dieser Anlagen. Im Vergleich zu den vorher beschriebenen Aluminium-Kammern gibt es rein äußerlich nur wenige Unterschiede.

Der Türdurchmesser beträgt nur 600 mm, was auch zu einer Sonderausführung der Einmannkammern führen mußte. Für die Kommunikation wird ein von der Helmtaucherei her bekanntes Telefonsystem verwendet. Die Kammern haben keine Standfüße, da sie an Bord der Minensucher von entsprechend geformten Bohlenlagern aufgenommen werden.

Daß Kammern dieser Ausführung nicht billig sein können, ergibt sich nicht nur durch den verhältnismäßig teuren Werkstoff, sondern, wie schon angedeutet, auch noch durch die teurere Gesamtverarbeitung.

Im Vergleich zu anderen Materialien dürften jedoch die Eigenschaften — vor allen Dingen bezüglich der Korrosion — einmalig sein und zu einer entsprechend langen Lebensdauer führen.

Bild 32  Druckkammer aus austenitischem Stahl (Serienproduktion)          28 145
      Kammerdurchmesser          1500 mm          Betriebsdruck          6 kp/cm²
      Gesamtlänge          3200 mm

## 5.4. Einschleusige Taucherdruckkammern 1800 mm Durchmesser

Wenn in bezug auf den Raum und auf das Kammergewicht keine Beschränkungen vorliegen, sollte man als Kammerdurchmesser mindestens 1800 mm wählen. Zwar ist auch dann ein aufrechtes Stehen in der Kammer noch nicht ganz möglich, aber die Bequemlichkeit und Bewegungsfreiheit der Taucher ist auch bei längeren Aufenthalten erträglich. Da die technische Ausführung und Ausrüstung von dem 1500er Modell nicht abweicht, kann auf eine nähere Beschreibung verzichtet werden. Als Beispiel sei hier jedoch eine Anlage aufgeführt, die von der Norm erheblich abweicht.

Bei der in Bild 33 gezeigten Druckkammer ist das Schaltpult völlig vom Behälter getrennt. Diese Druckkammer ist in ihrem Aufbau auf die Erfordernisse eines Prüffeldes abgestimmt. Da diese Anlage als Experimentierfeld dient und nachträglich der Einbau neuer Bauelemente möglich sein muß, ohne den Kammerkörper ändern zu müssen, sind von vornherein viele verschiedenartige Blinddurchführungen und Blindstutzen eingesetzt worden.

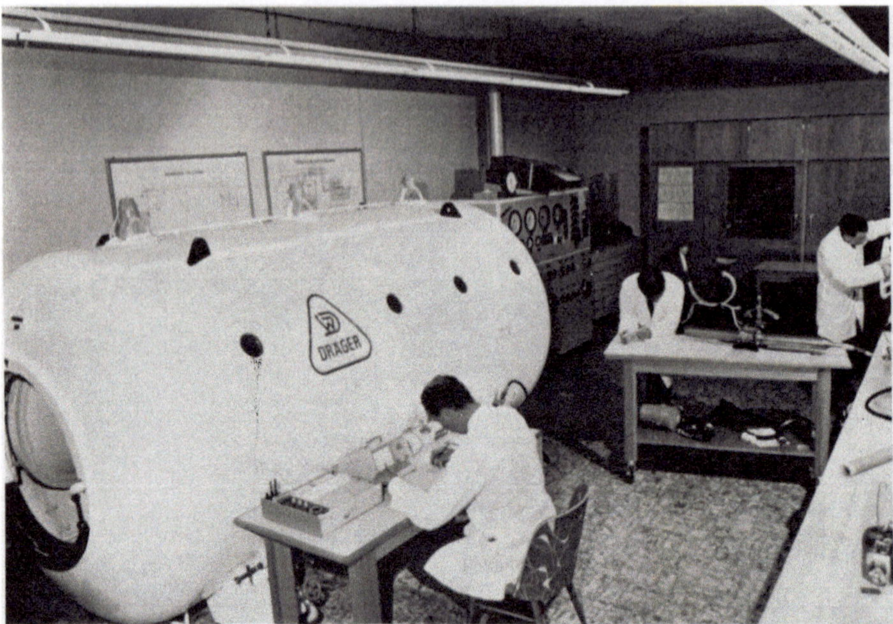


28 146

Bild 33  Einschleusige Taucherdruckkammer 1800 mm $\emptyset$ im DRÄGER-Tauchtechnik-Prüffeld

Die separate Aufstellung des Schaltpultes ließ außerdem den Einbau vieler Fenster zu, so daß die Insassen während eines Versuches ausgezeichnet beobachtet werden können. Am Schaltpult selbst fällt zunächst insbesondere der Monitor einer Fernsehanlage auf. Die Fernsehkamera ist außen an der Kammerstirnseite angebracht und nimmt durch ein Fenster den Kammerinnenraum auf, steht aber selbst nicht mehr unter Druck. Das eingebaute Weitwinkelobjektiv läßt den ganzen Hauptkammerraum übersehen.

Diese Einrichtung hat sich ausgezeichnet bewährt. Der Versuchsleiter hat gleichzeitig den Kammerinnenraum und das Schaltpult im Blick. Die sonst so sehr trennende Kammerwand ist wie weggewischt.

Da beispielsweise bei der Erarbeitung von Austauchtabellen insbesondere die niedrigen Druckstufen genau einzuhalten sind, wurde in die Anlage ein Feinmeßmanometer mit der Genauigkeit von 0,6 eingebaut.

Die Druckaufzeichnung erfolgt mit einem der bekannten Kreisblattschreiber, jedoch wird auch noch als Kombinationsgerät ein Bandschreiber eingesetzt, der gleichzeitig den Druck und die Temperatur schreibt.

Eine Ventil-Doppelbestückung mit Spindelventilen und Kugelventilen läßt eine gute Beurteilung der Arbeitsweise und Zuverlässigkeit beider Ventilmodelle zu. Die Inneneinrichtung der Kammer liegt über der Normalausrüstung; so können beispielsweise die Feuchtigkeit und der $CO_2$-Partialdruck im geschlossenen Kreislauf kontrolliert und geregelt werden, und eine spezielle Einrichtung zur Sauerstoffabfuhr läßt auch bei Sauerstoffatmung den Sauerstoffpartialdruck nicht über das normale Maß ansteigen. Bequeme Ruhebetten, ein Tisch und viele andere nützliche Kleinigkeiten lassen die Taucher auch extrem lange Aufenthaltszeiten gut überstehen.

Da die Vorkammer bis zur Hälfte mit Wasser gefüllt werden kann, ist die Anlage auch noch als Tauchsimulator bedingt verwendbar.

### 5.5. Stationäre, zweischleusige Druckkammern

Um einen kontinuierlichen Durchlauf von Druckkammeraspiranten, z. B. in der Ausbildung, zu ermöglichen, werden bevorzugt zweischleusige Kammern eingesetzt. Bei dieser Ausführung befindet sich die Hauptkammer zwischen den beiden Schleusen.

Somit ist es möglich, auf der einen Seite Personen einzuschleusen, d. h., von Normaldruck auf Kammerdruck zu bringen, während in der zweiten Schleuse der umgekehrte Vorgang läuft, d. h., daß Personen von hohem Druck auf den atmosphärischen Druck gebracht werden. Die Instrumenten- und die Armaturenausrüstung entspricht den einschleusigen Modellen, lediglich um die zusätzlichen Geräte für die zweite Schleuse erweitert.

### 5.6. Druckkammern für Sättigungstauchverfahren

Die Druckkammern für die Sättigungstauchverfahren unterscheiden sich von ein- oder mehrschleusigen Druckkammern im wesentlichen dadurch, daß die Möglichkeit besteht, eine Tauchkammer anzuflanschen. Darüber hinaus ist die Inneneinrichtung so ausgestattet, daß mehrere Taucher tage- oder gar wochenlang unter Überdruck leben können.

Diese Druckkammerausführung wird im Kapitel „Tieftauchanlagen" eingehend beschrieben.

## 6. Druckkammer-Bauelemente

Die Druckkammer-Bauelemente wiederholen sich bei fast allen aufgeführten Druckkammermodellen und können daher zusammenfassend beschrieben werden.

Da die sicherheitstechnischen Anforderungen hoch sind, kommt diesen Bauteilen eine erhebliche Bedeutung zu. Zum großen Teil werden diese Bauelemente auch bei Tauchkammern, Tieftauchanlagen und Tauchsimulatoren verwendet, die in späteren Kapiteln beschrieben werden.

### 6.1. Türen

Der Einstieg in die Druckbehälter erfolgt durch Türen, die sowohl in der Form als auch in der Ausführung sehr verschieden gestaltet sein können.

Dabei ist zu berücksichtigen, daß sowohl einseitige als auch doppelseitige Druckbeaufschlagungen vorkommen können. Anhand schematischer Darstellungen werden nachfolgend die einzelnen Türsysteme beschrieben, wobei zunächst die möglichen Türaufhängungen und die Verschlußarten im Vordergrund der Betrachtung stehen.

### 6.1.1. Türen für einseitige Druckbeaufschlagung

Bei der Ausführung nach Bild 34 handelt es sich um eine sehr einfache Flachrahmentür mit einer zentralen Aufhängung. Trotz eines einzigen Vorreibers wird
die erforderliche Zweipunktandrückung dadurch erreicht, daß in den Aufhänge-
arm nahe am Scharnier eine Justierschraube eingesetzt ist, die von der Aufhängung auf die Tür in gleicher Weise einen Druck ausübt wie der Vorreiber. Die
preiswerte Ausführung und die einfache, unkomplizierte Handhabung führten
dazu, daß diese Türform heute als Standardtür angesprochen werden kann. Für
niedrige Kammerdrücke und kleinere Durchmesser wird das Türblatt als flache
Scheibe ausgeführt.

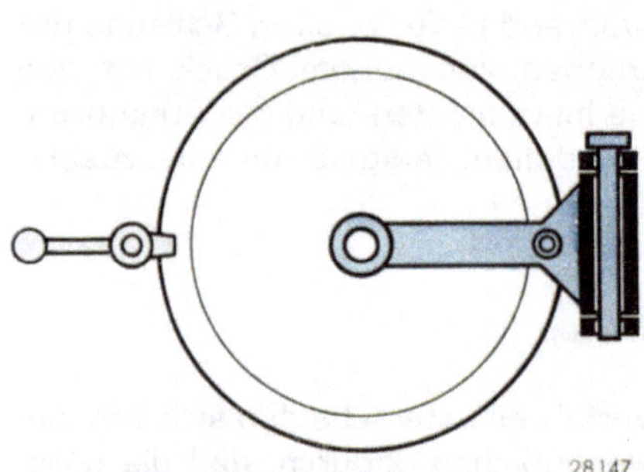


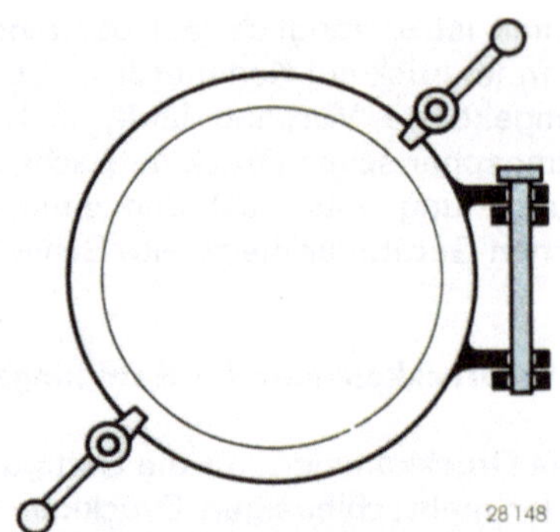


Bild 34  Flachrahmentür mit zentraler
Aufhängung (einseitig druck-
beaufschlagbar)

Bild 35  Flachrahmentür mit Scharnieraufhängung und zwei Vorreibern
(einseitige Druckbeaufschlagung)

Die einfachere Scharnieraufhängung nach Bild 35 war lange Zeit eine bevorzugte
Ausführungsform. Da bei Druckbeaufschlagung die Türen in axialer Richtung
eine Bewegungsmöglichkeit haben müssen, sind die Bohrungen in der Aufhängung oval ausgeführt. Zum Erzielen einer guten Anlage in drucklosem Zustand
sind jedoch mindestens zwei Vorreiber erforderlich.

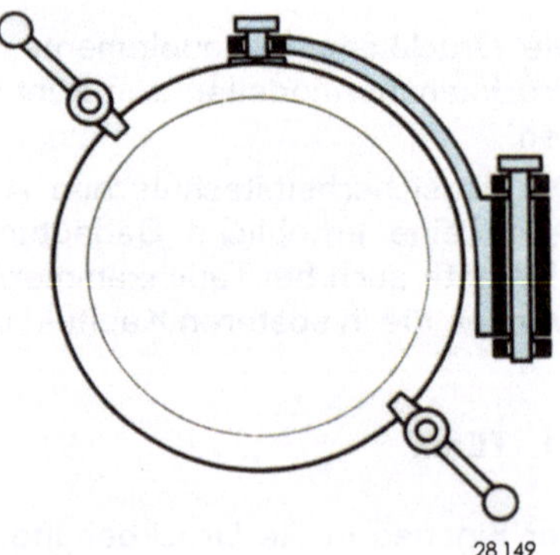


Bild 36  Flachrahmentür mit Doppelgelenk
(Galgenaufhängung — Doppelhebel-
verschluß)

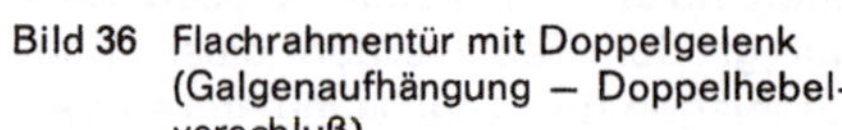

Besonders bei beengten Raumverhältnissen nehmen die vorher beschriebenen
Türen zum Öffnen und Schließen verhältnismäßig viel Raum in Anspruch. Die
Türen nach Bild 36 und 37 sind in dieser Hinsicht wesentlich günstiger. Durch
die Einführung von Doppelgelenken ist man beim Öffnungs- oder Schließvorgang auf wesentlich weniger Raum angewiesen. Die Doppelaufhängung Bild 37
ergibt eine präzise Türführung im Vergleich zur einfachen Galgenbefestigung

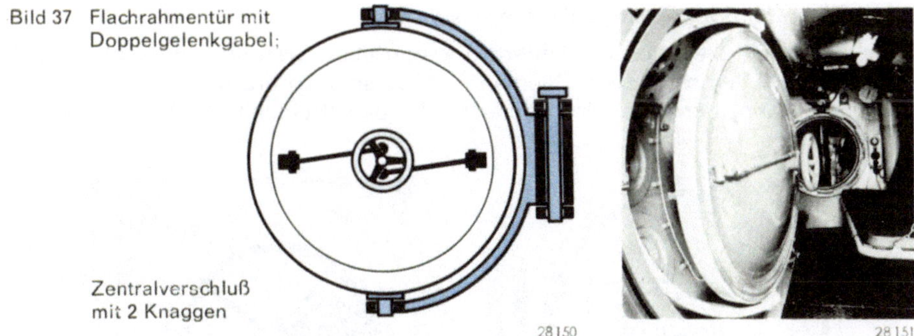

Bild 37  Flachrahmentür mit
Doppelgelenkgabel;

Zentralverschluß
mit 2 Knaggen

28150    28151

Bild 36. Das Festlegen der Tür in geschlossenem Zustand erfolgt entweder durch zwei Knaggen mit Zentralsteuerung oder durch zwei der üblichen Knebelverschlüsse. Allerdings besteht bei der Anordnung von zwei Knebelverschlüssen leicht die Gefahr, daß der dem Scharnier naheliegende Knebel verbogen wird, wenn man versucht, die Tür bei geschlossenem Knebel gewaltsam zu öffnen. Wie bei allen Flachrahmentüren ist auch hier ein Elektromagnetverschluß möglich.

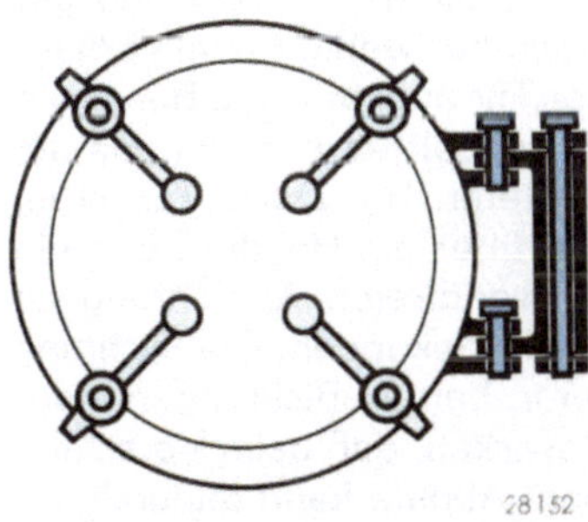

28152

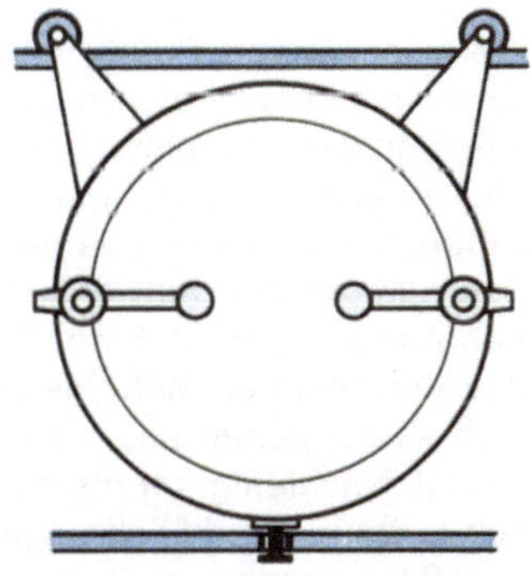

28153

Bild 38  Flachrahmentür mit kurzem Doppelgelenk und vier Verschlußknebeln

Bild 39  Flachrahmentür mit Dreipunktaufhängung und Schienenführung

Nachteilig wirkt sich bei Doppelgelenken der Umstand aus, daß bei unvorsichtigem Hantieren die Türrahmen zerschlagen werden können. Hier läßt sich durch einfache Zwangsführungen und entsprechend angeordnete Puffer Abhilfe schaffen. Ein außerordentlich kurzes Doppelgelenk zeigt das Bild 38; hierbei kommt es weniger auf die Raumersparnis beim Öffnungs- und Schließvorgang an, sondern darauf, daß sich diese schwere Tür ohne Spannung plan anlegen läßt, um auch bei niedrigen Drücken ein sofortiges Abdichten zu erzielen.

Fast keinen Raum für den Öffnungs- oder Schließvorgang beansprucht dagegen die Türausführung nach Bild 39. Diese Tür wird an ihrer Dreipunktaufhängung auf Laufschienen einfach seitlich verschoben. Auch hier muß Sorge dafür getragen werden, daß eine geringe axiale Verschiebungsmöglichkeit besteht, um die Tür druckdicht anlegen zu können. Die Festlegung erfolgt mit zwei Vorreibern. Ist eine präzise Ausführung der Laufschienen und Führungsrollen gewährleistet, handelt es sich hier um einen sehr eleganten Verschluß, der sich vor allem bei senkrecht stehenden Zylindern oder Kugelkammern besonders gut eignet.

### 6.1.2. Türen für doppelseitige Druckbelastung

Druckkammern, die auch mit Unterdruck betrieben werden, oder solche, bei denen in den verschiedenen Räumen wahlweise Überdruck oder Unterdruck herrschen kann, benötigen Verschlüsse, die eine beidseitige Druckbelastung zulassen.

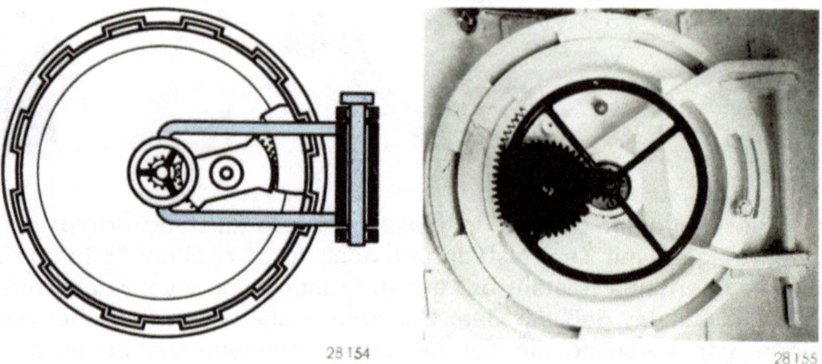

Bild 40  Tür für doppelseitige Druckbelastbarkeit mit Bajonettverschluß und Zahnradgetriebe

Wenn genügend Raum vorhanden ist, läßt sich diese Aufgabe leicht und gut durch das Einsetzen von Doppeltüren lösen. Ist jedoch nur wenig Raum vorhanden, und das ist meistens der Fall, muß man mit einer Tür auskommen. Bei der in Bild 40 gezeigten Tür mit einem Bajonettverschluß handelt es sich um das am häufigsten benutzte System einer doppelseitig belasteten Tür. Diese Tür ist im Zentrum drehbar aufgehängt, und das Bajonett wird über ein Handrad und ein Zahnradgetriebe in Eingriff gebracht. Bei einer einwandfreien Ausführung ist das Verschließen mühelos und eine Angelegenheit von Sekunden. Die Dichtung muß so ausgelegt sein, daß ein sicheres Abdichten in beiden Richtungen möglich ist. Nachteilig könnte sich bei dieser Lösung auswirken, daß beim Verschließen Dichtung und Dichtungsfläche aufeinanderreiben. Abhilfe kann dadurch geschaffen werden, daß die Dichtfläche in einem guten, glatten Zustand gehalten wird und der Dichtring immer gut eintalkumiert ist. Vorteilhaft erweist sich daher das Plattieren der Türsitzringe mit nichtrostendem Stahl, um immer eine einwandfreie, glatte und korrosionsfreie Dichtungsoberfläche zu haben. Komplizierter und festigkeitstechnisch weniger günstig ist der Bajonettverschluß nach Bild 41. Hier wird nicht die Tür, sondern ein Ring über ein Ritzel-Zahnstangengetriebe verdreht. Der Vorteil besteht darin, daß die Dichtung nicht durch Reibung beansprucht wird; für den Verschluß eignen sich daher gut O-Ringe. Der eigentliche Verschlußring muß hierbei geteilt sein.

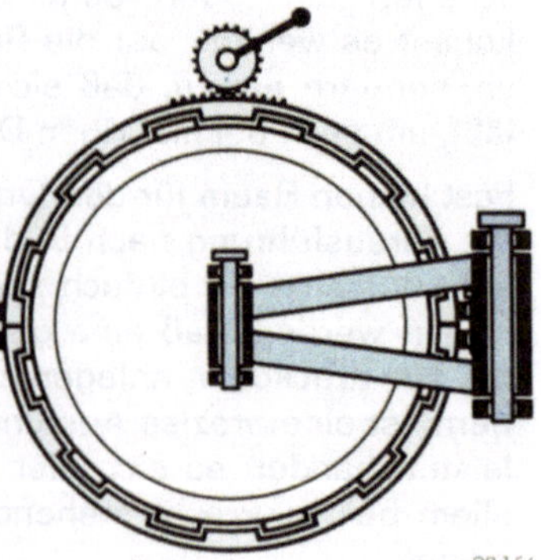

Bild 41  Tür für doppelseitige Druckbelastbarkeit.
Der Verschlußvorgang erfolgt durch die Verdrehung des geteilten Bajonettringes

Eine weitere Konstruktion einer doppelt belastbaren Tür zeigt das Bild 42. Hier werden über einen Führungsring und ein Ritzel-Zahnstangengetriebe nach dem Einschwenken der Tür eine Reihe von sehr kräftigen Nocken zum Eingriff gebracht. Der mechanische Aufwand ist außerordentlich groß, das Gewicht

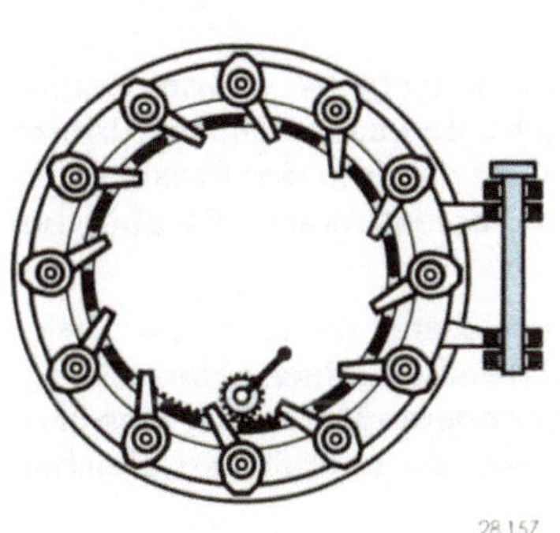

Bild 42  Tür für doppelseitige Druckbelastbarkeit mit Mehrfachknebelverschluß  28158

erheblich und die Tür sehr teuer. Türverschlüsse mit Klappschrauben wurden absichtlich nicht mit in den Betrachtungskreis einbezogen, da sie äußerst unpraktisch und darüber hinaus gefährlich sind. Im Kapitel »Tauchkammern« wird ein weiteres Verschlußsystem behandelt, das sich aber für Druckkammern nur bedingt einführen läßt.

### 6.1.3. Türquerschnitte

Für Türquerschnitte muß die günstigste Lösung nicht unbedingt eine Klöpperbodenform sein. Untersuchungen haben gezeigt, daß bei bestimmten Voraussetzungen auch andere Querschnittsformen Vorteile bieten.

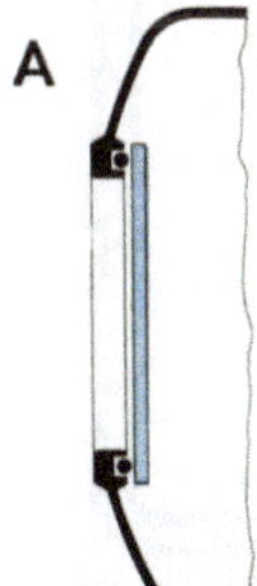
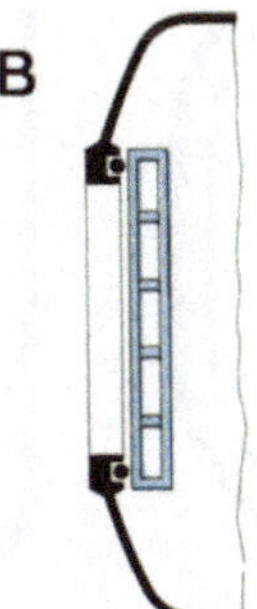
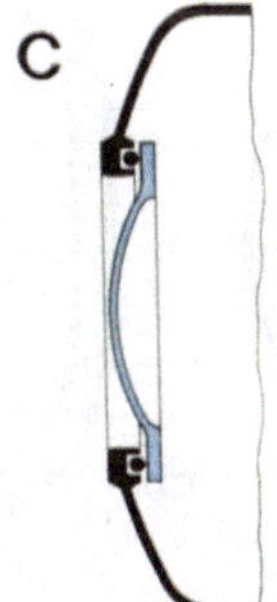
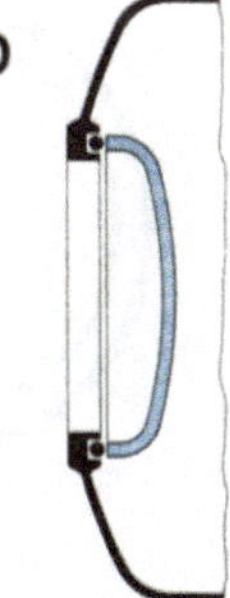


Bild 43  Gebräuchliche Türquerschnittsformen im Druckkammerbau  28159

| A | B | C | D |
|---|---|---|---|
| Flache Platte, vorteilhaft angewendet bei kleineren Belastungen und rechteckigen Türformen. | Tür in Sandwich-Bauweise, kann vorteilhaft sein für größte Abmessungen, sonst sehr selten, da sehr teuer. | Flachrahmentür oder Tellerplatte, gebräuchlichste Bauform für Druckkammertüren. | Klöpperbodentüren, nehmen verhältnismäßig viel Raum ein, sind aber wohl am preiswertesten. |

Im Bild 43 werden die gängigsten Türquerschnitte dargestellt. Die Tür nach Ausführung A ist eine flache Platte. Sie stellt bei rechteckigen oder bei runden Türen — mit geringer Belastung und kleineren Durchmessern — eine sehr gute Lösung dar. Die Berechnung dieser Türen ist nicht einfach; insbesondere bei Rechtecktüren muß in den Ecken mit erheblichen Spitzenspannungen gerechnet werden.

Die Konstruktion nach B — „Sandwich"-Bauweise genannt — ist vom Standpunkt des Leichtbaues aus gesehen außerordentlich interessant. Diese Türform erfordert jedoch einen großen Arbeitsaufwand und ist daher in der Praxis kaum anzutreffen, allenfalls bei Türen mit sehr großen Abmessungen, die aber bei Taucherdruckkammern kaum vorkommen.

Die Flachrahmentür nach C stellt die gebräuchlichste Bauform dar. Hier ist ein flacher Ring mit einem Kugelabschnitt verschweißt. Einfache Herstellung, geringes Gewicht und sichere Funktion sind die besonderen Merkmale. Eine ähnliche Konstruktion stellt auch die „Tellerplatte" dar, die überall den gleichen Querschnitt hat.

Am preiswertesten ist die „Klöpperboden"-Tür nach D. Zusammen mit einer einfachen Aufhängung ist diese Tür unübertroffen. In Abhängigkeit von der Materialdicke des Bodens ist die Auflagefläche zur Abdichtung sehr gering. Da meistens tiefgewölbte Böden verwendet werden, ist der Raumbedarf verhältnismäßig groß. Diese Türform wird daher nur bei sehr preiswerten Kammerausführungen verwendet.

### 6.1.4. Türformen

Grundsätzlich könnte jede geometrisch denkbare Türform zur Anwendung kommen. Fertigungstechnische und festigkeitstechnische Überlegungen engen jedoch die Möglichkeiten für Türformen ein.

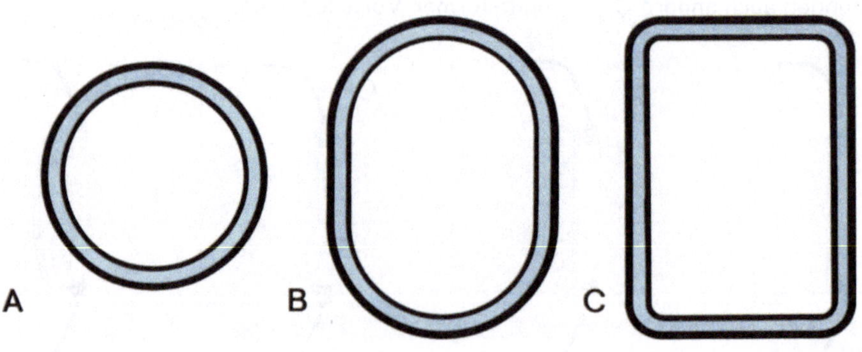


Bild 44  Türformen, die beim Bau von Taucherdruckkammern bevorzugt Anwendung finden

Das Bild 44 zeigt die am häufigsten verwendeten Ausführungen. Dabei nimmt die runde Tür nach A die erste Stelle ein. Sie ist verhältnismäßig einfach zu berechnen, die Herstellung ist unkompliziert, die Beanspruchung überschaubar und sie ist preiswert in der Herstellung. Von Nachteil ist nur, daß selbst bei einem großen Durchmesser — und damit bei großer Fläche — für die Druckbeaufschlagung der Durchtritt nicht gerade bequem ist.

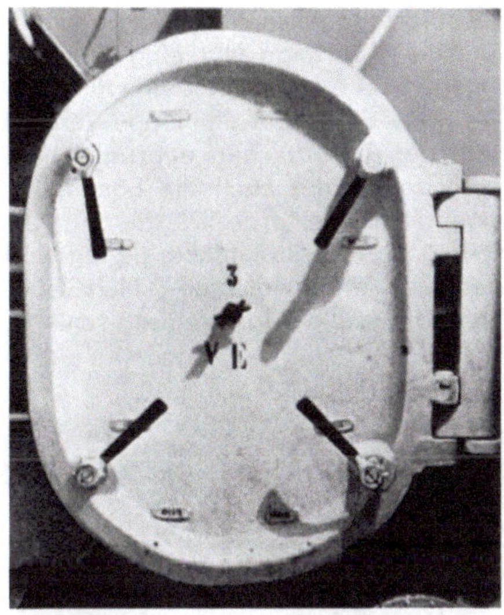

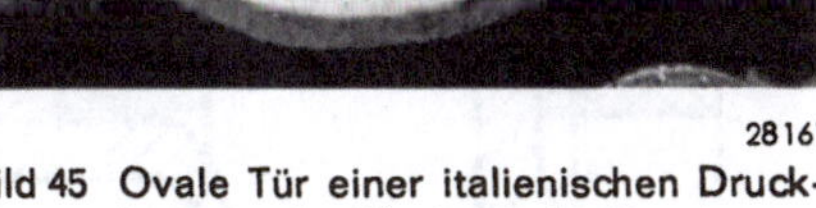

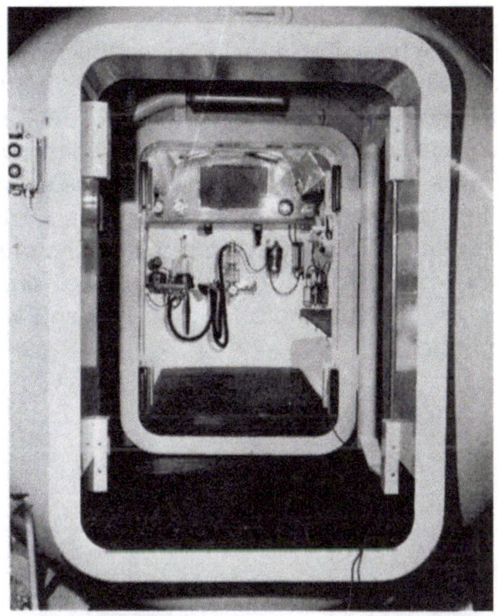

Bild 45  Ovale Tür einer italienischen Druckkammer der Marine in La Spezia

Bild 46  Rechteckige Tür mit Doppelgelenkgabel und Magnetverschluß

Für begehbare Kammern stellt ein lichter Türdurchmesser von 600 mm das Minimum dar; erst ab 800 mm Türdurchmesser ist ein runder Durchtritt einigermaßen bequem begehbar.

Die ovale Ausführung nach B bringt für den Durchtritt Vorteile, ist aber schwieriger herzustellen. Die kurze, ovale Ausführung mit kaum unterschiedlichem Längen-Breiten-Verhältnis wird oft nur deshalb angewendet, weil bei einer nach innen schlagenden Tür diese bei einer Beschädigung ausgewechselt werden kann, was bei den runden Türen nicht der Fall ist.

Bezüglich der Begehbarkeit schneidet die rechteckige Tür nach C am günstigsten ab. Sie stellt jedoch vom Fertigungsstandpunkt aus gesehen nicht den Idealfall dar. Die Anwendung erfolgt deshalb nur dort, wo unbedingt ein großer Durchgang mit ebenem Boden erforderlich ist und die Kammer z. B. mit Krankenbetten befahren werden muß. Bei Taucherdruckkammern ist dies selten der Fall, aber bei Kammern, die für die Sauerstoffüberdruckbehandlung eingesetzt werden, kann diese Forderung auftreten.

### 6.1.5. Dichtungsformen

Um Gas- und Druckverluste zu vermeiden, müssen die Türen auch schon bei kleinen Druckunterschieden dicht schließen. Als Abdichtungen finden hochelastische Dichtelemente Verwendung. Sie bestehen aus öl- und ozonbeständigen Kunstkautschukmischungen mit hoher Oberflächengüte. Gebräuchlich sind auch heute noch Dichtringe mit Rechteck-Profil, die in eine Nut eingedrückt werden (Bild 47 A).

Der Türverschluß wird auf Druck in axialer Richtung beansprucht. Diese Ausführungsform ist nur für einseitige Druckbeanspruchung ausgelegt. Ob die Dichtung in der Tür oder im Türrahmen eingesetzt ist, ist gleichgültig. Vor mechanischen Beschädigungen besser geschützt ist allerdings die Dichtung im Türrahmen.

In B sieht man die systematisch gleiche Abdichtungsform, jedoch mit einem Rundschnurring. Der Rundschnurring ist in eine V-förmige Nut eingelegt, um dessen Verlust zu vermeiden. Für beidseitige Druckbelastung hat sich die Ausführung nach C ausgezeichnet bewährt. Die hohe Elastizität der Lippe vermag durchaus noch geringe Beschädigungen auf den Dichtflächen auszugleichen. Eine sehr gute Abdichtung in beiden Richtungen ergibt auch die Lösung D. Hier ist allerdings eine erhebliche Fertigungspräsizion erforderlich, da die Verformungsmöglichkeiten des Rundschnurringes doch verhältnismäßig gering sind und bei ungenügender Passung entweder die Anfangsdichtheit nicht ausreicht oder aber die Friktion so groß wird, daß die axiale Türbewegung schlecht möglich ist.

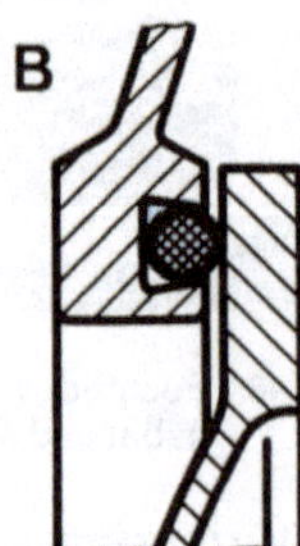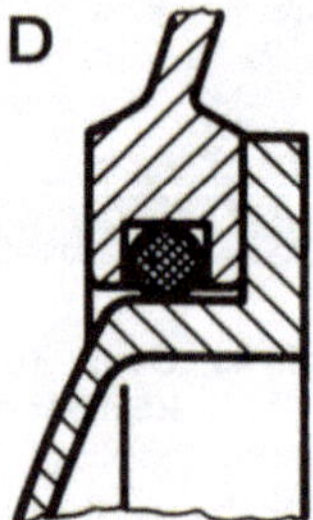

Bild 47  Gebräuchliche Dichtringformen für Türabdichtungen

28 163

### 6.1.6. Allgemeines

Bestens bewährt haben sich die Türen mit eingebauten Fenstern. Insbesondere bei Türen, die die Vorkammer von der Hauptkammer trennen, werden Fenster als sehr angenehm empfunden. Der visuelle Kontakt zwischen beiden Kammerräumen ist für die Insassen u. U. von großer Bedeutung. Bei doppelseitig druckbeaufschlagbaren Türen ist darauf zu achten, daß ein Öffnen der Verschlüsse nur bei Druckausgleich möglich ist. Entsprechende Sicherungselemente, wie beispielsweise Überströmventile mit Verriegelung, sollten eingebaut sein. Normalerweise erfolgt die Türbetätigung von Hand. Über Kopf hängende Türen in Hochdrucktauchanlagen müssen jedoch mit besonderen Einrichtungen versehen sein, um das Öffnen und Schließen noch zu ermöglichen. Federausgleicher, Gewichtsausgleiche, pneumatische oder hydraulische Einrichtungen bieten sich als Lösungsmöglichkeiten an.

### 6.2. Druckkammerfenster

Eine Kette ist so stark wie ihr schwächstes Glied; das gilt besonders für die Druckkammerfenster.

Da eine Beobachtungsmöglichkeit der Insassen während des Druckkammerbetriebes erforderlich ist und auch die Taucher selbst nicht das Gefühl des völlig Abgeschlossenseins haben sollen, kann auf den Einbau von Fenstern in der Regel nicht verzichtet werden. Auf dieses Bauteil ist besondere Aufmerksamkeit zu verwenden. Da die Druckbeanspruchung mit der Ausnahme der kombinierten Kammern von einer Richtung erfolgt, sei nur dieser Fall hier behandelt.

Zwei Fensterformen stehen zur Wahl:

      A   Kegelstumpfförmige Scheiben und
      B   zylindrisch plane Scheiben.

Die Ausführung nach A wird hauptsächlich für hohe und höchste Drücke angewendet. Als Material findet vorzugsweise Plexiglas oder ein ähnlicher Thermoplast Verwendung. Die Herstellung ist kostspielig und die geometrische Anpassung zweier Konen sehr schwierig. Einen Querschnitt durch diese Fensterform zeigt Bild 48 A.

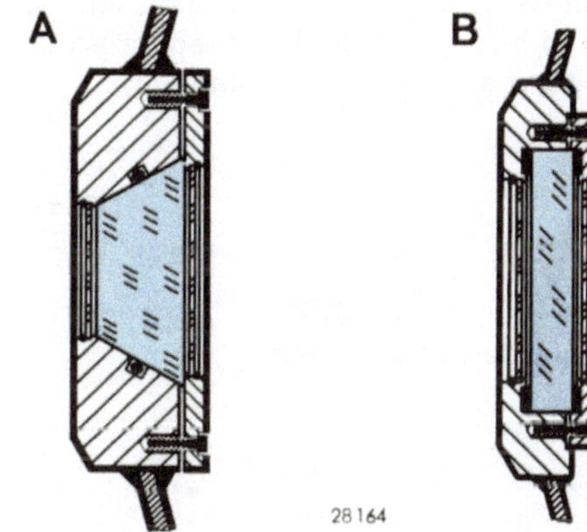


Bild 48   Einseitig belastbare Druckkammerfenster

Einfacher dagegen ist die Ausführung nach B. Die Scheibe dichtet auf ihrer planen Fläche und kann entweder aus Plexiglas oder auch aus Geräteglas hergestellt werden. Die Scheiben aus Geräteglas sind temperaturunempfindlicher, was vor allem für Beleuchtungsfenster wichtig ist. Eine dritte Ausführungsmöglichkeit muß hier zumindest noch angedeutet werden: Es sind Sichtscheiben aus Geräteglas, die in Stahlringe eingeschmolzen sind. Vom Prinzip her gesehen eine ausgezeichnete Lösung; leider ist die optische Qualität dieser Gläser noch nicht ausreichend, auch der hohe Preis steht der Einführung entgegen.

Zum Schutz der Fensterscheiben gegen mechanische Beschädigungen empfiehlt sich der Vorsatz von dünnen Schutzscheiben. Diese Schutzscheiben können auch so ausgeführt sein, daß sie gleichzeitig eine wärmedämmende Eigenschaft haben und somit die belastungstragende Sichtscheibe vor zu großer Wärmebelastung schützen.

Eine totale Zerstörung von Fenstern unter Druck sollte nie vorkommen. Die Berechnungssicherheit muß daher weit über der des eigentlichen Druckbehälters liegen. Ein berstendes Fenster hat für die Insassen nicht ausdenkbare Folgen. Um trotzdem allen Eventualitäten vorzubeugen, kann man im Kammerinnern Vorsatzklappen anbringen, die bei einer Fensterzerstörung blitzschnell vor die Öffnung geklappt werden und eine Abdichtung schlagartig wiederherstellen.

### 6.3. Medikamentenschleusen

Die Bezeichnung Medikamentenschleuse besteht kaum mehr zurecht. Es mag sein, daß diese kleine Schleuse ursprünglich dafür vorgesehen war, Medikamente in die Druckkammer einzuschleusen. Heute wird sie jedoch dazu benutzt, alle erdenklichen Gegenstände in die Kammer hinein- oder herauszubringen. Besonders dann, wenn lange Versuche gefahren werden oder lange Dekompressionen zu machen sind, kann durch diese Hilfsschleuse alles zum Leben im abgeschlossenen Raum Erforderliche ein- und ausgeschleust werden. Die richtige Bezeichnung wäre daher Versorgungsschleuse.

Die Anordnung der Versorgungsschleuse erfolgt in der Regel in der Hauptkammer; in Vorkammern findet man diese Einrichtung selten. Ob die Schleuse am Zylindermantel oder durch den Klöpperboden eingeführt wird, hängt von den räumlichen Verhältnissen in der Druckkammer ab. Aber auch der Raum, in dem die Druckkammer später stehen wird, hat einen Einfluß auf die Lage, da auch die ungestörte Bedienungsmöglichkeit von außen gewährleistet sein muß. Die Anordnung in bezug auf die Höhe sollte so getroffen werden, daß sie von innen und außen gut erreicht werden kann.

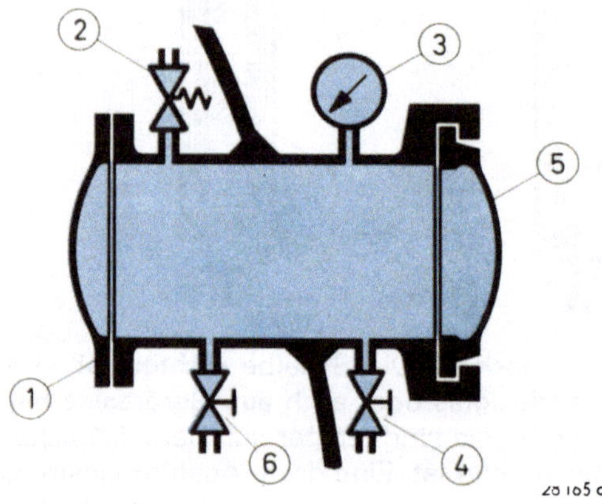


Bild 49  Schema einer Medikamentenschleuse mit der erforderlichen Instrumentierung

1  Flachrahmentür mit Vorreiberverschluß
2  Inneres Sicherheitsventil
3  Manometer für die Anzeige des Schleusenüberdruckes gegen den Umgebungsdruck
4  Entlastungsventil vielfach kombiniert mit einer Türverriegelung
5  Bajonettverschlußtür
6  Inneres Druckausgleichsventil

In Bild 49 ist eine Medikamentenschleuse im Schnitt gezeigt. Während innen normalerweise eine Flachrahmentür mit Vorreiberverschluß möglich ist, wird außen eine Bajonettverschlußtür die beste Lösung darstellen. Klappschrauben für den äußeren Verschluß sollten aus Sicherheitsgründen abgelehnt werden.

Die äußere Tür ist so ausgelegt, daß ein Öffnen bei Überdruck ausgeschlossen ist. Erst nach dem Öffnen des Spindelventils, das die Schleuse entlastet, wird die Druckverriegelung freigegeben. Ein Überdruckaufbau in der Schleuse gegen die Kammer selbst wird durch die Anordnung eines Sicherheitsventiles oder einer Sicherheitsverriegelung mit automatischer Entlastung unterbunden. Die Durchmesser der Schleusen bewegen sich zwischen 200 mm und 300 mm. Die lichten Längen betragen in der Regel 300 mm bis 400 mm. Die Transportkammern haben fast nie Medikamentenschleusen. Es können jedoch durchaus kleine Schleusen auch an diese Kammermodelle angeflanscht werden. Besondere Schleuseneinrichtungen finden wir bei Druckkammern für das Sättigungstauchverfahren, d.h. bei Kammern, die für lange Aufenthalte vorgesehen sind. Dort sind die Schleusen so eingerichtet, daß sie gleichfalls zum Einbringen von Wasser benutzt werden können. Um die Kammeratmosphäre nicht zu verseuchen, hat man besondere Spülsysteme entwickelt.

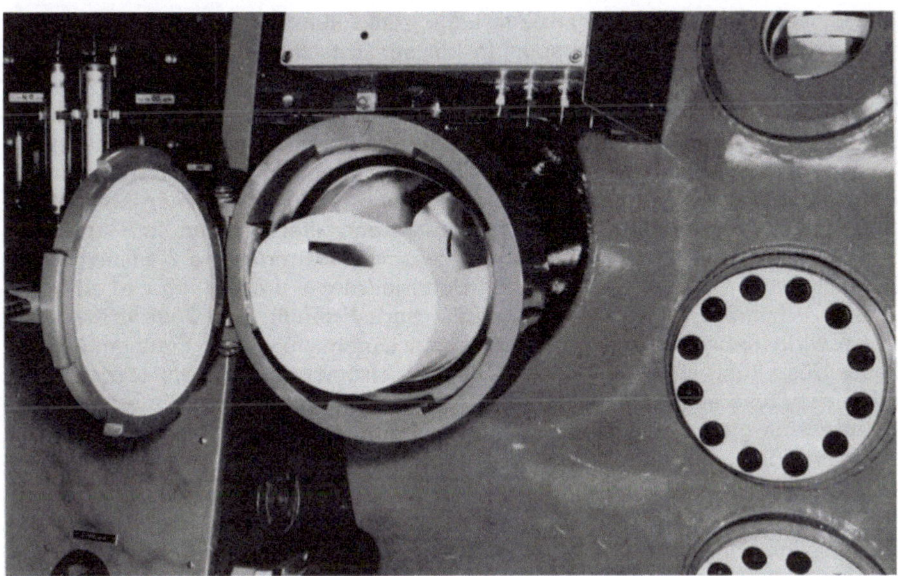

Bild 50  Versorgungsschleuse an der Dekompressionskammer einer Tieftauchanlage      28 166

## 6.4. Druckluftversorgung

Das Auffüllen der Druckkammer erfolgt normalerweise mit Luft atmosphärischer Zusammensetzung. Nur bei Anlagen, die auch für das Tieftauchen bzw. das Sättigungstauchen verwendet werden, ist u. U. eine Möglichkeit, Mischgas zu füllen, vorzusehen. Das Schema nach Bild 31 zeigt eine komplette Anlage, wie sie hauptsächlich bei einschleusigen stationären Kammern angewendet wird.

Die Auswahl des Kompressors hängt insbesondere, was den Antrieb betrifft, vom Aufstellungsort ab. Auf jeden Fall sollte, wenn irgend möglich, dem Elektromotor-Antrieb der Vorzug gegeben werden. Häufig ist jedoch auf Schiffen auch der Dieselmotor-Antrieb zu finden, während Benzinmotoren aus Sicherheitsgründen wenig Verwendung finden. Die Kompressorleistung sollte mit der Batteriegröße harmonisieren. Die Leistungsbestimmung hängt sehr davon ab, in welcher Form die Druckkammer betrieben werden soll. Reine Rettungskammern, die nur selten in Betrieb sind, kommen mit Kompressoren kleinerer Leistung aus, während Druckkammern in Versuchsfeldern an Instituten oft tagaus, tagein in Betrieb sind und einen entsprechend großen Luftverbrauch haben. Erfahrungsgemäß sollte man den Kompressor lieber eine Nummer zu groß als zu klein wählen.

Die Flaschenbatterie muß mit möglichst sauberer Luft ohne Öl, CO, Wasserdampf, $CO_2$ und sonstige Verunreinigungen gefüllt sein. Daher sind außer dem Vorabscheider Feinnachreiniger und Sintermetallfilter dem Kompressor nachzuschalten.

Die Batterie ist meistens zweiteilig ausgeführt, so daß beispielsweise der eine Zweig gefüllt wird, während aus dem anderen Zweig gleichzeitig die Druckkammerversorgung erfolgt. Ob man für die Flaschenbatterie die kleineren 50-l-Behälter einsetzt oder nur Großbehälter mit bis zu 500-l-Inhalt verwendet, ist gleichgültig. Die jeweilige finanzielle Lage, das Raumproblem und dergleichen mehr dürften wichtige Gesichtspunkte bei der Entscheidung für die eine oder andere Batterieform sein.

Zwischen der Batterie und dem Schaltpult wird vielfach noch ein Aktiv-Kohlefilter zwischengeschaltet, um auch die letzten Ölreste aus der Luft zu entfernen. Die Anordnung der Zu- und Abluftventile im Schaltpult ist dem Schema zu entnehmen. Die zwei Ventile für die Innensteuerung der Hauptkammer können von außen jederzeit durch ein zweites Ventilpaar kontrolliert werden. Im Gegensatz zu der lange gepflegten Handhabung, zwischen Batterie und Kammer einen Druckminderer einzuschalten und den Batteriedruck auf ca. 40 kg/cm² zu reduzieren, wird nunmehr vielfach direkt mit Hochdruck gefüllt. Eine Düse im Kammerinnern wirkt dabei als Mengenbegrenzung. Durch die große Entspannung an dieser Düse kühlt sich die in die Kammer einströmende Luft sehr stark ab. Da sich diese Düse aber in einer Injektoranordnung befindet, wird die sich bei der Kompression gleichzeitig erwärmende Kammerluft angesaugt und innig mit der kalten Frischluft vermischt.

Bei gleicher Drucksteigerungsgeschwindigkeit beträgt dadurch die Kammererwärmung nur noch wenige °C. Früher waren Temperaturerhöhungen von 30—40 °C üblich. Nachteilig wirkt sich allerdings z. Z. noch die verhältnismäßig große Geräuschentwicklung aus. Die Temperatur-Druckzeitkurven in Bild 51 zeigen bei der gleichen Kammer die großen Unterschiede in der Kammererwärmung.

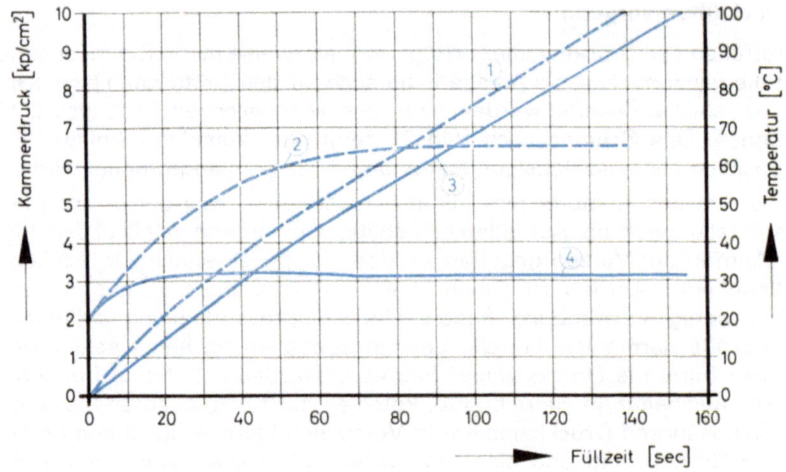


Bild 51   Unterschiede in der Kammererwärmung

1 Druckanstieg (Niederdruck-Füllsystem)   3 Druckanstieg (Hochdruck-Füllsystem)
2 Kammererwärmung bei Druckanstieg        4 Kammererwärmung bei Druckanstieg
  nach 1                                     nach 3

In die Druckluftversorgung ist auch die Frischluftspülung einbezogen. Diese wird in einem besonderen Abschnitt behandelt. Bezüglich der Ventilauswahl kann man sich grundsätzlich entscheiden, ob man Spindelventilen oder Kugelhähnen den Vorzug gibt. Spindelventile erlauben eine feinere Einstellung, jedoch ist die Ventilstellung sehr schlecht zu erkennen; Kugelventile mit ihrer schlechteren

Feineinstellbarkeit haben aber den großen Vorteil, daß man mit einem Blick an der Hebelstellung erkennen kann, ob und wie weit das Ventil geöffnet ist. Im Gefahrenfalle ist natürlich das Kugelventil auch schneller zu öffnen oder zu schließen. Nachteilig kann sich bei Kugelventilen mit Hebelgriff die Tatsache auswirken, daß sie leicht unbeabsichtigt aufgestoßen werden können.

Die Beschreibung automatischer Steueranlagen mit vorgegebenen Sollwerten würde hier zu weit führen. Der Hinweis, daß in Einzelfällen solche Anlagen mit großem finanziellen Aufwand ausgeführt wurden, muß zunächst genügen.

In Laboranlagen sind Anlagen in Betrieb, die entsprechend dem durchgeführten Tauchgang vollautomatisch den vorprogrammierten Austauchvorgang steuern.

### 6.5. Frischluftspülung

Während der Kompression kann man auf eine Spülung verzichten, da dauernd frische Luft dem Kammerraum zugeführt wird und der Vorgang sehr kurzfristig abläuft. Die Dekompressionsphase, ob kontinuierlich oder stufenweise durchgeführt, macht dagegen eine Spülung unbedingt erforderlich.

Insbesondere bei der Einmannkammer ist sie eine unbedingte Notwendigkeit, da der verhältnismäßig kleine Raum den $CO_2$-Partialdruck sehr rasch ansteigen läßt. (Berechnungsgrundlagen siehe Band I, Kapitel G.) In Bild 13 zeigen die Kurven den Anstieg des $CO_2$-Partialdruckes in einer 350-l-Kammer bei verschiedenen Drücken. Da die $CO_2$-Produktion in Abhängigkeit vom Sauerstoff-Verbrauch steht, dieser aber nicht druckabhängig ist, erreicht man bei höheren Drücken sehr schnell $CO_2$-Partialdrücke, die nicht mehr zulässig sind. Für längere Zeiten sollte ein Wert von 0,01 ata nicht überschritten werden. Die in Abhängigkeit vom Druck ansteigenden $CO_2$-Partialdrücke erfordern also bei steigendem Kammerdruck eine größere Spülungsmenge an Frischluft.

Bei der Einmannkammer wird diesem Umstand dadurch Rechnung getragen, daß ein Spülventil in Übereinstimmung mit dem Kammerdruckmanometer eingestellt und sein Durchfluß zwangsläufig verändert wird. Die durchschnittlichen Spülluftmengen sind dem Bild 13 zu entnehmen.

Infolge des größeren Raumes ergeben sich bei den stationären Kammern andere Verhältnisse. Bei gleicher $CO_2$-Produktion steigen die $CO_2$-Partialdrücke natürlich langsamer an. Da die Kammern aber oft mit mehreren Personen besetzt sind, spielt auch dort die $CO_2$-Frage durchaus keine untergeordnete Rolle. Der Anstieg des $CO_2$-Partialdruckes in Kammern ist von der Besetzung, dem Druck, der Größe und der Zeit abhängig.

Um auf den verschiedenen Druckstufen auch hier die $CO_2$-Partialdrücke nicht über den zulässigen Grenzwert ansteigen zu lassen, ist eine kontinuierliche Spülung erforderlich. Grundsätzlich sollten zur Überwachung der Spülungsrate entsprechende Luftmengenmesser zur Verfügung stehen. Anhand einer Tabelle kann dann leicht die in bezug auf Anzahl der Personen und auf den Druck richtige Menge eingestellt werden. Da aber diese Mengen von wenigen Normallitern auf viele tausend Normalliter Luft ansteigen können, ist eine einfache Mengenmessung oft fast unmöglich. Die in der Praxis eingesetzten Taucherdruckkammern sind daher teilweise mit Armaturen ausgerüstet, die den Spülungsvorgang vereinfachen. So wird beispielsweise eine Düse so ausgelegt, daß sie bei maximal möglicher Kammerbesatzung und bei jedem möglichen Druck die richtige Abluftmenge selbständig eingestellt. Es muß dann nur noch der Frischluftzufluß manuell geregelt werden. Natürlich ist bei geringer Besetzungsstärke danach der $CO_2$-Partialdruck etwas niedriger, was aber sicherlich nicht schadet.

Die vielfach sporadisch durchgeführte Spülung ist auf jeden Fall unsicher und kann nicht empfohlen werden. Selbstverständlich ist auch, daß eine wirkliche **Durchspülung** der Kammer mit Frischluft erfolgen muß. Es nützt keinesfalls etwas, wenn Zu- und Ablaufstutzen in der Kammer sehr nahe beieinander liegen und praktisch ein Kurzschluß vorliegt. Am günstigsten wird es wohl sein, wenn die Kammer diagonal durchströmt wird, und zwar so, daß Ein- und Austritt der Luft möglichst weit auseinander liegen. Genügend groß dimensionierte Geräuschdämpfer, sowohl im Zufluß als auch im Abfluß, müssen in jedem Fall vorgesehen werden, um den Geräuschpegel so niedrig wie möglich zu halten.

Für die Messung des $CO_2$-Gehaltes in der Kammerluft stehen entweder die teuren, kontinuierlich messenden Geräte, wie beispielsweise der Uras, zur Verfügung, oder man wendet die billigeren Gasspürpumpen mit $CO_2$-Prüfröhrchen an. Während mit dem Uras nur drucklos, das heißt außerhalb der Kammer gemessen werden kann, sind die Prüfröhrchen auch in der Kammer zu verwenden. Selbstverständlich muß dann der jeweilige Kammerdruck bei Auswertung der Anzeige berücksichtigt werden. Bei höheren Drücken wird jedoch auch die Prüfröhrchenmessung in der Kammer problematisch, da sich beim einseitigen Öffnen des Röhrchens durch die sehr schnell einströmende Luft die Füllung verschieben kann.

Wird in der Druckkammer Sauerstoff geatmet, muß die Spülungsrate erhöht werden, es sei denn, die Kammer ist mit Geräten ausgerüstet, die bei der Sauerstoffatmung einen Anstieg des prozentualen Sauerstoffgehaltes vermeiden.

28 182

Bild 52  Sauerstoffatemanlage für eine Einmann-Taucherdruckkammer

### 6.6. Sauerstoffatemanlagen

Die Behandlungstabellen für die Dekompression in Druckkammern sehen ab ca. 18 m und weniger die Möglichkeiten der Sauerstoffatmung vor. Dadurch soll die Ausspülung der Inertgase aus dem Körper verbessert und beschleunigt werden.

Heute sind daher fast alle Kammermodelle mit Sauerstoffatemeinrichtungen ausgerüstet. Bei den Einmannkammern besteht die Sauerstoffatemanlage aus einer Sauerstoffflasche (meist 11 Liter), einem Druckminderer, der den Flaschenhochdruck auf einen Zwischendruck von ca. 4,5 kp/cm² reduziert, einem Verbindungsschlauch zur Kammer und einer in der Deckelinnenseite mit einem kurzen Schlauch verbundenen Halbmaske mit Lungenautomat. Bild 52 zeigt eine derartige Einrichtung.

Auf eine Bänderung an der Halbmaske wurde verzichtet, da die Maske vom Taucher ganz bewußt auf das Gesicht gedrückt werden soll. Wird der Taucher ohnmächtig, muß die Maske abfallen können.

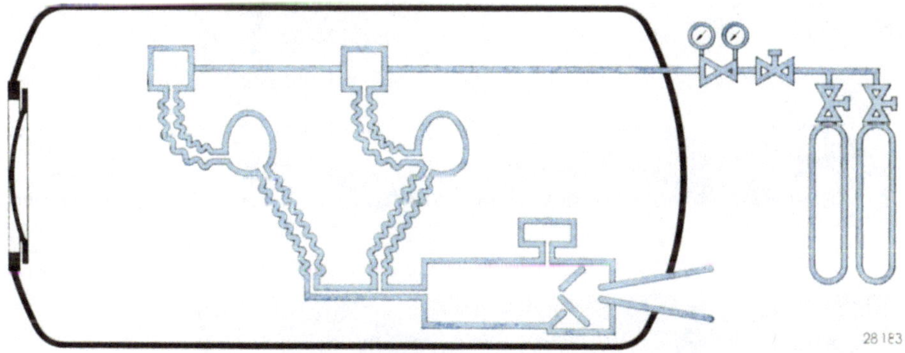


Bild 53  Schema einer Sauerstoffatemanlage in einer stationären Druckkammer

In begehbaren stationären Druckkammern sind mehrere Sauerstoffatemstellen vorgesehen. Schematisch ist eine solche Einrichtung in Bild 53 eingezeichnet. Das Bild 54 zeigt eine besetzte Atemstelle in einer Druckkammer. Grundsätzlich können die Bauelemente die gleichen sein wie bei den Einmannkammern; lediglich die Verteilerleitungen sind etwas umfangreicher und der Druckminderer auf die größere Durchgangsleistung abgestimmt. In der Schalttafel befindet sich auch noch ein Manometer, das den Sauerstoffvorratsdruck und den Arbeitsdruck anzeigt; ein Hauptabsperrventil ermöglicht es, bei Bedarf den Sauerstoffzufluß zur Kammer blitzschnell abzustellen.

Neuerdings werden in die Kammern Sauerstoffatemstellen eingebaut, die es erlauben, den ausgeatmeten Sauerstoff restlos aus der Kammer zu entfernen. Die in Bild 55 gezeigte Anlage erfüllt diesen Zweck ausgezeichnet.

Die Atemmasken haben dazu einen Ausatemschlauch, der an ein Sammelrohr angeschlossen wird. Das Sammelrohr selbst führt zu einem Auffangbehälter. Der Auffangbehälter seinerseits ist mit einem Injektor verbunden, der mit Kammerluft betrieben wird.

Vor dort aus gelangt das Luft-Sauerstoff-Gemisch direkt ins Freie. Durch diese Einrichtung wird bei geringstem Luftverbrauch ein Anstieg des Sauerstoff-

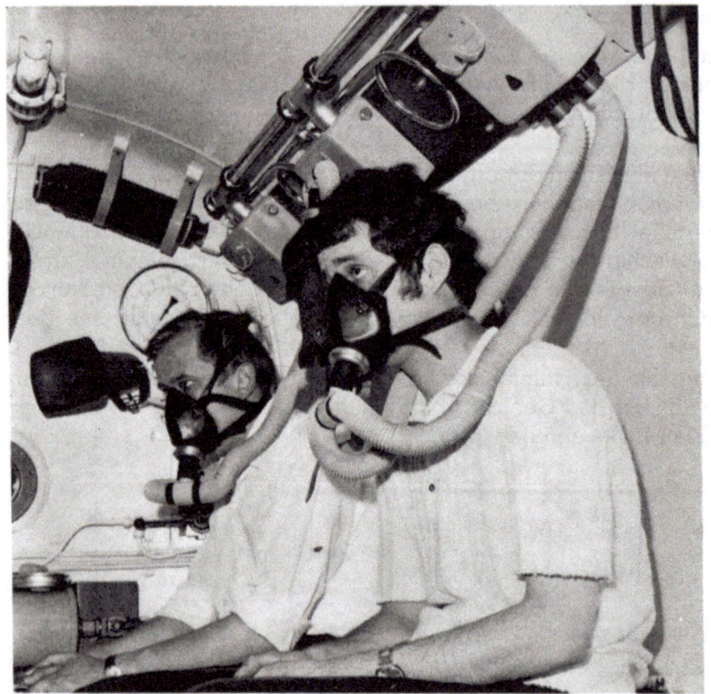

28 184

Bild 54
Sauerstoffatem-
stelle in einer
stationären
Druckkammer

28 185

Bild 55
Einrichtung zum
Entfernen von
ausgeatmetem
Sauerstoff aus
der Kammer

spiegels in der Kammer mit Sicherheit unterbunden. Eine Zusammenfassung der Systeme zur Sauerstoff-Elimination aus Druckkammern zeigt das Bild 56.
Es sollte keiner besonderen Erwähnung bedürfen, daß sämtliche sauerstoffführenden Armaturen unbedingt öl- und fettfrei gehalten werden müssen.

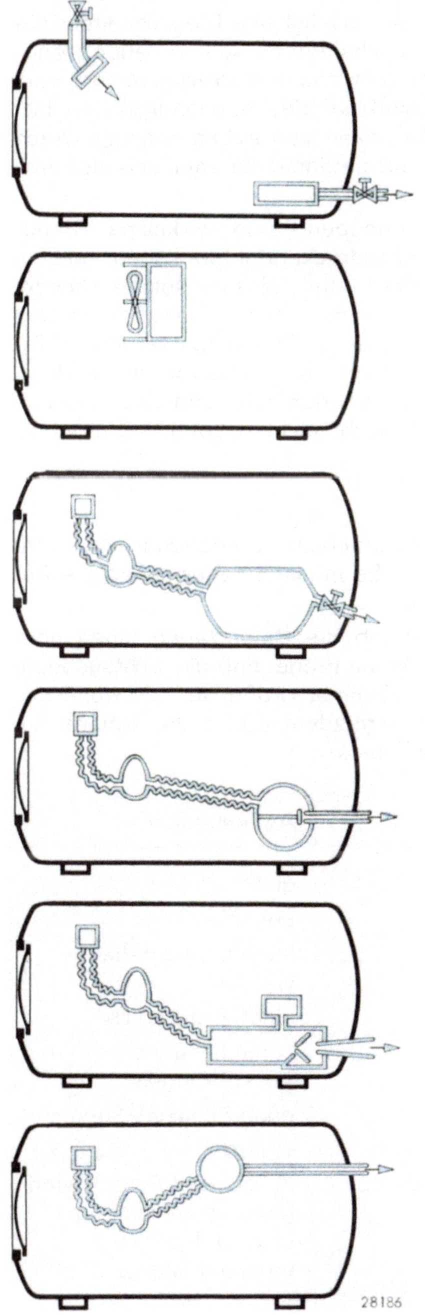

Spülung; Frischluftzusatz; Abführung der mit $O_2$ angereicherten Luft; erfordert große Luftmengen; große Geräuscherzeugung; Temperaturhaltung in Frage gestellt; teuer.

Katalytische Verbrennung des Sauerstoffes bis zum erwünschten Sauerstoffpartialdruck

Sammelbeutel mit manueller Abfuhr des ausgeatmeten Sauerstoffes; es muß ein Ventil betätigt werden.

Lungenautomatisch gesteuerte Gasabfuhr; bei einem bestimmten Füllungsgrad eines Atembeutels wird ein Ventil geöffnet und der Sauerstoff kann abströmen.

Aus einem Sammelbehälter wird der Sauerstoff über einen Injektor abgeführt; es kann sogar ein leichter Unterdruck eingestellt werden.

$O_2$-Abfuhr über einen speziellen Lungenautomaten mit großer Membranfläche.

Bild 56  Systeme der Sauerstoff-Elimination aus Druckkammern

## 6.7. Feuerlöscheinrichtungen

Verschiedene Kammerbrände mit zum Teil tödlichem Ausgang für die Kammerinsassen sind eine dringende Mahnung, alle Möglichkeiten, die zu einer Feuerentstehung in der Druckkammer führen können, von vornherein auszuschließen. Daß ein größerer Sauerstoffgehalt in der Kammer die Brandgefahr erhöht, kann nicht stark genug betont werden. Primär sind zunächst alle Möglichkeiten, die zur Brandentstehung beitragen können, auszuschalten. Es sollten daher brennbare Materialien, wenn irgend möglich, nicht zum Bau von Druckkammern verwendet werden. Elektrische Installationen sind auf das notwendigste zu beschränken; die Beleuchtung sollte nach Möglichkeit von außen kommen. Auch der Kammerinnenanstrich soll zumindest schwer entflammbar sein, und die Farbschichtdicke ist auf ein Mindestmaß zu reduzieren.

Sekundär, aber ebenso wichtig, müssen genügend und wirksame Brandbekämpfungsmittel vorgesehen werden. Hochdrucksprinkleranlagen, die in Sekundenschnelle jeden cm² der Innenkammer unter Wasser setzen können, sollten genauso wenig fehlen wie Eimer mit Löschwasser, Feuerpatschen und Decken zum Ersticken von Flammen. Feuerlöscher mit Trockenpulver oder $CO_2$-Schaum sind in der geschlossenen Kammer nicht ohne weiteres verwendbar. Daß in Kammern kein offenes Feuer benutzt werden darf und das Rauchen unter allen Umständen unterbleiben muß, braucht nicht besonders betont zu werden.

## 6.8. Beleuchtung

Das durch die Fenster in die Druckkammern einfallende Umgebungslicht reicht zu einer Ausleuchtung der Kammer nicht aus. Es müssen daher künstliche Beleuchtungseinrichtungen vorgesehen werden.

Grundsätzlich hat man sich zu entscheiden, ob die Beleuchtung innen oder außen angeordnet werden soll. Dabei ist es keine Frage, daß die Lichtausbeute bei einer Anbringung der Lichtquelle in der Kammer größer ist, als wenn das Licht erst durch ein Fenster einfallen muß. Trotzdem dürfte die äußere Anordnung der Lampen Vorteile bringen (siehe Tabelle):

|  | Innenlampen | Außenlampen |
| --- | --- | --- |
| Lichtausbeute | sehr gut | gut |
| Wärmeabfuhr | schlecht | gut |
| Wärmebelastung der Fenster | praktisch keine | kann gering gehalten werden |
| Druckdichtheit | erforderlich | nicht erforderlich |
| Installation | schwierig | keine besonderen Vorkehrungen |
| Raumbedarf | störend | ohne Einschränkung |
| Wartung | kompliziert | einfach |
| Kosten | druckdichte Lampen sind teuer | zusätzliche Fenster sind teuer, insgesamt aber etwas billiger als Inneninstallation |

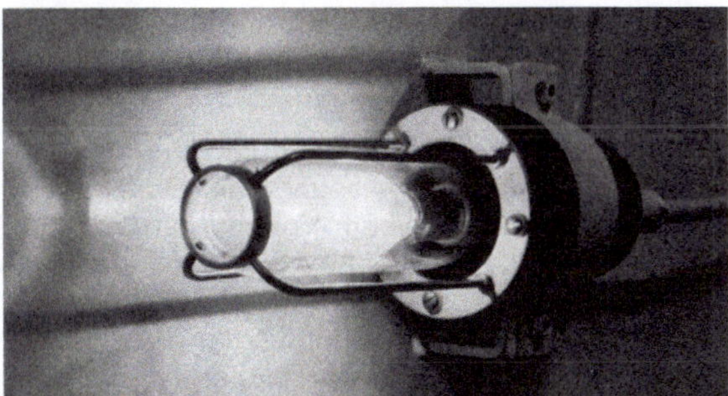

Bild 58   Innenleuchte                                    28 188

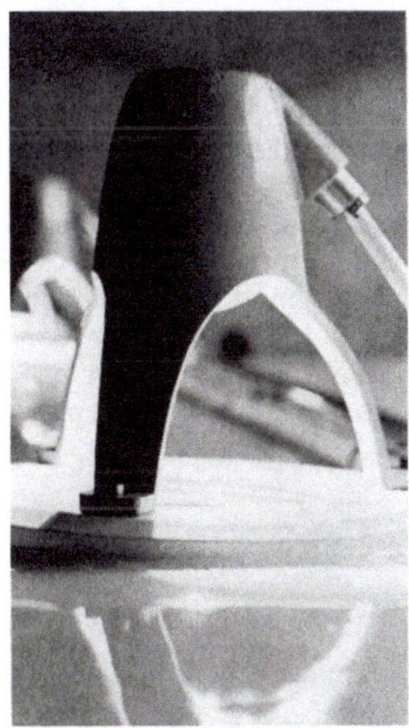

23 187

Bild 57   Außenleuchte

Gleichgültig, welche Anordnung auch gewählt wird, aus Sicherheitsgründen sollten auf jeden Fall Niedervoltlampen, die über einen Streufeldtransformator gespeist werden, verwendet werden. Eine der üblichen Außenleuchten zeigt
das Bild 57. In Bild 58 ist dagegen eine Innenlampe dargestellt, deren druckdichte Glasglocke bis 35 kp/cm² belastbar ist. Diese Innenbeleuchtung mußte
installiert werden, weil die Druckkammer innerhalb eines explosionsgefährdeten
Raumes aufgestellt wurde.

Um eine ausreichende Kammerhelligkeit zu gewährleisten, reichen für einen
Hauptkammerraum von 1800 mm Durchmesser und 2400 mm Länge normalerweise zwei Lampen à 100 Watt aus. Für die Vorkammer wird meistens nur eine
einzige Lampe eingesetzt.

Abschwenkbare Lampen vereinfachen den Glühbirnenwechsel und geben das
Fenster zu Beobachtungszwecken frei. Besondere Wärmeschutzscheiben über
den Sichtscheiben verhindern eine zu starke Erhitzung der Druckkammerfenster.
Die Glühbirnen selbst müssen in genügendem Abstand vom Fenster angeordnet
sein, wobei eine gute Wärmeabfuhr sicherzustellen ist.

### 6.9. Heizung — Kühlung

Einmannkammern, die meist als reine Rettungskammern Verwendung finden und
oft nur kurzfristig im Einsatz sind, weisen üblicherweise weder eine Heizung
noch eine Kühlung auf. Bei stationären Druckkammern gehört dagegen für den
Hauptkammerraum eine Heizung zur Standardausrüstung. Denkbar ist dabei
ein Wärmeaustausch mit den Energieträgern Dampf, Heißwasser oder elektrischem Strom. Standard ist heute die Elektroheizung. Dazu werden meist unter
den Sitzbänken rohrummantelte Heizstäbe eingezogen, die mit einem Lochblech
abgedeckt sind (Bild 59). Eine Stufenschaltung gestattet ein leichtes Einstellen
der gewünschten Kammertemperatur. Manuelle oder automatische Regelung ist
dabei meist dem Kunden überlassen.

Sollte die natürliche Wärmezirkulation nicht ausreichen, kann zusätzlich noch ein möglichst exgeschützter Ventilator eingebaut werden, der die Luftumwälzung in der Kammer beschleunigt.

Zur Temperaturmessung dienen Fernthermometer; dabei hat die praktisch trägheitslose elektrische Messung mit Bimetallthermometern Vorteile. Für eine Standardkammer mit einem Volumen von ca. 5 m³ reicht eine Heizleistung von 3500 Watt sehr gut aus. Leider kann jedoch die bei einem schnellen Druckabfall entstehende Expansionskälte nicht immer schnell genug ausgeglichen werden. Ein guter Notbehelf in der Praxis ist, daß man kurze Zeit vor der Kammerdruckabsenkung die Temperatur etwas über die Normaltemperatur anhebt und daß sich dadurch die Expansionskälte nicht so sehr auswirken kann.

Bild 59   Heizstäbe mit Lochblech abgedeckt                                    28 189

Eine wichtige Rolle spielt eine gute Heizung bei lang dauernden Versuchen, um für die Insassen ein behagliches Klima zu erreichen. Dies gilt insbesondere, wenn die Kammern mit Helium-Sauerstoff-Gemischen gefüllt sind. Die außerordentlich gute Wärmeleitfähigkeit des Heliums erfordert erheblich höhere Kammertemperaturen als üblich. Erst bei einer Temperatur von ca. 35 °C fühlen sich die Insassen wieder wohl.

Kühleinrichtungen sind dagegen in Druckkammern weit weniger häufig anzutreffen. Mit Ausnahme der Rekompressionszeit wird eine Kühlung des Kammerinnern auch kaum erforderlich sein. Um die Lufterwärmung vor allen Dingen während schneller Druckanstiege in Grenzen zu halten, können andere Lösungen wirksame Abhilfe schaffen (siehe Seite 54). In große Versuchsanlagen

62

werden dagegen hin und wieder Kühlanlagen eingebaut. Dabei sind die Einrichtungen meist so konzipiert, daß das Kälteaggregat außerhalb der Druckkammer angeordnet ist, während die Wärmeaustauscher unter der Decke in der Kammer aufgehängt oder in einem besonderen Umluftkanal untergebracht sind (Bild 60). Ein Ventilator sorgt für eine gleichmäßige Kammerluftumwälzung. Die erforderliche Kälteleistung muß für jeden Einsatzfall ermittelt werden.

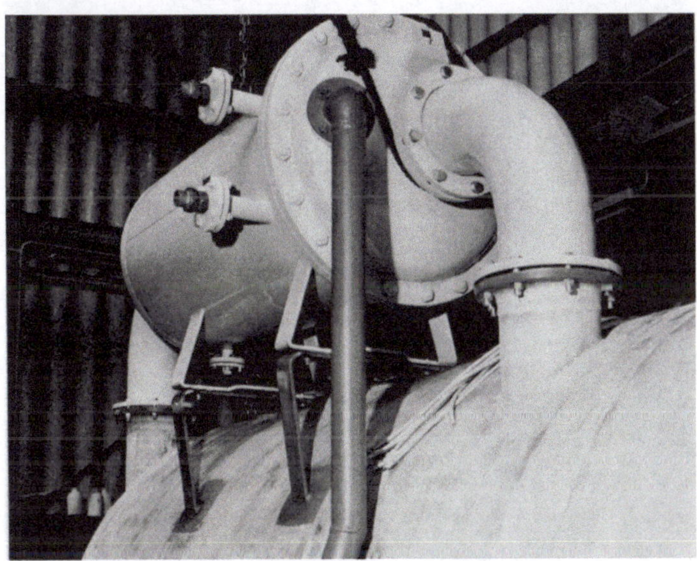

Bild 60  Wärmeaustauscher außerhalb der Druckkammer                28170

### 6.10. $CO_2$-Absorption

Im Zusammenhang mit der Frischluftspülung wurde die eine Möglichkeit der $CO_2$-Entfernung aus der Druckkammer besprochen.

Eine weitere Möglichkeit für die $CO_2$-Entfernung wird dann erforderlich sein, wenn eine dauernde Kammerspülung nicht erwünscht ist (Mischgasversuche). Für diesen Fall wird in der Kammer eine $CO_2$-Absorptionseinrichtung eingebaut. Wie das Bild 61 zeigt, besteht diese Anlage im wesentlichen aus einer langen Röhre, in die oben ein Ventilator ausreichender Leistung und unten ein auswechselbarer Kalkbehälter angebaut sind.

Die Steuerung der Anlage kann sowohl manuell als auch automatisch über ein kontinuierlich messendes $CO_2$-Meßgerät erfolgen. Ein tragbares Notaggregat, das auch gern in UWLs gebraucht wird, zeigt Bild 18 in Kapitel M.

### 6.11. Wasserdampf-Entfernung

Durch die ständige Wasserabgabe der Kammerinsassen steigt bei fehlender Kammerspülung die Luftfeuchtigkeit sehr rasch an und wird bald unangenehm. Eine Wasserdampf-Entfernung ist also für solche Fälle dringend angezeigt. Dazu kann im Aufbau praktisch die gleiche Einrichtung, wie sie auch für die $CO_2$-Absorption verwendet wird, eingesetzt werden. Der Kalkbehälter wird selbst-

verständlich anstelle des Atemkalkes mit einem wasserbindenden Mittel gefüllt
— beispielsweise Litiumhydroxid oder Silica-Gel.
Der Luftstrom wird umgekehrt — d. h. von oben nach unten — durch die Röhre
geleitet. Der Ventilator ist durch ein Haarhygrometer leicht zu steuern. Bekannt
ist auch die Ausfällung des Wasserdampfes an geeigneten Kondensations-
platten.

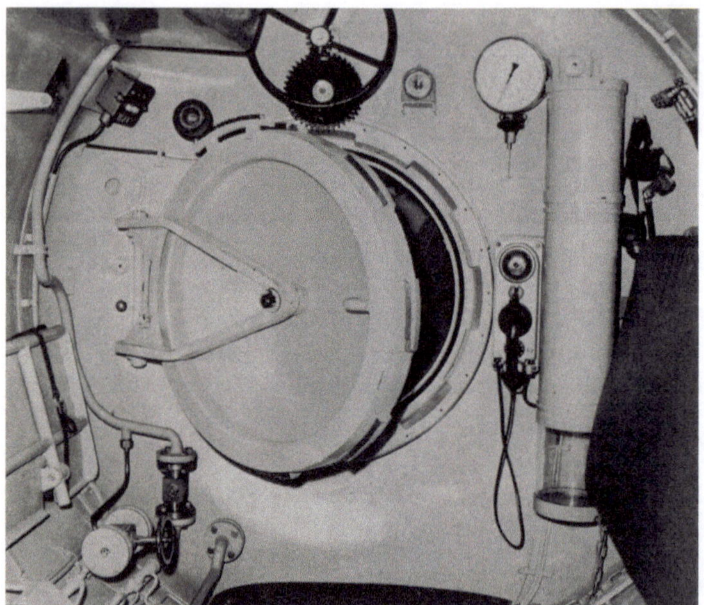

Bild 61   $CO_2$-Absorptionseinrichtung                              28 191

## 6.12. Schalldämpfer

Die Lärmbekämpfung darf in Druckkammern nicht vernachlässigt werden. Probleme ergeben sich insbesondere bei hochdruckgespeisten Anlagen.
Dort treten durch die großen Strömungsgeschwindigkeiten an der Entspan-
nungsdüse erhebliche Geräusche auf. Auch für die Spülungseinrichtungen
müssen ausreichend dimensionierte Schalldämpfer eingebaut werden, da die
Spülung unter Umständen während der ganzen Benutzungsperiode arbeitet.
Der Luftaustritt aus der Kammer wird ebenfalls durch Schalldämpfer abzu-
schirmen sein.

## 6.13. Kommunikationsmittel

Die Sprechverständigung Druckkammer — Schaltpult und zwischen den Innen-
räumen ist unerläßlich.
Grundsätzlich stehen zwei Systeme zur Verfügung: Telefon- und Lautsprechereinrichtungen. In vielen Druckkammeranlagen hat man aus Sicherheitsgründen
beide Einrichtungen.

Telefon:
Verwendung finden regelmäßig batterielose Systeme, die aus dem Schiffbau
übernommen wurden. Die Lautstärke dieser Telefone ist etwas gering, aber ausreichend. Der Anruf erfolgt durch das Drehen eines Induktors.

**Wechselsprechanlage:**
Häufigste Sprecheinrichtung ist die Wechselsprechanlage mit Lautsprecher.
Diese Anlagen, meist mit einer Hauptstelle und mehreren Nebenstellen, sind
allgemein bekannt und bedürfen keiner näheren Beschreibung.
Allerdings muß davor gewarnt werden, handelsübliche Bürosprechanlagen einzusetzen. Besonders dann, wenn die Druckkammern dem Einfluß von Seeluft
ausgesetzt sind, zeigen sich schon sehr bald erhebliche Störungen, die durch
Korrosion an den Kontaktstellen verursacht werden. Sogenannte Bordsprech-
anlagen bewähren sich hier wesentlich besser.

**Gegensprechanlagen:**
Den natürlichen Sprechverkehr ermöglichen Gegensprechanlagen. Ohne um-
ständliches Tastendrücken kann bei einer einigermaßen geordneten Sprechdisziplin ein Gespräch fast ohne jede Behinderung geführt werden. Die Um-
polung der Verstärkerrichtung erfolgt dabei automatisch über eine elektrische
Weiche. Lediglich bei großen Störpegeln in der Kammer kann vom Schaltpult
her mit einer Durchsetztaste die Sprechrichtung von außen nach innen erzwun-
gen werden. Bei einer Trennung Mikrofon—Lautsprecher und einer richtigen
Einpegelung ist die Übertragungsqualität ausreichend gut.
Es versteht sich, daß diese Anlagen nicht die billigsten sein können.

**Fernseh-Einrichtungen:**
Fernsehanlagen, vor allen Dingen in Labordruckkammern, sind alles andere als
ein Luxus. Bei Großanlagen ermöglichen sie beispielsweise dem Versuchsleiter,
sich schnell einen Überblick über die Vorgänge in sämtlichen Kammerräumen
zu verschaffen. Aber auch bei einfachen stationären Druckkammern wirkt die
sonst so sehr trennende Druckkammerwand durch die Verwendung einer Fernseheinrichtung wie nicht vorhanden. Der Mann am Schaltpult nimmt nun plötzlich

Bild 62  Fernsehanlage einer einschleusigen stationären Druckkammer

direkt am Druckkammergeschehen teil, und der bislang nur akustische Kontakt wird durch den optischen Kontakt wertvoll ergänzt.

Selbstverständlich kann das Kammerinnere auch durch die Fenster beobachtet werden; das erfordert aber mehr Personal und kann zu Übermittlungsschwierigkeiten führen. Das Bild 62 zeigt eine Fernsehanlage an einer einschleusigen stationären Kammer. Die Anordnung zeigt, daß die Kamera am Kammerboden der Hauptkammer installiert ist. Durch ein Weitwinkelobjektiv erhalten wir ein ausgezeichnetes Bild, das fast die ganze Kammer erfaßt.

Die Frage, ob die Kamera am besten innen oder außen angebracht werden soll, dürfte eigentlich nicht gestellt werden. Nur in Fällen, wo eine Innenanordnung unumgänglich ist, sollte man auf die Regel der Außenanordnung verzichten.

Der Monitor wird zweckmäßigerweise im oder über dem Schaltpult angebracht, muß aber in jedem Fall so liegen, daß Schaltpult und Monitor mit einem Blick übersehen werden können. Ein Innenaufbau der Kamera kann dort erforderlich werden, wo die gesamte Erfassung eines Raumes durch eine Außenanordnung nicht mehr gewährleistet ist. Beispielsweise kann in einem Naßtank für die gesamte Erfassung des Wasserraumes eine Konstruktion erforderlich sein, die das Auf- und Abbewegen und das Schwenken der Fernsehkamera erlaubt.

Dann kommt nur noch ein Innenaufbau in Frage. Die Kamera muß nun druckdicht gekapselt sein, und in der Kammerwand müssen entsprechende Durchführungen vorhanden sein.

Telewriter:

Es ist bekannt, daß unter bestimmten Bedingungen — hoher Druck, Sauerstoff-Helium-Gemische — die Sprechverständlichkeit sich außerordentlich verschlechtert. In diesen Fällen haben Telewriter ausgezeichnete Dienste geleistet. Wertvoll ist auch die Übermittlungsmöglichkeit von Skizzen.

## 6.14. Innenausstattung

Der Innenausstattung von Druckkammern wird in der Regel allzu wenig Bedeutung beigemessen. Nur wer Stunden oder gar Tage in einem solchen Raum verbracht hat, kann verstehen, daß es meist sehr kleine Dinge sind, die einem das Leben erheblich erleichtern können. Die oft gar zu spartanischen Einrichtungen sollten also doch ganz kritisch überprüft werden. Eine angenehme Atmosphäre kann unter Umständen schon durch eine aufgelockerte, physiologisch richtige Farbgebung erreicht werden. Wer sagt denn, daß das Kammerinnere immer in einem langweiligen Weiß gehalten werden muß? Eine farbliche Abstimmung der Türen, Fensterringe, der Sitze und Rohrleitungen bringt sicher eine ganze Menge Leben in den Raum.

Auch die Bänke dürfen sich nicht ganz lieblos als plane Blechplatten oder kahle Lattenroste präsentieren. Man sollte sich schon mal die Mühe machen, eine korrekte Sitzform zu finden und auch für den Rücken eine etwas bequemere Unterstützung als die kalte Kammerwand anbieten.

Sitzkissen mit unbrennbaren Bezügen und ein Kopfkeil für langes Liegen kosten nicht viel und sind doch unendlich wertvoll. Mit harten Männern hat dies nichts zu tun, im Gegenteil, abgequetschte Blutbahnen an scharfen Sitzkanten können einen guten Dekompressionsverlauf bestimmt nicht fördern.

Das Abstellen und Ablegen kleinerer Gegenstände sollte ebenfalls möglich sein, ohne gleich den ganzen Kammerboden zu belegen. Ein kleiner Tisch am Kammerende kostet nicht viel und schafft Wunder.

# I. Tauchsimulatoren

## 1. Allgemeines

Nicht nur für die Weiterentwicklung der Tauchgeräte werden Einrichtungen benötigt, mit denen eine Simulierung großer Tauchtiefen möglich ist, sondern auch für die Ausbildung und das Training der Taucher selbst sind solche Anlagen von großer Bedeutung.

Dies gilt in verstärktem Maße, seit die Eroberung des Kontinentalplateaus und des vorgelagerten Kontinentalabhanges mit größtem Nachdruck in Angriff genommen wurde. Da viele physiologische, medizinische und physikalische Probleme in diesem Zusammenhang noch zu lösen sind, ergeben sich mannigfaltige Aufgaben.

Tauchsimulatoren werden für die hierzu erforderlichen vielseitigen Versuche, Erprobungen und Tests unentbehrlich sein.

Diese Anlagen sollen es ermöglichen, zunächst unter optimalen Bedingungen Umwelteinflüsse zu simulieren, wie sie in 100, 200, 300 oder gar 1000 m Wassertiefe anzutreffen sind. Sie kommen durch die Art ihres Aufbaues den natürlichen Sicherheitsbedürfnissen in entscheidender Weise entgegen.

Bild 1  Tauchsimulator im Drägerwerk, Baujahr 1913, maximaler Betriebsüberdruck 20 kp/cm²

Einer der ersten großen Tauchsimulatoren wurde bereits 1913 im Drägerwerk, Lübeck, gebaut. Er war für eine Tauchtiefe von 200 m ausgelegt und in der technischen Konzeption seiner Zeit weit voraus (Bild 1). Viele technische Merkmale, die heute noch Gültigkeit haben, wurden schon damals angewendet.
Inzwischen hat sich eine Reihe von Kammersystemen herausgeschält, die zunächst den weiteren Betrachtungen vorangestellt werden soll.

## 2. Grundsysteme

Wesentliches Unterscheidungsmerkmal der Tauchsimulatoren gegenüber normalen Druckkammeranlagen ist die Tatsache, daß Tauchsimulatoren teilweise mit Wasser gefüllt werden können. Ob dabei die Anlagen ein- oder mehrräumig ausgeführt sind, ist zunächst von untergeordneter Bedeutung.

Zum Druckaufbau im wassererfüllten Raum wird der über der Wasseroberfläche verbleibende Gasraum unter Druck gesetzt. Dies kann mit Luft atmosphärischer Zusammensetzung oder mit Gasgemischen geschehen. Unmittelbar unter der Wasseroberfläche herrscht dann ein Druck, der genau dem des Gasraumes entspricht; mit zunehmender Wassertiefe kommt zu diesem Druck noch der hydrostatische Wasserdruck.

Dies bedeutet, daß beispielsweise in einem Tauchsimulator mit 5 m Wassertiefe der Druck am Boden in jeder Betriebsphase um 0,5 kp/cm² höher als an seiner Oberfläche ist. Geringfügige Unterschiede, hervorgerufen durch die Verwendung von Salz- und Süßwasser, brauchen nicht berücksichtigt zu werden.

Die verschiedenen Anlagensysteme, die heutzutage anzutreffen sind, wurden meist nicht aus anwendungstechnischen Gründen abweichend voneinander konzipiert, sondern ihre Gestaltung wurde durch rein finanzielle Überlegungen festgelegt. Selbstverständlich führen aber auch festigkeitstechnische Erfordernisse und die Wahl des maximalen Betriebsdruckes zu bestimmten Bauformen.

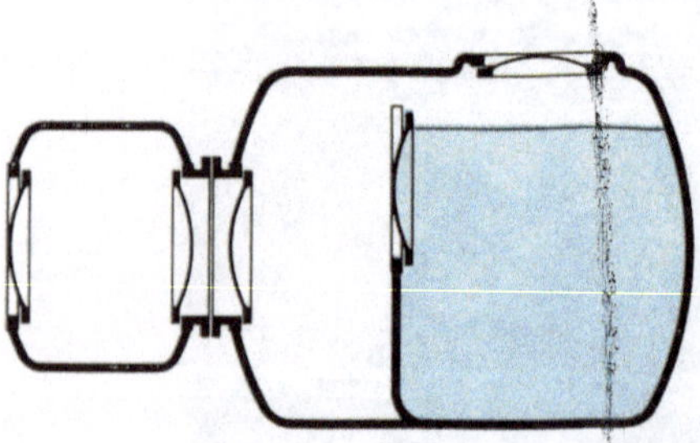

Bild 2 Tauchsimulator als horizontal liegender Zylinder ausgeführt, mit kleiner vorgesetzter Schleuse

Als wohl preiswertester Anlagenaufbau für Naßtauchversuche unter höheren Drücken ist die Konzeption nach Bild 2 anzusprechen. Hier hat man aus einer einschleusigen, stationären Druckkammer eine vollwertige Naßtauchanlage gebaut. Bei dieser schwedischen Version (Marine) ist der Versuchsablauf so vorgesehen, daß der Taucher bei bereits eingefülltem Wasser durch das obere Schott in das Bassin im Hauptkammerraum einsteigt. Eine Assistenz für den Taucher ist während des Versuches über die Zwischenwand hinweg in beschränktem Umfange möglich.

Ist der Versuch beendet, wird ein Teil des Wassers in einen separaten Behälter abgelassen, bis die Zwischentür geöffnet werden kann. Jetzt kann beispielsweise die Versuchsperson ausgewechselt werden. Soll sich jedoch eine normale Dekompression anschließen, wird das gesamte Wasser abgelassen; die Inneneinrichtung wie Sitzbänke, Liegen und ein Tisch, die während des Versuchs raumsparend verstaut waren, kann jetzt aufgebaut werden und ergibt dann einen normalen Druckkammerraum.

Die Abmessungen dieses Systems sind sehr variabel, jedoch sollte der Naßraum einen Durchmesser von mindestens 2 m aufweisen.

Mit diesem Kammermodell können zweifellos viele tauchtechnische und taucherphysiologische Untersuchungen durchgeführt werden. Einschränkend wirkt sich jedoch die Tatsache aus, daß ein Unterwasserschwimmen kaum möglich ist. Dagegen dürfte das Arbeiten mit einem Ergometerrad ohne Behinderung durchführbar sein. Daß die Hilfsmannschaft dem gleichen Druck wie der Taucher ausgesetzt ist, hat zweifellos Vor- und Nachteile. Nachteile vor allen Dingen deshalb, weil im Gegensatz zu anderen Systemen nicht die Möglichkeit der Wahl besteht.

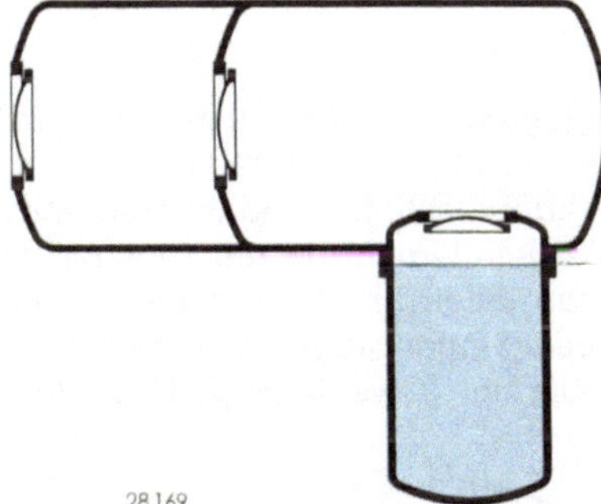

Bild 3  Tauchsimulator mit vertikal angeordnetem Naßraum; Dekompressionsraum und Naßraum können unabhängig voneinander druckbeaufschlagt werden.

Etwas günstigere Einsatzmerkmale ergibt dagegen der Anlagenaufbau nach Bild 3. Hier ist im rechten Winkel zum Dekompressionsraum ein zylindrischer Wasserbehälter angebaut. Die Höhe dieses Zylinders ist meist so bemessen, daß die Taucher noch aufrecht im Wasser stehen können. Schwimmen ist bei den oft beengten Verhältnissen nicht möglich. Ein Vorteil gegenüber der ersten Anlage ergibt sich jedoch dadurch, daß sich der Wasserraum druckmäßig völlig von der übrigen Druckkammer trennen läßt. Somit muß das Hilfspersonal nicht unter dem gleichen Druck stehen wie der Taucher selbst. Allerdings ist bei geschlossener Zwischenluke ein unmittelbarer Zugriff zum Taucher nicht möglich. Ob dies hingenommen werden kann, muß von Fall zu Fall ernsthaft erwogen werden; dabei darf auch die physiologische Belastung, die beim Taucher durch das völlige Abgeschlossensein entsteht, nicht unterbewertet werden.

Sind dagegen Material- und Gerätetests durchzuführen, bietet die Verschlußmöglichkeit des Naßraumes einige Vorteile. Günstig wirkt sich vor allen Dingen die Tatsache aus, daß auch bei hohen Betriebsdrücken der Gasaufwand zum Druckaufbau minimal gehalten werden kann.

Im Prinzip unterscheidet sich das System nach Bild 4 kaum von der ersten Anlage nach Bild 2.

Allerdings hat man hier den Naßraum als senkrecht stehenden Zylinder ausgeführt. Naß- und Trockenraum sind druckmäßig nicht voneinander zu trennen und nur durch eine Gräting unterteilt. Im Trockenraum ist seitlich eine kleine Schleuse angeordnet.

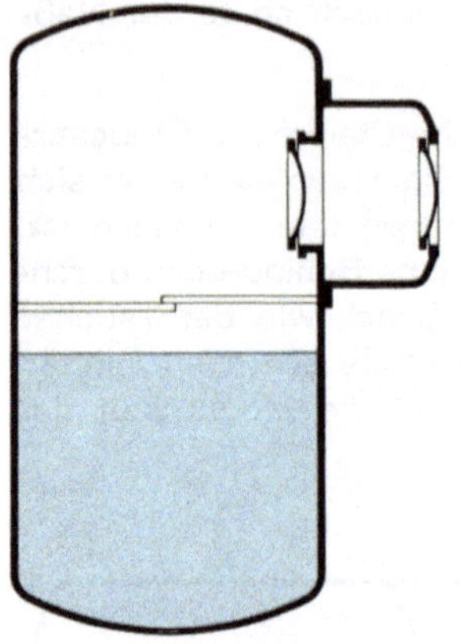

Bild 4 Tauchsimulator als vertikal stehender Zylinder; Naß- und Trockenraum nur durch eine Gräting getrennt; kleine, vorgesetzte Schleuse

28 170

Anlagen, die nach diesem Prinzip gebaut sind, zeichnen sich für die Taucherausbildung besonders durch ihren praktischen Aufbau aus. Bei der Anwendung in Lufttauchtiefen und unter Inkaufnahme des Umstandes, daß die Ausbilder dem gleichen Druck wie die Taucher ausgesetzt sind, ist bei einem relativ niedrigen finanziellen Einsatz ein beträchtlicher Einsatzwert gegeben. Günstige Arbeitsbedingungen liegen vor, wenn für den Behälter ein Durchmesser von 2500 – 3000 mm gewählt wird. Das gleichzeitige Schwimmen von 2 bis 3 Tauchern

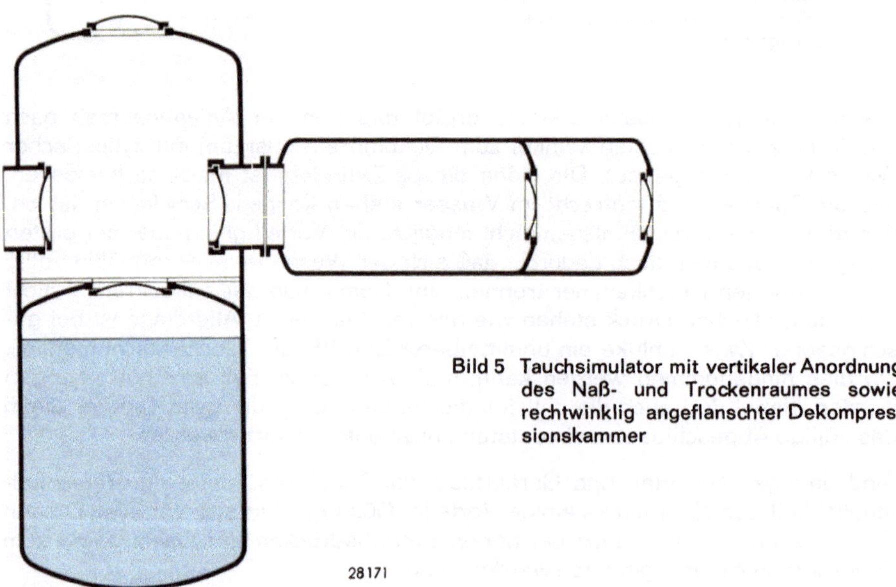

Bild 5 Tauchsimulator mit vertikaler Anordnung des Naß- und Trockenraumes sowie rechtwinklig angeflanschter Dekompressionskammer

28 171

70

Ist dann einigermaßen möglich. Vorteile ergeben sich auch durch die Möglichkeit der sofortigen Hilfeleistung. Sollen nur Trockentauchgänge durchgeführt werden, ist der große, lufterfüllte Hauptraum ein günstiger Ausbildungsplatz.

Gerätetests erfordern allerdings den Einsatz verhältnismäßig großer Luftmengen, wodurch die Anwendbarkeit für diesen Tätigkeitsbereich etwas eingeschränkt ist.

Großanlagen für mittlere Arbeitsdruckbereiche werden heute hauptsächlich nach einem Aufbausystem ausgeführt, wie es das Bild 5 zeigt. Hierbei befindet sich der Naßraum wieder in einem vertikal stehenden Zylinder, kann aber von dem etwa gleich großen, über ihm angeordneten Trockenraum druckdicht abgeschlossen werden. Rechtwinklig an diesen Trockenraum schließt sich die Dekompressionskammer an, die ihrerseits mit einer Schleuse ausgerüstet ist. Der Einsatzwert wird noch erhöht, wenn zwischen Trockenraum und Dekompressionskammer ein weiterer Schleusenraum eingefügt wird, da dann der horizontale und der vertikale Trakt völlig unabhängig voneinander betrieben werden können. Diese Anlagenausführung stellt eigentlich die Standardausführung für Tauchsimulatoren dar; man findet sie mit geringen Abwandlungen in vielen Taucherausbildungszentren der Marinen, in Forschungsinstituten und firmeneigenen Entwicklungslaboratorien. Die Vorteile der drei vorher beschriebenen Systeme werden hier in einer einzigen Anlage vereinigt, wenn man davon absieht, daß der finanzielle Aufwand beträchtlich ist und daß auch die rein baulich zu treffenden Maßnahmen nicht außer acht gelassen werden dürfen.

Für Tauchsimulatoren mit höchsten Betriebsdrücken sind zylindrische Druckkörperformen, vor allen Dingen bei größeren Volumina, sehr ungünstig. Deshalb wird für Anlagen, die Betriebsdrücke über 50 kp/cm² aufweisen, gern die Kugelform gewählt. Wird eine Betriebsdruckabstufung in Kauf genommen, wobei der Druck für die Kugel deutlich über dem des zylindrischen Körpers liegen kann, wird die Anordnung nach Bild 6 vorteilhaft zur Anwendung kommen.

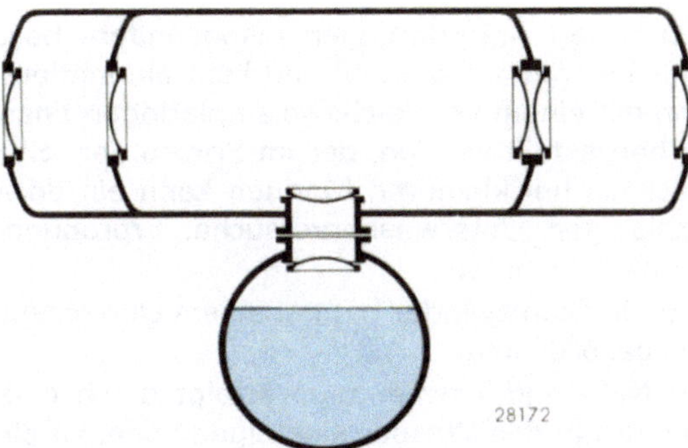


Bild 6  Tauchsimulator mit kugelförmigem Naßraum; Dekompressionsraum mit zwei Schleusen als Zylinder ausgeführt

Dabei kann, je nach Aufgabenstellung, die zweite Schleuse entfallen. Um eine einigermaßen gute Bewegungsmöglichkeit für den Taucher zu garantieren, sollte allerdings der Kugeldurchmesser bei 3000 mm liegen.

Bei Anlagen für höchste Betriebsdrücke in allen Räumen ist es günstig, diese als eine Kombination verschiedener Kugelbehälter aufzubauen. Eine mögliche Anordnung zeigt das Bild 7.

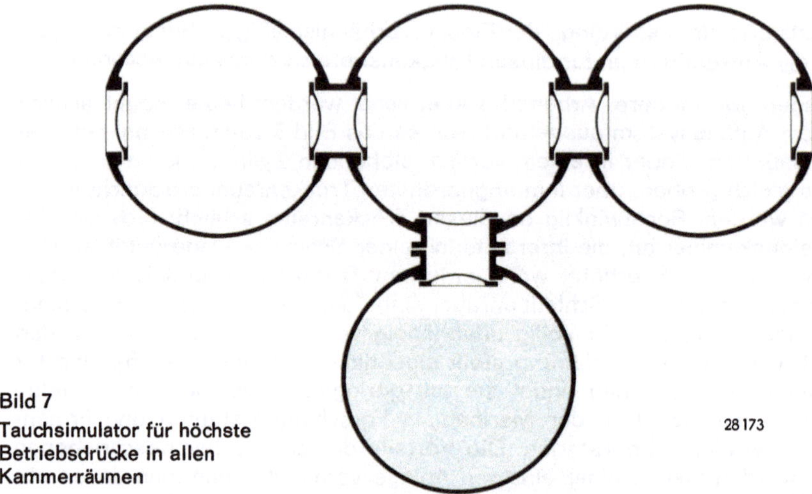

Bild 7
Tauchsimulator für höchste
Betriebsdrücke in allen
Kammerräumen

28 173

Durch den konsequenten Einbau von Doppeltüren kann grundsätzlich jeder Raum völlig unabhängig von den anderen betrieben werden.
Anhand verschiedener Ausführungsbeispiele werden nachstehend noch einige Ausführungshinweise gegeben.

## 3. Tauchsimulatoren (Ausführungsformen)

### 3.1. Einfacher Tauchsimulator mit einer Schleuse

Werden keine allzu hohen Anforderungen insbesondere bezüglich eines getrennten Dekompressionsraumes gestellt und liegt ein mittlerer Betriebsdruckbereich vor, so kann mit einem vergleichsweise niedrigen finanziellen Aufwand ein Tauchsimulator hergestellt werden, der im Prinzip dem System nach Bild 4 entspricht. Hauptsächlich bei kleineren Marinen kann ein derartiger Simulator für fast alle einschlägigen Unterwasserversuche, Erprobungen und für das Tauchertraining eingesetzt werden.
Der senkrecht stehende Stahlzylinder hat bei einem Durchmesser von 2500 mm eine lichte Höhe von ca. 5000 mm.
Die Unterteilung in Naß- und Trockenraum erfolgt durch eine Gräting. Damit der Taucher unbehindert in das Wasser einsteigen kann, ist ein Viertelsegment drehbar gelagert und kann leicht geöffnet und geschlossen werden. Durch mehrere, in verschiedener Höhe angebrachte Fenster können die Taucher auch von außen beobachtet werden. Das Wasser im Tank kann über eine Umwälzanlage in drucklosem Zustand gereinigt werden.
Die Erwärmung erfolgt durch den Wärmeaustausch mit einer unter den Bodenrosten liegenden Heißwasserspirale. Wie das Bild 8 zeigt, ist im oberen Teil des senkrecht stehenden Zylinders eine kleine Schleuse angebracht, um auch bei

unter Druck stehender Anlage Personal ein- und ausschleusen zu können. Die Schleuse hat einen Durchmesser von 1500 mm und ist in der äußeren Türfassung mit einem Bajonettflansch ausgerüstet, der den Anschluß von Einmanntransportkammern gestattet.

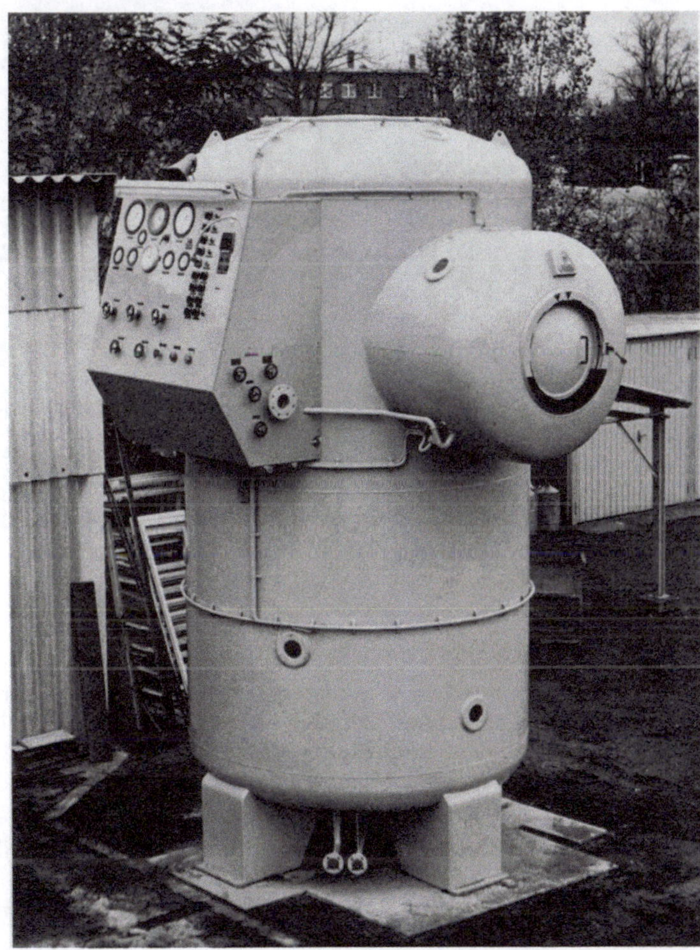


Bild 8  Tauchsimulator der Königlichen Holländischen Marine vor dem Einbau

Die Bedienungselemente zur Steuerung der Anlage sind in einem kompakten Schaltpult zusammengefaßt. Dabei gleichen die Armaturen für die Pneumatik und die Elektrik grundsätzlich denen der Druckkammern, die im Kapitel H beschrieben sind.

Tauchsimulatoren nehmen am Aufstellungsort in der Regel mindestens zwei Stockwerke ein. Schaltpult und Einstieg sind im ersten Stock (Bild 9), während der Naßraum im Erdgeschoß liegt.

Bemerkenswert ist noch die Schnellentwässerung, die es erlaubt, beim maximalen Kammerbetriebsdruck von 10 kp/cm² den Wasserspiegel innerhalb von 4 Minuten auf die Hälfte abzusenken.

Bild 9   Tauchsimulator der Königlichen Holländischen Marine                    28175

## 3.2. Tauchsimulator mit Dekompressionskammer

Physiologische Untersuchungen in weitgestecktem Rahmen, Geräteerprobungen, Taucherausbildung, Training und Verfahrensforschung sind nur einige Teile eines Programmes, das mit Hilfe einer Anlage nach Bild 10 durchgeführt werden kann. Es mußte hier allerdings eine Modellaufnahme gewählt werden, weil die Größe der Anlage eine natürliche Aufnahme fast ausschließt.

Das System dieses Tauchsimulators entspricht im wesentlichen dem Bild 5, mit dem Unterschied, daß noch zwischen den senkrecht stehenden Trakt und die horizontal liegende Dekompressionskammer eine weitere Schleuse eingefügt wurde.

Die beiden vertikal stehenden Kammerräume D und E bilden gewissermaßen das Herz der Anlage.

Beide Räume sind normalerweise für einen maximalen Betriebsdruck von 50 kp/cm² gebaut, d. h., es können Wassertiefen bis zu 500 m simuliert werden. Beide senkrecht stehenden Behälter haben einen Durchmesser von 3000 mm, die Wasserhöhe beträgt maximal 3000 mm. Damit ist gewährleistet, daß in diesem Bassin schon recht gut geschwommen werden kann. D und E sind durch einen kurzen Schacht miteinander verbunden. Der druckdichte Verschluß — eine hydraulisch angetriebene Tür — hat eine lichte Weite von 1000 mm, so daß auch größere Geräte in den Naßraum eingebracht werden können. Das Bild 11 zeigt einen Taucher beim Einstieg in den Naßraum; deutlich zu erkennen ist auch der Durchtritt in den horizontal angeschlossenen Dekompressionstrakt. Eine 1000er

74

Tür — beidseitig druckbelastbar — mit einem Bajonettverschluß mit Zentral-
antrieb bildet den Verbindungsweg. Die Kammer C bildet eine Schleuse zwischen der Naßanlage und der Dekompressionskammer B und A. Der großzügige
Aufbau der Gesamtanlage ermöglicht entweder das Fahren zweier voneinander
völlig getrennter Programme oder den Fall, daß in der Dekompressionskammer
eine Mannschaft noch dekomprimiert wird, während die Naßanlage schon wieder für einen neuen Versuch vorbereitet wird.

Die Abmessung der Dekompressionskammer mit einem Durchmesser von
1800 mm und einer Länge von ca. 5000 mm ist so gehalten, daß bei einem ver-
tretbaren Aufwand die Insassen eine relativ große Bewegungsfreiheit haben.
Der maximale Betriebsdruck für A und B beträgt 25 kp/cm². Die Steuerung und
Überwachung der Gesamtanlage erfolgt von einem zentralen Schaltpult aus.

Zusätzlich zu den Steuer- und Schaltelementen, die bereits von den normalen
Dekompressionskammern her bekannt sind, kommen weitere Überwachungs-
systeme: So wird beispielsweise während der Versuchsprogramme die Gaszusammensetzung der Kammerluft ($O_2$, $CO_2$, Helium und Gasverunreinigungen)
ständig gemessen und registriert. Eine automatische Regelung der Temperatur
und — in bestimmten Grenzen — der Feuchtigkeit ist vorgesehen. Elektrisch
abgeschirmte E-Durchführungen aus allen Haupträumen ermöglichen die Aufnahme von EKG, EEG und anderen wichtigen physiologischen Daten. Vorgesehen sind außerdem Atemstellen in den Kammern, die mit den unterschiedlichsten
Gasgemischen versorgt werden können. Selbstverständlich sind an allen kritischen Punkten Notatemstellen untergebracht, die im Bedarfsfalle der Besatzung sofort zur Verfügung stehen.

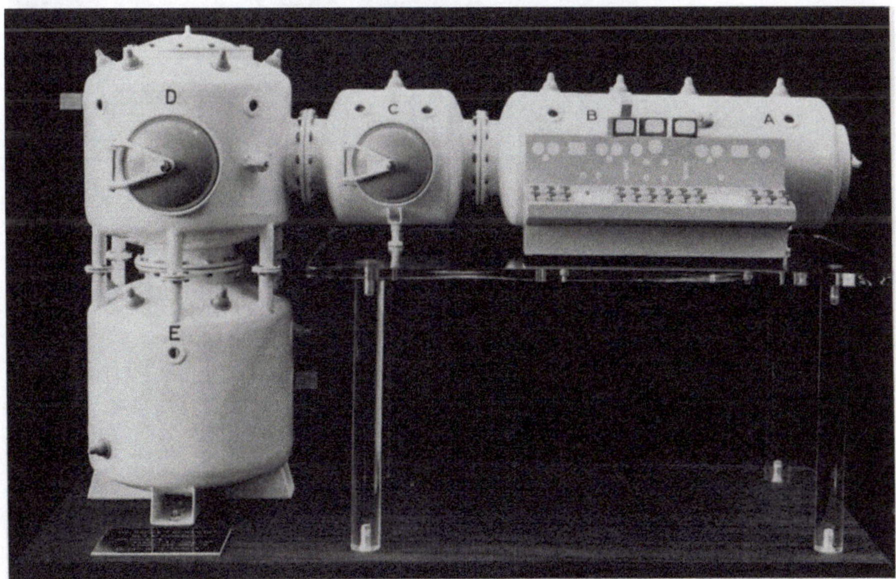

Bild 10  Tauchsimulator mit Dekompressionskammer (Modellaufnahme)   28 176
Betriebsdruck der Kammerräume A und B 25 kp/cm²
Betriebsdruck der Kammerräume C, D und E 50 kp/cm²

75

Besondere $CO_2$-Absorptionsanlagen im Innern der Räume ermöglichen — vor allen Dingen bei der Anwendung von teuren Sauerstoff-Helium-Gemischen — einen völlig geschlossenen Betrieb, wobei nur der verbrauchte Sauerstoff zugeführt werden muß, um den erforderlichen Partialdruck zu gewährleisten.

Um Taucher und Gerät den Umweltbedingungen in großen Wassertiefen so naturgetreu wie möglich gegenüberzustellen, kann der Naßtank wahlweise mit See- oder Süßwasser gefüllt werden. Die Wassertemperatur ist stufenlos zwischen $+4°C$ und $+30\,°C$ zu variieren. Eine Wasseraufbereitungsanlage, die jedoch nicht mit in das Drucksystem einbezogen ist, sorgt dafür, daß das Wasser in hygienisch einwandfreiem Zustand gehalten wird.

Die zentrale Befehlsübermittlung erfolgt durch Lautsprecher und Telefon, getrennt oder gemeinsam innerhalb und außerhalb der Kammerräume. Da unter bestimmten Versuchsbedingungen die akustische Kommunikation problematisch sein kann, ist gleichzeitig ein Telewriter-System mit eingebaut.

Eine Fernsehanlage, wahlweise schaltbar auf sechs Kameras und drei Monitore, vermittelt dem Versuchsleiter jederzeit einen unmittelbaren Eindruck vom Geschehen in den einzelnen Kammerabteilen.

Zusätzlich ist in den Naßraum eine Fernseh-Filmkamera-Kombination einbaufähig. Dieser Aufnahmeblock ist in einem Laufwagen untergebracht, der auf einer Schiene in jede gewünschte günstige Aufnahmeposition gebracht werden kann. Der Schwenkkreis von nahezu $180°$ schließt jeden toten Winkel aus. Die Einstellung der Tiefenschärfe erfolgt von einer Kommandoeinheit außerhalb der

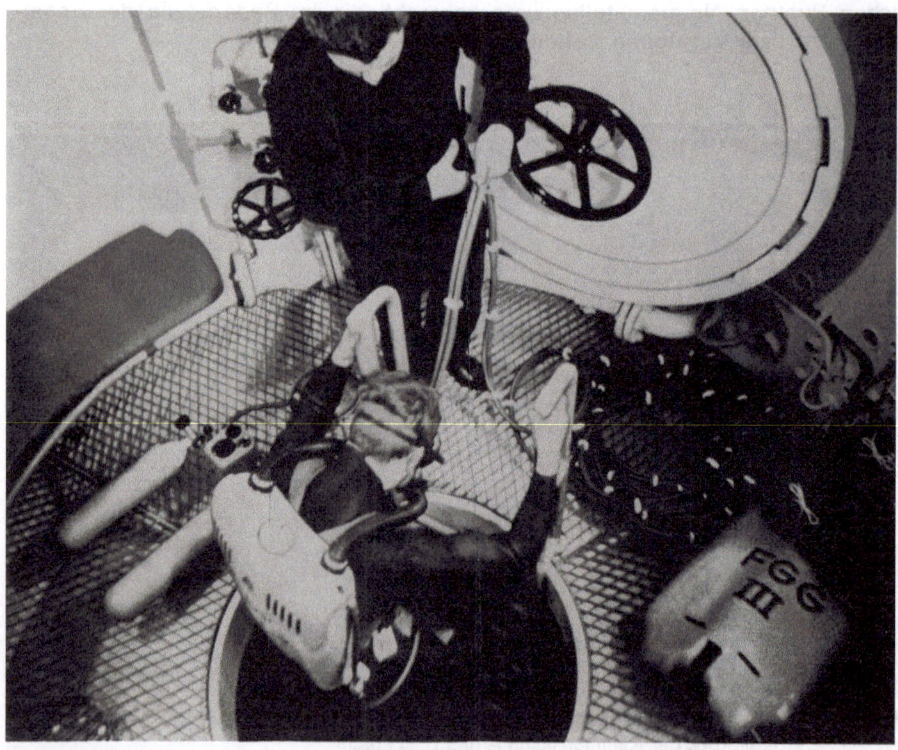

Bild 11  Einstieg eines Tauchers in den Naßraum eines Tauchsimulators

Kammer, von wo aus auch alle anderen Steuervorgänge durchführbar sind. Erscheint auf dem Monitor ein brauchbares Bild, kann die Filmkamera durch Knopfdruck in Tätigkeit gesetzt werden. Selbstverständlich kann diese Anlage auch durch einen Ampex-Aufzeichner erweitert werden, womit praktisch die Filmkamera ersetzt werden kann.

Forschungsanlagen, die mit einem Rechner ausgestattet sind, wurden von Fall zu Fall so programmiert, daß automatisch ganze Dekompressionen gefahren wurden, wobei der Ablauf entsprechend dem vorhergehenden Tauchprogramm bestimmt wurde.

### 3.3. Tauchsimulator für hohe Betriebsdrücke

Die Anforderungen an die Tauchsimulatoren, insbesondere im Hinblick auf den Betriebsdruck, wurden entsprechend den tatsächlichen Bedürfnissen in den letzten Jahren bedeutend gesteigert. Drücke von 70—100 kp/cm² in den Naßräumen — entsprechend 700—1000 m Wassertiefe — sind keine Seltenheit mehr; allerdings ergeben sich dadurch beim Bau von Druckbehältern bei größeren Abmessungen erheblich mehr Schwierigkeiten. Zylindrische Bauformen führen zu Materialdicken, die kaum noch zu bewältigen sind. Da eine Kugel gegenüber einem Zylinder festigkeitsmäßig besondere Vorteile hat, findet man immer mehr Anlagen, die aus einer Aneinanderreihung verschiedener Kugelbehälter bestehen; es ist dann der Fall, wenn für alle Kammerräume dieser hohe Betriebsdruck gefordert wird. Kombinationen von Zylinder

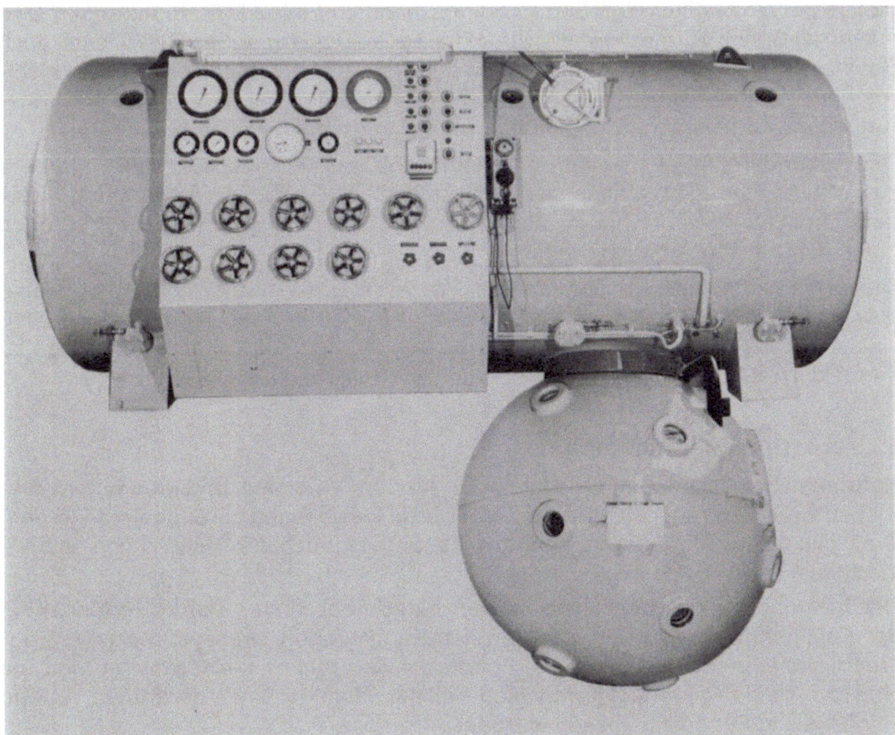

Bild 12  Tauchsimulator mit kugelförmigem Naßraum (Betriebsdruck 100 kp/cm²) und zylindrischer Dekompressionskammer (Betriebsdruck 60 kp/cm²)

28178

— liegend — und Kugel werden dann besonders angewendet, wenn der Dekompressionsdruck gegenüber dem Naßraum einen geringeren Betriebsdruck aufweist. Das Bild 12 zeigt eine derartige Kombination (System nach Bild 6). Während die als Naßraum ausgebildete Kugel mit einem maximalen Betriebsdruck von 100 kp/cm² betrieben werden kann, ist die darüber liegende zylindrische Dekompressionskammer für „nur" 60 kp/cm² ausgebildet.

Es besteht kein Zweifel darüber, daß die Kugelform in der Praxis Nachteile hat. Dies bezieht sich nicht nur auf die Unterbringung der Besatzung selbst, sondern wirft auch lüftungstechnische Probleme auf. Deshalb scheint die hier getroffene Kombination Vorteile zu haben, da der Aufenthaltsraum, der mit Sicherheit am meisten und längsten belegt ist, sowohl räumlich für die Besatzung etwas Bequemlichkeit zuläßt, als auch lüftungstechnisch keine besonderen Anforderungen stellt.

Die Instrumentierung entspricht mit geringfügigen Ausnahmen der unter 3.2. beschriebenen Anlage. Erschwerend wirken sich die höheren Betriebsdrücke aus, da man in der Auswahl der Armaturen immer mehr eingeengt wird.


## 4. Bauelemente

Die für die Herstellung von Tauchsimulatoren einzusetzenden Bauelemente unterscheiden sich nicht von denen, die für den Bau von Druckkammern verwendet werden. Dies trifft besonders für den Dekompressionstrakt zu, da es sich hier ja um eine vollwertige Druckkammer handelt. Einige Einschränkungen sind nur im Naßraum zu machen. Wird für die Tankbefüllung außer Süßwasser auch Seewasser verwendet, so erscheint es äußerst ratsam, wo immer möglich, nichtrostende Stähle einzusetzen. An Verschlußelementen haben sich durch Plattierungen mit Edelstählen sehr günstige Betriebsergebnisse gezeigt.

Das besondere Augenmerk ist auch auf den Oberflächenschutz des Behälters zu richten. Eine sich ablösende Farbschicht kann außerordentlich viel Ärger bereiten. Gut bewährt haben sich spritzverzinkte Oberflächen, die nur noch einen dekorativen Anstrich erhielten.

Die Erwärmung und Abkühlung des Wassers geschieht zweckmäßigerweise durch entsprechende Wärmeaustauscher. Werden Rohrschlangen eingesetzt, sind diese auf äußeren Überdruck zu berechnen, um ein Zusammendrücken zu vermeiden.


## 5. Versorgungseinrichtungen

Naturgemäß müssen entsprechend der großen Volumina und der hohen Betriebsdrücke von Tauchsimulatoren erhebliche Gasmengen bereitgestellt werden. Dies gilt nicht nur für Luft, sondern besonders auch für Helium und andere Inertgase.

Die hierzu erforderlichen Gasbatterien einschließlich der Verdichtereinheiten, der Reinigungsanlagen und der Verteilereinrichtungen beanspruchen nicht nur erhebliche Unterbringungsräume, sondern fallen auch finanziell bedeutend ins Gewicht. Beide Faktoren dürfen also bei der Planung einer derartigen Anlage keinesfalls außer acht gelassen werden.

Weitere Angaben zu diesem Komplex werden zusammenfassend im Kapitel „Versorgungsanlagen" behandelt.

# K. Tauchkammern, Taucherglocken, Beobachtungskammern, Rettungskammern

## 1. Allgemeines

Die rasche Entwicklung der Tieftauchtechnik ist nicht zuletzt auf die vermehrte Anwendung verbesserter Tauchkammeranlagen zurückzuführen. Dabei sind die Tauchkammern fast regelmäßig Bausteine eines kompletten Tieftauchsystems, das außerdem noch die Deckdekompressionskammer, die Tieftauchgeräte und die Versorgungs- und Windenanlage umfaßt. Unter Tauchkammern in diesem Zusammenhang versteht man wasser- und druckdichte Behälter ohne Eigenantrieb, die mit Winden ins Wasser abgesenkt werden und unter Wasser einen Taucherausstieg erlauben.

Die Tauchkammern dienen dem Taucher als Transportmittel in vertikaler Richtung und bilden gleichzeitig die Einsatz- und Zufluchtbasis in nächster Nähe des Unterwasserarbeitsplatzes für den Tauchereinsatz selbst.

Insbesondere mit der Einführung von Sättigungsverfahren wurde die Anwendung der Tauchkammern zu einer unbedingten Notwendigkeit; erlauben sie doch den Ab- und Aufstieg bei jedem gewünschten Kammerdruck ohne Rücksicht auf den umgebenden Wasserdruck.

In der Tauchkammer selbst findet der Taucher eine sichere Rettungsinsel vor, in der es warm, trocken, hell und vergleichsweise bequem ist. Die Möglichkeit, die Tauchkammer sehr nahe an dem Arbeitsort des Tauchers zu stationieren, verringert die physiologischen und psychologischen Schwierigkeiten erheblich. In der Regel erfolgt die Gasversorgung der Taucher aus der Tauchkammer heraus; aber auch die Energieversorgung für die Anzugheizung kann hier auf kürzestem Wege an den Taucher herangebracht werden.

Da die Tauchkammern normalerweise mit genügend direkten oder indirekten Beobachtungsmöglichkeiten ausgerüstet sind, ist eine visuelle Überwachung und Absicherung der arbeitenden Taucher leicht möglich.

Die Wirtschaftlichkeit des Tauchkammereinsatzes ist am größten bei ihrer Anwendung innerhalb des Sättigungsverfahrens, insbesondere dann, wenn mehrere Tauchergruppen nacheinander eingesetzt werden können. Aber auch alle anderen Tieftauchaufgaben können durch den Einsatz von Tauchkammern meist wirtschaftlicher gestaltet werden; in jedem Fall wird die Sicherheit der Taucher gesteigert.

So ist es fast selbstverständlich, daß heute die meisten Taucharbeiten in großen Tiefen, sei es auf Bohrinseln, an Staudämmen oder bei Schiffsbergungen mit Hilfe von Tauchkammeranlagen durchgeführt werden.

Einsatzmöglichkeiten von Land, vom Schiff, vom Floß oder von Bohrinseln aus sind vielfach erprobt und erfolgreich abgeschlossen worden.

Zu beachten ist noch, daß die Taucher auch dann sicher an ihren Arbeitsort gebracht werden können, wenn schwere See oder große Strömung einen freien Taucherabstieg lebensgefährlich werden lassen. Da die Taucher in der Tauchkammer unter Druck an die Oberfläche gebracht werden können, ist jederzeit eine sichere Dekompression möglich.

## 2. Überblick über die Bauformen

Bei der Betrachtung der möglichen Bauformen drängt sich unwillkürlich ein Vergleich mit den stationären Druckkammern auf. Auch bei den Tauchkammern sind äußerst viele Systeme und Varianten möglich.

Nachfolgend wird versucht, eine gewisse Systematik aufzuzeigen, wobei als besondere Merkmale die Anzahl der Räume, die Druckbelastbarkeit, die Anflanschmöglichkeit, die mögliche Besatzungszahl und die Art der Gasversorgung die Tauchkammerausführung kennzeichnen sollen.

### 2.1. Einraum-Tauchkammern

Bezüglich Aufbau und Kosten verursachen die Einraum-Tauchkammern im Regelfall den geringsten Aufwand. Die Außenabmessungen können relativ klein gehalten werden, und die Größenordnungen der zu bewältigenden Gewichte sind überschaubar.

Somit ist der Einsatzwert dieser Ausführungsform unbestritten günstig. Ein möglicher Nachteil, allerdings auch fast der einzige, dürfte jedoch sein, daß auch die Hilfspersonen unter dem gleichen Druck stehen wie der Taucher selbst. Geht man jedoch davon aus, daß dem Taucher in jeder Situation ohne zeitlichen Verzug Hilfestellung gegeben werden muß, ist der Einsatz von Einraum-Tauchkammern immer vorteilhaft. Die üblichen Grundformen sehen wir in Bild 1. Sehr gebräuchlich ist dabei die Ausführung A. Der stehende, zylindrische Behälter ist an beiden Enden mit tiefgewölbten Klöpperböden versehen. Die Skizze zeigt die mögliche Ausrüstung mit seitlichem Transferflansch und mit einem Kopfeinstieg. Bei der einfachsten Ausführung gibt es nur den Bodenausstieg ohne Anflanschmöglichkeit und u. U. mit einer Türkonstruktion, die nur eine einseitige Druckbelastung erlaubt.

Bei den Abmessungen soll ein Durchmesser von 1300 mm möglichst nicht unterschritten werden. Für Taucher und Hilfstaucher als Mindestbesatzung ist in diesem Fall wirklich nur noch das zumutbare Minimum an Bequemlichkeit gegeben.

Eine weitere Verringerung des Kammerdurchmessers führt unweigerlich zu einer unsicheren Handhabung der Einrichtung und der Tauchgeräte. Der optimale Tauchkammerdurchmesser liegt bei ca. 1500 mm; in einer solchen Tauchkammer haben zwei Taucher bequem Platz, im Bedarfsfalle kann eine dritte Person mit aufgenommen werden.

Die Höhe der Tauchkammer ist so zu bemessen, daß eine ausgewachsene Person noch aufrecht stehen kann. Damit ergeben sich für tauchklare Tauchkammern Gewichte, die in einem Bereich von 2,5–5 t liegen. Im Zusammenhang mit der Ballastfrage wird das Gewichtsproblem noch näher behandelt.

Die maximalen Betriebsdrücke für zylindrische Behälter, vor allem für Außendrücke, liegen bei den gegebenen Abmessungen und bei der Verwendung hochwertiger Kesselbaustähle in der Größenordnung von 25 kp/cm². Allerdings könnte durch eine Spantarmierung der Einsatzbereich noch erweitert werden. Da aber in jedem Falle nach Abwurf der Ballastgewichte ein positiver Auftrieb gewährleistet sein muß, findet aus Gewichtsgründen auch diese Hilfsmaßnahme ihre natürliche Anwendungsgrenze.

80

Bild 1
Grundformen von Einraum-
Tauchkammern

**A**

Zylindrische Einraumkammer
mit Bodenausstieg, Seitentransferflansch, Kopfeinstieg
und festem oder losem Ballast

**B**

Zylindrische Einraumkammer
mit Auskragung im oberen
Kammerdrittel; Ausführung
mit Bodenausstieg, Boden-
flanschring, Kopfeinstieg und
festem oder losem Ballast

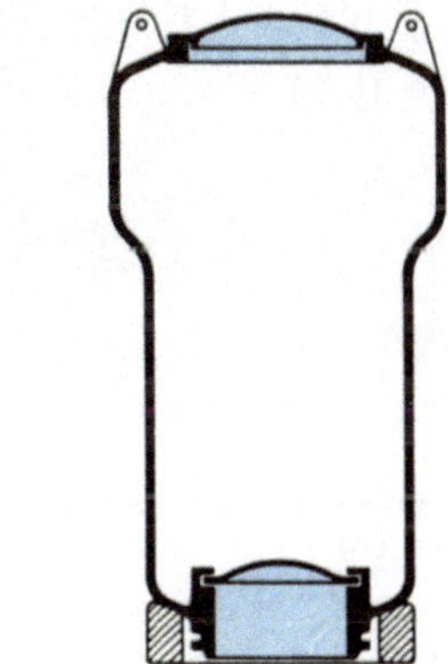


**C**

Kugelige Einraumkammer mit
Bodenausstieg, Bodenan-
flanschring, Kopfeinstieg und
festem oder losem Ballast

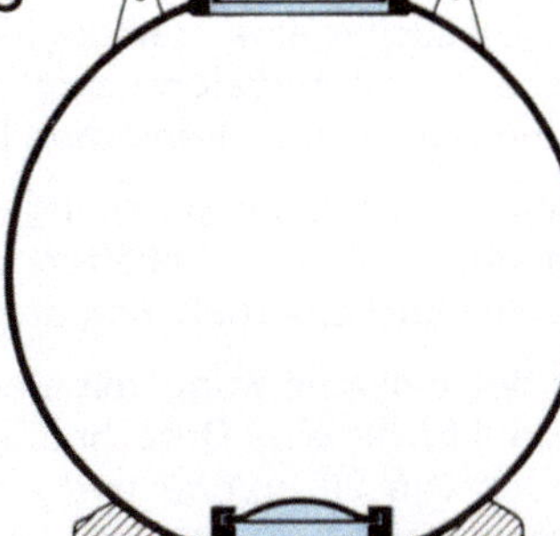

28 194

Bild 2  Einraum-Tauchkammer Galeazzi (Einfachausführung) beim Tieftaucheinsatz im Albaner
See (Mittelitalien)

Die Bilder 2 und 3 zeigen zwei bekannte Ausführungsformen von zylindrischen
Einraumkammern in einfacher Ausführung.

Komplizierter in der Form und teurer in der Herstellung ist die Behälterform B.
Die Ausnutzung des Kammervolumens stellt ein Optimum dar, da in der
oberen Auskragung alle zum Betrieb erforderlichen Instrumente, Behälter und
Armaturen untergebracht werden können.

Der untere, engere Zylindermantel bleibt völlig von Armaturen und Geräten frei,
so daß für die Taucher eine „reibungslose" Bewegungsmöglichkeit gegeben ist.
Eine mögliche Ausführungsform zeigt das Bild 4. Eine hier nicht gezeigte Zwit-
terausführung würde einen konischen Druckbehälter darstellen.

In bezug auf die Druckbeanspruchung, gleichgültig von welcher Seite, ist zweifellos die Kugelform C der Behälter der Wahl. Bei kleinster Oberfläche und
geringsten Wanddicken erhält man das größte Kammervolumen.

So hat zum Beispiel eine Kugel mit einem Durchmesser von 2000 mm und einem
Volumen von 4,67 m³ eine Berechnungswanddicke von 15 mm bei einem äußeren Überdruck von 20 kp/cm² und der Verwendung von Kesselbaustahl H 1.
Unter gleichen Umständen ergibt sich für einen Zylinder mit 1500 mm Durchmesser und 2000 mm Höhe ein Volumen von 3,5 m³ und eine Wanddicke von

28 195

Bild 3  DRÄGER-Tauchkammer TK 100 in einsatzbereitem Zustand auf dem deutschen For-
schungsschiff „Friedrich Heinke" der Biologischen Anstalt Helgoland

18 mm. Für Außendrücke über 20 kp/cm² muß daher in jedem Falle der Einsatz von Kugelbehältern in Erwägung gezogen werden.

Leider sind die Kugelbehälter im Vergleich zu zylindrischen Druckbehältern verhältnismäßig kompliziert in der Herstellung, und die Beschaffung der Kugelhalbschalen ist nicht immer einfach. Die Preise der Behälter nach obigem Beispiel verhalten sich wie ca. 1,4 : 1.

Die Kugelbehälter werden in der Regel aus Kugelhalbschalen zusammengesetzt, bei größeren Durchmessern ist auch eine Segmentbauweise möglich.

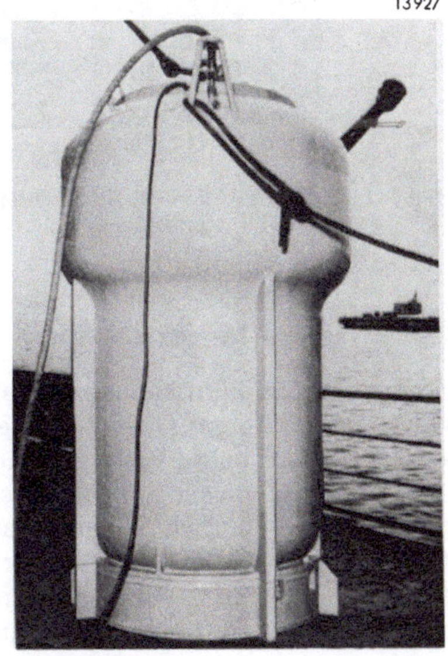

13 927

Bild 4  Einraum-Tauchkammer mit Auskragung des zylindrischen Druckkörpers (Taucherschiff „Belos" der Königl. Schwedischen Marine)

83

Das Bild 5 zeigt eine Tauchkammer in Kugelbauform, die für einen maximalen Innen- und Außendruck von 50 kp/cm² bestimmt ist.

Bild 5  Einraum-Tauchkammer in Kugelform Modell DRÄGER TK 500, ausgelegt für maximalen Innen- oder Außendruck von 50 kp/cm² entsprechend einer Einsatztiefe von 500 m

## 2.2. Zweiraum-Tauchkammern

Trotz des hohen Einstandspreises, des großvolumigen Aufbaues und des damit verbundenen hohen Gewichtes befinden sich eine Reihe von Zweiraum-Tauchkammern im Einsatz. Offensichtlich wird die Möglichkeit, die Taucherarbeiten von einem Raum mit atmosphärischem Druck zu überwachen, recht hoch eingeschätzt. Ohne Zweifel ist es auch ein bestechendes Arbeitsverfahren, beispielsweise in 200 m Tiefe die Taucher von einem sicheren, überdrucklosen Raum aus zu beobachten, anzuleiten und, wenn erforderlich, die richtigen Entscheidungen für ihre Rettung einzuleiten.

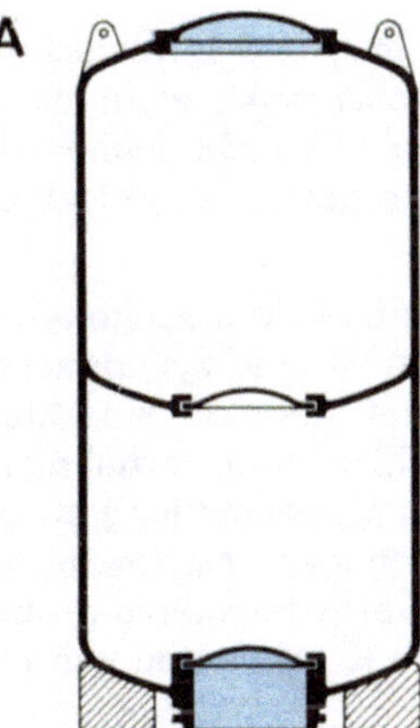

**A**

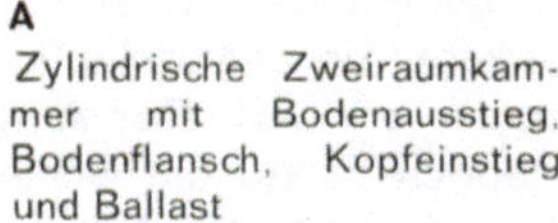

**A**
Zylindrische Zweiraumkam-
mer mit Bodenausstieg,
Bodenflansch, Kopfeinstieg
und Ballast

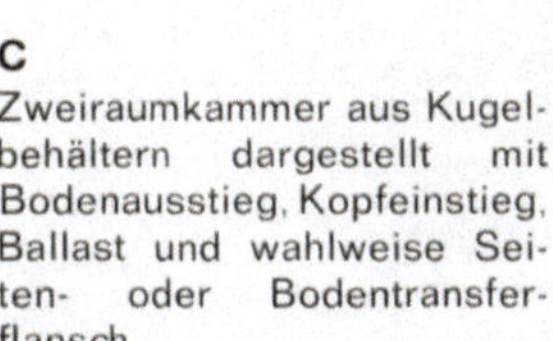

**B**

**B**
Zweiraumkammer in einer
Kugel-Zylinder-Kombination
mit Bodenausstieg, Boden-
flansch und Kopfeinstieg

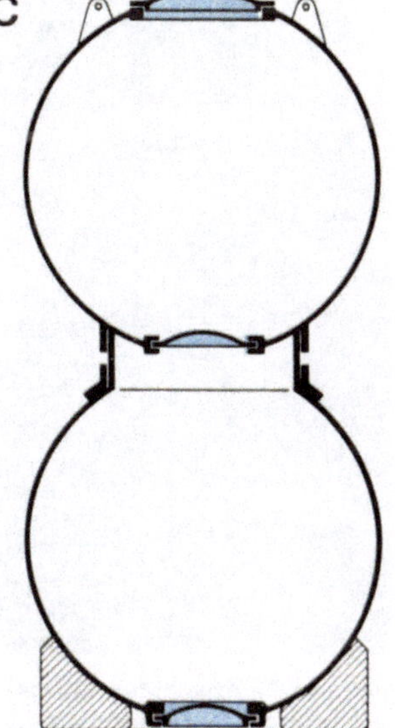

**C**

**C**
Zweiraumkammer aus Kugel-
behältern dargestellt mit
Bodenausstieg, Kopfeinstieg,
Ballast und wahlweise Sei-
ten- oder Bodentransfer-
flansch

Bild 6
Grundformen von
Doppelraum-Tauchkammern

28 193 b

Die körperliche und psychische Belastung ist so für den Einsatzleiter auf ein Minimum beschränkt, wodurch seine Arbeitsleistung erhöht wird. Daß solche Arbeitsverfahren nicht immer die preiswertesten sein können, ist selbstverständlich, sie gewähren jedoch ein Maß an Sicherheit, das kaum mehr zu überbieten ist.

Im Bild 6 sind die Möglichkeiten von Zweikammersystemen einander gegenübergestellt. In A ist eine zylindrische Ausführung gezeigt, die zwangsläufig an eine auf den Kopf gestellte einschleusige Druckkammer erinnert. Der Aufbau und die Herstellung sind verhältnismäßig einfach, jedoch dürfte die Schleuse bei normaler Aufgabenstellung zu großvolumig sein und daher ein hohes Einsatzgewicht erbringen. Nachteilig wirkt sich bei diesen Bauformen auch immer wieder die verhältnismäßig große Gesamthöhe aus. Besser erscheint die Lösung nach B, eine Kombination von einer Kugel mit einem Zylinder. Die Kugel ergibt

Bild 7  Doppelraum-Tauchkammer (Kugel-Zylinder) System Divcon mit Seitentransferflansch und autonomer Gasversorgung

Bild 8  Doppelraum-Tauchkammer Ocean System (Kugel-Kugel)                    28 215

genügend Raum für die bequeme Unterbringung des oder der Einsatzleiter und ermöglicht in nahezu idealer Weise die Anbringung der Überwachungsinstrumente und Steuerarmaturen. Durch günstige Anordnung der Fenster auf der Kugeloberfläche ist eine fast unbehinderte Beobachtung nach allen Seiten möglich. Die unter der Kugel angeordnete zylindrische Schleuse wird in den Abmessungen so groß gehalten, daß maximal zwei Taucher mit ihren Geräten Aufnahme finden.

Bedingt durch die Kugelform des oberen Kammerteiles und den geringen Durchmesser des unteren zylindrischen Kammerraumes sind Betriebsdrücke bei dieser Bauform bis ca. 40 kp/cm² möglich; Voraussetzung dafür ist die Verwendung hochwertiger Kesselbaustähle.

Das Anflanschen kann sowohl seitlich als auch von unten erfolgen. Um die universelle Verwendung und einen möglichst hohen Sicherheitsfaktor zu garantieren, werden teilweise beide Anflanscharten gleichzeitig in einer Tauchkammer vereinigt. Eine Ausführungsform zeigt das Bild 7. Allen Ansprüchen, vor allen Dingen in bezug auf höchste Betriebsdrücke, genügt die Ausführung C. Die Kombination zweier Kugeln zu einer Zweiraum-Tauchkammer erfüllt in festigkeitstechnischer Hinsicht alle Wünsche. Beide Abteilungen sind sowohl von der Innendruck- als auch von der Außendruckbeanspruchung her gesehen ideale Baukörper. Einer allzu häufigen Anwendung stehen jedoch auch hier zunächst hohe Kosten, Gewichtsgründe und die große Bauhöhe entgegen.

Da die Kugelform für den nassen Teil der Tauchkammer nicht sehr günstig ist, wird natürlich viel Volumen verschenkt.

Ein aufrechtes Stehen des Tauchers erfordert in jedem Falle auch für den unteren Raum einen Durchmesser von wenigstens 1800—2000 mm. Eine solche Ausführung zeigt das Bild 8.

### 2.3. Druckbelastbarkeit (innen — außen)

Die Tauchkammern unterscheiden sich von Taucherglocken grundsätzlich dadurch, daß sie unten nicht dauernd offen, sondern hermetisch verschließbare Behälter sind.

Bei modernen Konstruktionen ist dabei der Druckbehälter regelmäßig von innen und auch von außen überdruckbelastbar. Nur noch einige veraltete Ausführungsformen sind so ausgelegt, daß sie zwar größeren Innendrücken, aber nur minimalen Außendrücken standzuhalten vermögen.

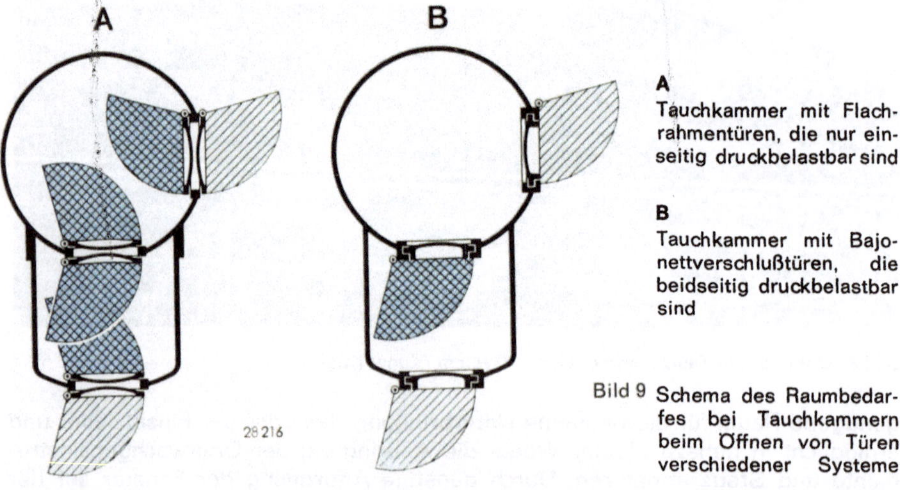


Bild 9 Schema des Raumbedarfes bei Tauchkammern beim Öffnen von Türen verschiedener Systeme

Die beidseitige Druckbelastbarkeit stellt an die Druckbehälterkonstruktion große Anforderungen. Besonders stark wirken bei zylindrischen Behältern hohe Außendrücke. Kann man aus bestimmten Gründen nicht auf eine Kugelform übergehen, hilft nur noch die Spantbauweise.

Großen Einfluß hat die Doppelbelastbarkeit auch auf die Zwischenbodenausführung bei Zweiraum-Tauchkammern und vor allem auf die Türkonstruktion. Dabei hat man sich grundsätzlich zu entscheiden, ob man mit den mechanisch einfacheren Doppeltüren arbeiten will, die aber vergleichsweise viel Raum beanspruchen, oder beispielsweise Bajonettverschlüssen den Vorzug gibt. Die Gegenüberstellung in Bild 9 zeigt den Raumbedarf bei diesen beiden Ausführungsmöglichkeiten.

Es dürfen auch nicht die Fensterkonstruktionen und die Durchführungen vergessen werden, die die Behälterwand durchbrechen. Diesen Dingen ist bei der Ausarbeitung große Aufmerksamkeit zu widmen, damit bei der späteren Druckbelastung weder in der einen noch in der anderen Richtung Undichtheiten auftreten können.

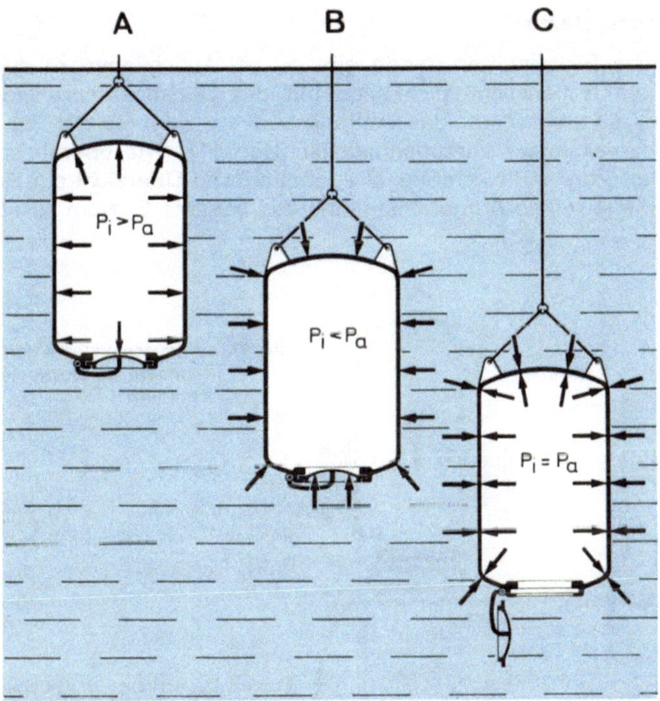


Bild 10   Druckbelastungsfälle für Tauchkammern

**A** Innendruck größer als Außendruck.   Dieser Betriebszustand wird erreicht, wenn die Tauchkammer als Transferkapsel eingesetzt wird.

**B** Außendruck größer als Innendruck.   Dieser Betriebszustand wird erreicht, wenn die Tauchkammer beispielsweise als Beobachtungskammer eingesetzt wird.

**C** Innendruck gleich Außendruck.   Dieser Betriebszustand liegt vor, wenn Taucher die Tauchkammer verlassen und der Bodenausstieg geöffnet ist.

In Bild 10 sind schematisch die drei möglichen Belastungsfälle, die bei einer Tauchkammer auftreten können, aufgezeigt.

Innerer Kammerüberdruck herrscht beispielsweise dann vor, wenn die Kammer mit geschlossenem Ausstieg aus größerer Tiefe zurückkommt und unter dem Druck der 1. Austauchstufe an die Deckdekompressionskammer angekoppelt werden soll. Da vielfach die Tauchkammern gleichzeitig auch die Aufgabe der Deckdekompressionskammer übernehmen (Kombinationskammern), kann bei inneren Überdruck die ganze Dekompression ausgefahren werden.

Äußeren Kammerüberdruck hat man dann, wenn die Tauchkammer mit atmosphärischem Innendruck auf die Tauchtiefe abgesenkt wird und dann erst auf

Ausgleichsdruck gebracht wird, oder aber, wenn sie als reine Beobachtungskammer Verwendung findet. Gleicher Innen- und Außendruck herrscht grundsätzlich immer dann vor, wenn ein Taucher ins Wasser aussteigt. Bei geöffneter Bodentür ist dann der Gleichgewichtsfall erreicht, der bei einer Taucherglocke immer vorliegen muß.

## 2.4. Anflanschsysteme

Grundsätzliche Systemunterschiede gibt es bei Tauchkammern auch noch in bezug auf die Anflanschmöglichkeiten mit der Deckdekompressionskammer. Dabei ist zu überlegen, ob das Anflanschen auf oder seitlich zu der Deckdekompressionskammer vorzunehmen ist (Bild 11). Wie überall haben beide Möglichkeiten Vor- und Nachteile. Die tabellarische Übersicht auf Seite 91 soll helfen, für die jeweilige Aufgabenstellung das bessere System herauszufinden.

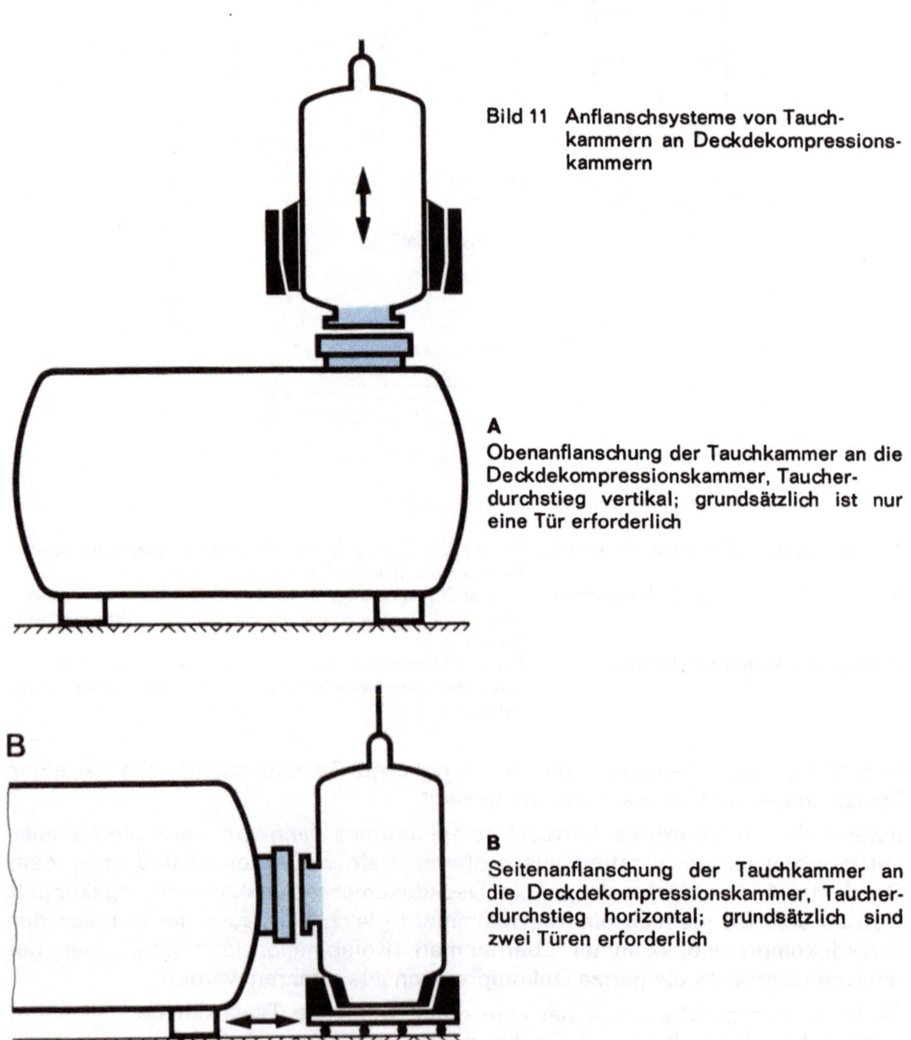



Bild 11  Anflanschsysteme von Tauchkammern an Deckdekompressionskammern

**A**
Obenanflanschung der Tauchkammer an die Deckdekompressionskammer, Taucherdurchstieg vertikal; grundsätzlich ist nur eine Tür erforderlich

**B**
Seitenanflanschung der Tauchkammer an die Deckdekompressionskammer, Taucherdurchstieg horizontal; grundsätzlich sind zwei Türen erforderlich

|  | Anflanschung oben | Anflanschung seitlich |
| --- | --- | --- |
| Erzielung der Dichtheit | Ausgezeichnet. Die Tauchkammer stellt sich aufgrund ihres Eigengewichtes plan auf die Dichtungselemente ein. Eine besondere Einjustierung ist nicht erforderlich. | Eine genaue Einjustierung ist erforderlich. Die beiden Verbindungsflansche müssen genau planparallel zueinander angeordnet sein. |
| Einfädeln in die Führungseinrichtung | Durch konisch zulaufende Führungsschienen gut möglich. Größere Pendelgefahr durch erhöhte Kranhöhe. | Durch spezielle Auffangeinrichtungen sehr gut möglich. Ablauf kann praktisch selbsttätig erfolgen. |
| Hantieren der Tauchkammer | Der große seitliche Versatz erfordert umfangreiche Maßnahmen. | Der kleine Horizontalweg ist leicht zu bewältigen. |
| Verschiebung des Gewichtsschwerpunktes | Bei Decksanordnung verlagert sich durch die großen Gewichte der Schwerpunkt sehr stark nach oben. | Beeinflussung im geringstmöglichen Maß. |
| Anordnung der DDC unter Deck | Sehr gut möglich. Kein Einfluß durch Witterung. | Schlecht möglich. Erfordert großen Deckdurchbruch und viel Unterdecksraum. |
| Umstieg DDC-SDC | Vertikaler Durchstieg sehr gut möglich. | Horizontaler Durchstieg ist für die Taucher etwas beschwerlicher. |
| Aufwand | Aufwand ist sehr gering, da der Bodenausstieg gleichzeitig Durchstieg zur DDC ist. | Der Aufwand ist groß, da zusätzlich eine seitliche Tür in die Kammer eingebracht werden muß. |

Aus der Übersicht geht hervor, daß eine Obenanflanschung Vorteile bietet. Sie ist nicht nur billiger, sondern auch sicherer, und zwar sowohl in bezug auf das Anflanschen selbst als auch auf den Tauchvorgang. Trotzdem können immer wieder Fragen des Gewichtsschwerpunktes und der Deckshöhen eine Seitenanflanschung unumgänglich machen. Besonders vorsichtige Firmen rüsten daher ihre Tauchkammern für beide Anschlußmöglichkeiten aus.

## 3. Tauchkammer-Bauelemente

Ähnlich wie bei den Dekompressionskammern sind auch bei den Tauchkammern ohne Rücksicht auf das System viele Bauelemente gleich oder gleichartig. Die an Hand einer Einraum-Tauchkammer nachfolgend aufgeführten Beispiele können fast ausnahmslos auch auf jedes andere Tauchkammersystem übertragen werden.

Bild 12  Einraum-Tauchkammer DRÄGER TK 200                    28 219

Das Bild 12 zeigt eine Kammer, die für maximal 3 Personen Besatzung ausgelegt ist. Der Innen- und Außendruck kann 20 kp/cm² erreichen. Die Kammer besitzt einen Seitentransferanschluß und ist Bestandteil einer kompletten Tieftauchanlage.

92

### 3.1. **Türen**

Die Türen zwischen den einzelnen Kammerräumen oder die Tür des Seitentransferanschlusses können in ihrem Aufbau grundsätzlich von den Dekompressionskammern (Kapitel H) übernommen werden. Da nur wenig Raum zur Verfügung steht, wird man auf kleinere Türdurchmesser übergehen. An die Stelle der Normtüren von 800 mm Durchmesser tritt eine Tür mit 600 mm bzw. 700 mm lichter Weite. Das Bild 13 zeigt vom Kammerinnern aus eine 600 mm Transfertür. Das Öffnen und Schließen des Bajonettverschlusses läßt sich leicht durch das Handrad über eine Zahnradvorlage durchführen.

Bild 13  Transfertür von innen (DRÄGER-Tauchkammer TK 200)          28 220

Die Ausführungen für ein- und doppelseitige Druckbeaufschlagung, die Türformen und die Abdichtungsmöglichkeiten sind gleich denen der Dekompressionskammertüren. Es ist jedoch darauf zu achten, daß zumindest die Dichtflächen aus nichtrostendem Material hergestellt werden. Aufpanzerung der in Frage kommenden Stellen mit VA-Stählen hat sich bewährt.

Einer besonderen Beachtung bedarf der Bodenausstieg. Diese Tür, die im Wasser geöffnet und geschlossen wird, muß größte Betriebssicherheit aufweisen. Dabei ist besonders der Gewichtsausgleichs-Mechanismus zu berücksichtigen.

Die Taucher und die Hilfsleute, die unter sehr extremen Umweltbedingungen arbeiten und oft bis zur Grenze ihrer Leistungsfähigkeit belastet sind, sollten durch die Türbedienung nicht auch noch über Gebühr beansprucht werden. Je nach Betriebsdruck, Türdurchmesser und Materialeinsatz sind die Gewichte der Türen sehr verschieden.

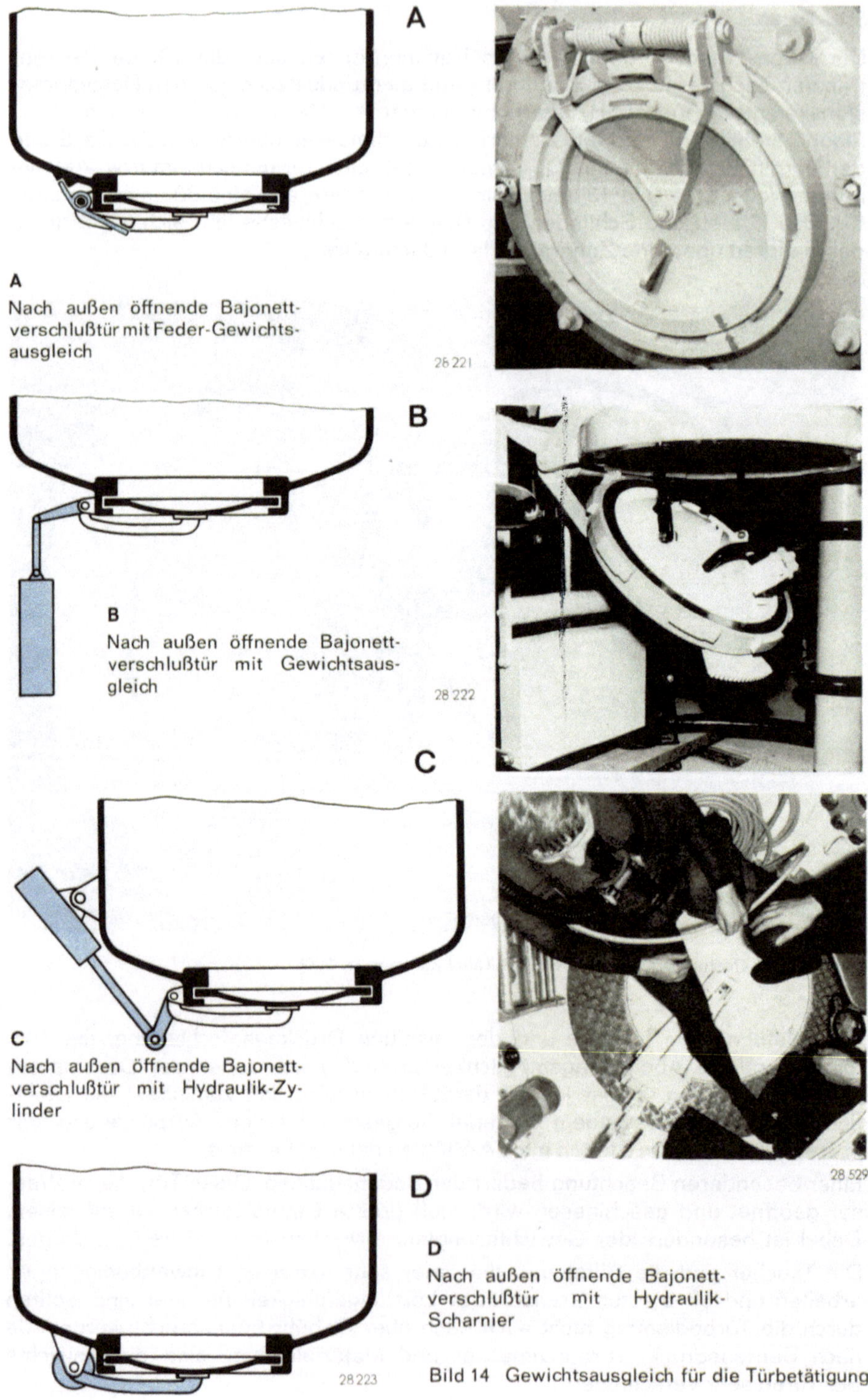



**A**

Nach außen öffnende Bajonettverschlußtür mit Feder-Gewichts-
ausgleich

**B**

Nach außen öffnende Bajonettverschlußtür mit Gewichtsausgleich

**C**

Nach außen öffnende Bajonettverschlußtür mit Hydraulik-Zy-
linder

**D**

Nach außen öffnende Bajonettverschlußtür mit Hydraulik-
Scharnier

Bild 14  Gewichtsausgleich für die Türbetätigung

94

So wiegt beispielsweise eine Bajonettverschlußtür, ausgelegt für beidseitige Druckbelastung von 20 kp/cm² und mit einem lichten Durchmesser von 600 mm immerhin 260 kg. Geht man zu Doppeltüren über, können sich die Gewichte geringfügig verringern, dafür wird aber sehr viel Bewegungsfreiheit eingebüßt. Das Bild 14 zeigt schematisch die Möglichkeiten des Gewichtsausgleiches bzw. des Türbetätigungsmechanismus.

Die Ausführung A hat einen Federausgleicher. Schwierig ist hier die einwandfreie Federauslegung, da selbst Federn mit einer sehr kleinen Federkonstanten c für die Tür immer nur in einer ganz bestimmten Stellung den vollen Gewichtsausgleich ermöglichen. Als günstigste Stellung wird man wohl einen Winkel von 45° beim Ausgleich wählen, so daß zum vollständigen Öffnen und vollständigen Schließen etwa die gleiche Kraft aufzubringen ist. In jedem Fall aber ist es von Vorteil, einen kleinen Seilzug zur Verfügung zu haben, um die Tür unter allen Umständen zu schließen.

Sehr häufig findet man auch einen Gewichtsausgleich in der Form B. Ob dabei das Gewicht außen an einem Rahmen oder in der Kammer selbst angelenkt ist, hängt davon ab, ob die Tür nach innen oder nach außen schlägt. Wichtig ist bei dieser Form des Türgewichtsausgleiches auf alle Fälle, daß durch eine geeignete Konstruktion bei jeder Türlage ein möglichst voller Gewichtsausgleich gegeben ist. Daß die oft schweren Gewichte gut geführt werden müssen, um ein loses Pendeln zu vermeiden, ist selbstverständlich. Als Werkstoff für das Gewicht wird je nach dem zur Verfügung stehenden Raum entweder Blei oder Gußeisen verwendet.

Bei der Lösung nach C wird ein Hydraulik- oder Pneumatikzylinder zur Türbewegung eingesetzt. Über ein Gelenk wird die gradlinige Bewegung in eine

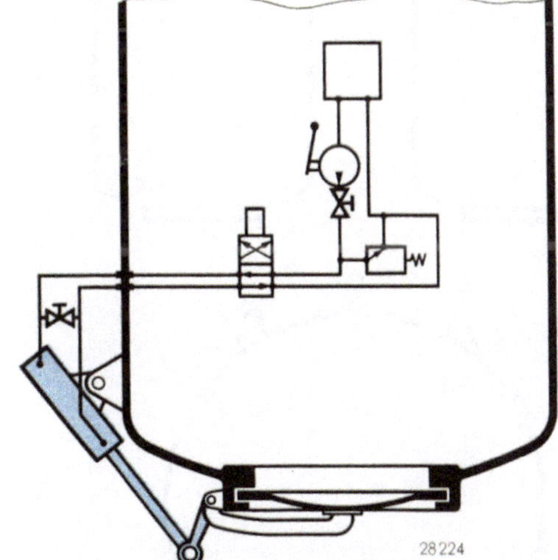


Bild 15  Hydraulischer Türantrieb

Drehbewegung umgesetzt. Das Foto zeigt eine technisch besonders attraktive Lösung. Der in das Innere einer Kugel von 1800 mm Durchmesser eingebaute Türöffnungsmechanismus betätigt mit einem Hydraulikzylinder (Kolbendurchmesser 50 mm) eine Tür von 700 mm lichter Weite. Diese Tür ist beidseitig mit einem Druck von 50 kp/cm² belastbar und wiegt 450 kg.

Zum Öffnen der Tür muß diese zunächst 46 mm in axialer Richtung bewegt und dann anschließend abgeschwenkt werden. Dieser relativ komplizierte Bewegungsvorgang wird durch eine entsprechende Gelenkkonstruktion erreicht. Das Türverschließen selbst geschieht durch das radiale Ausfahren von vier Backen, die in eine entsprechende umlaufende Nut eingreifen. Die Abdichtung übernimmt ein Rundschnurring.

Dagegen ist die Lösung nach D die eleganteste. Die Tür ist dabei an einem sogenannten Kraftscharnier aufgehängt, dessen Drehkolben eine direkte Drehbewegung ausführen. Die Betätigung erfolgt über eine einfache hydraulische Pumpe vom Kammerinneren aus. Der Raumbedarf für diese Einrichtung ist sehr gering, da die normale Scharniergröße nur unwesentlich überschritten wird. Das Schema (Bild 15) zeigt einen kompletten hydraulischen Türantrieb. Dabei wird davon ausgegangen, daß kein Druckreservoir zur Verfügung steht. Werden an der Tauchkammer jedoch mehrere Hydraulikeinheiten verwendet, scheint der Einsatz einer elektrisch betriebenen Pumpe durchaus angebracht.

### 3.2. Fenster

Die Fenster in der Tauchkammer dienen ausschließlich Beobachtungszwecken. Ihre Anzahl und Anordnung ist so auszuwählen, daß bei den gegebenen Umständen optimale Ausblicke erzielt werden. Tote Winkel, die von der Tauch-

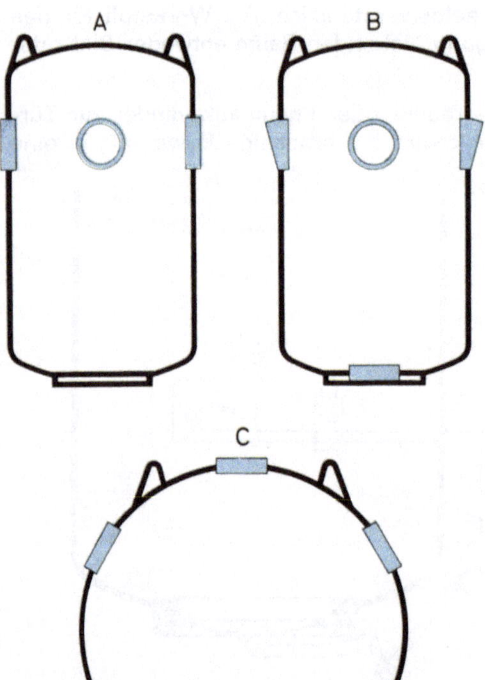


**A**

Einfachste Fensteranordnung in einer zylindrische Tauchkammer.
Die Sicht nach oben und unten ist wesentlich eingeschränkt.

**B**

Verbesserte Fensteranordnung in einer zylindrischen Tauchkammer. Bei geringer Sicht nach oben ist die Sicht nach unten verbessert.

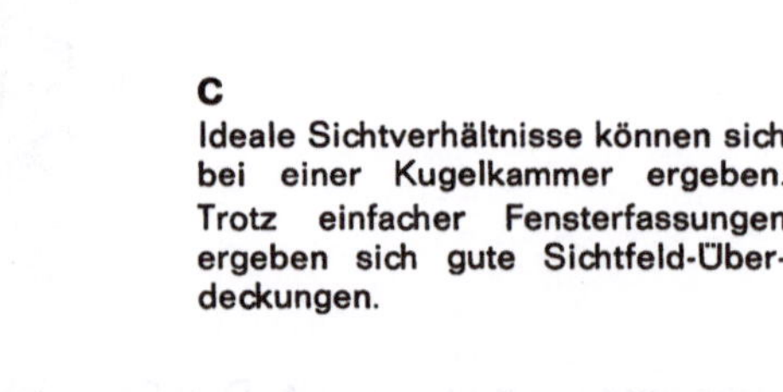

**C**

Ideale Sichtverhältnisse können sich bei einer Kugelkammer ergeben. Trotz einfacher Fensterfassungen ergeben sich gute Sichtfeld-Überdeckungen.

Bild 16   Übliche Fensteranordnungen an Tauchkammern

kammer nicht übersehen werden können, sollten vermieden werden. Besonders gute Voraussetzungen für die Schaffung guter Beobachtungsmöglichkeiten finden wir bei Kugelbehältern vor.

Die Sicht nach oben, seitlich und unten, kann voll erzielt werden. Dies ist insbesondere dann der Fall, wenn auch noch in die Türen Fenster eingesetzt werden.

Bei der Fensterkonstruktion muß auch die doppelseitige Druckbelastung beachtet werden. Das heißt, die Andruckringe müssen so verschraubt sein, daß sie die volle Belastung auffangen können. Durch überkragende Ringe, Schutzscheiben oder besondere Schutzgitter müssen die Fenster vor mechanischen Beschädigungen geschützt werden.

Als Fenstermaterial wird sowohl Plexiglas als auch gehärtetes Silikatglas verwendet. Eine festigkeitsmäßige Überdimensionierung der Fensterscheiben ist auf jeden Fall angebracht. Als Fensterform wird am häufigsten die plane Zylinderplatte gebraucht, obwohl auch immer noch die Kegelscheibe mit der Dichtung am Umfang verwendet wird. Im Bild 16 sind die hauptsächlich anzutreffenden Fensteranordnungen zusammengefaßt.

### 3.3. Anflanschsysteme, Tauchkammer — Deckdekompressionskammer

Um ein Überschleusen der Taucher von der Tauchkammer in die Dekompressionskammer unter Druck zu ermöglichen, muß eine dichte Verbindung beider Behälter erreicht werden. Dazu sieht man an der Tauchkammer und der Dekompressionskammer den sogenannten Transferflansch vor.

Je nachdem, ob ein Seitentransfer oder ein Obentransfer vorgesehen ist oder beides gleichzeitig vorkommt, wird die Flanschanordnung durchgeführt.

Die Verbindung der Flansche ist auf verschiedene Weise möglich. Drei verbreitete Systeme zeigt Bild 17. Sehr häufig ist immer noch die Bolzenverschraubung nach A; ob dabei Steckbolzen oder Klappschrauben verwendet werden, ist von untergeordneter Bedeutung.

Bei dieser Verbindungsart erfordert der Verschlußvorgang viel Zeit zum Anziehen der Muttern. Die Gesamtanordnung ist jedoch wenig empfindlich gegen einen geringen Seiten- und Winkelversatz der Flansche und ist sehr preiswert in der Herstellung..

Beim Obentransfer kann auch noch die Verbindung nach B erfolgen. Auch hier spielt der Seitenversatz kaum eine Rolle. Die zu übertragenden Kräfte sind jedoch sehr beschränkt, so daß die Betriebsdrücke, die für diese Zugankerverbindung in Frage kommen, verhältnismäßig gering sind.

Die Lösung nach C sieht einen verdrehbaren Bajonettring vor. Eine genaue Zentrierung vorausgesetzt, ist diese Verschlußart schwerlich zu übertreffen. Die Verdrehung des Bajonettringes kann über ein Zahngetriebe, hydraulisch oder pneumatisch erfolgen. Weiter sind geteilte U-Profil-Ringe bekannt, die mit Spindelgetrieben in radialer Richtung über die Verbindungsflansche geführt werden. Wie bereits angedeutet, ist insbesondere beim Seitentransferanschluß auf die Vermeidung eines Seiten- und Winkelversatzes der Flansche gegeneinander zu achten. Sind die Abweichungen zu groß, so kann entweder der Verschlußvorgang überhaupt nicht durchgeführt werden, oder aber die Verbindungselemente werden unter Umständen über Gebühr beansprucht.

Es ist daher unbedingt erforderlich, daß die Führungswagen der Tauchkammern gut justierbar sind.

Teilweise werden auch besondere Flanschkonstruktionen angewendet, die selbsteinstellend sind und in begrenztem Rahmen einen Ausgleich ermöglichen.

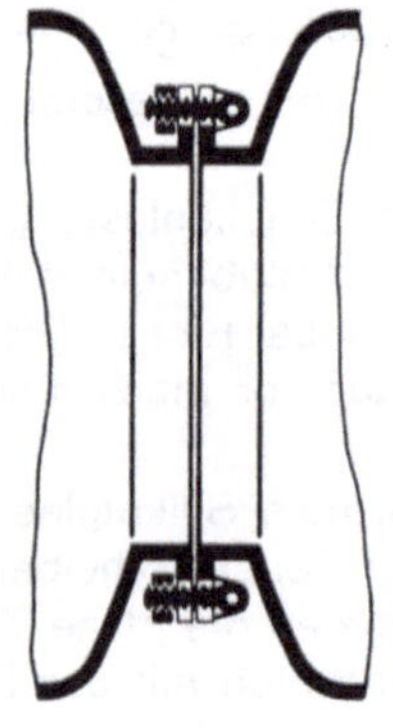

**A**

Transferflanschverbindung durch Klappschrauben oder Steckbolzen; verhältnismäßig unempfindlich gegen Seitenversatz und Winkelversatz; preiswerte Ausführung; durch das Anflanschen jedoch verhältnismäßig viel Zeit erforderlich

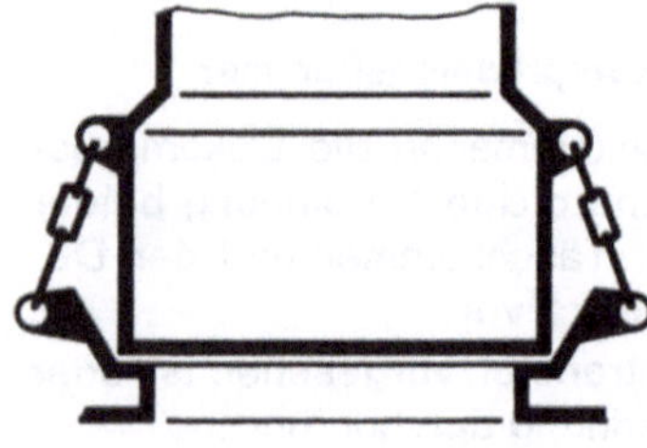

**B**

Transferflanschverbindung durch Zuganker; nur bei sehr niedrigen Drücken verwendbar; keine genaue Zentrierung erforderlich

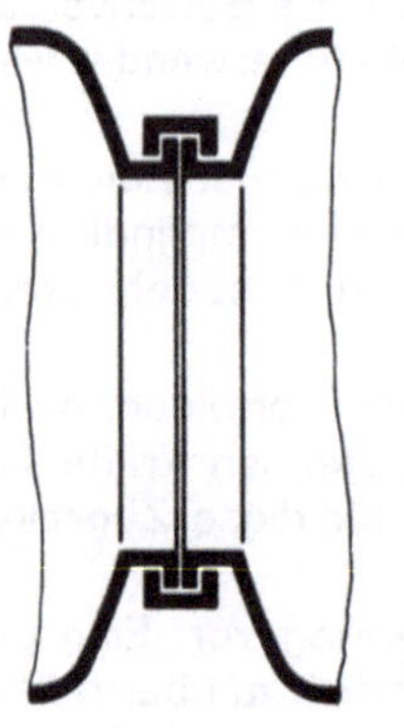

**C**

Transferflanschverbindung durch einen Bajonettring; schnelle und sichere Verbindung, die jedoch eine genaue Zentrierung erfordert. Der Bajonettring kann entweder manuell über ein Zahnstangengetriebe bewegt oder hydraulisch oder pneumatisch zum Eingriff gebracht werden.

Bild 17  Verbindungssysteme der Transferflansche von Tauchkammer und Dekompressionskammer

### 3.4. Ballast

Die Tauchkammern verfügen in der Regel auch bei voller Belastung über einen positiven Restauftrieb. Dies ist kein Zufall, sondern Absicht und oft nur durch die Ausnutzung der letzten technischen Raffinessen zu erreichen. Dies trifft insbesondere bei Kammermodellen zu, die für sehr große Einsatztiefen bestimmt sind.

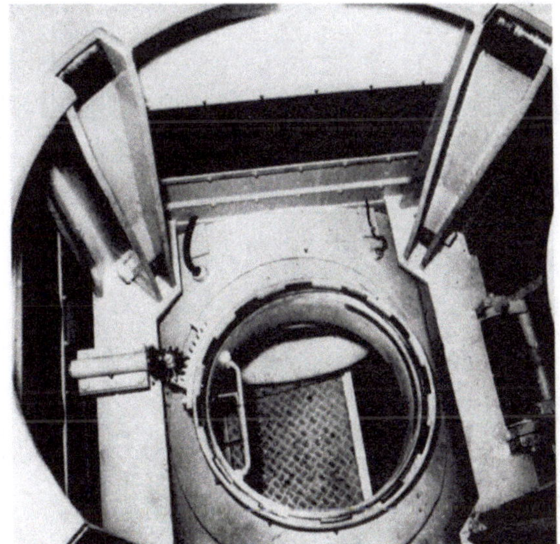

**A**
Obentransferanschluß einer
Deckdekompressionskammer
mit verdrehbarem Bajonettring;
Zahnstangenantrieb und konisch
zulaufenden Führungsschienen
(Belos)

28 227

**B**
Seitentransferanschluß einer
Deckdekompressionskammer
mit verdrehbarem Bajonettring
und Zahnstangenantrieb

28 228

Bild 18  Transferanschlüsse

Durch den positiven Restauftrieb der Tauchkammer will man erreichen, daß die
Kammer den natürlich erforderlichen Untertrieb erst durch das Anbringen zusätzlichen Ballastes erreicht. Werden diese Gewichtsverhältnisse erzielt, so
kann beim Vorhandensein eines abwerfbaren Ballastgewichtes bei einem Zugseilbruch die Tauchkammer ohne Hilfe von der Besatzung selbst nach oben gebracht werden. Je nach Kammergröße wird man den Ballast so bemessen, daß
die Kammer 0,5 – 1 t Auftrieb bekommt. Auf alle Fälle muß berücksichtigt werden, daß unter Umständen auch ein großes Stück des Zugseiles und möglicherweise auch das Versorgungskabel mit nach oben zu bringen sind.

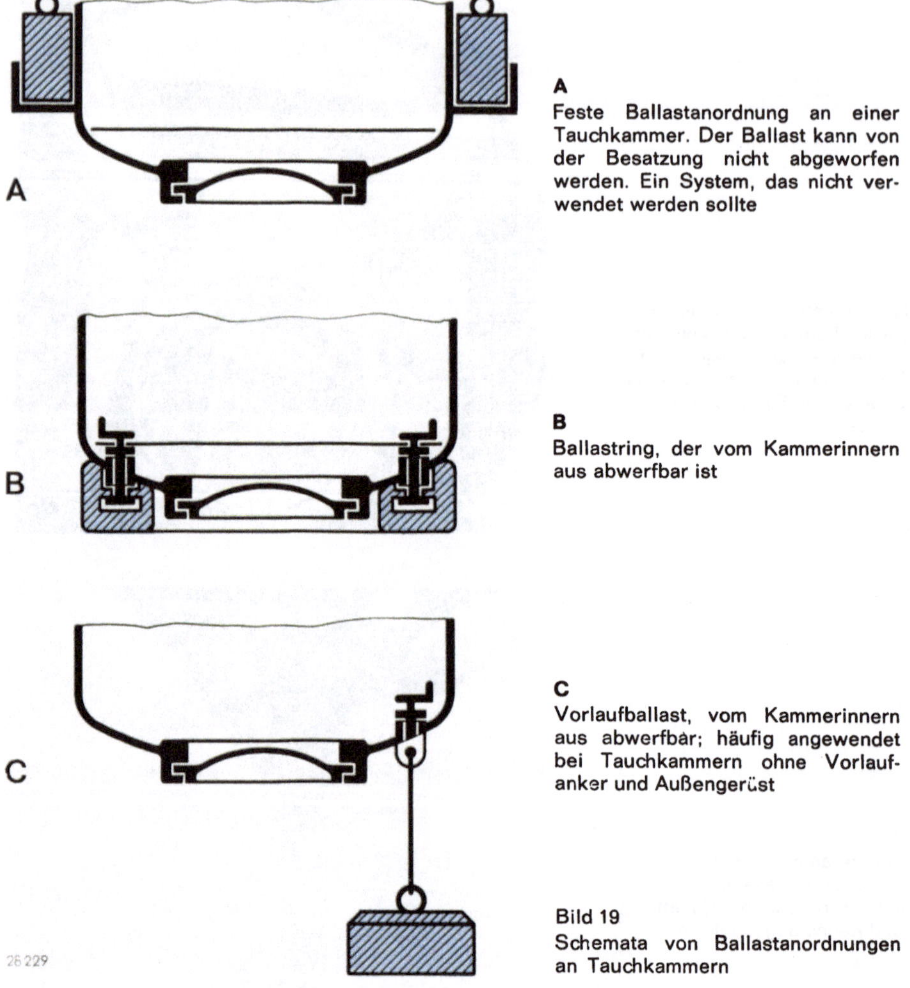

**A**

Feste Ballastanordnung an einer Tauchkammer. Der Ballast kann von der Besatzung nicht abgeworfen werden. Ein System, das nicht verwendet werden sollte

**B**

Ballastring, der vom Kammerinnern aus abwerfbar ist

**C**

Vorlaufballast, vom Kammerinnern aus abwerfbar; häufig angewendet bei Tauchkammern ohne Vorlaufanker und Außengerüst

Bild 19
Schemata von Ballastanordnungen an Tauchkammern

Im Bild 19 sind einige grundsätzliche Anordnungsmöglichkeiten von Ballastgewichten an Tauchkammern zusammengestellt. Die Ausführung A stellt die einfachste und billigste Form dar.

Entweder werden die Gewichte fest mit der Kammer verschraubt, oder sie werden in einen umlaufenden Kasten gestellt. In diesem Falle kann sich die Kammerbesatzung nicht vom Kammerinnern aus vom Ballast befreien. Aus Sicherheitsgründen ist ein derartiges System abzulehnen.

Bei Tauchkammern mit Vorlaufanker oder Grundgerüst, welche einen sicheren Bodenabstand gewährleisten, werden die Ballastgewichte häufig nach System B angeordnet. Diese Gewichte (geteilte Ringe oder hängende Zylinder) können vom Kammerinnern aus im Gefahrenfalle durch das Betätigen von Exzentern leicht und schnell abgeworfen werden. Vorteilhaft ist hier unter anderem der starre Verbund der Gewichte mit der Tauchkammer. Wird die Tauchkammer aus

Konstruktionsgründen ohne Grundgerüst gebaut, kann die Ausführungsform C gewählt werden. Dieser Vorlaufballast hängt beispielsweise 1—2 m vor dem Bodenausstieg und stellt somit automatisch den Grundabstand der Kammer zum Boden her. In günstigen Fällen kann dann die Tauchkammer wie ein Ballon am Ballastgewicht hängen. Auch dieser Ballast ist durch das Ausklinken von Exzentern schnell abwerfbar. Für besondere Einsatzfälle kann eine Regelung des Auftriebes auch durch flut- und lenzbare Trimmzellen — wie bei einem U-Boot — erfolgen.

27417

**A** Vorlaufballastgewicht an der DRÄGER-Tauchkammer TK 500, von innen abwerfbar

28230

**B** Ringförmiges Ballastgewicht an der DRÄGER-Tauchkammer TK 200, von innen abwerfbar

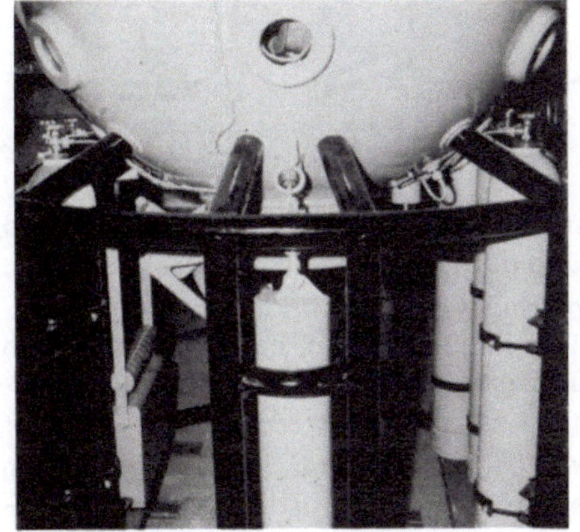

**C** Zylindrisches Ballastgewicht an der DRÄGER-Tauchkammer TK 200/K, von innen abwerfbar

Bild 20
Ballastanordnungen an Tauchkammern

### 3.5. Gasversorgung

Die Gasversorgung von Tauchkammern hat grundsätzlich zwei Aufgaben zu erfüllen. Sie dient einmal dazu, den Kammerdruck auf den umgebenden Wasserdruck zu bringen, und zum andern Male zur Atemgasversorgung der Kammerinsassen und Taucher. Es sind grundsätzlich zwei Versorgungssysteme möglich:

1. die Anordnung einer Flaschenbatterie am Außenmantel der Tauchkammer oder
2. die Versorgung von der Oberfläche über einen Nabelschlauch.

Die Möglichkeiten der Eigenversorgung sind begrenzt, da allein zum Auffüllen der Kammerräume in großen Tiefen erhebliche Gasmengen erforderlich sind. Reserven stehen dann kaum noch zur Verfügung. Uneingeschränkt ist dagegen die Versorgung von der Oberfläche her; hier besteht jedoch die Gefahr, daß die Gaszufuhr unterbrochen wird.

Da aber, wie bei allen Tauchunternehmungen, die Sicherheit das allerhöchste Gebot ist, haben viele Kammern eine kombinierte Versorgung.

Die Anordnung der Druckbehälter an Tauchkammern und die daraus resultierenden speziellen Eigenschaften sind im nachfolgenden Abschnitt übersichtlich zusammengefaßt. Die Skizzen der Bilder 21—23 illustrieren die Hinweise.

**Anordnung der Gasversorgungsbehälter**

a) bei Zylinderkammern und Kombinationen

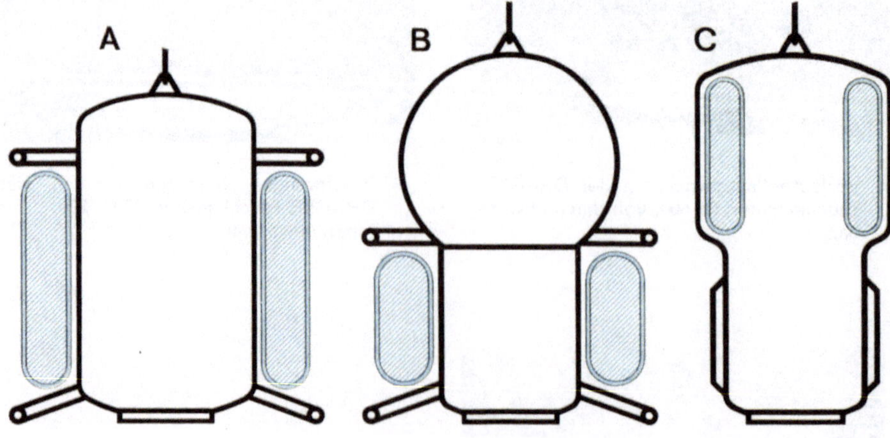


Bild 21  Zylinder und Kugelzylinderkombination

28 256

A Übliche Form der Unterbringung. Besonders beachtet werden muß hier, daß genügend Platz bleibt für die Anbringung der Fenster.

B Diese Anordnung kann man bei Doppelraumkammern finden. Es gibt — insgesamt gesehen — eine verhältnismäßig hohe Bauform. In der Regel jedoch ergeben sich optimale Unterbringungsmöglichkeiten für Beobachtungsfenster.

C Eine seltene Konstruktionsform. Allerdings wird hier das Äußere von jedem „Ballast" befreit und bietet eine glatte Oberfläche. Es dürfte aber nicht jedermanns Sache sein, **in** der Tauchkammer selbst die Hochdruckflaschen untergebracht zu sehen, wobei doch berücksichtigt wer- muß, daß der mitzunehmende Gasvorrat natürlich sehr beschränkt ist.

D Bei der Zusammenfassung von zwei Ku- geln kann der mitzunehmende Gasvorrat durchaus raumsparend in Kugelgasbehäl- tern untergebracht werden. Es ist dadurch möglich, den Außendurchmesser der Ge- samtanordnung in Grenzen zu halten. Be- merkenswert ist allerdings auch noch, daß die Kugelgasbehälter in bezug auf das zu speichernde Gasvolumen ein äußerst gün- stiges Eigengewicht haben.

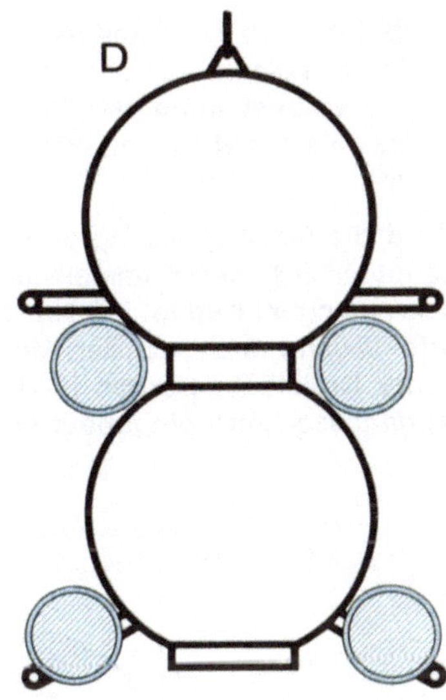

Bild 22  Doppelkugelkombination

b) bei Kugelkammern

A Bei diesem System werden normale 40- bis 50-Liter-Zylinderflaschen an der Tauchkammer befestigt. Wie das Schema sehr gut verdeutlicht, führt diese Auslegung zu einem Gesamtgebilde mit einem sehr großen Durchmesser.

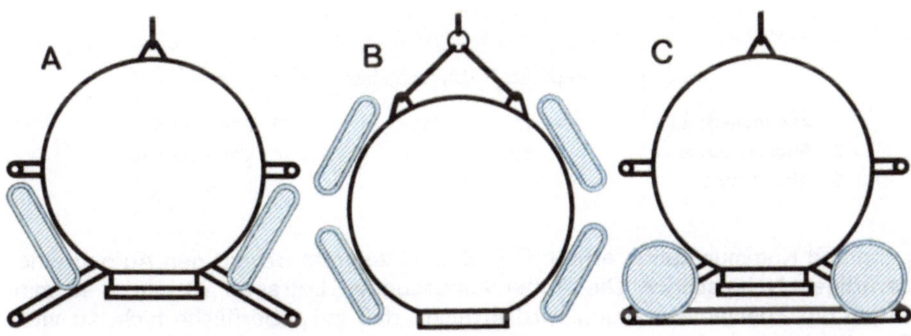

B Hier werden paarweise 7- bis 8-Liter- Flaschen untergebracht. Es ergibt bei ver- hältnismäßig geringer Gasvorratshaltung eine brauchbare kompakte Bauform. Von Vorteil ist, daß Gasversorgungsflaschen verwendet werden können, die normaler- weise für SCUBA-Geräte Einsatz finden.

C Die wohl kompakteste Bauform einer Taucherkammer mit den günstigsten Ge- wichtsverhältnissen ergibt sich durch die Kombination Kugel-Kugel. Hier wird der umschriebene Raum zwischen Ausstiegs- schacht und der äußeren Begrenzung ge- radezu klassisch ausgenutzt.

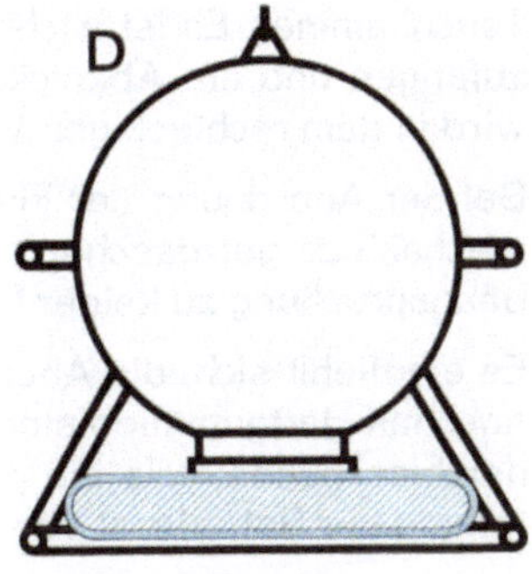

Bild 23  Kugelkammern    28 232

D  Bei einigen Tauchkammern werden zylindrische Gasbehälter in horizontaler Lage in einem Aufnahmegestell angeordnet. Bei entsprechender sattelartiger Gestellgestaltung ist dann eine günstige Anschlußsituation an die DDC gewährleistet sowie bezüglich des Ausstiegsschachtes genügend Bodenfreiheit gegeben.

Wird die Gasversorgung von der Oberfläche aus vorgenommen, so dient sie hauptsächlich der Kammerfüllung und der Atemgaserneuerung. (Genaue Beschreibung im Kapitel O.) Nur die Versorgung bestimmter Tauchgeräte-Modelle erfolgt dann noch von der Kammerbatterie aus. Bei der Anwendung geschlossener Kreisläufe werden in den Versorgungsschlauch normalerweise Zu- und Abgangsschlauch eingebaut sowie die ganzen Leitungen für die Energieversor-

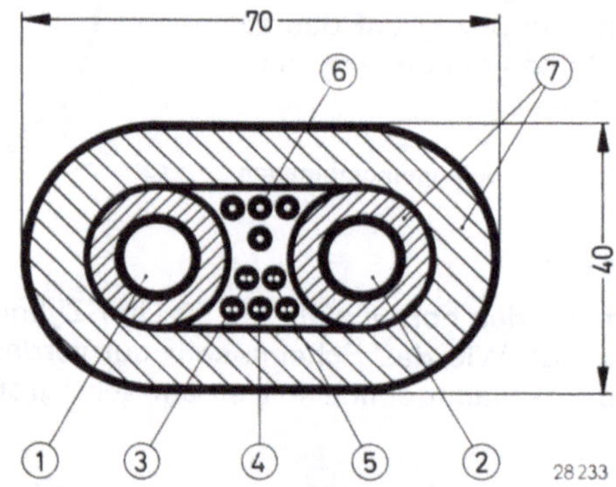

Bild 24  Querschnitts-Zeichnung einer Nabelschnur

| | | |
|---|---|---|
| 1 Zugangsschlauch | 4 Telefonanlage | 6 Kraftstrom |
| 2 Abgangsschlauch | 5 Sprechanlage | 7 Ummantelung |
| 3 Signalanlage | | |

gung und Kommunikation erfaßt. Das Bild 24 zeigt im Schnitt den Aufbau einer derartigen Nabelschnur. Die Außenabmessungen betragen 70 mm x 40 mm. Durch die Zusammenfassung wird erreicht, daß zur Oberfläche nicht zu viele Einzelleitungen geführt werden müssen, die schwer zu handhaben sind.

Das Bild 25 zeigt die Zugentlastung und die Einleitung der Nabelschnur in die Tauchkammer. Es ist wichtig, die auf die Nabelschnur einwirkenden Kräfte aufzufangen und ein Abknicken zu verhindern. Die Verteilung auf Einzelleitungen wird in dem rechteckigen Verteilerkasten vorgenommen.

Bei der Anordnung der Flaschenbatterie ist darauf zu achten, daß die Flaschen mechanisch gut geschützt sind. Sie müssen so befestigt sein, daß eine Stoßbeanspruchung zu keiner Lockerung führt.

Es empfiehlt sich, die Anordnung von Stoßringen rund um die Kammer, notfalls noch mit Hartgummipolsterung zu versehen. Die Anzahl der Durchführungen von der Flaschenbatterie ins Kammerinnere soll möglichst gering sein; eine Zweiteilung der Batterie ist von Vorteil.

Eine sichere Innenabsperrung ist auf jeden Fall zu gewährleisten.

**Bild 25**
Zugentlastung an einer
Tauchkammer für eine
Nabelschnur

28 236

## 3.6. Energieversorgung

Der Energiebedarf in Tauchkammern wird in der Regel von folgenden Verbrauchergruppen aufgenommen:

- a) Innenbeleuchtung
- b) Außenbeleuchtung und Handscheinwerfer
- c) Kommunikationseinrichtungen und Signalanlagen
- d) Kammerheizung
- e) Warmwasserversorgung für Taucheranzugheizung und evtl. Dusche
- f) Elektrische Unterwasserwerkzeuge

Grundsätzlich sind als elektrische Versorgungssysteme denkbar

1. eine völlig autonome Versorgung und
2. eine Kabelversorgung.

Die erste Art ist sicherlich von untergeordneter Bedeutung und wird nur bei sehr einfachen Kammerausführungen angewendet. Dabei wird die Energie in Batterien mitgeführt, die je nach Konstruktion innen oder außen an der Kammer angebracht sind. Vorteilhaft ist hier, daß die Kammer von der Oberfläche unabhängig ist. Aus räumlichen Gründen ist der Mitnahme von Batterien eine Grenze gesetzt, so daß die Energiekapazität sehr beschränkt bleibt. Bei der Innenanordnung von Batterien muß darauf geachtet werden, daß diese so aufgebaut sind, daß sie unter allen Betriebszuständen keine schädlichen Gase abgeben können. Aus diesem Grund werden NC-Sammler verwendet. Sehr häufig — und bei modernen Anlagen derzeitig noch die Regel — ist die Versorgung mit elektrischer Energie über Stromzuführungskabel. Dabei wird je nach Bauvorschrift die Tauchkammer entweder mit Niederspannung versorgt oder in der Tauchkammer die Spannung in einem Streufeldtransformator auf eine Schutzspannung abgespannt, um die Besatzung vor Schaden zu bewahren. Als Versorgungsspannung sind 42 oder 24 Volt üblich. Um ein Kabelwirrwarr auszuschließen, werden alle Versorgungsleitungen und Schläuche in einer gemeinsamen Nabelschnur zusammengefaßt.

Für die elektrischen Leitungen ist dabei zu beachten, daß bei einer Dehnung der Gesamtkabelschnur die einzelnen Adern nicht überdehnt werden und brechen. Konstruktiv ist dies dadurch zu lösen, daß beispielsweise um die Stahl-Schlauchseele die Adern wendelförmig herumgelegt werden und sich dann bei einer Dehnung der Nabelschnur wie eine Wendelfeder verhalten, ohne Schaden zu nehmen. Diese Idee wurde bereits bei den Tauchertelefonkabeln mit Erfolg verwirklicht. Der Gesamtenergiebedarf für eine Tauchkammer ist je nach Einsatzart verschieden, doch können folgende Werte als Richtwerte angenommen werden:

| | | |
|---|---|---|
| a) | Innenbeleuchtung | 50 Watt |
| b) | Außenbeleuchtung und Handscheinwerfer | 1 000 Watt |
| c) | Kommunikationseinrichtungen und Signalanlagen | 25 Watt |
| d) | Kammerheizung | 2 250 Watt |
| e) | Warmwasserversorgung (evtl. Dusche) | 2 000 Watt |
| f) | Unterwasserwerkzeuge | 500 Watt |

Somit kann sich der Gesamtenergiebedarf für eine Tauchkammer auf 6 kW belaufen.

### 3.7. Kommunikationseinrichtungen — Signalanlagen

Die ständige und sichere Kommunikationsverbindung der Tauchkammerinsassen mit der Wasseroberfläche ist eine unabdingbare Forderung und muß in jedem Betriebszustand gewährleistet sein. Fast ausnahmslos wird dabei als Verbindungsweg die Kabelverbindung gewählt, wobei allerdings Bestrebungen laufen, aus Sicherheitsgründen auf eine völlig drahtlose Nachrichtenübertragung überzugehen. Es können maximal vier unabhängig voneinander arbeitende Kommunikationswege, wie im Bild 26 schematisch gezeigt, in einer Tauchkammer installiert sein. Im einzelnen sind es folgende:

a) Telefon

Trotz der relativ geringen Lautstärke werden für die Sprechverbindung Tauchkammer-Deckdekompressionskammer Telefone mit permanent-dynamischen Systemen verwendet. Diese Telefone benötigen keine besondere Energieversorgung und sind auch in der Wartung anspruchslos. Der Anruf erfolgt über einen Konduktor, der in den einzelnen Sprechstellen gleich mit eingebaut ist. Umschalteinrichtungen erlauben es, mehrere Sprechstellen wahlweise anzurufen; damit ist es möglich, die Anlage der DDC gleich mit in diesen Kommunikationszweig einzubeziehen.

Schiffssprechanlagen, die von vornherein spritzwasserdicht ausgeführt sind, eignen sich für diesen Einsatzzweck ganz besonders gut.

106

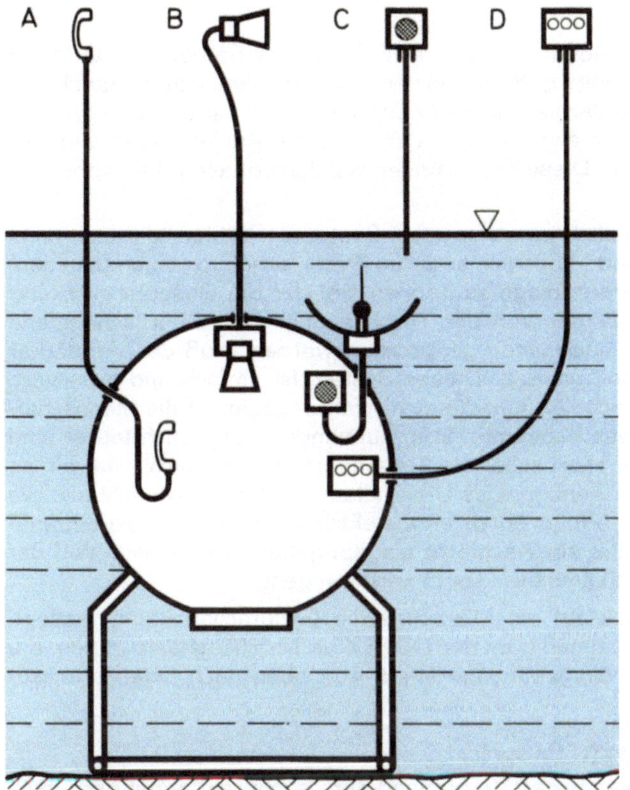



**Bild 26**
Kommunikations-
einrichtungen Tauch-
kammer — Oberfläche

**A**
Telefon in der Regel als
permanentdynamisches
System ohne Fremd-
stromversorgung
(Soundpowered).

**B**
Lautsprecheranlage als
Wechselsprech- oder
Gegensprechanlage.

**C**
Funksprechgerät ohne
Drahtverbindung
(Ultrasonic).

**D**
Signalanlage für die
Übermittlung von
Nachrichten, wenn eine
akustische Verständigung
nicht möglich ist.

28 237

Das Bild 27 zeigt die Nebenstelle einer solchen Telefonanlage, in einer Tauchkammer installiert.

**Bild 27**
Telefon mit permanent-
dynamischen Systemen
in einer Tauchkammer
installiert

28 238

### b) Lautsprecheranlage

Es ist sicher von Vorteil, wenn die Gespräche vom Oberflächen-Leitstand zur Tauchkammer und umgekehrt geführt werden können, ohne einen Handhörer aufnehmen zu müssen. Außerdem ist es in den meisten Einsatzfällen von Vorteil, wenn ein größerer Teilnehmerkreis gleichzeitig die Anweisungen und Gespräche mit verfolgen kann. Diese Forderungen werden von einer Lautsprecheranlage erfüllt.

Dabei muß man grundsätzlich zwischen zwei Systemen wählen, die sich nicht nur in der Anwendungsart, sondern auch im Preis erheblich unterscheiden. Zuerst ist die Wechselsprechanlage zu nennen, bei der die Gesprächsrichtung zunächst festliegt und meistens von der Tauchkammer zum Oberflächenstand gepolt ist. Soll von oben nach unten gesprochen werden, muß der Verstärker durch Knopfdruck umgepolt werden. Dieses System ist einfach und preiswert, erfordert jedoch eine Sprechdisziplin, die sich erfahrungsgemäß die Mannschaften schnell aneignen. Etwas bequemer, aber aufwendiger und auch teurer sind die Gegensprechanlagen. Hierbei ist ein Gegensprechen möglich, wie wir es von der Telefonanlage her kennen. Das Umschalten der Gesprächsrichtung, die auch hier erforderlich ist, erfolgt durch eine elektrische Weiche völlig automatisch. Von Nachteil kann bei einer schlecht eingepegelten Anlage sein, daß der Anfang eines Satzes verstümmelt wird oder verloren geht.

Da der größte Schalldruck auf die Mikrofone die Gesprächsrichtung festlegt, muß die Befehlsstelle (regelmäßig an der DDC) eine Durchsetztaste haben, die es ermöglicht, bei jedem Umgebungsgeräusch von oben nach unten durchzudrücken.

### c) Drahtlose Sprechgeräte (Ultra sonic)

Es ist erstrebenswert, jede „feste" Verbindung der Tauchkammer mit der Oberfläche auszuschalten. Dies trifft nicht nur für die Gas- und Energieversorgung zu, sondern besonders für die Kommunikation. Im Idealfall besteht die einzige „feste" Verbindung der Tauchkammer mit der Oberfläche nur noch aus dem Stahlseil, mit dem die Tauchkammer auf- und abgefiert wird.

Diesem Bestreben wird durch drahtlose Unterwasser-Sprechfunkgeräte (Ultra sonic) entsprochen. Es gibt dabei noch einige Nachteile zu beseitigen, die darin begründet sind, daß im Gegensatz zur guten horizontalen Ausbreitung der ultrakurzen Wellen deren vertikale Ausbreitung die Sprungschichten im Wasser noch Schwierigkeiten bereiten; sie dürften aber in absehbarer Zeit restlos überwunden sein. Diesem Kommunikationssystem wird dann mehr Aufmerksamkeit gewidmet werden.

### d) Signalanlage

Erhöhter Druck und die Verwendung von Sauerstoff-Helium-Gemischen machen eine einwandfreie Sprechverbindung oft außerordentlich beschwerlich. Verbesserungen wurden zwar durch sogenannte „Helium unscrambler" erreicht, die aber teuer und doch nur bedingt einsatzfähig sind. Hinzu kommt noch, daß hohe Umgebungsgeräusche während der Kompression oft jede Sprechverständigung unmöglich machen.

In diesen Fällen sind Signalanlagen mit akustischer und optischer Anzeige oft die einzigen Verständigungsmöglichkeiten. Regelmäßig werden drei Lichtsignale eingebaut, die mit akustischen Signalgebern gekoppelt sind. So bedeutet z. B.

grünes Licht: „alles o. k.", gelbes Licht mit Glockenspiel: „alles stop" und rotes Licht mit Boschhorn: „Tauchkammer sofort hochfieren". So können auch noch weitere Signalstellen eingebaut oder andere Vereinbarungen getroffen werden.

### 3.8. Instrumentierung — Atemtechnische Ausrüstung

Der Tauchkammer-Konstrukteur sieht sich den gleichen Schwierigkeiten gegenüber, mit denen der Schiffbauer auch ständig konfrontiert wird. Bei der Tauchkammer wird die ganze Einrichtung von außen nach innen entwickelt mit dem Ergebnis, daß am Ende nie genug Raum vorhanden ist.

Bild 28  Mischgasversorgungsgeräte für zwei Taucher in einer Einraum-Tauchkammer

Es bedarf daher der großen Erfahrung eines Einrichtungsingenieurs, daß auch noch die Besatzung einer Tauchkammer ausreichende Bewegungsfreiheit vorfindet. Langjährige Erfahrung im Druckgasarmaturen- und Instrumentenbau und die tägliche Gegenüberstellung mit der Raumenge in Testanlagen veranlassen

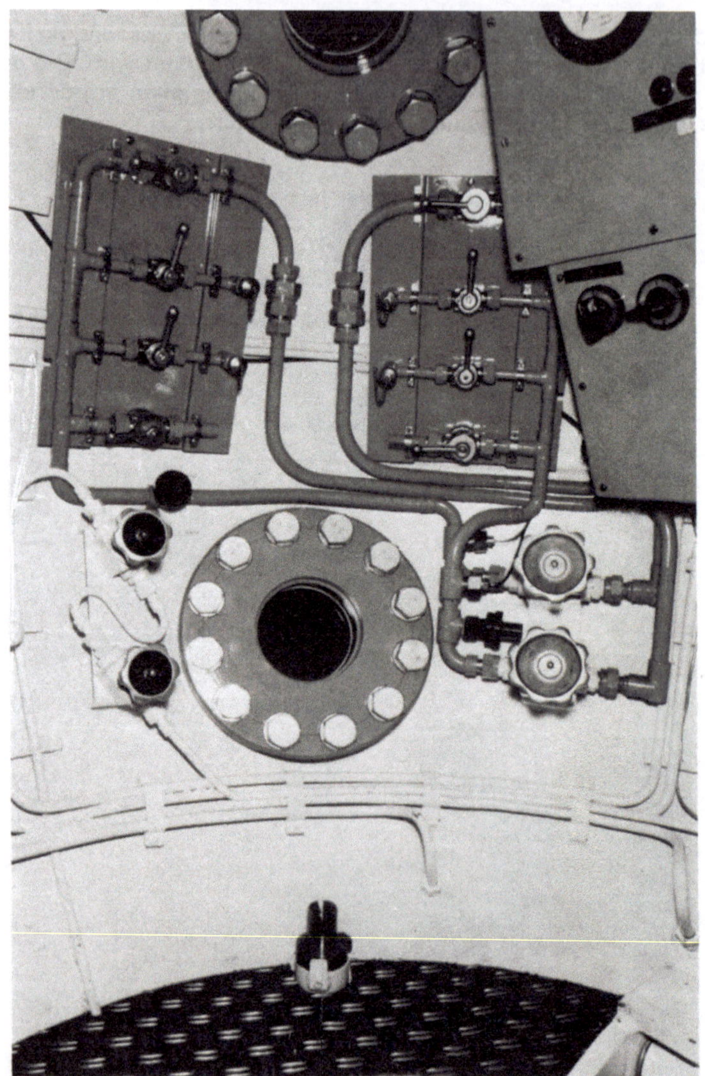

Bild 29   Anschlußschalttafel für Tauchgeräte mit einem geschlossenen Kreislauf

den Konstrukteur, immer kompaktere Gerätebauformen zu entwickeln. Die Bilder 28, 29 und 30 zeigen den wesentlichen Teil der Inneneinrichtung einer sehr modernen, kugelförmigen Einraumtauchkammer.

In einer Schalttafel sind alle erforderlichen Anzeigeinstrumente übersichtlich zusammengefaßt.

110

Wichtig ist die Anzeige des Vorratsdruckes; der Gasvorrat ist in der in zwei Hälften geteilten Mischgasvorratsbatterie außen an der Kammer untergebracht. Der Innendruck der Kammer wird von zwei Meßinstrumenten angezeigt, wobei vorteilhaft ein Manometer für den niedrigeren Druckbereich (bis 25 m WS)

Bild 30  Überwachungsinstrumente in einer Tauchkammer

installiert ist, um notfalls in der Tauchkammer selbst die unteren Austauchstufen sicher ausfahren zu können, falls sie für die Dekompression der Taucher verwendet wird. Ein Tauchtiefenmesser zur unmittelbaren Anzeige der Wassertiefe muß vorhanden sein. Dieses Instrument ist druckdicht gekapselt, da es vom Kammerinnendruck nicht beeinflußt werden darf. Der Anschluß an den

111

Außendruck über ein Kapillarrohr bereitet gelegentlich Schwierigkeiten, da es schwer luftfrei zu bekommen ist, was aber zu einer korrekten Anzeige unbedingt erforderlich ist. Eine induktive Druckanzeige könnte hier Vorteile haben. Da der Bodenausstieg nur bei einem genauen Druckausgleich geöffnet werden kann, ist die Anordnung eines Differenzdruckmanometers von Bedeutung. Aus dem Gesamtschaltplan Bild 31 einer Einraumtauchkammer kann die Funktionsweise des Belüftungssystems entnommen werden. Zu beachten ist dabei, daß

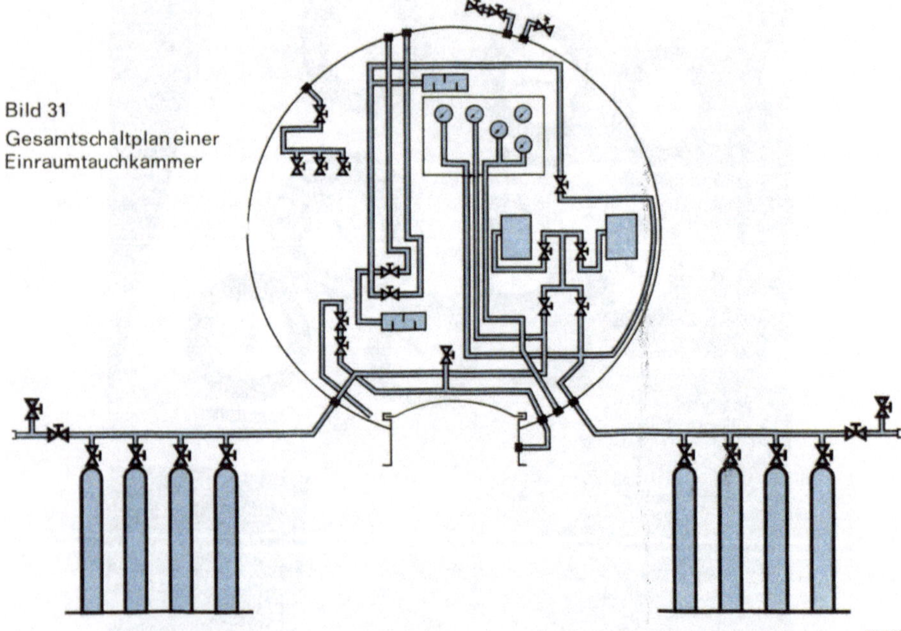

Bild 31

Gesamtschaltplan einer
Einraumtauchkammer

28 329

wichtige Innen-Außen-Verbindungen doppelt absperrbar sind, um auch hier den notwendigen Sicherheitsfaktor zu erfüllen. Blockventile, aus dem U-Boot-Bau übernommen, haben sich für diesen Verwendungszweck ausgezeichnet bewährt.

Um den Geräuschpegel während der Kompression und Dekompression auf ein erträgliches Maß zu reduzieren, sind die Ein- und Auslaßöffnungen im Kammerraum mit Schalldämpfern versehen. Grundsätzlich ist noch zu bemerken, daß alle Steuer- und Regelventile so angeordnet sein müssen, daß sie folgerichtig und mühelos zu bedienen sind. Als geläufige Regel sollte beachtet werden, daß beim Standpunkt vor der Schalttafel die Luftseite grundsätzlich links und die Mischgasseite rechts zu finden ist.

Bei der Auslegung der atemtechnischen Einrichtung müssen einige grundlegende Fakten von vornherein bekannt sein.

Wesentliche Beurteilungsmerkmale sind:

a) maximale Tauchtiefe
b) maximale Tauchkammerbesatzung aufgeteilt in Taucher und Einsatzleiter
c) Art der Versorgung — autonom oder durch Nabelschnur

112

d) offenes System, halbgeschlossener Kreislauf, geschlossener Kreislauf oder Kombinationen

e) Einsatzzweck als Beobachtungskammer, Tauchkammer mit Anschlußmöglichkeit, Dekompressionsmöglichkeit

f) Einsatzdauer, Kurzzeittauchen oder Sättigungstauchen

Normalerweise wird davon ausgegangen, daß eine Tauchkammer für Tieftaucheinsätze verwendet wird. Trotzdem sollten aber auch Einrichtungen vorhanden sein, um entsprechende Flachwassertauchgänge — d. h. Tauchgänge im Luftbereich — durchzuführen. Ob dabei die Taucher mit autonomen Geräten allein

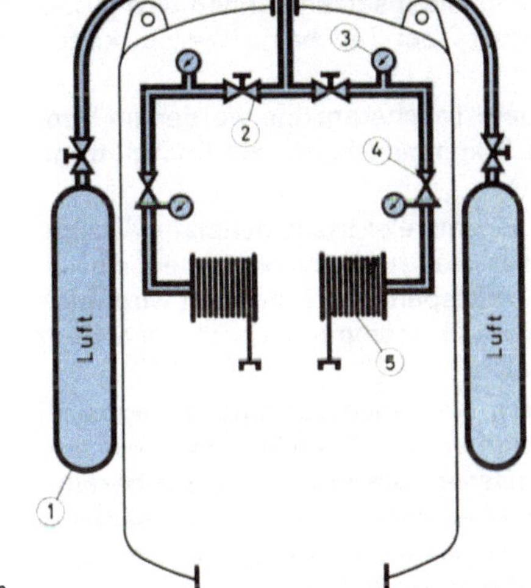


**Bild 32**
Schema einer Preßluftversorgung für Schlauchtauchgeräte in einer Tauchkammer

1 Preßluftflasche mit Flaschenventil
2 Absperrventil
3 Vorratsmanometer
4 Druckminderer
5 Schlauchtrommel

auskommen, erscheint fraglich. So ist es von Vorteil, Gasversorgungseinrichtungen mit einzuplanen, die es gestatten, die Taucher über Gaszuführungsschläuche zu versorgen. Außer einer entsprechenden Preßluftflaschenbatterie, die regelmäßig aus mehreren Behältern bestehen wird, sind in der Tauchkammer selbst ein Absperrventil, ein Manometer zur Ablesung des Vorratsdruckes, ein Druckminderer und eine oder zwei Spezial-Schlauchtrommeln vorzusehen.

Das Bild 32 zeigt eine solche Anlage. Wird eine Schlauchtrommel mit Gaseinführung in die Achse nicht vorgesehen, muß die Möglichkeit vorhanden sein, den Taucherluftzuführungsschlauch in einer „8" auflegen zu können, um ein Kinken möglichst zu vermeiden.

Für Tieftaucheinsätze wird dagegen aus ökonomischen Gründen vorteilhafterweise ein Atemsystem verwendet, das im halbgeschlossenen Kreislauf arbeitet. Dadurch ist es möglich, bei einem wesentlich verminderten Gasverbrauch Tauchtiefen über 200 m zu erreichen. Entsprechend den verwendeten Tauchgeräten werden Versorgungssysteme eingesetzt, die entweder selbsttätig die Gasgemische während des Tauchens herstellen oder vorgefertigte Gasmischungen verwenden. Aus Gründen größerer Betriebssicherheit und wegen des einfacheren Aufbaues wird das letztere System allgemein bevorzugt. Durch eine Aufteilung der Mischgas-Flaschenbatterie ist es möglich, für verschiedene Tauchtiefenbereiche unterschiedliche Gasmischungen einzusetzen.

Im Bild 31 ist das Schema einer derartigen Versorgungseinheit aufgezeichnet. Es sind dabei zwei Anschlußgeräte vorgesehen, wobei davon auszugehen ist, daß die Tauchkammer mit einem Taucher und einem Helfer besetzt ist.

Tauchkammern, die mit einem geschlossenen Kreislauf ausgerüstet sind, wurden bereits in Band I (Kapitel D „Tieftauchgeräte") ausführlich behandelt.

### 3.9. Heizung — Isolierung

Werden Tauchkammern für Kurzzeittaucheinsätze verwendet, kann auf eine Kammerheizung verzichtet werden. Dies trifft auch auf die Anzüge der Taucher zu.

Bei Langzeiteinsätzen können sich jedoch die Verhältnisse grundlegend ändern. Besonders bei Taucheinsätzen in kaltem Wasser müssen die Anzüge heizbar sein.

Heizbare Taucheranzüge werden im Band I (Kapitel E, Abschnitt 3.2.) behandelt. Danach kommen heute als Energieträger nur Wasser oder elektrischer Strom in Frage.

Beim Einsatz elektrisch beheizter Anzüge ist es empfehlenswert, auch die Tauchkammer elektrisch zu erwärmen. Es ist darauf zu achten, daß diese Heizung mit Schutzspannung betrieben wird, elektrisch abgesichert und gegen Feuchtigkeitseinfluß unempfindlich ist. Eine Stufenschaltung der Heizregister wäre von Vorteil.

Werden die Taucheranzüge dagegen mit Warmwasser beheizt, kann auch die Kammerheizung durch Warmwasser erfolgen. Anzuordnen ist dann ein Wärmeaustauscher. Die Warmwasserzubereitung kann entweder an der Wasseroberfläche oder in der Tauchkammer selbst durchgeführt werden. Um den Wirkungsgrad der Kammerheizung zu verbessern, ist zu überlegen, ob die Kammerwände isoliert werden sollen.

Um das Isoliermaterial mechanisch zu schützen und einen direkten Wassereinfluß auszuschließen, ist eine Innenisolierung günstig. Allerdings ist die Auswahl des Isoliermaterials nicht ganz einfach, da große Drücke auf das Material einwirken können. Schaumstoffe mit geschlossenen Zellen scheiden aus mechanischen Gründen aus, offenporige Materialien sind aus hygienischen Gründen — Geruchsbildung — nicht sehr empfehlenswert.

Eine Auskleidung aus glasfaserverstärktem Polyesterharz dagegen hat sich ausgezeichnet bewährt. Zwar ist das Aufbringen dieses Materials nicht ganz einfach und erfordert einen großen Zeitaufwand, die mechanische Festigkeit jedoch ist ausgezeichnet; auch die Isolationswerte sind gut.

### 3.10. Seilführungen

Es ist selbstverständlich, daß die Tauchkammern so nahe wie möglich an der Arbeitsstelle der Taucher stationiert werden. Dadurch wird für die Taucher eine größere Sicherheit erreicht: sie können besser beobachtet werden, die Rückzugswege sind kürzer und die Versorgungsleitungen zum Taucher sind nicht länger als unbedingt erforderlich.

Es ist bekannt, daß starke Strömungen, insbesondere bei großen Wassertiefen, die Tauchkammer versetzen können. Aber auch ein Verschwimmen einer Bohrinsel oder eines Taucherschiffes durch Winddruck kann die Endlage der Tauchkammer erheblich beeinflussen. Aus diesem Grunde werden Tauchkammern vielfach mit Seilführungen ausgerüstet. Sehr gut haben sich dabei Doppelseilführungen bewährt. Das Bild 33 zeigt eine derartige Einrichtung auf einer Bohrinsel, die für Tiefwasserbohrungen eingerichtet ist.

Bild 33
Doppelseilführung an einer
Tauchkammer (Shell)

28 242

Die Seile werden dabei am Grund im gewünschten Abstand zur Arbeitsstelle verankert. Das erfolgt im allgemeinen durch das vorherige Absenken eines Ankergestelles. Durch eine zweckmäßige Ausgestaltung dieses Ankergestelles kann dieses am Grund gleichzeitig als Auflagegestell für die Tauchkammer dienen und gewährleistet somit die Bodenfreiheit für den Ausstieg der Taucher. Die Ankerseilwinden werden vielfach mit Konstantzugeinrichtungen ausgerüstet, um ein Durchhängen der Führungsseile zu vermeiden. Starke Ankerseilwinden können aber im Notfall auch ohne Zugseilwinde die Tauchkammer an die Oberfläche bringen.

## 4. Sonderbauformen

Werden Tauchkammern für mehrere, grundsätzlich unterschiedliche Einsatzzwecke verwendet, so ist ihr Aufbau kompliziert, aufwendig und wenig wirtschaftlich. Gleichermaßen unmöglich dürfte es jedoch auch sein, für jeden speziellen Einsatzzweck eine besondere Tauchkammerversion zu bauen, da dann der finanzielle Aufwand für eine Einzelfirma zu groß würde.

Man tut gut daran, Überlegungen anzustellen, wie man durch eine Baukastenbauweise zu einer wirtschaftlich tragbaren Lösung kommt.

Dabei bietet sich ein System an, bei dem der eigentliche Druckkörper grundsätzlich beibehalten wird und nur der Grundrahmen als Zusatzgeräteträger zu wechseln ist. Das Bild 34 zeigt im Schema eine Tauchkammer, bei der durch

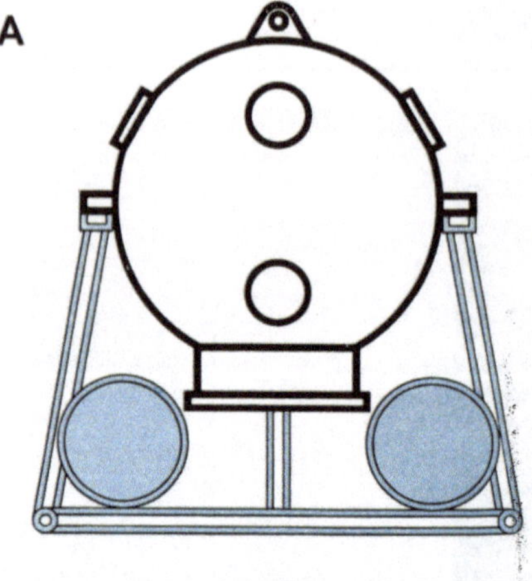


**A** Tauchen

Der Druckkörper ist in diesem Einsatzfall mit einem Grundrahmen verbunden, der vornehmlich zur Aufnahme des Atemgasvorrates dient. Ob dabei das Gas in Kugelbehältern oder in zylindrischen Flaschen untergebracht ist, ist von untergeordneter Bedeutung.

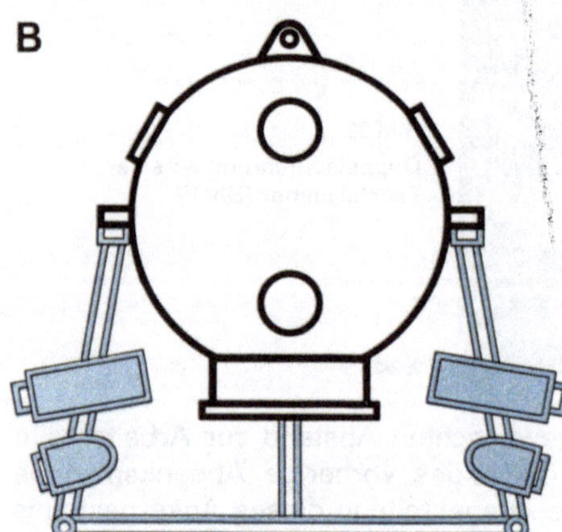


**B** Beobachten, Fernsehen, Foto

Am Grundrahmen sind jetzt Beleuchtungseinrichtungen, Fernsehkameras, Film- und Fotoapparate untergebracht. Gleichzeitig können entsprechende Energieträger (Batterien) eingesetzt sein. Der Druckkörper bleibt in diesem Fall innen drucklos.

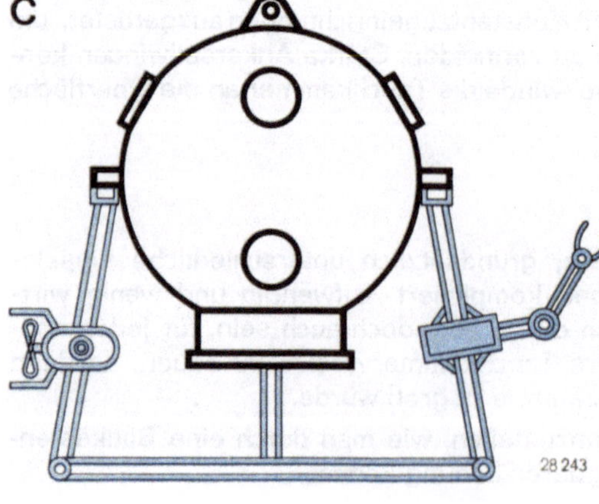


**C** Arbeiten

Zur Durchführung von Unterwasserarbeiten, bei denen der Mensch dem Umgebungsdruck nicht ausgesetzt wird, kann ein Gestell mit entsprechenden Manipulatoren eingesetzt werden. Eine gewisse Eigenbeweglichkeit wird durch die Anbringung eines oder mehrerer Unterwasserantriebe ermöglicht.

Bild 34
Tauchkammer mit Wechselgestell

einfachen Rahmenwechsel drei völlig verschiedene Aufgabenstellungen annähernd optimal lösbar sind. Beibehalten wird aber immer der gleiche Druckkörper.

Nach A wird die Tauchkammer entweder als reine Beobachtungskammer oder aber als Tauchertransfer-Kapsel benutzt. In beiden Fällen wird zur Versorgung der Insassen Atemgas benötigt, im letzteren Fall gleichzeitig auch noch für den Druckaufbau im Kammerinnern. Deshalb sind im Rahmengestell vornehmlich Druckgasbehälter untergebracht. Das Gestell kann dabei so ausgebildet sein, daß die Tauchkammer auf dem Meeresgrund abgestellt werden kann und den Tauchern genügend Raum für einen ungehinderten Ausstieg aus der Tauchkammer verbleibt.

In der UW-Technik sind auch viele Einsatzmöglichkeiten denkbar, wo ausschließlich Beobachten im Verbund mit der Aufzeichnung von Fernsehaufnahmen, dem Herstellen von Fotos und Filmen erforderlich ist. Notwendig ist dann ein Gestell nach B, das für Kameras, gleich welcher Art, und für die erforderlichen Beleuchtungskörper eingerichtet ist. Gleichzeitig sind Vorrichtungen für die Energieträger (Batterien oder Brennstoffzellen) anzubringen, da für diese Aufgaben viel elektrische Energie erforderlich ist.

Viele Unterwasserarbeiten in geringen oder größeren Tiefen sind heute ausführbar ohne direkte Zuhilfenahme des Menschen, d. h., ohne daß der Mensch dazu ins Wasser steigen muß und damit den veränderten Umweltbedingungen direkt ausgesetzt wird. Bekannt, vor allen Dingen in den USA, sind kleinere Tauchboote, die mit immer komplizierteren Manipulatoren ausgerüstet werden, mit deren Hilfe schwierige Arbeiten durchgeführt werden können. Derartige Manipulatoren können ebenfalls mit Tauchkammern verwendet werden, insbesondere dann, wenn die Tauchkammer durch den Einbau von Unterwasserantrieben eine gewisse Eigenmanövrierfähigkeit erhält. Damit erhalten wir ein Wechselsystem nach C. In diesem Grundrahmen wird dann vorzugsweise auch noch die erforderliche Energieversorgung und die Hydraulikanlage untergebracht. Zur Steuerung der Manipulatoren und der Antriebe müssen Steuerkabel in die Tauchkammer eingeführt werden. Dies gilt sinngemäß auch für die Anlage B.


## 5. Taucherglocken

### 5.1. Systemmerkmale

Im Gegensatz zu den in Abschnitt 1. bis 4. beschriebenen Tauchkammern sind die Taucherglocken Behälter, die unten offen sind und somit dem Wasser freien Zutritt gewähren. Erst dann, wenn der Innendruck in der Taucherglocke dem umgebenden Wasserdruck an der Unterkante der Taucherglocke entspricht, kann der Innenraum wasserfrei gehalten werden.

Für herkömmliche Taucherarbeiten, insbesondere Tieftaucheinsätze, werden Taucherglocken in ihrer ursprünglichen Bauform heute kaum mehr eingesetzt. Da der technische Aufbau sehr einfach war, kann auf eine nähere Beschreibung verzichtet werden.

Hier sollen jedoch einige interessante Taucherglockenprojekte angesprochen werden, deren Einsatz auch für die moderne Taucherei von Bedeutung ist.

## 5.2. Beobachtungstaucherglocke für Tauchertrainingstürme

Die Ausbildung von U-Boot-Besatzungen im Ausstieg aus gesunkenen U-Booten nimmt heute einen breiten Raum im Lehrplan für U-Boot-Fahrer ein.

In besonderen Tauchtürmen, die bis zu 30 m hoch sind, wird dabei der Ausstieg in zunächst sicherer Umgebung geübt. Für das Unterrichtspersonal und die Hilfstaucher sind dabei in den Tauchtürmen Einrichtungen vorhanden, die es erlauben, dem austauchenden Schüler, wenn erforderlich, sofort helfend zur

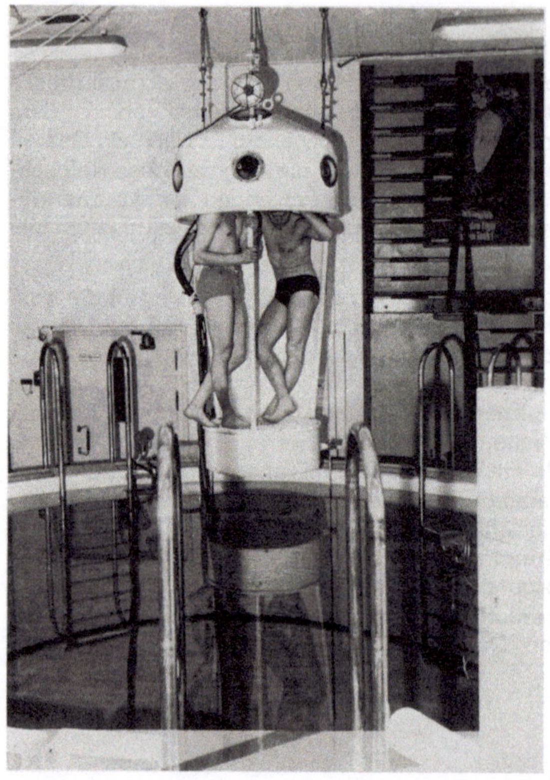

Bild 35
Taucherglocke, Tauchertrainings-
turm Bergen
(Foto freundlicherweise von der
Königlich Norwegischen Marine
zur Verfügung gestellt)

28 244

Seite zu stehen. Eine der wichtigsten Einrichtungen ist dabei eine Taucherglocke, die auf jede beliebige Tiefe abgesenkt werden kann.

Das Bild 35 zeigt eine Taucherglocke, die mit einigen Hilfstauchern besetzt abgesenkt wird.

Als Luftraum steht dabei nur ein relativ kurzer, glockenförmiger Behälter zur Verfügung, in dem die Taucher bis etwa zur Brust eingetaucht frei atmen können. Belüftet wird über ein Zuluft-Abluft-System, ähnlich wie bei einem Helmtaucher; die Beobachtungsfenster erlauben die Beobachtung der Umgebung, eine Lautsprecheranlage ermöglicht die Sprechverbindungen mit der Oberfläche.

Etwa ab Brustmitte werden die Taucher vom Wasser frei umspült. Als Standfläche dient eine Plattform, die mit dem Oberteil durch einige Stangen verbun-

118

den ist. Wird nun während einer Übung die Hilfe des Lehrpersonals erforderlich, können diese Personen von der Taucherglocke aus sofort die notwendige Hilfestellung geben, da sie dann mit wenigen Schwimmzügen bei der Übungsperson sind. In einer verbesserten Ausführungsform wird die eigentliche Glocke durch einen Plexiglasdom ersetzt, der eine optimale Beobachtung ermöglicht.

### 5.3. Rettungsglocke zum Betauchen von Rohrleitungen

Tauchereinsätze in gefüllten Rohrleitungen, besonders dann, wenn diese Hunderte Meter lang sind, machen diese zu einem äußerst riskanten, gefahrvollen Unternehmen. Außer der psychologischen Belastung der Taucher kommt noch die enorme physische Beanspruchung hinzu.

Die Verwendung einer speziellen Hilfsglocke schränkt die Gefahren ein und ermöglicht gleichzeitig, daß sich der Taucher in einer sicheren Umgebung ausruhen und erholen kann.

Insgesamt gesehen können somit auch die Tauchzeiten verlängert werden. Das Bild 36 zeigt in einer Schemazeichnung eine solche Taucherglocke, die für das Befahren enger Rohrleitungen eingerichtet ist.

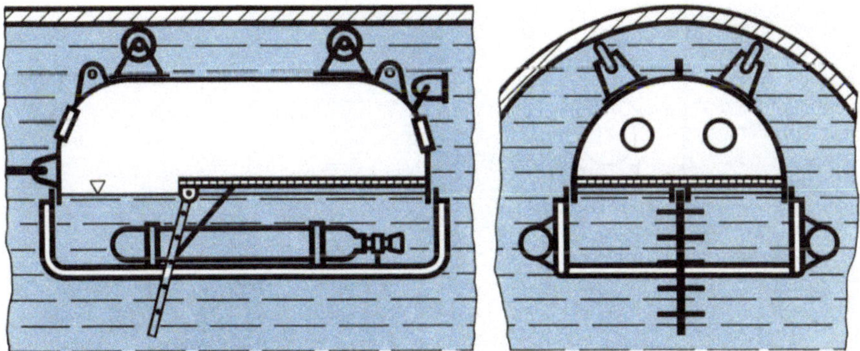

Bild 36  Rettungsglocke zum Betauchen von Rohrleitungen                    28 245

Im Prinzip handelt es sich um einen umgekehrten Waschtrog, der mit Luft gefüllt ist. Im Bedarfsfalle kann sich der Taucher schnell in diesen Luftraum zurückziehen; auf einem Rost liegend besteht für ihn zum Beispiel auch die Möglichkeit, einen bewußtlosen Taucher an den Einstieg zurückzubringen. Der Auftrieb dieser Taucherglocke ist so eingerichtet, daß Führungsräder an der Oberseite des Rohres die Taucherglocke entlangführen. Notatemstellen, Frischgas-Spülungseinrichtung und Beleuchtung sind die wichtigsten Einrichtungsgegenstände. Über ein Telefon oder eine Gegensprechanlage kann mit der Oberfläche jederzeit Kontakt aufgenommen werden.

### 5.4. Taucherglocken zur Reparatur von UW-Rohrleitungen

Tausende Kilometer von UW-Rohrleitungen liegen bereits in vielen Meeren. Da diese Leitungen zur Reparatur, zum Umbau und ähnlichen Arbeitsvorhaben nur in seltenen Fällen an die Wasseroberfläche geholt werden können, müssen die Voraussetzungen für eine Unterwasserarbeit geschaffen werden. Gut bewährt hat sich für diese Einsätze eine spezielle Art von Tauchkammer, die über die Rohrleitungen gesetzt wird. Das Bild 37 zeigt in einer Schemazeichnung eine derartige Einrichtung, die es erlaubt, auch umfangreichere Reparaturarbeiten in großen Wassertiefen durchzuführen. Dazu wird über die vom Meeresboden etwas angehobene Rohrleitung ein großes, glockenförmiges Gehäuse gesetzt, das nach unten offen ist. Durch die beidseitigen Aussparungen kann die Rohrleitung durch dieses Gehäuse geführt werden. Nachdem an die Rohrleitung passende pneumatische Abdichtungsflansche angesetzt sind, wird die Glocke ausgeblasen. Jetzt können Fachkräfte beispielsweise eine einwandfreie Schweißreparatur unter günstigen Bedingungen durchführen. Werden die Arbeiten in großen Wassertiefen durchgeführt oder sind sie sehr zeitaufwendig, können die Fachkräfte für die Arbeiten mit Hilfe einer an die Taucherglocke anzuschließenden Tauchkammer zur Arbeitsstelle bzw. an die Oberfläche gebracht

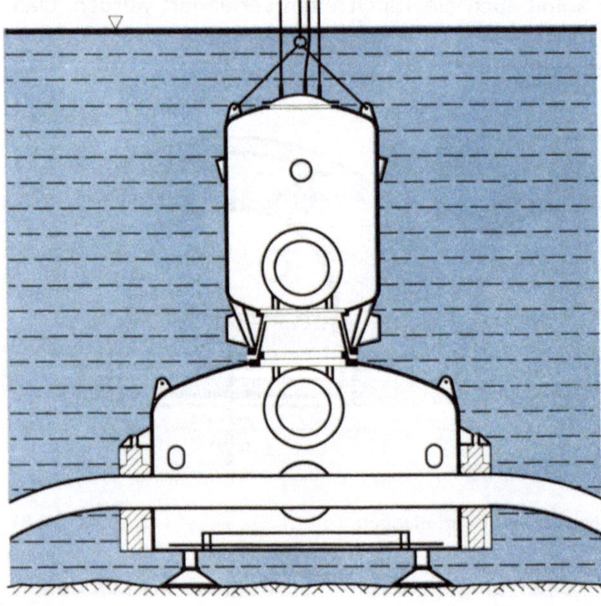

Bild 37
Taucherglocke zur
Reparatur von
UW-Rohrleitungen

28 246

werden. An der Wasseroberfläche wird die Tauchkammer mit einer DDC verbunden und anschließend die Dekompression durchgeführt. Diese skizzierte Anlage stellt in ihrer Art ein sehr großes System dar.

Auch sind Reparaturtauchkammern bekannt, die wesentlich einfacher aufgebaut sind, geringere Abmessungen besitzen und praktisch nur einen Blechkasten mit entsprechenden seitlichen Aussparungen und Rohrabdichtungsmöglichkeiten darstellen.

## 6. Beobachtungskammern

Unterwasserbeobachtungskammern sind so gebaut, daß der oder die Insassen sich unabhängig vom Außendruck in jeder Tauchtiefe unter atmosphärischem Luftdruck befinden.

120

Die Form dieser Kammern kann sehr verschieden sein und ist von der maximalen Einsatztiefe der jeweiligen Konstruktion abhängig. Die hauptsächlichsten Ausführungsformen sind in Bild 38 zusammengefaßt. Beim Einsatz in geringeren Tiefen bis etwa 200 m werden die Ausführungsformen A und B verwendet. Dabei ist bei A eine günstige Unterbringung von Beobachtungsfenstern etwas schwieriger, bei B dagegen wesentlich leichter.

Für große Tauchtiefen — bis hin zu den größtmöglichen Außendrücken — werden Druckbehälter entweder in Kugelraupenform nach C oder als reine Kugel nach D ausgeführt. Die gleiche Beachtung, die dem Druckkörper bei dessen festigkeitstechnischer Auslegung entgegengebracht werden muß, ist bei der Konstruktion der Fenster, des Mannlochverschlusses und den u. U. erforderlichen weiteren Durchdringungen zu schenken. Bei den Fenstern hat man sich bei höchsten Außendrücken fast ausschließlich der Kegelstumpfform bedient; als Fenstermaterial dient in der Regel Plexiglas oder ein ähnlicher Thermoplast.

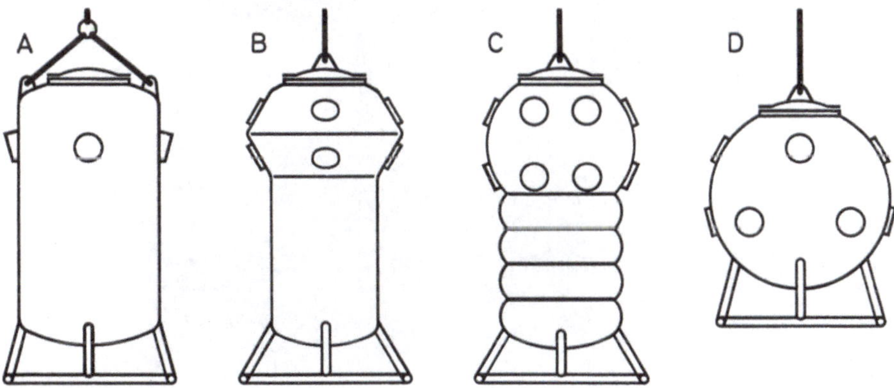


Bild 38  Formen von Beobachtungskammern                    28 247

Die Innenausstattung von Tauchkammern kann verhältnismäßig einfach gehalten werden. Regelmäßig sind folgende Instrumente erforderlich:

a) Luftaufbereitungsanlage hauptsächlich bestehend aus $O_2$-Versorgungsanlage und $CO_2$-Bindungsanlage (für längere Exkursionen kann auch eine Entfeuchtungseinrichtung erforderlich werden);

b) Kommunikationseinrichtung zur Verbindung mit der Wasseroberfläche entweder drahtgebunden oder drahtlos;

c) elektrische Einrichtung für Innenbeleuchtung, Außenscheinwerfer und eventuell Heizung;

d) Meßinstrumente zur Anzeige des Außendruckes, des $O_2$- und $CO_2$-Partialdruckes in der Kammer, eine Zeituhr und ähnliche Geräte;

e) viele Zusatzinstrumente, wie beispielsweise Filmkameras, Temperaturmeßgeräte, Salimeter usw. zur Durchführung der verschiedenen Versuchsaufgaben.

Das Bild 39 zeigt ein Serienmodell einer kombinierten Sauerstoff-Zusatz- und $CO_2$-Bindungsanlage, wie sie häufig in Kammern eingebaut wird. Aus Sicher-

121

heitsgründen sind einige Beobachtungskammern mit abwerfbarem Ballast ausgerüstet, der entweder mechanisch oder magnetisch mit der Kammer verbunden ist und im Notfall abgeworfen werden kann. Die Kammer steigt dann wie ein Ballon zur Wasseroberfläche.

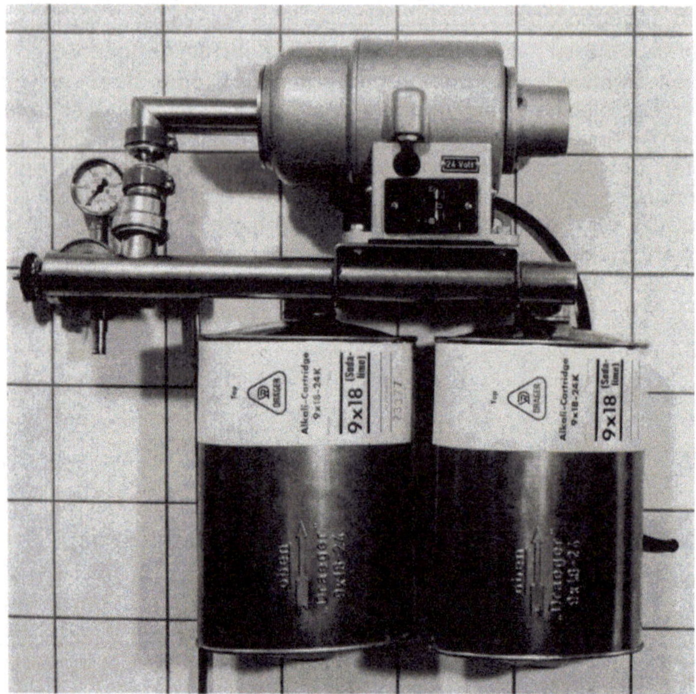

Bild 39   Sauerstoff-Zusatzeinrichtung und $CO_2$-Bindungsanlage

## 7. Rettungskammern

Rettungskammern dienen vornehmlich der Bergung von Mannschaften aus havarierten U-Booten. Die U-Boote haben dafür auf Deck besondere Ausstiege, auf die die Rettungskammer aufgesetzt wird. Das Bild 40 zeigt im Schnitt die häufig eingesetzte Form einer Rettungskammer.

Diese Kammer wird über eine Seilwinde auf den Anschlußflansch des U-Bootes hinuntergezogen. Nach dem Herstellen der dichten Verbindung zwischen Kammer und Boot können die Einstiegstüren geöffnet werden, so daß ein Teil der Mannschaft in die Rettungskammer übernommen werden kann. Unter atmosphärischem Druck wird die Besatzung dann an die Oberfläche gebracht. Die Einrichtung kann in einer Sonderausführung allerdings auch dann noch einwandfrei arbeiten, wenn mit dem umgebenden Wasser Gleichdruck hergestellt werden muß.

Mit Ausnahme der Windeneinrichtung und der Ballastzelle unterscheidet sich diese Rettungskammer in der übrigen Instrumentierung nur unwesentlich von anderen Tauchkammern, weshalb auf eine nähere Beschreibung dieser Einrichtung verzichtet wird.

122

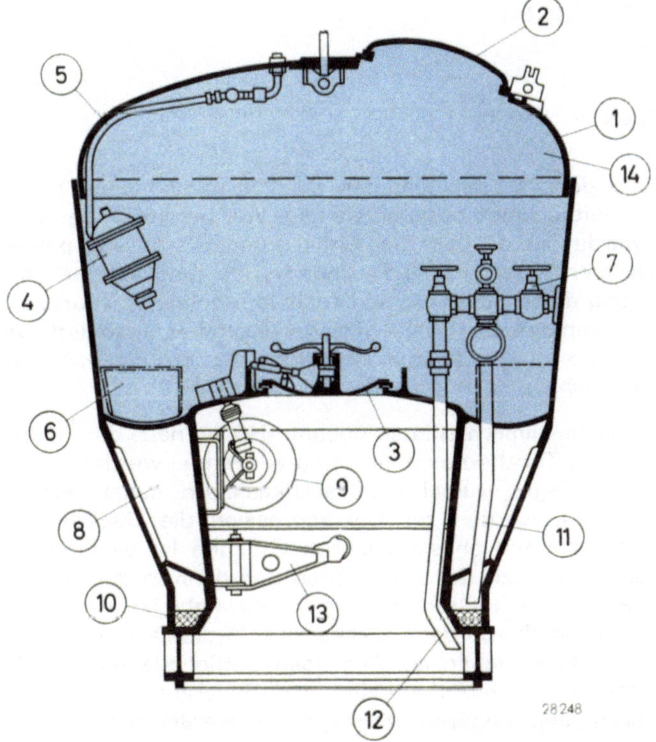

Bild 40   Rettungskammer für U-Boot-Besatzungen

1   Druckbehälter

2   oberer Einstieg

3   unterer Einstieg

4   Druckluftmotor

5   Abluft des Druckluftmotors

6   Ausgleichstank

7   Wassereinlaßleitung

8   Ballastzelle

9   Winde

10   starrer Ballast

11   Flutleitung für die Ballastzelle

12   Flutleitung für den unteren Raum

13   drehbare Stützplatte für das Niederholseil

14   Mannschaftsraum

# L. Tieftauchanlagen

## 1. Allgemeines

Die Ausweitung der Arbeitstauchtiefen auf 200 m und mehr macht die Einführung neuer Tieftauchmethoden notwendig. Wie bereits in Band I, Kapitel D, beschrieben wurde, ist es aus Sicherheitsgründen und aus physiologischen Aspekten nicht mehr möglich, die Taucher frei ab- und auftauchen zu lassen. Zur Unterstützung der Taucher werden deshalb regelmäßig Tauchkammern eingesetzt, die in unmittelbarer Nähe der Arbeitsstelle stationiert werden. Die Tauchkammern sind für den Taucher Fahrstuhl, Versorgungsbasis und sicherer Zufluchtsort zugleich.

Einige dieser Tauchkammern sind so gebaut, daß sie nach der Rückkehr an die Oberfläche auch zur Taucherdekompression verwendet werden können. Das ist jedoch nicht die Regel, zumal die Tauchkammern meist recht unbequem sind. Normalerweise werden zur Dekompression die Deckdekompressionskammern eingesetzt. Aus physiologischen Gründen ist es nicht möglich, die Taucher zunächst völlig zu dekomprimieren und dann in der Deckdekompressionskammer erneut unter Druck zu setzen. Vielmehr ist es erforderlich, daß die Taucher unter Druck von der Tauchkammer in die Dekompressionskammer umsteigen. Besonders wichtig ist dies beim Sättigungstauchen. Die Dekompressionskammer ist auch Aufenthalts- und Ruheraum während der Tauchpausen. Erst nach einer längeren Arbeitsperiode werden die Taucher allmählich wieder auf Normaldruck zurückgebracht.

In Bild 1 sind u. a. die wesentlichsten Methoden moderner Tieftaucherei zusammengefaßt dargestellt. Dabei scheiden die Methoden nach I—III aus der nachstehenden Betrachtung aus, während der Tieftaucheinsatz nach VI und VII in anderen Kapiteln behandelt wird. Im Kapitel L werden hauptsächlich Anlagen besprochen, die den Systemen nach IV und V entsprechen.

Die Kombination einer Tauchkammer mit einer Deckdekompressionskammer einschließlich aller Gasversorgungseinrichtungen, der Windenanlagen und eventuell der Energieversorgung ist als Tieftauchanlage zu bezeichnen. Einzubeziehen in dieses System sind u. U. auch noch die Tieftauchgeräte selbst, da sie vielfach fester Bestandteil der Tauchkammer sind.

Viele der Einzelbausteine, wie die Dekompressionskammern, die Tauchkammern, die Versorgungseinrichtungen und die Tieftauchgeräte, werden in speziellen Kapiteln ausführlich beschrieben. Hier geht es darum, das Zusammenspiel aller Teile sowie deren spezifische Eigenschaften beim Einsatz in Tieftauchanlagen herauszustellen.

Die Einsatzmöglichkeiten dieser Anlagen sind nahezu unbegrenzt, und ihre Verwendbarkeit bei Seebohrungen, bei der Erstellung von Unterwasserkonstruktionen, bei Bergung und Rettung, bei Kabel- und Pipeline-Verlegung und -Reparatur sowie die Verwendung bei der Unterwasserforschung können nur Richtschnur sein. Die Aufzählung der Einsatzmöglichkeiten soll nur Beispiele zeigen.

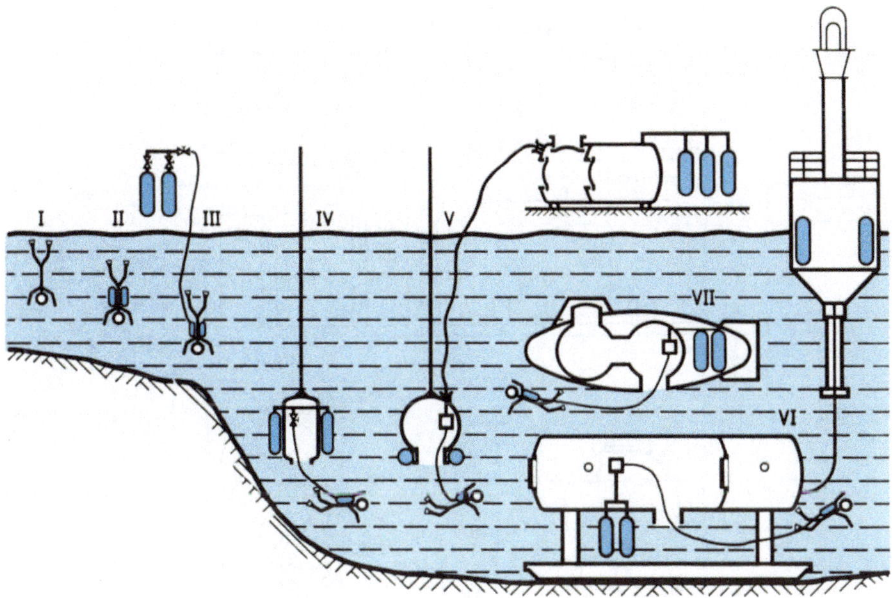

Bild 1 Tauchmethoden                                                                28 249

I     Freitauchen ohne Atemgerät
II    Tauchen mit autonomem Atemgerät
III   Tauchen mit schlauchversorgtem Atemgerät
IV    Tauchen mit Tauchkammer (Schlauchversorgung aus der Tauchkammer)
V     Tauchen mit Tieftauchanlage (Deckdekompressionskammer, Tauchkammer, Tauchgerät)
VI    Tauchen aus Unterwasserlabor
VII   Tauchen aus Tauchboot mit Schleuse

## 2. Gesamtkonzeption und Einsatzschema

Ein sicherer Arbeitsablauf auch unter widrigen Umständen muß bei dem Einsatz
von Tieftauchanlagen Grundbedingung sein. Daher ist eine genaue Abstimmung
aller Einzelbauelemente aufeinander unbedingt erforderlich. Es ist vorteilhaft,
wenn die Gesamtplanung einer derartigen Anlage von einem einzigen Arbeits-
team durchgeführt wird, das dann auch die Bauaufsicht führt und den Ersteinsatz
leitet.

Tieftauchanlagen werden selten so konzipiert, daß sie nur für eine Aufgabenstellung verwendet werden können, vielmehr werden sie so ausgelegt, daß sie
beispielsweise von einer Bohrinsel auf ein Taucherschiff oder ein entsprechendes Ponton verlegt werden können. Es sind sogar Einsatzfälle bekannt, wo bei
Dammbauten oder Staumauer-Reparaturen Tieftauchanlagen von Land aus eingesetzt wurden. Diese Arbeitsplatzverlagerung muß ohne langwierige Umbau-
arbeiten möglich sein; daraus ergibt sich, daß die einzelnen Bauelemente mit
einem Kran verladbar sein müssen.

Das Bild 2 zeigt schematisch den Anlagenumfang einer derartigen Einrichtung.
Die Einzelbauelemente sind jeweils auf Grundplatten montiert. Die Grundplat-

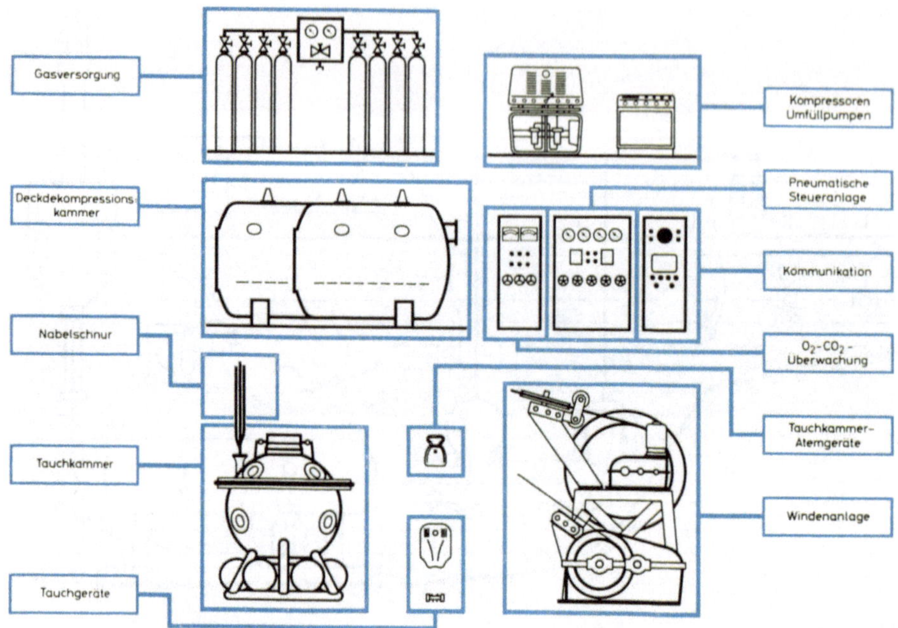


**Bild 2**  Schema der einzelnen Anlagenteile einer kompletten Tieftauchanlage 28250

1 Tauchkammer
2 Grundanker
3 Deckdekompres-
  sionskammer
4 Ankerwinde
5 Tauchkammer-Winde
6 Versorgungsschlauch-
  Winde
7 Mischgaskompressor
8 Luftkompressor
9 Mischgas-, Luft-,
  Helium-, Sauerstoff-
  Batterie
10 Schaltstand

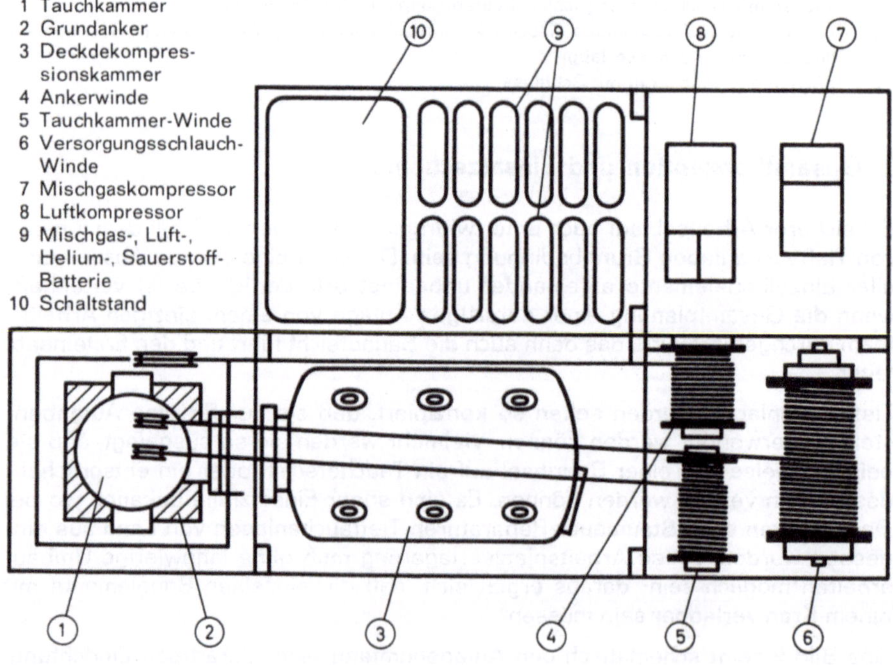


**Bild 3**  System einer vollständigen Tieftauchanlage 26499

ten sind mit Ösen ausgerüstet und sind so stabil, daß sie ohne weiteres von einem Kran aufgenommen werden können. Durch Paßstücke werden die Grundplatten gegenseitig in die richtige Position gebracht. Die einzelnen Teile können auch in jeder anderen zweckmäßigen Weise angeordnet werden; das Bild 3 zeigt nur eine der vielen Möglichkeiten. Der hier gezeigte Anlagenaufbau erfordert ein sogenanntes Mondloch. Bei dieser Ausführung liegt der Vorteil darin, daß die Tauchkammer praktisch nur auf- und abbewegt wird und daß für den Anflanschvorgang nur eine kleine seitliche Verschiebung notwendig ist. Hierüber wird noch an anderer Stelle berichtet.

Zunächst sollen hier die grundsätzlichen Anwendungsmöglichkeiten von Tieftauchanlagen anhand von Schemazeichnungen näher erklärt werden. Dabei müssen zwangsläufig die Tauchmethoden mit einbezogen werden.

### 2.1. Beobachtungsvorgang (hierzu Bild 4)

Bei der in dem Schema dargestellten Anlage sind der Übersichtlichkeit halber alle überflüssigen Bauelemente weggelassen. Die Tauchkammer wird bei diesen Beispielen auf die Deckdekompressionskammer aufgesetzt. Das ist für die Betrachtung belanglos und ändert die Gesamtmethode nicht.

Der Innendruck in der Tauchkammer entspricht bei einem Beobachtungstauchgang dem Normaldruck. Der Außendruck kann bis zum maximal zulässigen

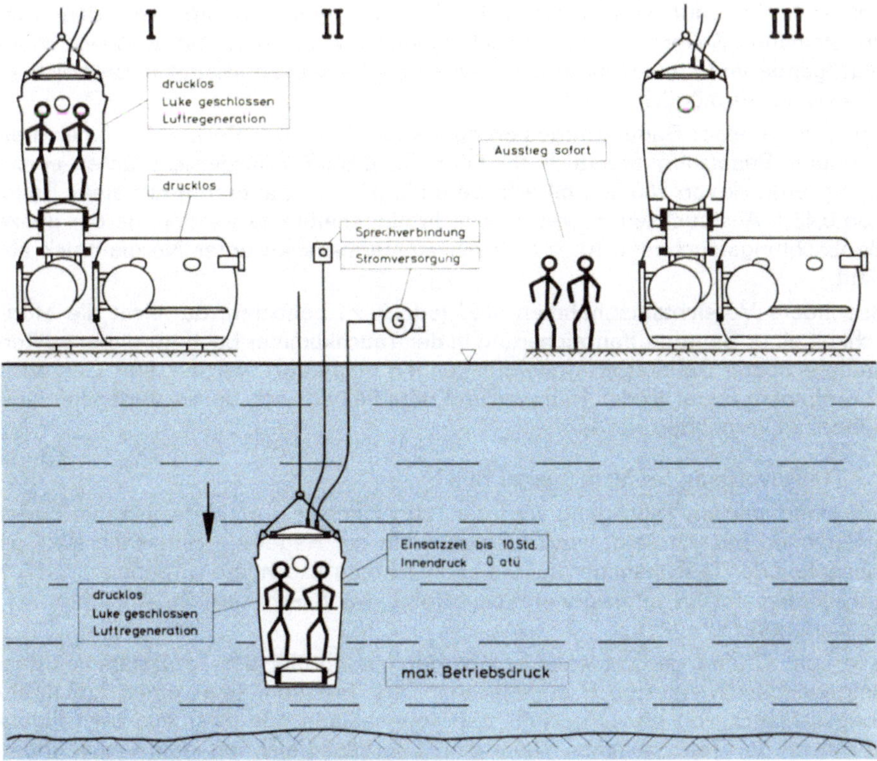


Bild 4  Beobachtungsvorgang mit Tauchkammer

26 500

Betriebsdruck steigen. Dann ist beispielsweise bei einem Betriebsdruck von 30 kp/cm² die zulässige Tauchtiefe 300 m.

Die Tauchkammern sind in der Regel für eine zwei- bis dreiköpfige Besatzung gebaut. Bei Beobachtungstauchgängen kann aber die Besatzung auch auf 4 Personen erhöht werden, da keine raumbeanspruchende Tauchausrüstung mitgenommen werden muß. Wenn von der Oberfläche aus keine Frischluftspülung erfolgt, das heißt, wenn auf einen Versorgungsschlauch verzichtet wird, sorgt eine Umwälzanlage für die einwandfreie Luftregeneration. Dabei wird die Kohlensäure durch Atemkalk entfernt und der Sauerstoff durch eine auf die jeweilige Personenzahl einstellbare Dosierung zugesetzt.

Ob die Luftumwälzung durch einen gasbetriebenen Injektor erfolgt oder von einem elektrischen Lüfter besorgt wird, ist ohne Belang. Allerdings ist die Messung des Sauerstoff- und des Kohlendioxid-Gehaltes der Luft bei längeren Beobachtungstauchgängen notwendig, obwohl die Regenerationsanlage so eingestellt sein muß, daß sie mit größter Sicherheit immer eine atembare Atmosphäre gewährleistet.

Da bei Tauchkammereinsätzen eine immer größere Unabhängigkeit von der Oberfläche angestrebt wird, findet man in zunehmendem Maße in der Kammer auch eine eigene Energieversorgung. Erfolgt Sprechverbindung auch noch mit einem drahtlosen System, so besteht die Verbindung Wasseroberfläche-Tauchkammer nur noch in der Zugseilverbindung.

Eine Bestimmung der maximalen Tauchzeit ist schwer möglich, da die Expositionszeit nicht nur von der Anzahl der Personen, sondern von dem mitgenommenen Sauerstoff und dem Atemkalkvorrat abhängig ist. Beobachtungstauchgänge von 10 und mehr Stunden sind — wenn überhaupt erforderlich — ohne weiteres möglich.

So sind bei einer Sauerstoffdosierung von 0,5 l/min pro Person bei einer dreiköpfigen Besatzung stündlich 90 Liter Sauerstoff erforderlich; unter einem Speicherdruck von 200 kp/cm² erfordern die 90 Liter Sauerstoff nur einen Raum von 0,45 l. Austauchzeiten brauchen nicht eingehalten zu werden, da der ganze Beobachtungstauchgang für die Tauchkammerinsassen unter Normaldruck abläuft.

Besondere Vorsichtsmaßnahmen sind jedoch zu beachten, da leicht die Möglichkeit einer Sauerstoffanreicherung in der Tauchkammer besteht; daher sollten entsprechende Sauerstoff-Meßeinrichtungen mitgeführt werden. Der Gebrauch von offenem Feuer in der Kammer und unmittelbar nach deren Verlassen muß unbedingt vermieden werden.

### 2.2. Tauchvorgang bis 50 m (hierzu Bild 5)

Für einen solchen Tauchgang wird die Tauchkammer normalerweise mit 2 oder 3 Personen besetzt sein, wovon die dritte in der Regel ein Hilfsmann ist. Das Absenken der Tauchkammer auf die beabsichtigte Tauchtiefe wird innendrucklos vorgenommen, die Luftregeneration erfolgt, wenn erforderlich, wie unter 2.1. beschrieben.

Vor dem Öffnen der Bodenluke wird der Innendruck der Tauchkammer dem umgebenden Wasserdruck angeglichen. Das geschieht über einen Luftzuführungsschlauch von der Druckluftversorgungsanlage aus oder aus dem Eigenvorrat an der Tauchkammer. Nach dem Druckausgleich mit dem umgebenden Wasser kann dann die Bodenluke geöffnet werden.

128

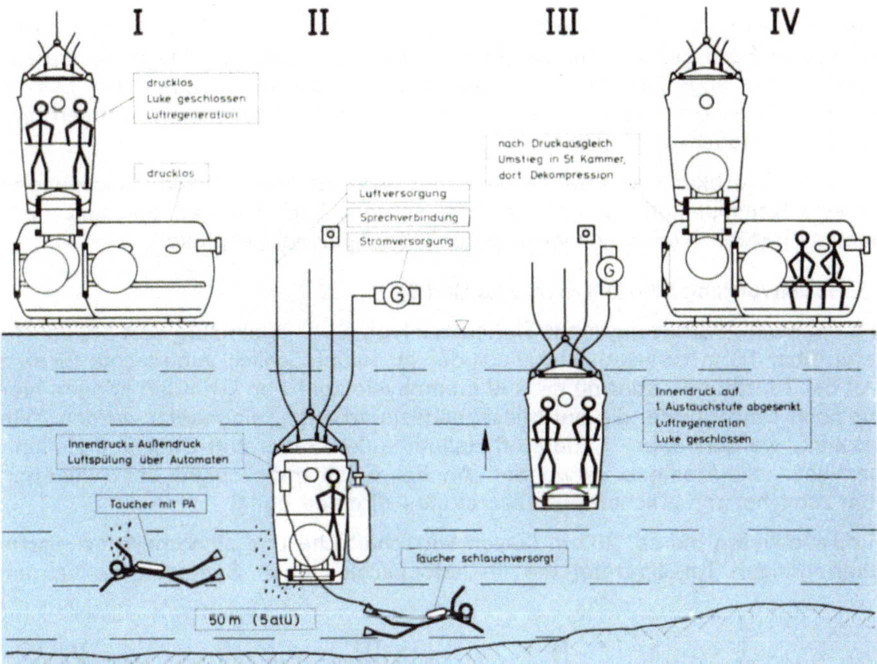


Bild 5   Tauchvorgang 0—50 m                                   26 105

Die Luftumwälzung in der Tauchkammer wird nach dem Öffnen der Bodenluke abgeschaltet; die Frischluftspülung erfolgt dann mit automatischer Tiefenanpassung über einen Taucherluftzuführungsautomaten von der Wasseroberfläche oder der Kammer aus. Die Kammerbesatzung atmet frei ohne Atemgeräte. Zum Freitauchen bis 50 m Tauchtiefe werden normalerweise autonome Preßlufttauchgeräte (siehe Band I, Kapitel B) eingesetzt. Sollen jedoch länger dauernde Taucherarbeiten durchgeführt werden, ist eine Luftversorgung der Taucher über einen Schlauch von der Tauchkammer aus vorteilhafter. Für diesen Einsatzfall werden innerhalb oder außerhalb der Tauchkammer Preßluftflaschen mit ausreichend großer Speicherkapazität angebracht. Eine Luftversorgung der Taucher direkt von der Wasseroberfläche aus ist ebenfalls möglich, wird aber kaum angewendet.

Das Unterbringen der Preßluftflaschen in der Tauchkammer selbst ist aus räumlichen Gründen vielfach nicht durchführbar. Ohne wesentliche Bewegungseinschränkungen für die Besatzung kann selten ein größerer Luftvorrat als ca. 16 000 Liter in der Tauchkammer untergebracht werden. In einer Tiefe von 50 m ist damit für einen Taucher nur eine Tauchzeit von 60 Minuten gegeben. Durch das Anordnen von größeren Flaschen am Kammeraußenmantel kann hier Abhilfe geschaffen werden. Das Mitführen von 100 000 Litern Luft in Preßluftflaschen ist außen an Tauchkammern von normaler Größe ohne weiteres möglich.

Haben die Taucher ihre Arbeit ausgeführt und sind sie in die Tauchkammer zurückgekehrt, wird die Fremdspülung abgestellt, die Bodenluke geschlossen und die Luftregeneration in der Tauchkammer eingeschaltet. Unter gleichzeiti-

gem Absenken des Innendruckes auf die erste Austauchstufe wird die Tauchkammer an Bord genommen und druckdicht an die stationäre Deckdekompressionskammer angeflanscht. Nach dem Druckausgleich zwischen den beiden
Kammern kann die Besatzung in die bequemere Deckkammer umsteigen und
dort den Austauchvorgang beenden.

Zwischen Tauchkammer und Tauchern ist während des ganzen Tauchganges
für eine Kommunikationsmöglichkeit zu sorgen. Auch hier gilt das unter 2.1.
Gesagte bezüglich einer anzustrebenden Oberflächenabhängigkeit.

### 2.3. Tauchvorgang 50 – 200 m (hierzu Bild 6)

Die optimale Ausnutzung einer Tieftauchanlage wird regelmäßig erst bei Tauchtiefen über 50 m erreicht; auch liegt der ihr hauptsächlich zugedachte Einsatz
erst bei Tauchtiefen über 50 m. Aus atemphysiologischen Gründen können hier
nur noch Tauchgeräte, die auf Mischgasbasis arbeiten, eingesetzt werden. Wie
bekannt, werden dabei Sauerstoff-Helium- oder Sauerstoff-Stickstoff-Helium-
Gemische als Atemgas verwendet. An der Einsatzmöglichkeit des billigeren,
aber zunächst gefährlicheren Wasserstoffes wird gearbeitet.

Für Tauchtiefen bis ca. 200 m lassen wirtschaftliche und sicherheitstechnische
Überlegungen Tauchgeräte, die im halbgeschlossenen System arbeiten, am

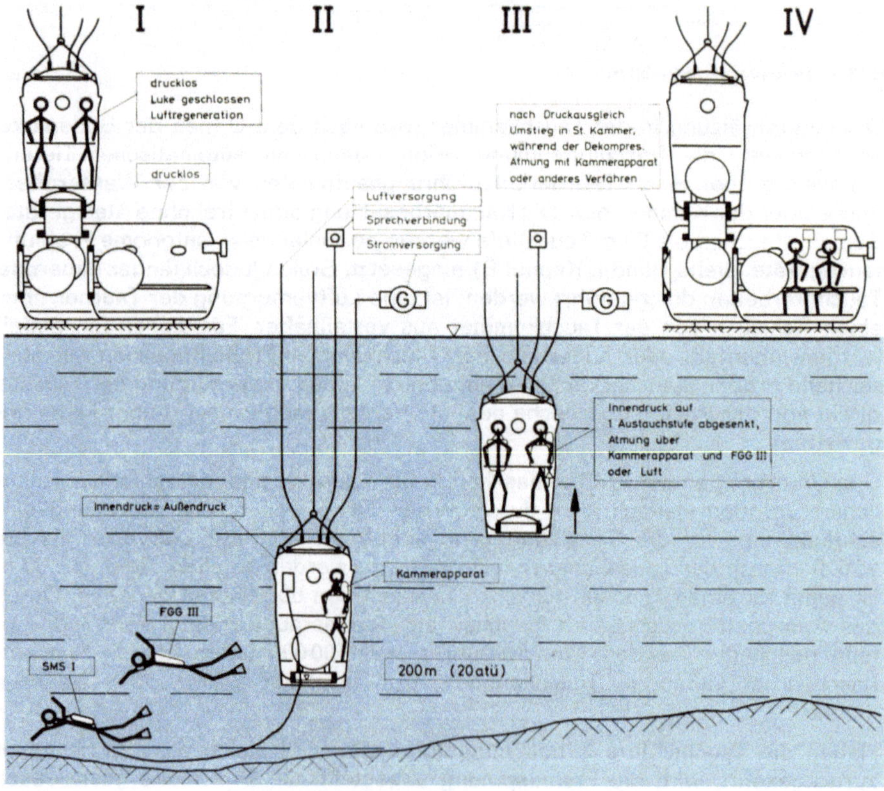


Bild 6   Tauchvorgang 50 – 200 m (Kurzzeittauchen)                    26502

günstigsten erscheinen. Gut durchkonstruierte Apparate, auf den rauhen Taucherbetrieb zugeschnitten und ohne großen Wartungsaufwand, erfüllen diese Forderungen.

Die Mischgasversorgung im offenen System ist sehr teuer; darüber hinaus ist der geschlossene Kreislauf — zumindest derjenige des autonomen Gerätes — zunächst noch zu kompliziert und ebenfalls zu kostspielig. Tauchvorgänge mit einem „Großen Kreislauf" und Schlauchversorgung des Tauchers sind dagegen durchaus schon zu realisieren und lassen vor allem in Tiefen von mehr als 200 m hervorragende Einsatzmöglichkeiten erwarten. Ein derartiges Tauchschema wird im Abschnitt 2.4. behandelt.

Ein Tieftauchvorgang mit Geräten, die mit halbgeschlossenem Kreislauf arbeiten, kann folgendermaßen ablaufen:

Die Tauchkammer wird mit der Besatzung auf die beabsichtigte Tauchtiefe zwischen 50 und 200 m abgesenkt. In der Tauchkammer herrscht atmosphärischer Druck. In dieser Phase erfolgt die Luftregeneration in der Tauchkammer wie unter 2.1. beschrieben. Nach Erreichen der Arbeitstiefe wird der Innendruck an den umgebenden Wasserdruck — durch Auffüllen des Luftvolumens über den Versorgungsschlauch mit Druckluft — angeglichen. In besonderen Fällen kann die Tauchkammer auch mit jedem anderen Gasgemisch gefüllt werden. Ab 4 kp/cm² Überdruck atmen die Kammerinsassen entweder aus den Kammermischgas-Geräten bzw. bereits aus den Mischgas-Tauchgeräten. Beide Gerätearten sind Kreislaufgeräte mit halbgeschlossenem System, die mit Fertiggasgemischen auf Sauerstoff-Helium-Basis und $CO_2$-Absorption arbeiten. Die Gasmischung selbst wird entsprechend dem vorgesehenen Tauchtiefenbereich vor dem Tauchgang auf die atemphysiologisch und ökonomisch günstigste Zusammensetzung eingestellt. Bei einigen Gerätesystemen werden aus Vereinfachungs- und Wirtschaftlichkeitsgründen nur drei verschiedene Mischgase verwendet, die jeweils einen Tauchtiefenbereich von ca. 50 m überdecken.

(Weniger wirtschaftlich ist es dagegen, mit einem einzigen Gasgemisch einen Tiefenbereich von nahezu 150 m zu befahren, obwohl hier natürlich eine Mischgasverwechslung nicht mehr in Frage kommt.)

Nach erfolgtem Druckausgleich wird die Bodenluke geöffnet. Die Taucher können jetzt mit ihren autonomen oder schlauchversorgten Mischgas-Kreislaufgeräten durch den Bodenausstieg die Tauchkammer verlassen und in der Umgebung ihre vorgesehene Arbeit ausführen.

Über eine Sicherheits-Telefon-Leine bleiben die Taucher in jedem Fall mit der Tauchkammer in Verbindung.

Je nach Auslegung der Tauchgeräte können heute Tauchtiefen von mindestens 200 m bei variablen Tauchzeiten erreicht werden. Schlauchversorgte Geräte gestatten längere Tauchzeiten als autonome Tauchgeräte.

Der Helfer in der Tauchkammer atmet in den Fällen, in denen diese mit Luft atmosphärischer Zusammensetzung auf Druck gebracht wurde, während des Tauch- und zum Teil während des Austauchvorganges mit einem besonders leichten und verhältnismäßig bequem zu tragenden Mischgas-Atemgerät, dessen Gasversorgungseinrichtung fest mit der Tauchkammer verbunden ist.

Nach Rückkehr der Taucher in die Tauchkammer wird die Bodenluke geschlossen und unverzüglich der Austauchvorgang eingeleitet. Die Geräte der Taucher werden in dieser Phase, bis zum Erreichen einer sicheren Lufttauchtiefe, über die Zusatzgasversorgungseinrichtung der Tauchkammer gespeist. Ein kurzer

Versorgungsschlauch mit Schnellanschluß verbindet die Zusatzgasversorgungs-einrichtung mit dem Tauchgerät.

Während die Tauchkammer an Deck gehievt wird, senkt man den Innendruck der Tauchkammer auf den entsprechenden Druck der ersten Austauchstufe ab. Ob die Austauchstufen mit Sauerstoff-Helium-Gemischen ausgefahren werden oder ob auf Luft umgeschaltet wird, ist eine reine Verfahrensfrage, die hier nicht näher erörtert werden soll.

Nach dem Anflanschen der Tauchkammer an die stationäre Dekompressions-kammer erfolgt der Umstieg in diese Kammer. Je nach Verfahren werden Helium-Sauerstoff-Gemische, Luft oder — in den unteren Austauchstufen — Sauerstoff geatmet. Die meisten Tieftauchanlagen sind so eingerichtet, daß alle diese Möglichkeiten angewendet werden können.

Das hier geschilderte Arbeitsverfahren ist eine von mehreren Möglichkeiten. Der in der Tauchkammer vorzunehmende Druckaufbau hängt zeitlich sehr stark von der Gasversorgungsmöglichkeit ab. Kann beispielsweise an der Tauch-kammer nicht genügend Atemgas mitgeführt werden und ist auch ein Versor-gungsschlauch zur Oberfläche nicht vorgesehen, wird die Tauchkammer oft schon an der Wasseroberfläche auf den vollen Betriebsdruck gebracht.

Die vorstehenden Verfahrensweisen werden normalerweise für Kurzzeittauch-gänge angewendet, Sättigungsverfahren können nach dem anschließend be-schriebenen Verfahren durchgeführt werden.

### 2.4. Tauchvorgang mit „Großem Kreislauf"
(für Sättigungstauchen geeignet, hierzu Bild 7)

Tieftauchanlagen, die für das Sättigungstauchen eingesetzt werden, unterschei-den sich in ihrem Aufbau gegenüber den bisher skizzierten Anlagen. Da bei längeren Grundexpositionszeiten die Taucher nicht damit belastet werden kön-nen, nach dem eigentlichen Tauchgang noch stundenlang an ihre Atemgeräte angeschlossen zu sein, ist bei diesen Einrichtungen dafür zu sorgen, daß die Taucher nach dem Tauchgang sofort frei atmen können. Dazu ist es erforderlich, daß sowohl die Tauchkammer selbst als auch mindestens ein Raum der Deck-dekompressionskammer mit Sauerstoff-Helium-Gemischen gefüllt werden kön-nen. Bei dem „Großen Kreislauf" müssen dabei die Tauchkammer und die Deck-dekompressionskammer ständig durch einen Umluftschlauch, eine sogenannte Nabelschnur, verbunden sein. Jetzt besteht auch die Möglichkeit, den Taucher während des Tauchens direkt an diesen Kreislauf anzuschließen, womit auch für das Tauchgerät fast der ideale Zustand erreicht ist. Nachteilig könnte hier nur noch der erforderliche Versorgungsschlauch zwischen Tauchkammer und Taucher sein. Bis funktionsfähige, vollautomatische Tieftauchgeräte, die im ge-schlossenen Kreislauf arbeiten, auf dem Markt sind, ist dieses System, vor allen Dingen für Taucharbeiten, die in größeren Tiefen als 200 m ausgeführt werden, von außerordentlichem Vorteil.

Der Aufwand für die Gasversorgungseinrichtungen nimmt jedoch bei diesem Verfahren einen ganz beachtlichen Umfang an.

Ein Tauchgang wird etwa folgendermaßen durchgeführt: Angenommen, die Taucher befinden sich schon seit längerer Zeit unter Druck und verweilen im Auf-enthaltsraum der Deckdekompressionskammer. Dort herrscht in diesem Falle ein Druck, der von der Arbeitstauchtiefe erreicht werden kann, wobei keine oder nur kurze Dekompressionszeiten einzuhalten sind. Jetzt werden die Tau-

132

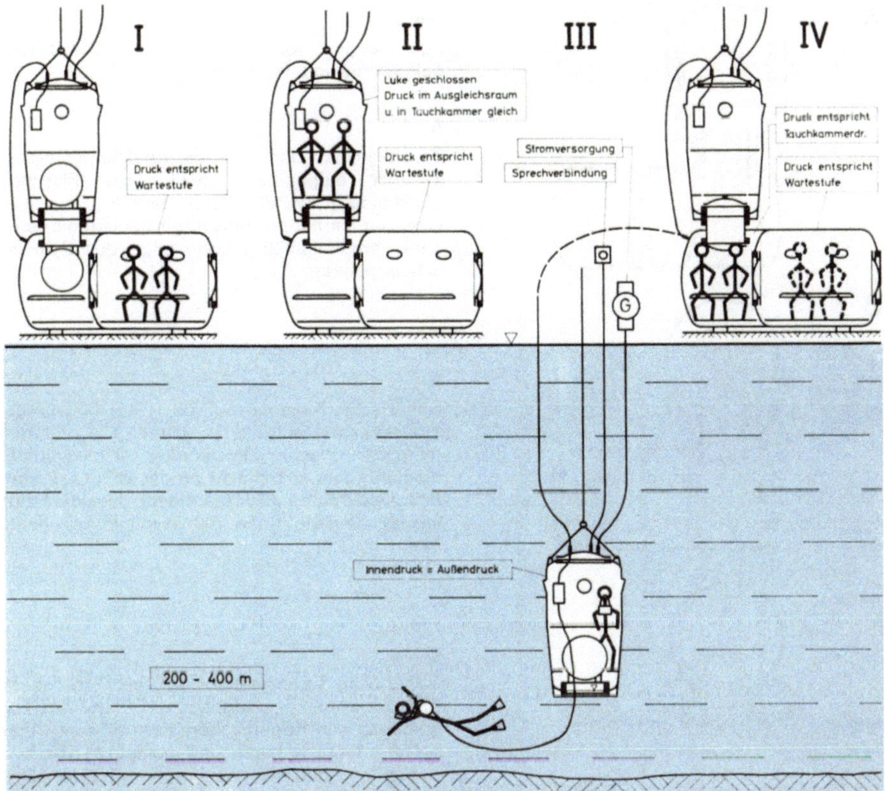



Bild 7   Tauchvorgang mit „Großem Kreislauf" (Sättigungstauchen)                    26 503

cher in den Druckausgleichsraum übergeschleust, der mit einem Sauerstoff-Helium-Gemisch gefüllt ist. Das Gemisch gleicher Zusammensetzung füllt auch die Tauchkammer. In diese können nun die Taucher sofort umsteigen und die Tür hinter sich schließen; nach dem Abflanschen kann die Tauchkammer auf die Arbeitstauchtiefe abgesenkt werden. Über einen Umwälzkompressor, der in der Druckausgleichskammer installiert ist, wird das Gasgemisch im Kreislauf zwischen Tauchkammer und Druckausgleichsraum umgepumpt.

Der Sauerstoffzusatz wird durch eine Sauerstoffpartialdruck-Meßeinrichtung automatisch gesteuert, und die Kohlensäure wird in einem Doppelabsorptionssystem entfernt. Mit der Tauchkammerabsenkung wird gleichzeitig der Innendruck des Systems auf den Arbeitstauchtiefendruck gebracht. Ist die Arbeitstauchtiefe erreicht und der Druckausgleich vorhanden, wird die Bodenluke geöffnet, und die Taucher verlassen — an den großen Versorgungskreislauf angeschlossen — die Tauchkammer. Die gesamte Gasüberwachung erfolgt bei diesem System an Deck. Nach der Rückkehr der Taucher in die Tauchkammer und dem Schließen wird die Kammer hochgehievt und an die Deckdekompressionskammer angeflanscht. Gleichzeitig erfolgt die Druckabsenkung auf die erste Austauchstufe, und die Taucher kehren in die Ausgleichskammer zurück. Dort wird dem gewählten Verfahren entsprechend der Druck abgesenkt, bis das Umschleusen in den Aufenthaltsraum erfolgen kann. Im Aufenthaltsraum ver-

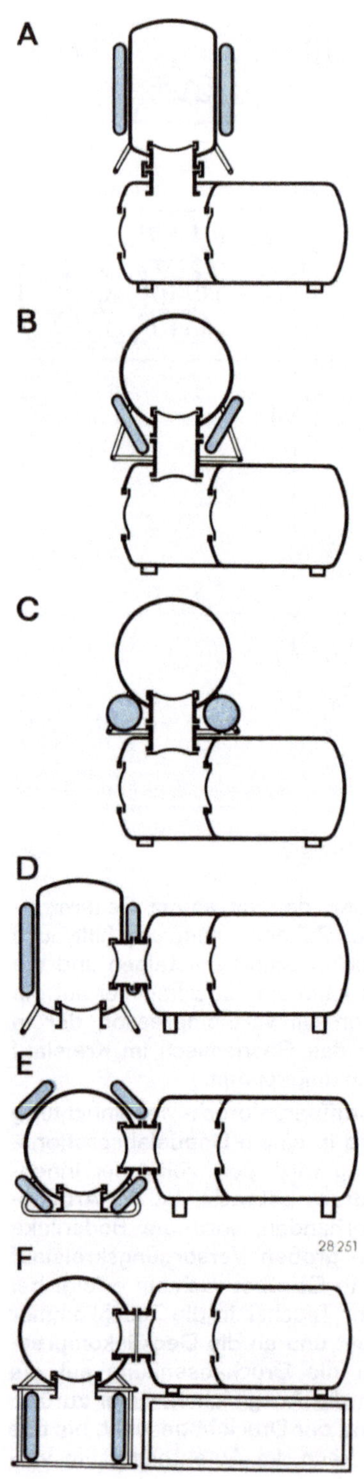



Bild 8

Zuordnungen von Tauchkammern und Deckdekompressionskammern

**A**

Tauchkammer **auf** die Deckdekompressionskammer aufgesetzt. Zylindrische Flaschen gleichmäßig um die SDC verteilt. Bei einer sicheren Verflanschungsmöglichkeit ergibt sich eine verhältnismäßig hohe Lage des Systemschwerpunktes.

**B**

Sphärische Kammer **auf** die Deckdekompressionskammer aufgesetzt. Durch die Verwendung zylindrischer Gasbehälter ist ein verhältnismäßig langer Schacht an der DDC erforderlich. Dadurch ist auch bei dieser Bauweise eine verhältnismäßig hohe Schwerpunktlage gegeben.

**C**

Sphärische Tauchkammer **auf** die Deckdekompressionskammer aufgesetzt. Durch die Verwendung von Kugelgasbehältern läßt sich eine außerordentlich kurze und kompakte Bauform darstellen, dadurch wird ein verhältnismäßig niedriger Gesamtschwerpunkt erreicht.

**D**

Zylindrische Tauchkammer, die **seitlich** an eine Deckdekompressionskammer angeflanscht wird. Zylindrische Gasbehälter sind am Umfang der SDC verteilt. Niedriger Gesamtschwerpunkt. Es ist auch ein Anschluß an der Längsseite möglich.

**E**

Sphärische SDC **seitlich** an eine Deckdekompressionskammer angeflanscht. Verhältnismäßig kleine zylindrische Gasflaschen sind an der Tauchkammer angebracht. Die Gesamtanordnung erlaubt den Bau sehr kompakter Anlagen.

**F**

Sphärische Tauchkammer **seitlich** an eine DDC angeflanscht. Die Gasflaschen sind unterhalb der Kugel in einem Käfig angeordnet. Der Taucherausstieg wird auch beim Aufsetzen der SDC auf dem Meeresgrund freigehalten. Insgesamt ergibt sich eine hohe Schwerpunktlage.

weilen dann die Taucher bis zum nächsten Tauchgang oder werden weiter ausgetaucht, bis der Normaldruck erreicht ist.

## 3. Technischer Aufbau von Tieftauchanlagen

Der Aufbau einer Tieftauchanlage wird im wesentlichen von der Zuordnung der Tauchkammer (SDC) zur Deckdekompressionskammer (DDC) gekennzeichnet. Dabei ergeben sich zwei Systemunterschiede: die der Obenanflanschung (Toptransfer) und die der Seitenanflanschung (Sidetransfer) der SDC. Beide Systeme haben Vor- und Nachteile, so daß für den jeweiligen Einsatzfall überlegt werden muß, welchem System der Vorzug zu geben ist. Daß es dabei eine ganze Reihe von Varianten gibt, ist dem Bild 8 zu entnehmen. Diese feinen Unterschiede entstehen durch die Form und Anordnung der Druckgas-Versorgungsflaschen. Es ist wichtig, die einzelnen Arten zu betrachten:

A  Beim Aufsetzen der Tauchkammer auf die Deckdekompressionskammer sind die Schwierigkeiten der Einjustierung der Verbindungsflansche gering, da sich durch das Gewicht des SDC selbständig eine plane Flanschanlage ergibt. Die Achsmittenzentrierung kann leicht durch Führungsschienen oder Konen herbeigeführt werden. Die Gasversorgungsflaschen sind außen am Zylindermantel der SDC angeordnet. Es sind jedoch auch Konstruktionen bekannt, wo die Gasflaschen im Innern der Tauchkammer untergebracht sind. Vorteilhaft bei dieser Anflanschungsart ist es, daß der Durchstieg der Taucher von der DDC in die SDC und umgekehrt sehr bequem vonstatten geht.

Diesen Vorteilen steht jedoch der Nachteil der großen Bauhöhe und damit der hohen Gesamtschwerpunktlage des Systems gegenüber. Damit ist der Aufbau auf Schiffen und Bohrinseln oftmals in Frage gestellt. Nur dann, wenn die Möglichkeit einer Unterdeckanordnung der DDC möglich ist, ergeben sich wieder Vorteile. Bei Forschungsschiffen ist es erstrebenswert, die Dekompressionskammer unter Deck anzuordnen, da dann die Bedienungsmannschaft im Trockenen arbeiten kann.

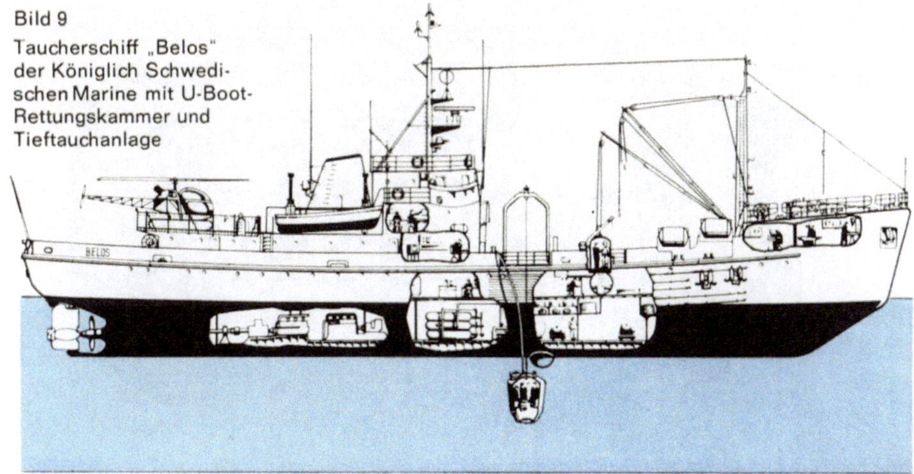

Bild 9

Taucherschiff „Belos" der Königlich Schwedischen Marine mit U-Boot-Rettungskammer und Tieftauchanlage

Ein ganz ausgezeichnetes Beispiel einer solchen Einrichtung finden wir auf dem Taucherschiff „Belos" der schwedischen Marine (siehe Bild 9).

B Bei grundsätzlich gleichem Anflanschsystem wie nach A wird anstelle des zylindrischen Druckkörpers eine Kugel gewählt. Dadurch ergeben sich bei gleicher Druckfestigkeit bei günstigerer Gesamtform Gewichtsvorteile. Beim Anbringen großer zylindrischer Gasvorratsflaschen ist es erforderlich, einen langen Ausstiegsschacht an die SDC anzubauen; für die Taucher ist es schwierig, ihn zu begehen. Eine voluminöse und, trotz Verwendung der Kugel, sehr hohe Bauweise ist kaum zu umgehen.

C Äußerst kompakt und von niedriger Bauhöhe wird eine Tieftauchanlage mit Obenanflanschung, wenn man den erforderlichen Gasvorrat an der Tauchkammer in kugelförmigen Behältern unterbringt (siehe Bild 10). Um den Gasvorrat zu vergrößern, ist es möglich, oben auf der SDC eine zweite Kugelreihe anzuordnen. Diese Konstruktionsform ergibt bei einer Obenanflanschung eine Gesamtbauhöhe, die kaum mehr reduziert werden kann.

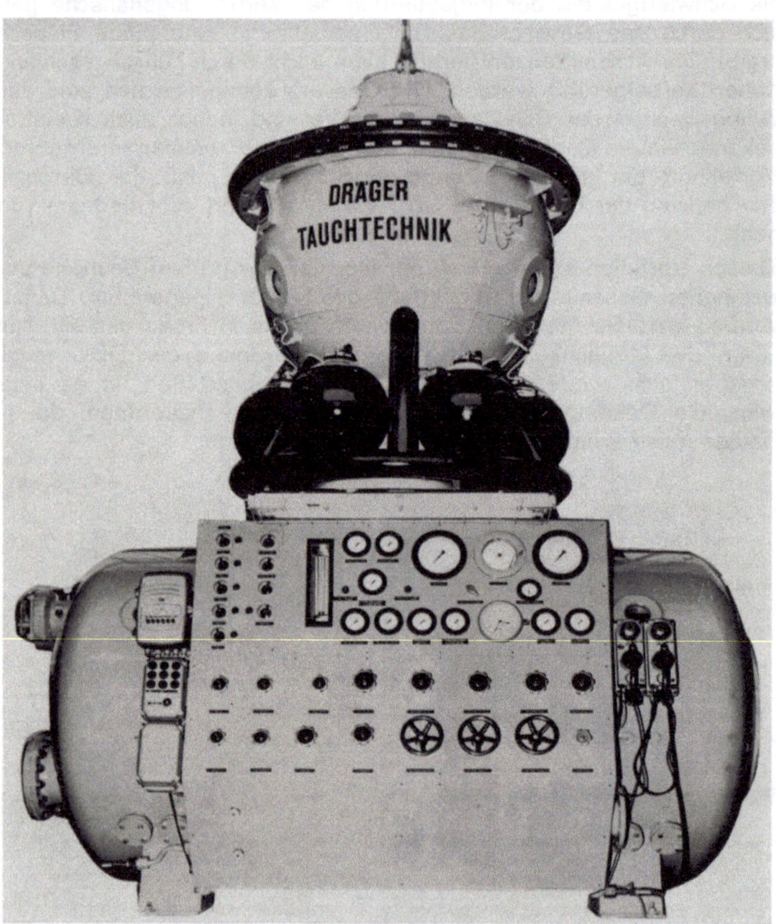


Bild 10   Tieftauchanlage mit sphärischer Tauchkammer und Obenanflanschung.   28 252
Der Gasvorrat an der Tauchkammer wird in Kugelbehältern mitgeführt.

Damit sind alle Vorteile, die ein derartiges System haben kann, in einer Anlage vereinigt. Es sind: sicherer und unkomplizierter Einzentrierungs- und Anflanschvorgang, kompakte Bauform, geringe Bauhöhe und günstiger Taucherdurchstieg.

D Die Seitenanflanschung erfordert vergleichsweise zur Obenanflanschung an die Deckdekompressionskammer einen erhöhten Aufwand an Justierungsmitteln. Außer der achsmittigen Zentrierung muß auch darauf geachtet werden, daß die Verbindungsflansche plan anliegen.

Dazu gibt es viele interessante Konstruktionen von Verschiebewagen oder hängenden Lorrys. Wichtig ist, daß die beweglichen Elemente kompakt und stabil ausgeführt werden, da die Tauchkammern schnell ein Gewicht von 4 bis 5 Tonnen erreichen können.

Wird die Tauchkammer an die Stirnseite der Deckdekompressionskammer angeflanscht, ergibt sich eine große Gesamtbaulänge; die Gesamtlänge kann dadurch reduziert werden, daß der Flansch an der Längsseite der Deckdekompressionskammer angeordnet wird. Bild 11 zeigt eine solche Anlage. Dabei wurden drei Kugeln zu einer Deckskammer zusammengefügt; die Tauchkammer dagegen ist als Zylinder mit Kugelböden ausgeführt.

Tieftauchanlagen in dieser oder einer ähnlichen Ausführung sind häufig auf Bohrinseln anzutreffen.

Bild 11 Amerikanische Tieftauchanlage der Fa. Dick Evans Inc.                     28 253

E Tieftauchanlagen in kompakter Bauform lassen sich durch die Kombination einer kugelförmigen Tauchkammer und einer zylindrischen (oder kugelförmigen) Deckdekompressionskammer bauen. Es gibt Tieftauchanlagen, die nach diesem System gebaut und auf einer einzigen Plattform montiert sind. Sie können in der Form auch transportiert werden, so z. B. in Flugzeugen.

Bild 12  Kompakte Tieftauchanlage komplett mit Windenanlage und Grundrahmen, ohne Gasversorgung (Fa. Reading & Bates)  28 254

Bild 13  Tieftauchanlage mit sphärischer Tauchkammer auf großem Batterierahmen und zylindrischer Deckdekompressionskammer  28 255

Das Bild 12 zeigt eine derartige Einheit. Eine betriebsfertige Anlage einschließlich Windenanlage, jedoch ohne Gasversorgungseinrichtung, wiegt ca. 10 Tonnen. Die maximale Einsatztiefe beträgt dabei 200 m.

F  Die Unterbringung eines großen Gasvorrats in zylindrischen Behältern an einer kugelförmigen Tauchkammer macht einen großen Käfigrahmen erforderlich. Der Käfigrahmen zwingt zu einer höheren Gesamtbauform und erfordert, daß die Deckdekompressionskammer hochgesetzt wird.

Für die Tauchkammer ergibt sich der Vorteil, daß beim Aufsetzen auf Seegrund der Taucher einen freien Ausgang vorfindet. Der Raum unter der Deckdekompressionskammer kann für die Oberflächengasversorgung und den Steuerstand ausgenutzt werden.

Es ergibt sich bei dieser Bauanordnung eine günstige Schwerpunktlage bei relativ großer Kompaktheit der Gesamtanlage. Das Bild 13 zeigt eine derartige Anlage. Hier wird — im Gegensatz zum Schema — die Tauchkammer seitlich an die Deckdekompressionskammer angesetzt.

Die vorstehenden Ausführungen zeigen, daß es keine Konstruktion gibt, die allen Anforderungen gerecht wird. Mit Hilfe der aufgeführten Systemmerkmale kann für den jeweiligen Einsatzzweck die günstigste Ausführungsform bestimmt werden.

## 4. Technische Ausführung der Baugruppen

Komplette Tieftauchanlagen stellen komplexe Systeme dar, die sich aus Einzelkomponenten zusammensetzen. Das Bild 2 zeigt die großen Baugruppen, die bei jeder Tieftauchanlage vorzufinden sind. Die in sich geschlossenen Baugruppen werden im folgenden beschrieben:

1) Tauchkammern (SDC)
2) Deckdekompressionskammern (DDC)
3) Tauchkammer-Hebe- und Zentriereinrichtungen, Windenanlagen
4) Gasversorgungsanlagen
5) Energieversorgung
6) Kommunikationseinrichtungen
7) Überwachungseinrichtung für die Atmosphäre
8) Pneumatische Steueranlagen
9) Kompressoren und Umfüllpumpen
10) Nabelschnur
11) Tauchgeräte
12) Atemgeräte für Tauchkammern

Teilweise wurden Einzelkomponenten, die zu einem Tieftauchsystem gehören, bereits in anderen Kapiteln ausführlich behandelt. Anschließend werden nur noch die ganz spezifischen Merkmale herausgestellt, die erforderlich sind, um aus den Einzelbaugruppen ein gut funktionierendes Gesamtsystem zu machen. Da es mit wenigen Ausnahmen noch keine Tieftauchanlagen gibt, die serienmäßig gebaut werden, ist es zunächst schwierig, allgemeingültige Regeln auszuarbeiten, bzw. aufgrund von Erfahrungswerten aufzustellen. Alle Anlagen unterscheiden sich voneinander und weisen oft recht wenig gemeinsame Merkmale auf. Trotzdem soll versucht werden, all denen, die sich mit der Entwicklung von Tieftauchanlagen befassen, gerecht zu werden.

### 4.1. Tauchkammern (SDC)

Selbst dem Kenner der Materie fällt es schwer, aus dem Gesamtsystem die Baugruppe herauszuziehen, die als das Herz einer Tieftauchanlage bezeichnet werden kann. Objektiv betrachtet ist das Tauchgerät genau so wichtig wie die Tauchkammer oder die Windenanlage wie die Deckdekompressionskammer. Arbeitet nur ein Anlagenteil mangelhaft, ist der Wert der Gesamtanlage fraglich. Die nachfolgende Aufzählung kann deshalb keinesfalls als Wertmaß angesehen werden, sondern ist willkürlich gewählt.

Tauchkammern, die in Tieftauchsysteme einbezogen sind, unterscheiden sich gegenüber normalen Tauchkammerausführungen durch mehrere Merkmale. Wichtig ist dabei der Anschlußflansch der Tauchkammer zur Verbindung mit einer Deckdekompressionskammer. Dabei ist ein grundsätzlicher Unterschied zwischen dem seitlichen Anflanschen und demjenigen von oben. Beide Systeme haben Vor- und Nachteile. Wägt man alle Argumente gegeneinander ab, so kommt man zu dem Schluß (siehe Kapitel K), daß das Anflanschen von oben — insgesamt gesehen — vorteilhaft ist. Da jedoch bei der Obenanflanschung der

Bild 14   Vollständige Tieftauchanlage auf einer Bohrinsel montiert (Fa. SSOS, Italien)   265C4

140

Gewichtsschwerpunkt weit nach oben verschoben werden kann, gibt es immer wieder Situationen, die das seitliche Anflanschen notwendig machen. Es gibt sogar Tauchkammern, die beide Möglichkeiten des Anflanschens gestatten.

Viel Aufmerksamkeit muß auch dem Verschlußsystem gewidmet werden. Bolzen, Ringsegment und Bajonettringverschlüsse sind am gebräuchlichsten. Der Bajonettring eignet sich allerdings nur dann, wenn gewährleistet ist, daß immer eine gute gegenseitige Zentrierung der Verschlußelemente möglich ist. Bei der im Bild 14 gezeigten Tieftauchanlage konnte ein Bajonettringverschluß deshalb gewählt werden, weil die Wagenführung der Tauchkammer für das seitliche Verschieben sehr präzise und darüber hinaus ein gutes Justieren der Kammeraufhängung möglich ist.

Für das Tauchverfahren selbst ist von großer Bedeutung, ob die Tauchkammer als Einraum- oder Zweiraumkammer gebaut ist. Bei der Zweiraumkammer ist die ganze Überwachungseinrichtung in einem Raum installiert, der normalerweise unter atmosphärischem Druck oder dem Druck der ersten Austauchstufe steht. Nur die Taucher werden im unteren Raum nach Erreichen der Arbeitstauchtiefe unter den Druck der Wasserumgebung gesetzt. Dieses System hat verfahrenstechnisch sicher eine Reihe von Vorteilen. Auf der anderen Seite ist jedoch der finanzielle Aufwand für eine solche Tauchkammer vergleichsweise sehr groß, und das Hantieren mit diesen hohen Tauchtürmen ist nicht immer ganz einfach. Beide Gründe lassen wieder etwas mehr die Einraum-Tauchkammer in den Vordergrund des Interesses rücken. In der Einraum-Tauchkammer befindet sich der Einsatzleiter unter demselben Druck wie seine Taucher; er kann dadurch auch schneller Hilfe leisten.

Da es erforderlich ist, daß die Tauchkammer immer wieder in unmittelbarer Nähe des Arbeitsortes abgesenkt werden kann, sind Seilführungen — insbesondere bei Tieftauchanlagen — sehr erwünscht.

Einfache Führungsseile können nicht in jedem Fall voll befriedigen. Erheblich bessere Einsatzeigenschaften hat man dagegen bei Doppelseilführungen. Hier wird die Tauchkammer wie ein Fahrstuhl geführt. Sorgt eine Konstantzugeinrichtung für straffe Führungsseile, zeigen sich günstigste Ergebnisse. Allerdings erfordert dieses Führungsverfahren ganz besondere Windeneinrichtungen, wobei optimale Verhältnisse dann vorliegen, wenn die Tauchkammer durch ein Mondloch abgesenkt werden kann.

Wird die Tieftauchanlage für das Sättigungsverfahren eingesetzt, sind die Gasversorgungseinrichtung, die elektrische Installation und die Verständigungseinrichtung besonders umfangreich.

Ob der Gasvorrat für das Tauchen außen an der Tauchkammer mitgeführt wird oder die Gasversorgung von der Oberfläche aus erfolgt, hängt von verschiedenen Faktoren ab. Für die Notatmung wird genügend Mischgas mit der Tauchkammer mitgeführt, weil ein Bruch des Versorgungsschlauches katastrophale Folgen hätte.

Da es nicht immer möglich ist, bei Tieftauchgängen die gesamte Tauchkammer mit dem erforderlichen Gasgemisch zu füllen, sind Atemeinrichtungen vorzusehen, die dem Einsatzleiter bzw. Hilfstaucher trotzdem einwandfreies Atmen gestatten. Für die Taucher selbst ist nur dann ein Gerätewechsel notwendig, wenn längere Dekompressionszeiten in der Tauchkammer mit Sauerstoff-Helium-Gemischen durchgeführt werden.

Es bleibt die Frage, ob die Tauchkammer innen und außen druckfest sein soll. Bei normalen Tauchkammern ist die Innendruckfestigkeit oft wichtiger, um Austauchgänge an Deck durchführen zu können. Das Fehlen der Außendruckfestigkeit kann durch das Aufbauen eines Gegendruckes in der Tauchkammer zumindest theoretisch leicht ausgeglichen werden. Sollen aber auch Beobachtungstauchgänge unter atmosphärischem Druck in der Kammer durchgeführt werden, ist die Außendruckfestigkeit genauso wichtig.

Erlauben es die finanziellen Mittel, so ist es von Vorteil, die Tauchkammern derart auszulegen, daß sie sowohl von innen als auch von außen druckbelastet werden können. Allerdings müssen dann der Druckbehälter, die Verschlüsse und die Fenster besonders stabil konstruiert sein.

### 4.2. Deckdekompressionskammern (DDC)

Die Tauchermannschaften von Tieftauchanlagen sind oft gezwungen, in der Deckdekompressionskammer viele Stunden oder gar Tage unter verhältnis-

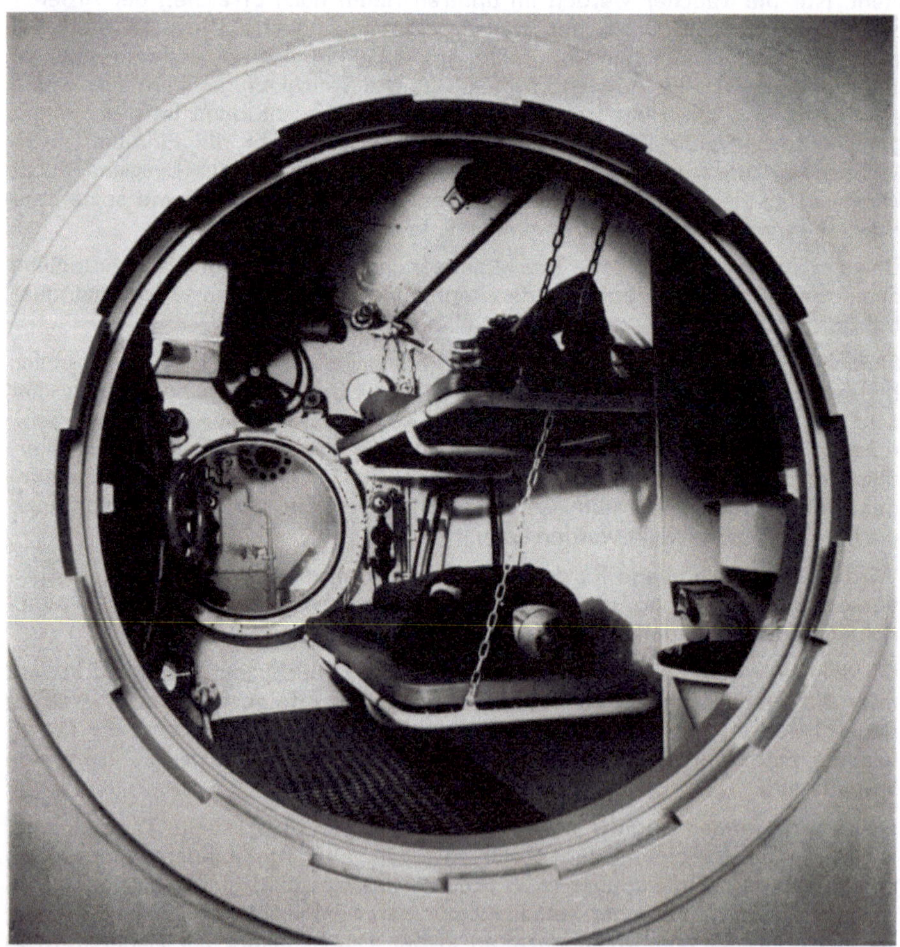

Bild 15  Aufenthaltsraum einer Deckdekompressionskammer

265C5

mäßig hohen Drücken zu leben. Die Deckdekompressionskammer muß daher, neben der technischen Perfektion, auch Bequemlichkeit aufweisen. Die richtigen Abmessungen sind dabei von entscheidender Bedeutung. Dies gilt insbesondere für den Aufenthaltsraum. Die Deckdekompressionskammern sind meistens liegende, zylindrische Druckbehälter, deren Durchmesser 2000 mm man nach Möglichkeit nicht unterschreiten sollte. So können sich die Taucher auch einmal stehend ausstrecken. Die Länge des Raumes muß so bemessen sein, daß die Taucher liegend untergebracht werden können. Außerdem muß genügend Platz für die sanitären Einrichtungen und für Stauraum vorhanden sein. Für die Türen braucht durch eine besondere Aushängungsart nur relativ wenig Raum eingeplant zu werden. Für den Aufenthaltsraum sollten mindestens 3500 mm Gesamtinnenlänge zur Verfügung stehen (Bild 15). Die Mindestgröße des erforderlichen Schleusenraumes ist sehr von der Aufgabenstellung der gesamten Anlage abhängig. Vorausgesetzt, daß dieser Raum nicht nur für reine Schleusungsaufgaben benötigt wird, sondern in ihm auch Dekompressionen durchgeführt werden, wird eine Mindestlänge von 1500 mm unumgänglich sein. Für solche Fälle sind auch besonders bequeme Sitzgelegenheiten notwendig. Unumstritten ist, daß die richtige Zuordnung aller Räume zueinander sowohl in ihrer Größe als auch in ihrer Anzahl für den Funktionswert der Anlage große Bedeutung hat.

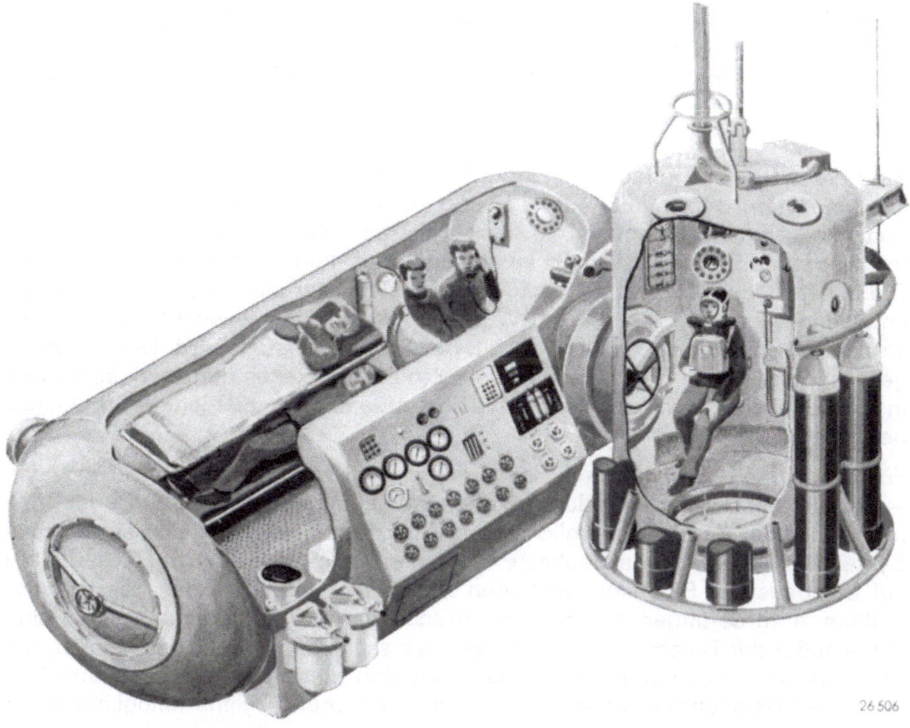

Bild 16  Darstellung einer Deckdekompressionskammer mit angeflanschter Tauchkammer

Bild 17   Deckdekompressionskammer einer Tieftauchanlage (Fa. SSOS, Italien)   26507

Sind die mit einer Tieftauchanlage zu lösenden Aufgaben von vornherein sehr klar umrissen, so kann der Aufbau zweckentsprechend entwickelt werden. Einer optimalen Anlagenauslegung, die sowohl die finanzielle als auch die funktionstechnische Seite berücksichtigt, steht dann wohl kaum mehr etwas im Wege. Die in den Bildern 16 und 17 gezeigte Anlage ist unter diesen Voraussetzungen entstanden und läßt daher kaum Wünsche offen. Beneidenswert ist der Konstrukteur, der vor eine so klar formulierte Aufgabe gestellt wird. Überraschungen, die nach der Fertigstellung eines solchen Komplexes auftreten, sind dann in der Regel auch nicht mehr so groß. Dieser Idealzustand ist leider nicht immer gegeben.

Für andere Fälle hat dann ein klar entworfenes Baukastensystem Erfolg, das — jeweils der Aufgabenstellung entsprechend — eine Erweiterung oder Verkleinerung der Anlage ermöglicht. Das Bild 18 zeigt schematisch ein solches System. Innerhalb dieses Baukastens können ohne mechanische Nacharbeiten auf der Baustelle Raumkombinationen zusammengestellt werden, die den gestellten Anforderungen am besten gerecht werden. Hauptbauelemente sind dabei außer der Tauchkammer selbst zwei verschieden große Druckbehälter, die verschieden kombinierbar sind. Ergänzt werden diese Bauteile beispielsweise durch das Bajonettringsystem, das von der seitlichen Anflanschmöglichkeit für die obere Flanschweise umgesetzt werden kann. Die Schaltpulte sind ebenfalls in Elementbauweise hergestellt. Sie können durch Schnellkupplungen und Steckelemente zusammengekoppelt werden und sind in einem genormten Be-

144

dienungshaus untergebracht. Das Bild 18 zeigt die wichtigsten Einzelbauelemente ohne Versorgungseinrichtungen und Windenanlagen.

Unter der Voraussetzung eines konsequenten Vorgehens ist nach diesem System bei geringstem finanziellen Aufwand der größte Nutzen zu erwarten. Insbesondere Firmen, die die Tieftaucherei kommerziell betreiben und mit ihren Tauchern auch gleichzeitig ihre eigenen Anlagen vermieten, könnten mit solchen Einrichtungen ihre Konkurrenzfähigkeit nachhaltig verbessern.

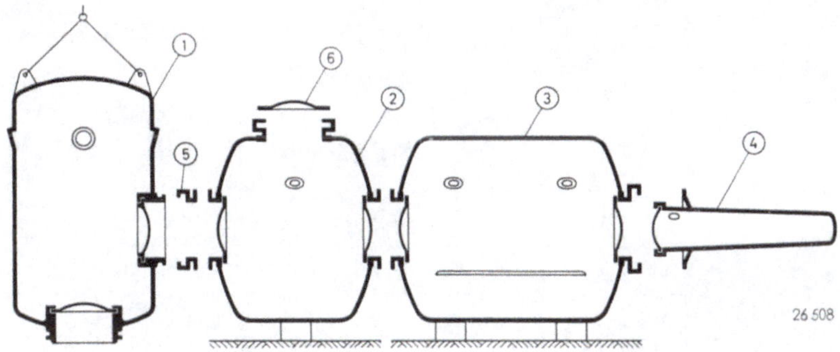


Bild 18  Systembau von Druckkörpern für Tieftauchanlagen (Druckkörperbauelemente)

| | | | | | |
|---|---|---|---|---|---|
| 1 | Tauchkammer | 3 | Hauptkammer | 5 | Bajonett-Element |
| 2 | Schleuse | 4 | Einmann-Transportkammer | 6 | Verschlußdeckel |

Je nach Anlagenaufbau befindet sich das Schaltpult zur Messung der Druckzustände in einem besonderen Überwachungsraum oder aber ist, wie das Bild 17 zeigt, direkt an die Deckdekompressionskammer angebaut.

Für die Bedienungsmannschaft und die Armaturen ist es in jedem Fall vorteilhaft, wenn sie den Witterungsunbilden nicht direkt ausgesetzt sind. Man sollte für genügenden Schutz sorgen.

Werden Tieftauchanlagen beispielsweise in tropischen oder arktischen Zonen eingesetzt, so ist sowohl für eine Klimatisierung der Druckkammerräume als auch der Aufenthaltsräume der Bedienungsmannschaften zu sorgen.

Einen Einblick in einen geschützten Kontrollraum geben die Bilder 19 und 20. Diese vollklimatisierte Überwachungszentrale gehört zu der in Bild 11 gezeigten amerikanischen Tieftauchanlage.

Im Gegensatz zu einfachen Dekompressionskammern sind Tieftauchanlagen, die für das Sättigungstauchen eingerichtet sind, auch in bezug auf die Überwachungs- und Steuerungsarmaturen viel reichhaltiger ausgestattet. Zur Ausrüstung gehören $CO_2$-Absorptionsfilter sowie die Überwachungseinheiten für Sauerstoff- und Kohlensäurepartialdrücke. Beide Einheiten ermöglichen das kontinuierliche Messen und Aufzeichnen dieser wichtigen Parameter.

Ungewöhnlich ist auch die Anzeige für den Differenzdruck zwischen Druckausgleichsraum und Hauptkammer. Eine U-Rohr-artige Druckanzeigevorrichtung ermöglicht es, auf wenige mm WS genau den Druckausgleich zwischen beiden

Bild 19  Kontrollraum einer Tieftauchanlage der Fa. Dick Evans (USA)    28 256
         (Elektrische Überwachungsschalttafeln)

Räumen herzustellen. Ein Gasüberströmen ist nicht erforderlich, so daß eine Vermischung beider unter Umständen unterschiedlicher Kammeratmosphären auf ein Minimum beschränkt bleibt.

Die Verständigung zwischen den einzelnen Kammerräumen ist über eine Wechselsprechanlage und über Telefon möglich. Darüber hinaus können durch eine optische Signalanlage vorher festgelegte Befehle und Rückmeldungen ausgetauscht werden. Dies ist besonders wichtig, da durch die bekannte Verzerrung der Sprache beim Tauchen mit hohen Heliumgehalten oft erhebliche Verständigungsschwierigkeiten auftreten. Gute Dienste leisten hier neuerdings auch Elektroschreiber (Telewriter).

### 4.3. Tauchkammer — Hebe- und Zentriereinrichtungen, Windenanlagen

Selbst die kleinsten Tauchkammern haben immer noch ein Gewicht von 3—4 t, während die gängigen Kammergrößen auf mindestens 5—6 t kommen. Das Gewicht ist nicht nur von dem maximal zulässigen Betriebsdruck abhängig, der die Dicke des Materials beeinflußt, sondern wird auch hauptsächlich durch die Wasserverdrängung des Gerätes bestimmt, da Abtrieb erforderlich ist. Mit der Hebe- und Zentriereinrichtung muß nun die Möglichkeit bestehen, auch bei bewegter See die Tauchkammerbewegungen sicher zu beherrschen. Dabei ist außer der vertikalen Bewegung regelmäßig auch noch eine horizontale Bewegung notwendig, um beispielsweise den seitlichen Anschluß an die Deckdekompressionskammer vorzunehmen.

146

Bild 20   Kontrollraum einer Tieftauchanlage der Fa. Dick Evans (USA)    28 257
(Pneumatisches Kontrollschaltpult)

Bild 21   Tieftauchanlage im Einsatz, Sidetransfer der SDC (Esso-Foto)    26 513

Das Bild 22 zeigt einige bekannte Ausführungsbeispiele schematisch. Im Beispiel A ist eine Tauchkammer oben auf einer unter Deck liegenden Dekompressionskammer anzuschließen. Die erforderliche Schwingbewegung, um die Kammer über Bord zu bringen, wird hier von einem hydraulisch angetriebenen Doppelbock ausgeführt. Das Absenken und Anheben erfolgt mittels einer Trommelwinde. U-förmige Führungsschienen erleichtern das Erreichen der zentrischen Anflanschposition, in die entsprechende, an der Tauchkammer angeschweißte Flachprofile eingefügt werden. Das plane Aufliegen auf dem Gegenflansch wird automatisch durch das Tauchkammergewicht erreicht. Kritisch sind bei dieser Lösung eventuelle Pendelbewegungen der Tauchkammer. Es muß dafür gesorgt werden, daß diese Pendelbewegungen ohne Personalgefährdung aufgefangen werden. Mit den gleichen Schwierigkeiten hat man auch bei der Ausführung nach Beispiel B zu kämpfen. Alle Grobbewegungen werden hier durch den Bordkran vorgenommen, die Tauchkammer wird horizontal nur auf dem geführten Schlitten bewegt. Die Tauchkammer wird auf dem Schlitten mit einem kegeligen Zentrierstück einjustiert und dann hydraulisch in die Anflanschposition geschoben. Wie bei der Ausführung A bringt auch hier das Nachführen und Einziehen der Versorgungsleitungen gewisse Schwierigkeiten mit sich. Auf jeden Fall sollte man unbedingt versuchen, die Versorgungsleitungen auf entsprechende Kabeltrommeln aufzurollen.

Wesentlich eleganter dagegen ist die Hebe- und Zentriereinrichtung nach C. Hier führt die Tauchkammer zwei klare, rechtwinklig zueinander liegende Bewegungen aus. Der Laufwagen mit den genau einjustierbaren Aufhängern verfährt die Tauchkammer horizontal und bringt sie in Flansch- oder Absenkposition. Eine Winde mit Konstantzugeinrichtung besorgt die vertikalen Bewegungen. Dieses System kann dann noch erheblich verbessert werden, wenn die Tauchkammer durch das Mondloch einer Bohrinsel oder eines Spezialschiffes abgefahren werden kann. Die horizontale Bewegung mit dem Laufwagen beträgt dann nur noch wenige Zentimeter, um vom Bajonettflansch freizukommen. In diesem Fall kann dann auch die Nabelschnur über eine weitere Kabeltrommel geführt werden. Ebenfalls kann der in Bild 23 beschriebene Grundanker mit Doppelseilführung in das Gesamtsystem eingegliedert werden.

Voraussetzung für ein sicheres Arbeiten bei Tieftauchgängen ist nicht zuletzt, daß die Tauchkammer möglichst nahe am eigentlichen Arbeitsort installiert wird. Bei einer Bohrinsel sind beispielsweise fast alle Arbeiten am „Christbaum" durchzuführen, wobei es zweckmäßig ist, dort in unmittelbarer Nähe den Grundanker zu stationieren. Aber auch bei Bergungsarbeiten vom Schiff aus ist es trotz Abtrifft durch Wind oder Strömung von Vorteil, wenn die Tauchkammer trotzdem immer gleichmäßig „vor Ort" ankommt. Kombinierte Grundanker mit Doppelseilführung haben sich hier am besten bewährt. Werden zur Straffung der Führungsseile noch Konstantzugwinden oder Gewichtsausgleicher eingesetzt, hat man die günstigste Möglichkeit gewählt. Das Bild 23 zeigt einen Grundanker mit aufgesetzer Tauchkammer. Der Grundanker ist gleichzeitig Abstandhalter zum Meeresgrund und gewährleistet immer den erforderlichen Raum für den Bodenausstieg der Taucher. Zweckmäßigerweise legt man die Führungsseile so stark aus, daß bei einem Tauchkammer-Zugseilbruch mit dem Ankerlüften gleichzeitig die ganze Tauchkammer angehoben werden kann. Damit ist ein wichtiger Sicherheitsfaktor in das Gesamtsystem eingebaut. Setzt

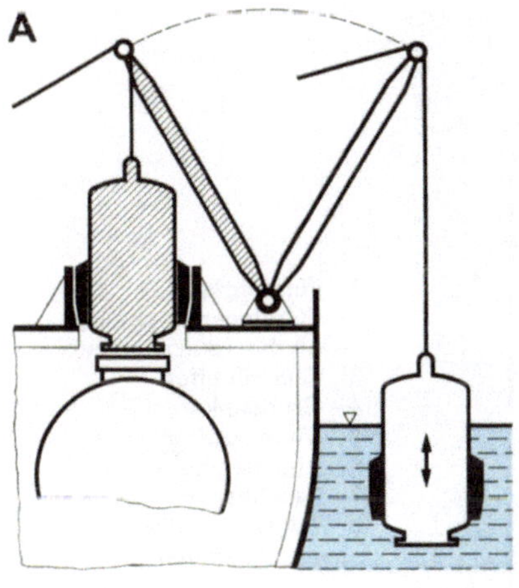

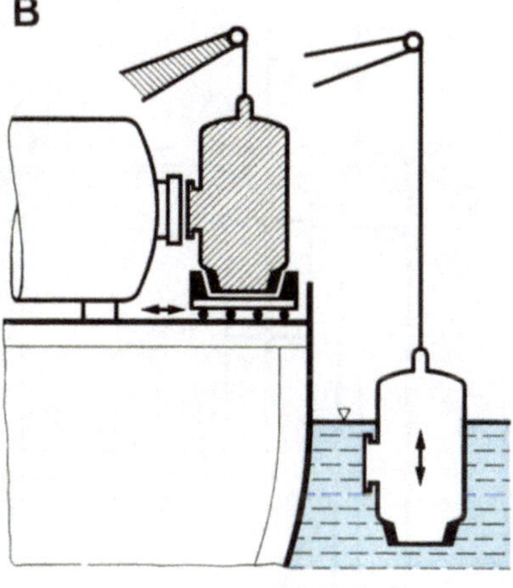

**A**
Als Hebevorrichtung kann ein Doppelbock oder ein u-förmiger Kranarm verwendet werden. Dieses System kann grundsätzlich auch für die Seitenanflanschung dienen. Zentriert wird bei der Obenanflanschung durch U-Profile und Flachschienen.

**B**
Alle Grobbewegungen werden durch einen normalen Bordkran durchgeführt. Zum Anschluß der Tauchkammer an die Deckdekompressionskammer wird die SDC auf einem Verschiebewagen einzentriert. Dieser Verschiebewagen macht eine nur kleine Horizontalbewegung.

**C**
Tauchkammer — Hebe- und Zentriereinrichtung mit hängendem Verschiebewagen. Bei der Anwendung dieses Systems auf Bohrinseln beträgt der seitliche Verschiebeweg nur einige cm. Abgesenkt wird dann durch ein sogenanntes Mondloch.

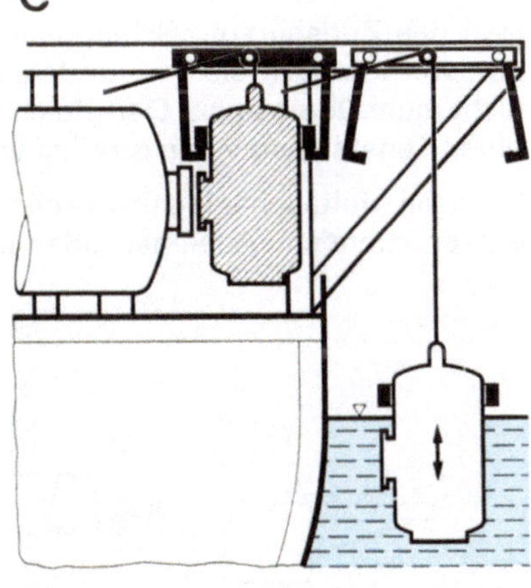

Bild 22  Tauchkammer-Hebe- und Zentriereinrichtungen

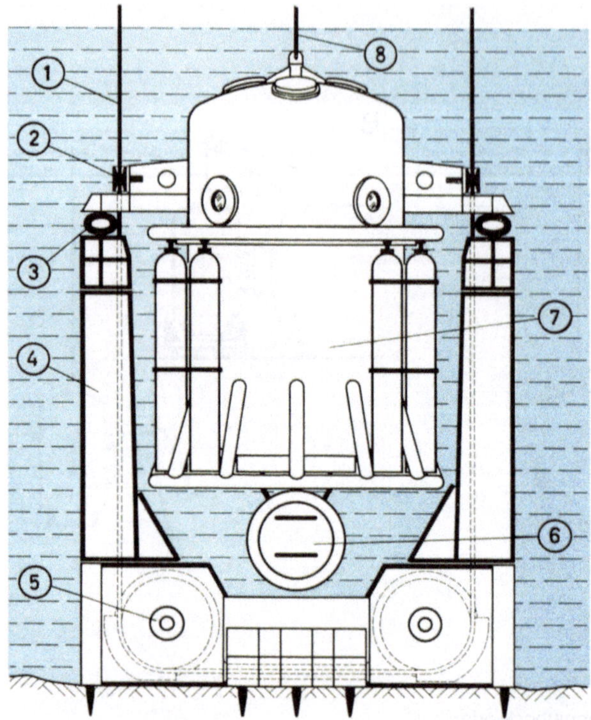

Bild 23
Grundanker mit
Doppelseilführung
(Fa. Gusto)

1 Führungsseil
2 Führungseinrichtung
  an der Tauchkammer
3 Gummipuffer
4 Grundanker
5 Umlenkrollen
6 Ausstiegstür der SDC
7 Tauchkammer
8 Zugseil für die
  Tauchkammer

26 509

man das Zugseil auf „Schlappseil" und liegt die Tauchkammer auf dem Anker auf, werden auch die Auf- und Abbewegungen der Bohrinsel oder des Schiffes nicht mehr übertragen. Der gleiche Effekt kann natürlich auch durch den Einsatz einer Konstantzugwinde erreicht werden.

Einfache Tieftauchanlagen werden oft nur von einer einzigen Trommelwinde mit entsprechendem Ausleger oder mit einem normalen Schiffskran abgelassen.

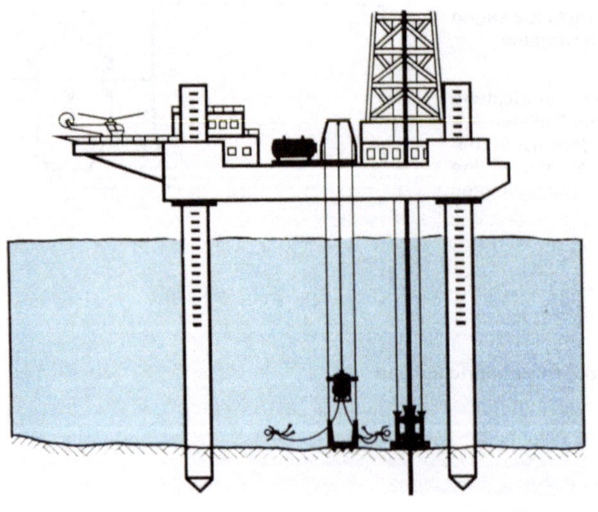

28 258

Bild 24
Schema der Anordnung
einer Tieftauchanlage auf
einer Bohrinsel

Für das Auslegen und Einbringen der Versorgungskabel und Schläuche sind keine Einrichtungen vorhanden. Dies wird manuell besorgt.

Daß diese Arbeitsweise nicht immer voll befriedigen kann, ist verständlich. Vollwertige Anlagen besitzen dagegen bis zu drei Trommelwinden. Das Bild 25 zeigt eine derartige Einrichtung. Die obere Kabeltrommel rollt die Nabelschnur auf. Die Zu- und Abfuhr der Gasanschlüsse geschieht dabei durch die feststehenden Achsen am linken und rechten Trommellager. Schleifringkontakte in einem hermetisch verschlossenen Gehäuse ermöglichen den Anschluß von insgesamt 16 Adern, die sowohl für die Energiezuleitung zur Tauchkammer benötigt werden als auch z. T. für die Kommunikationseinrichtungen vorgesehen sind. Eine Konstantzugeinrichtung sorgt bei der Endlage der Tauchkammer am Grund dafür, daß bei Bewegungen der Oberfläche die Nabelschnur unter einer genau einstellbaren Spannung gehalten wird und dadurch nicht unzulässig durchhängt. Die Konstantzugeinrichtung arbeitet bei dem vorliegenden Beispiel rein mechanisch durch Gewichtsbelastung, kann aber auch mit einer Konstantzug-

Bild 25   Gusto-Windenanlage einer Tieftauchanlage mit Nabelschnurwinde   26514
(Fa. SSOS, Italien)

151

Bild 26   Tieftauchanlage der Fa. Comex, Marseille (Frankreich)                28 259

winde auf elektrischem Wege verwirklicht werden. Wegen des ovalen Quer-
schnittes der Nabelschnur ist eine besondere Spuleinrichtung erforderlich, die
nicht nur für ein gleichmäßiges Nebeneinanderliegen sorgt, sondern auch das
Profil in die Flachlage zwingt. Die Kabelwinde für die Tauchkammer befindet sich
links unten im Gestellaufbau. Sie wird über den gemeinsamen Antriebsmotor,
der alle drei Winden antreibt, betätigt. Auch hier ist eine Spuleinrichtung vorgesehen, die allerdings erheblich einfacher als die Nabelschnurspuleinrichtung
ausgeführt ist. Die dritte Winde rechts unten im Gestell dient zu Grundanker-
bewegungen. Da es sich hier um eine Doppelseilführung handelt, muß die Seil-
trommel die doppelte Seillänge gegenüber derjenigen der Tauchkammerwinde
aufnehmen können. Die Konstantzugeinrichtung für den Anker befindet sich am
Tauchkammergestell und wird pneumatisch geregelt.
Die Nennlast der Ankerwinde ist so ausgelegt, daß sie nicht nur ausreicht, um
den eventuell am Grunde festgesaugten Anker loszubrechen, sondern um im
Notfall auch noch die Tauchkammer an die Oberfläche zu bringen.
Die Seilgeschwindigkeit der Tauchkammerwinde beträgt maximal 15 m/min und
kann stufenlos geregelt werden.
Der finanzielle Aufwand für eine derart umfangreiche Windenanlage ist erheb-
lich und stellt bei den Kalkulationen für eine Tieftauchanlage einen großen Be-
trag dar. Er darf also keinesfalls unberücksichtigt bleiben. Eine gut funktionie-
rende Windenanlagen kann für den Gesamtarbeitsablauf von entscheidendem
Vorteil sein, so daß hier Einsparungen fehl am Platze wären.

152

## 4.4. Gasversorgungsanlagen

Die Einzelelemente der Gasversorgungsanlagen werden im Kapitel O ausführlich beschrieben, so daß hier nur ein Hinweis auf die spezifischen Erfordernisse bei Tieftauchanlagen erforderlich ist.

Zweckmäßigerweise wird man die erforderlichen Gase in Flaschenbatterien unter einem Druck von mindestens 200 kp/cm² speichern, um den Stauraum möglichst klein zu halten. Ob dazu Großbehälter mit beispielsweise 500 Nl Inhalt in Frage kommen oder ob die Batterien aus den handelsüblichen 50-Liter-Flaschen zusammengestellt werden, ist von zweitrangiger Bedeutung und muß von Fall zu Fall entschieden werden. Bei einem gegebenen Speichervolumen sind die Kosten nicht sehr unterschiedlich. Zweckmäßig ist es aber immer, die Batterien in Einzelgruppen aufzuteilen. Dies gilt nicht nur für Reparatur- und Wartungszwecke, sondern bringt auch verfahrenstechnisch Vorteile.

Bei universell einsetzbaren Anlagen hat sich eine Viererteilung der Gasbereitstellung als vorteilhaft erwiesen. Dabei handelt es sich um Batterien für Luft atmosphärischer Zusammensetzung, für reinen Sauerstoff, für reines Helium und für verunreinigtes Helium, das beispielsweise Sauerstoff und Stickstoff enthalten kann. Die Preßluft ist erforderlich, um die Druckkammer und die Tauchkammer bei Lufttauchtiefen auf Betriebsdruck zu bringen. Sie wird zur Frischluftspülung während der Dekompressionszeiten benötigt und dient zur Versorgung von Schlauchtauchgeräten und zum Auffüllen der Flaschen von Preßluft-Tauchgeräten. Die Batterie soll mindestens so groß sein, daß ein zweimaliges Auffüllen auf den maximalen Betriebsdruck der Anlage möglich ist.

Darüber hinaus muß eine nicht zu klein bemessene Reserve für den kontinuierlichen Anlagenbetrieb vorhanden sein.

Die Sauerstoffversorgung hat drei verschiedenen Anforderungen zu genügen: Erstens wird sie zur Herstellung von Gasgemischen in der Druckkammeranlage benötigt, vor allen Dingen dann, wenn im geschlossenen Kreislauf gefahren wird. Die Mischungen werden auf Sauerstoff-Helium-Basis aufgebaut sein, wobei oft noch geringe Stickstoffzusätze beigemengt sein können. Zweitens ist ein kontinuierlicher Sauerstoffzufluß zu garantieren, um den Sauerstoffpartialdruck im Kreislauf innerhalb der festgelegten Grenzen zu halten. Dieser Zufluß ist variabel und vom Sauerstoffverbrauch der Kammerinsassen abhängig. Die Steuerung des Zuflusses kann manuell oder automatisch erfolgen. Als dritte mit reinem Sauerstoff zu versorgende Einrichtung kommen die Sauerstoff-Inhalationsstellen in der Deckdekompressionskammer hinzu, die in den niedrigen Austauchstufen, etwa ab 18 m, vielfach benutzt werden. Auch hierfür ist die Batteriegröße so festzulegen, daß für jeden denkbaren Einsatzfall genügend Sicherheitsreserven vorhanden sind.

Als derzeitig wichtigstes und teuerstes Inertgas wird das Helium beim Tieftauchen in beträchtlichen Mengen gebraucht. Besonders dort, wo Tauchkammer und Druckausgleichsraum der Deckdekompressionskammer gänzlich mit Sauerstoff-Helium-Gemischen gefüllt werden, sind wegen des atemphysiologisch bedingten hohen Heliumanteiles große Heliummengen erforderlich. Überschlägig kann man rechnen, daß der Heliumanteil eines Tieftauchgasgemisches 90 % beträgt. Bei einem Gesamtvolumen der mit Mischgas zu füllenden Räume von etwa 10 Nm³ und maximalen Betriebsdrücken von 20—30 kp/cm² sind hierfür also große Speicherkapazitäten notwendig.

Um beim Absenken des Druckes der mit Sauerstoff-Helium-Gemisch gefüllten Räume kein Gas zu verlieren, wird dieses „verunreinigte" Gas mit Hilfe eines ölfreien Kompressors in eine besondere Mischgasbatterie zurückgefördert. Es kann dann nach entsprechender Anpassung der Zusammensetzung durchaus wieder für neue Tieftaucheinsätze verwendet werden.

Für das Umfüllen der Gase werden innerhalb eines Tieftauchsystems entsprechende Kompressoren benötigt. Vorzugsweise finden ölfreie Kompressoren Verwendung, die in ihrer Leistung auf die jeweilige Anlagengröße abgestimmt sind. Zusätzlich können auch noch Umfüllpumpen zum Einsatz gebracht werden, die hauptsächlich zur Herstellung und zum Umfüllen der verschiedenen Mischgase für die Tieftauchgeräte dienen.

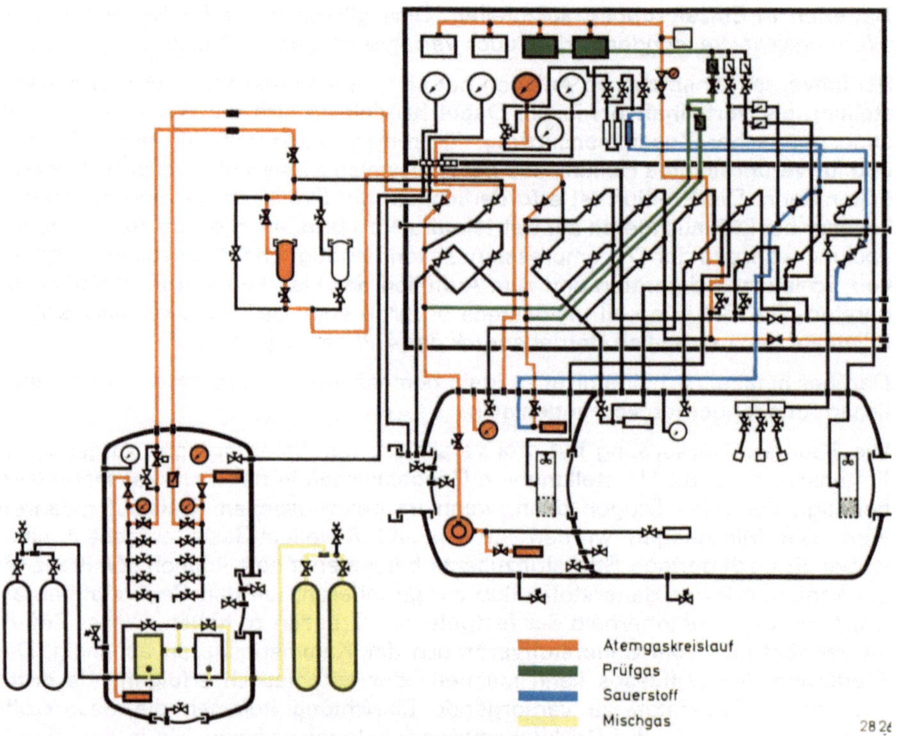


Bild 27   Gasversorgungsanlage eines Tieftauchsystems mit geschlossenem
und halbgeschlossenem Kreislauf (System Shell)

Da die Gasversorgungsanlagen äußerst vielfältig und, wie die Tieftauchsysteme, kaum auf einen gemeinsamen Nenner zu bringen sind, kann die Anlage nach Bild 27 nur stellvertretend für viele andere Möglichkeiten stehen. Während bei diesem Beispiel zwischen der Deckdekompressionskammer und der Tauchkammer eine ständige Verbindung durch eine Nabelschnur besteht, wird heute immer mehr die Autonomie der SDC angestrebt. In diesem Falle ergeben sich dann für die Versorgungssituation völlig neue Aspekte. So hat man in der Anlage nach Bild 28 in der Tauchkammer selbst noch kleine Gasgemisch-Reservebehälter, um bei einer Versorgungsunterbrechung von außen den Tauchgang ohne Unterbrechung weiterführen zu können.

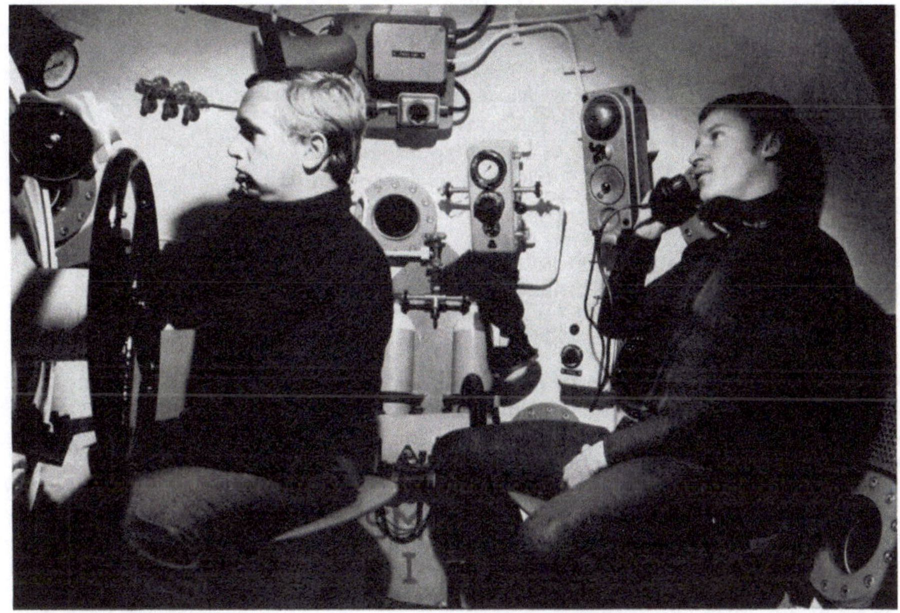

Bild 28   Tauchkammer mit Reservegasvorrat in kleinen Druckbehältern                    28 261

## 4.5. Energieversorgung

Die Energieversorgung kompletter Tieftauchanlagen darf keinesfalls vernachlässigt werden, da der Energiebedarf sich nicht nur auf die Deckdekompressionskammer und die Tauchkammer beschränkt, sondern auch noch eine Reihe
anderer wichtiger Verbraucher vorhanden ist. Bei einer Energiebedarfsberech-
nung sind folgende Gerätegruppen zu berücksichtigen:

| | |
|---|---|
| Gasversorgung (extern) | Kompressoren |
| | Umfüllanlagen |
| | Gasreinigungsanlagen |
| | Meß- und Überwachungsgeräte |
| Windenanlage | Motoren der Winden |
| | Elektrische Konstantzugeinrichtungen |
| Deckdekompressionskammer | Umwälzkompressoren (Gas) |
| | Umwälzpumpen (Wasser) |
| | Ventilatoren |
| | Heizung |
| | Beleuchtung (innen-außen) |
| | Meß- und Überwachungsgeräte |
| | Warmwasserbereiter |
| | Kommunikationseinrichtung |
| | Hydraulikanlage |

Tauchkammer

> Ventilatoren
> Beleuchtung (innen-außen)
> Heizung
> Meß- und Überwachungsgeräte
> Warmwasserbereitung
> Umwälzpumpen (Wasser)
> Kommunikationseinrichtung
> Hydraulikanlage

Nicht in jedem Tieftauchsystem müssen alle diese Energieverbraucher vorkommen. In jedem Falle ist beim Einsatz jedoch ein hoher Gleichzeitigkeitsfaktor zu berücksichtigen.

Je nach Einsatzort wird die zur Verfügung stehende Energiequelle verschieden sein. Bei Landeinsätzen — z. B. an Staumauern — ist sogar eine Speisung aus dem öffentlichen Versorgungsnetz möglich. Auf Schiffen, Bohrinseln und Tauchpontons wird dagegen normalerweise der Dieselgenerator als Energiequelle in Betracht kommen.

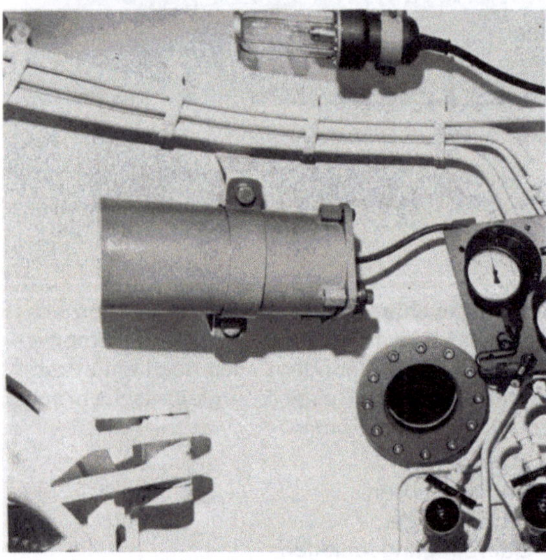

Bild 29
Nickel-Cadmium-Zellen in einem druckfesten Gehäuse zur Versorgung einer Tauchkammer

28 262

Da auch hier das in bezug auf die Gasversorgung in Verbindung mit der Tauchkammer Gesagte gilt, wird bei der Tauchkammerversorgung eine völlige Autonomie angestrebt. Werden die Anforderungen bezüglich des elektrischen Energiebedarfs auf ein Minimum reduziert, so ist die oberflächenunabhängige Versorgung heute schon möglich. Die in druckfesten Behältern untergebrachten Nickel-Cadmium-Zellen zeigen gute Ergebnisse an.

Das Bild 29 zeigt einen derartigen Energieblock für eine autonome Versorgung von ca. 4 Stunden für eine Tauchkammer.

Bei weiterer Vervollkommnung der Brennstoffzellen kann man mit deren Einführung in die elektrische Versorgung von Tauchkammern rechnen.

Stehen später kleine preiswerte Atomstrom-Erzeuger zur Verfügung, ist auch mit deren Einsatz zu rechnen.

156

## 4.6. Kommunikationseinrichtungen

In den Kapiteln über Dekompressionskammern, Tauchkammern und Tauchgerätezubehör wurden die einzelnen Kommunikationseinrichtungen ausführlich beschrieben. Der Einsatz bei einem Tieftauchsystem erfordert das gegenseitige Anpassen dieser Geräte, um einen optimalen Erfolg des Einsatzes zu erreichen.

Dabei ist zwischen den Informationswegen zu unterscheiden:

Kontrollstand — Deckdekompressionskammer

DDC-Hauptkammer — DDC-Vorkammer

Kontrollstand — Tauchkammer

Tauchkammer — Taucher

Aus Sicherheitsgründen sind diese Informationswege durch verschiedene Übertragungssysteme verbunden. So werden beispielsweise für den Verkehr von der Tauchkammer zur DDC und umgekehrt oft Telefon, Lautsprecheranlage, Signalanlage und Telewriter nebeneinander benutzt. Der Telewriter ist ja auch dann noch einsetzbar, wenn die Stimme durch den Druck- und Heliumeinfluß so verstellt ist, daß sie fast unverständlich ist. Lärm in der Umgebung kann jedoch selbst eine druckknopfbetätigte Signalanlage nicht beeinflussen.

## 4.7. Überwachungseinrichtung für die Atmosphäre

Beim Einsatz von Tieftauchsystemen kann man davon ausgehen, daß die Atemluft, die die Taucher atmen, sich in ihrer Zusammensetzung von der normalen Luftzusammensetzung unterscheidet. Atemphysiologische Gründe (s. Band I, Kapitel G) zwingen dazu, vor allem den Sauerstoff- und Stickstoffanteil im Atemgas zu reduzieren und als zusätzliches Inertgas beispielsweise das leichte Helium einzuführen. Dabei wird sich die Gaszusammensetzung bei gleicher Tauchtiefe auch dann noch unterscheiden, wenn die Expositionszeiten verschieden lang sind. So kann für kurzzeitige Einsätze (2—3 Stunden) ein Sauerstoffpartialdruck von 1,5 ata noch wünschenswert sein, der aber unter Sättigungskonditionen unbedingt auf 0,3—0,4 ata abgesenkt werden muß. Gerade diese niedrigen Sauerstoffpartialdrücke stellen aber an die Gasüberwachungseinrichtung extrem hohe Anforderungen. An 200 m Tauchtiefe bedeutet ein zulässiger Sauerstoffpartialdruckbereich von 0,3—0,4 ata, daß sich das verwendete Gasgemisch in seinem Sauerstoffgehalt nur um 1,42—1.90 % verändern darf.

Diese Grenzen verengen sich mit zunehmender Tauchtiefe immer mehr.

Unterschiedlich beurteilt werden muß auch, ob das Gesamtgassystem als offener, halbgeschlossener oder geschlossener Kreislauf betrieben wird. Völlig offene Systeme kommen nur dann in Betracht, wenn Tieftauchanlagen auf Lufttauchtiefen mit atmosphärischer Luft betrieben werden. Der halbgeschlossene Kreislauf kann dagegen in allen Tiefenbereichen für die Versorgung der Tieftauchgeräte verwendet werden.

Sind Tieftauchanlagen im Sättigungs-Tauchverfahren langzeitig zu betreiben, so wird der geschlossene Gaskreislauf aus ökonomischen Gründen unumgänglich. Folgende Parameter sind bei Tieftauchanlagen zeitweise oder dauernd zu überwachen:

**a) Sauerstoffpartialdruck:** Meßbereich 0,15 — 2,5 ata

Bei der Sauerstoffüberwachung ist zu berücksichtigen, daß atemphysiologisch der Partialdruck und nicht der prozentuale Gehalt maßgebend ist. Wird mit den einschlägigen Meßgeräten die Gaszusammensetzung unter atmosphärischem Druck gemessen, muß rechnerisch der im Atemsystem herrschende Druck berücksichtigt werden. Selbstverständlich kann durch ein geeignetes System auch gleichzeitig der Druck aufgegeben werden, so daß sofort der Sauerstoffpartialdruck gemessen und registriert wird.

Für die Sauerstoffüberwachung ist eine Reihe von Meßgeräten erhältlich, deren Meßverfahren jedoch recht unterschiedlich sind. Werden die Geräte unter Druck eingesetzt, erfolgt die Anzeige direkt in Sauerstoffpartialdruck. Heute gibt es bereits handliche und kompakte Geräte, die ohne weiteres direkt in der Tauchkammer untergebracht werden können. Die Steuerung des Sauerstoffzusatzes kann manuell oder automatisch über ein Servo-Ventil erfolgen. Sauerstoff-Prüfröhrchen für die individuelle Gasüberwachung stehen nur für einen begrenzten Einsatzradius zur Verfügung.

**b) $CO_2$-Partialdruck:** Meßbereich 0 — 0,02 ata

Wie beim Sauerstoff ist auch beim $CO_2$ nicht der prozentuale Gehalt, sondern der Partialdruck für die atemphysiologische Beurteilung wichtig. Es ist davon auszugehen, daß der $CO_2$-Partialdruck so niedrig wie möglich zu halten ist. Ob dazu eine zentral an der Wasseroberfläche angeordnete Gasreinigungsanlage oder in den einzelnen Kammern angeordnete Absorptionseinheiten verwendet werden, ist dabei von untergeordneter Bedeutung. Die Messung des $CO_2$-Partialdruckes kann z. B. entweder kontinuierlich mit Ultrarot-Schreibern vorgenommen werden, oder es können diskontinuierliche Messungen mit Prüfröhrchen durchgeführt werden. Dabei ist zu bemerken, daß bei der kontinuierlichen $CO_2$-Messung als zusätzliche Sicherheit ständig die einfach zu bedienenden und vergleichsweise billigen Hand-Gasspürgeräte Verwendung finden sollten. Bei vielen Gelegenheiten hat es sich nämlich immer wieder gezeigt, daß bei einem Ausfall der elektrischen Meßeinheiten die Gasspürgeräte einen vollwertigen Ersatz darstellen.

Allerdings muß bei Messungen in der Kammer der jeweilige Umgebungsdruck berücksichtigt werden, um den prozentualen $CO_2$-Anteil in der Kammerluft festzustellen. Hat man eine Röhrchenanzeige von 0,3 % bei einem Kammerdruck von 3 ata, so bedeutet dies in entspannter Luft einen $CO_2$-Anteil von 0,3 : 3 = 0,1 %. In Partialdruck ausgedrückt braucht man den angegebenen Wert nur durch 100 zu dividieren und erhält direkt die Partialdruckangabe beim jeweiligen Umgebungsdruck; in diesem Beispiel also 0,3 : 100 = 0,003 ata. Die Steuerung der $CO_2$-Absorptionseinheiten kann durch das Einschalten der Gebläse ebenfalls manuell oder automatisch erfolgen.

**c) CO; Kohlenwasserstoffe:** Meßbereich 0 — 50 ppm

Bei Tieftauchanlagen, die für Kurzzeit-Einsätze verwendet werden, kann meistens auf eine Überwachung der CO- und Kohlenwasserstoffanteile verzichtet werden. Bei Anlagen, die für das Sättigungstauchen verwendet werden, ist zumindest eine diskontinuierliche Überwachung angezeigt. Diese Messungen können wirtschaftlich mit Prüfröhrchen durchgeführt werden. Wie Untersuchungen ergeben haben, ist bei CO nicht der Partialdruck für die Giftigkeit, sondern der prozentuale Anteil im Atemgas von Bedeutung.

d) **Temperatur:** Meßbereich 20—40 °C

Bei Tieftaucheinsätzen wird der Taucher mit sehr kaltem Wasser konfrontiert, gegen dessen Einwirkung immer noch kein ausreichender Schutz gefunden wurde.

Erschwerend ist, daß bei der Verwendung von heliumreichen Gasgemischen die direkte Wärmeabfuhr aus dem Körper gegenüber der Verwendung von Luft vergrößert ist. Bekannt ist auch, daß die Behaglichkeitstemperatur deutlich höher liegt als in Luft atmosphärischer Zusammensetzung (32—34 °C). Deshalb muß die Temperatur in den verschiedenen Kammerräumen ständig überwacht werden.

Die Messung kann mit Quecksilberthermometern, besser aber mit elektrischen Temperaturmeßeinrichtungen erfolgen.

Über diese Geräte kann die Heizungseinrichtung gesteuert werden.

e) **Feuchtigkeit:** Meßbereich 50—100 % rel.

Für die Behaglichkeit einer Atmosphäre ist nicht zuletzt deren Wasserdampfgehalt mitbestimmend. Da in geschlossenen Räumen und insbesondere bei Tauchanlagen nie über zu trockene Atemluft geklagt wird, gilt das besondere Interesse der Entfernung von Wasserdampf aus dem Atemgas. Bekannt sind dabei Verfahren der chemischen Wasserbindung oder des Ausfällens von Wasser an Kühlflächen durch Kondensation.

Beide Verfahren lassen sich weitestgehend automatisieren. Gemessen wird die Feuchtigkeit mit Haarhygrometern, mit Lithiumchlorid-Fühlern oder mit Wasserdampf-Prüfröhrchen. Eine rel. Feuchte von 60—70 % wird erfahrungsgemäß bei den Tauchern gut aufgenommen.

### 4.8. Pneumatische Steueranlagen

Ausführliche Beschreibungen liegen hierüber in den Kapiteln „Tauchkammern" und „Dekompressionskammern" vor. Einen Gasschaltplan eines Tieftauchsystems zeigt das Bild 27. Bei vergleichsweise gleichen Bauelementen werden zusätzliche Armaturen benötigt, beispielsweise für den Aufbau des geschlossenen Großen Kreislaufes. Ventilsysteme für den Angleich der Drücke in den verschiedenen Kammerräumen sind ebenso erforderlich wie die Armaturen für den Druckausgleich im Anflanschsystem DDC—SDC.

### 4.9. Kompressoren und Umfüllpumpen

Die Herstellung der erforderlichen Druckluft, der verschiedenen Gasgemische und die Rückgewinnung der Atemgase erfordert den Einsatz von Kompressoren und Umfüllpumpen. Da es sich hier um reine Versorgungsgeräte handelt, werden diese ausführlich im einschlägigen Kapitel O behandelt.

### 4.10. Nabelschnur

Bei der Verwendung oberflächenabhängiger Tauchsysteme ist die Zuführung von Gas und Energie meist obligatorisch. Gleichfalls finden drahtgebundene Kommunikationssysteme Verwendung. Denkbar ist es, die erforderlichen Verbindungen als Einzelschläuche und Einzelleitungen darzustellen.

Eine einfache Überlegung zeigt aber recht schnell, daß diese Methode praktisch nicht durchführbar ist. Um ein entsprechendes Kabel- und Schlauchgewirr zu vermeiden, hat man daher schon sehr bald Zuführungen zur Tauchkammer mit Schellen und Bindern zu einem kompakten Versorgungsstrang zusammengefaßt. Allerdings kann auch dieser Strang noch recht mangelhaft mit einer Winde aufgespult werden. Erheblich besser sind jedoch die Verhältnisse, wenn von vornherein alle erforderlichen Schläuche und Leitungen zu einem Gesamtverband zusammengefaßt und umspritzt werden. Wird bei der Herstellung darauf geachtet, daß dieser Verband eine entsprechende Zugentlastung (Stahlseilseele) bekommt und die elektrischen Leitungen wendelförmig eingelegt werden, so ergibt sich eine Nabelschnur, die auf entsprechende Winden gut aufgespult werden kann (siehe Bild 25).

### 4.11. Tauchgeräte

Tauchgeräte, die im Zusammenhang mit Tieftauchanlagen eingesetzt werden, sind im Band I (Kapitel D „Tieftauchgeräte") beschrieben.

### 4.12. Atemgeräte für Tauchkammern

Da es nicht immer möglich ist, bei Tieftauchgängen die gesamte Tauchkammer mit dem atemphysiologisch richtigen Gasgemisch zu füllen, sind Atemeinrichtungen vorzusehen, die dem Einsatzleiter bzw. Hilfstaucher trotzdem einwandfreies Atmen gestatten. Für die Taucher selbst ist nur dann ein Gerätewechsel

Bild 30   Hilfstaucher mit Atemgerät FGA I

25 403 a

erforderlich, wenn längere Dekompressionszeiten in der Tauchkammer mit Sauerstoff-Helium-Gemischen durchgeführt werden. Die Tauchkammer-Atemeinrichtungen sind sehr leichte Atemgeräte, deren Gasversorgung grundsätzlich genau so sein kann, wie sie zur Versorgung der Tieftauchgeräte (siehe Kapitel D, Abschnitt 4, „Fertiggasgemisch-Zusatzversorgungen") verwendet wird. Das Atemgerät Modell FGA I wird auf der Brust getragen und enthält in einem Gehäuse aus glasfaserverstärktem Kunststoff einen Atembeutel und eine

160

$CO_2$-Absorptionspatrone. Der Geräteträger ist an den Kreislauf über zwei Faltenschläuche — entweder mit Mundstück oder mit einer leichten Vollsichtmaske — angeschlossen. Zum Anschluß an die Fremdgasversorgung ist am Gerätegehäuse ein kurzer Anschlußschlauch vorhanden.

Die Einsatzzeit ist durch die Kalkpatronenleistung auf ca. 4 Stunden begrenzt. Das sehr leichte Gerät wird auch gern von den Tauchern in der Tauchkammer bis zum Umstieg in die Deckdekompressionskammer benutzt.

## 5. Sonderanlagen

### 5.1. Capshell

Moderne Tieftauchanlagen bestehen fast immer aus einer Deckdekompressionskammer und einer Tauchkammer.

Daß dies jedoch nicht immer so sein muß, beweist eine Reihe völlig anders konzipierter Tieftauchanlagen. Eine Entwicklung der Fa. Shell, die sog. „Capshell", verdient dabei besonderes Interesse.

Bild 31   Tieftauchanlage „Capshell" (Shell-Foto)     26515

Die Einordnung dieser Anlage ist nicht einfach, da eine Zuordnung zu Unter-
wasserfahrzeugen oder Unterwasserlabors ebenfalls möglich wäre. Da mit

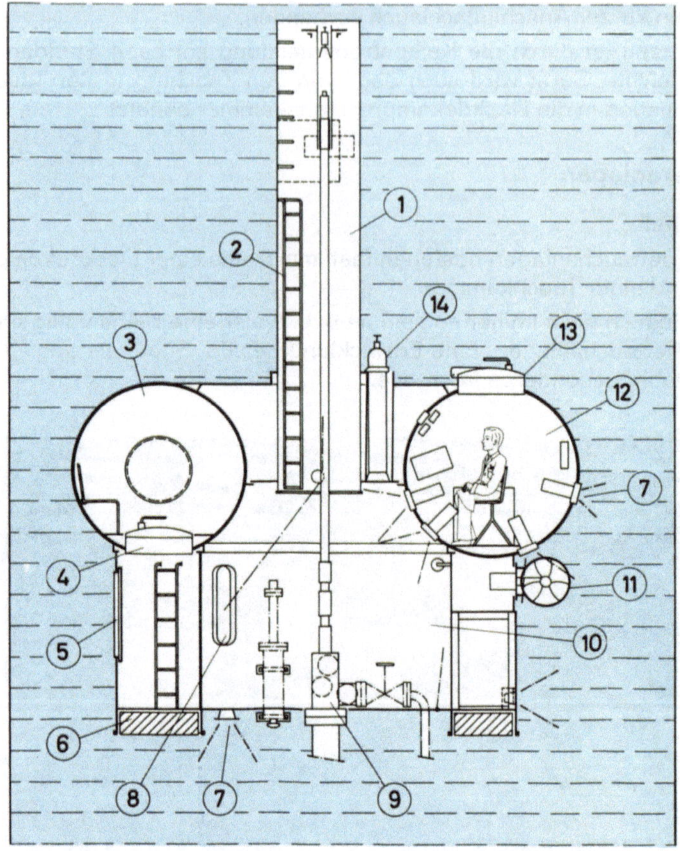

Bild 32  Vertikale Schnittzeichnung von der Tieftauchanlage „Capshell"    26516a

| | | | |
|---|---|---|---|
| 1 | Schacht für Rohrgestänge | 8 | Tür zum Caisson |
| 2 | Leiter | 9 | Bohranlage |
| 3 | Druckkörper | 10 | Caissonraum |
| 4 | Ausstiegstür, unten | 11 | Antrieb |
| 5 | Ausstiegstür, Wasser | 12 | Beobachtungsraum |
| 6 | Fester Ballast | 13 | Ausstiegstür, oben |
| 7 | Außenlampen | 14 | Gasvorrat |

dieser Anlage auch noch die charakteristischen Merkmale eines Caissons erfüllt
werden können, wird die Zuordnung weiter erschwert. Geht man jedoch von den
arbeitstechnischen Möglichkeiten aus, die mit dieser Anlage zu bewältigen sind,
ist die Zuordnung zu dem Überbegriff „Tieftauchanlagen" sicher nicht völlig
falsch. Aus den Bildern 31, 32 und 33 geht hervor, daß es sich bei dieser Tieftauchanlage um einen kreisringförmigen Druckbehälter handelt, der in mehrere
druckfeste Segmente aufgeteilt ist. Dieser Behälter setzt sich nach unten durch
ein doppelwandiges, zylindrisches Gehäuse fort, dessen Innenraum den eigentlichen Arbeitsplatz für die Taucher darstellt. Dieser Innenraum mit einem

Durchmesser von ca. 3000 mm ist nach unten nur durch eine Gräting abgedeckt und somit flutbar. Er kann jedoch wie ein Caisson völlig gelenzt werden.

Nach oben setzt sich die Anlage mit einem turmartigen Aufbau fort, der beispielsweise Bohrgestänge aufnehmen kann.

Mit diesem Gerät, das mit Energie und Gas wie eine Tauchkammer von der Wasseroberfläche aus versorgt wird, können die gleichen Aufgaben gelöst werden, die sonst den üblichen Tieftauchanlagen zuzusprechen sind. Die Möglichkeit des „Eigenmanövrierens" in alle Richtungen und das praktisch unbegrenzbare „Stehvermögen vor Ort" erweitern darüber hinaus die Einsatzmöglichkeiten.

Hinzu kommt noch, daß mit dieser Anlage ohne weiteres Probebohrungen in großen Tiefen niedergebracht werden können und auch „trockene" Unterwasserpipeline-Reparaturen durchführbar sind.

Der Druckkörper selbst ist so ausgelegt, daß gefahrlos Wassertiefen von über 200 m erreicht werden können.

Der Zentralraum mit allen erforderlichen Instrumenten für die Unterwassernavigation und Steuerung wird während des Tauchganges drucklos gefahren. Von hier aus werden auch die Tauchereinsätze geleitet und überwacht sowie das Regulieren der Gasversorgung, die Raumdrucküberwachung usw. vorgenommen. Durch ein Fernsehringsystem hat der Einsatzleiter einen Überblick über alle Räume. Für die Tauchermannschaft ist ein besonderer Aufenthaltsraum vorhanden, der unter jeden beliebigen Druck gesetzt werden kann und beispielsweise beim Sättigungstauchen auf dem „Normalniveau" gehalten wird.

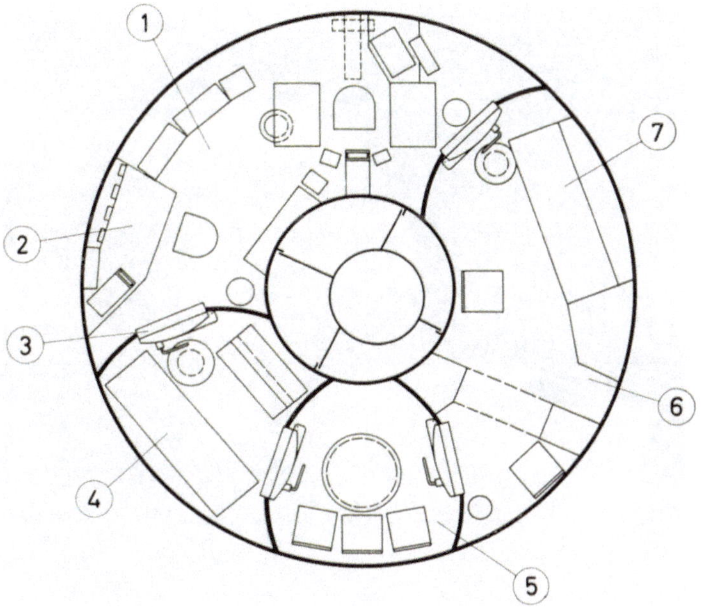

Bild 33
Horizontale Schnittzeichnung von der Tieftauchanlage „Capshell"

1 Überwachungszentrale
2 Steuerpult
3 Durchstiegstür
4 Dekompressionsraum
5 Schleuse zum Caisson
6 Betten
7 Aufenthaltsraum

26 517 a

Ohne den Druckzustand im Aufenthaltsraum zu stören, können die Taucher über eine Schleuse entweder ins umgebende Wasser oder in den zentralen Caissonraum aussteigen. Eine besondere Dekompressionskammer, die zwischen der Schleuse und der Steuerzentrale angeordnet ist, ermöglicht jederzeit, De- oder Rekompressionen von Mannschaftsmitgliedern vorzunehmen.

Diese Anlage mit ihrer nahezu universellen Einsatzmöglichkeit kommt schon heute vielen Zukunftsvisionen sehr nahe. Sie ist bestimmt ein Vorläufer und ein gutes Beispiel für viele geplante große Unterwasserbohrplattformen, denen Stürme und rauhe See in Zukunft nichts mehr anhaben können.

### 5.2. Kombinierte Dekompressions- und Tauchkammer

Tieftauchanlagen in der beschriebenen Form erfordern einen finanziellen Aufwand, der von kleineren Taucherfirmen oft nicht aufgebracht werden kann. Um auch diesen Firmen jedoch die Möglichkeit zu geben, ihre Einsatzmöglichkeiten auszubauen, wurden kombinierte Dekompressions- und Tauchkammern entwickelt, die bei etwas geringeren Ansprüchen an die Bequemlichkeit doch recht gute Dienste für kurzzeitige Tieftaucheinsätze leisten können. Für das Sättigungstauchen sind diese Anlagen jedoch nicht verwendbar, da ein längerer Aufenthalt für die Taucher in diesen Anlagen unzumutbar ist.

Grundprinzip dieses Systems ist, daß der Druckkörper so eingerichtet ist, daß er sowohl vollwertig als Tauchkammer und nach dem Tauchen auch als Dekompressionskammer Verwendung finden kann.

Bild 34  Kombinierte Dekompressions- und Tauchkammer Modell „Subcom"

28 263

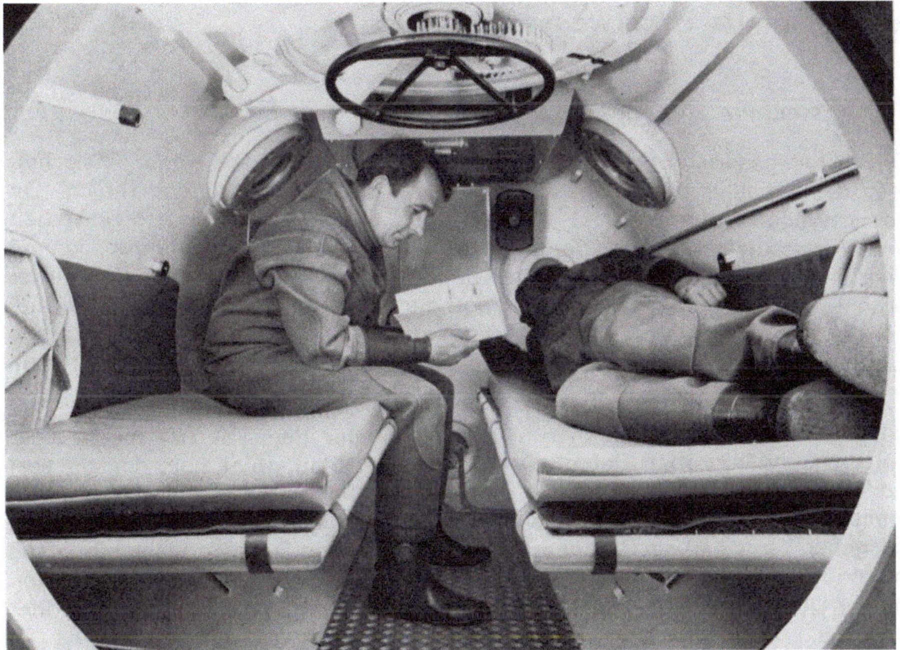

Bild 35  Kombinierte Dekompressions- und Tauchkammer Modell „Subcom" während der Dekompression von zwei Tauchern

26980

Vorteilhaft findet als Druckbehälter ein zylindrischer Körper mit einem Durchmesser von 1,30 m und einer Länge von mindestens 2200 mm Verwendung. Für den Taucheinsatz ist dieser Behälter in einer senkrechten Position und kann nach dem Druckausgleich von den Tauchern durch den unteren Ausstieg verlassen werden. Wie das Bild 34 zeigt, ist der für das Tauchen erforderliche Gasvorrat am Umfang der Kammer in zylindrischen Flaschen gespeichert. Für die Überwachung an der Oberfläche ist ein kleines separates Schaltpult eingerichtet. An die Oberfläche zurückgekehrt, wird für längere Dekompressionszeiten die Kammer in eine vertikale Lage gebracht.

Der die Kammer umgebende Rohrrahmen ist so ausgelegt, daß er gleichzeitig als Standfuß zu benutzen ist.

Im Kammerinnern können jetzt zwei Liegebänke aufgeklappt werden, damit es sich die Taucher bequem machen können. Eine Versorgungsschleuse ermöglicht das Durchreichen kleinerer Gegenstände, und eine elektrische Heizung sorgt für eine angenehme Raumtemperatur.

Das kleine Kontrollschaltpult ermöglicht natürlich ebenfalls die Durchführung der Dekompression.

Um die Kammer ohne wesentliche Veränderung später zu einem vollwertigen Tieftauchsystem ausbauen zu können, ist von vornherein ein seitlicher Transferflansch am Druckkörper vorgesehen.

# M. Bemannte Unterwasserstationen

## 1. Allgemeines

Die Unterwasserlaboratorien sind für die Erforschung des Kontinentalschelfes, des Kontinentalabhanges und tieferer Meeresteile unentbehrlich. Da es nicht möglich sein wird, alle Taucheinsätze mit der erforderlichen Sicherheit und Wirtschaftlichkeit von der Wasseroberfläche aus durchzuführen, kommt dem Unterwasserlabor (UWL) mit der Möglichkeit des Ausschleusens für Taucher erhöhte Bedeutung zu. Wenn es gelingt, die Versorgungsfrage — und hier besonders die Energieversorgung — zufriedenstellend zu lösen, können derartige Einrichtungen zukünftig oft wochen- oder gar monatelang völlig autonom arbeiten.

Ist diese Frage gelöst, können Wind und Wetter dem Taucher nichts mehr anhaben, und in großen Tiefen ist es dann gleichgültig, ob es über der Wasseroberfläche Tag oder Nacht ist; die Umweltbedingungen für den Taucher werden immer die gleichen sein. Die Dekompression vereinfacht sich, da man davon ausgehen kann, daß ein Sättigungstauchgang vorliegt. Dekomprimiert wird dann nur noch nach einer längeren Expositionsperiode. Ob dabei die Dekompression an der Oberfläche in der Deckdekompressionskammer vorgenommen wird oder

Bild 1   Unterwasserpanorama beim Einsatz eines Unterwasserlaboratoriums

27 494

166

aber im UWL selbst, kann von Fall zu Fall entschieden werden; es ist eine reine Verfahrensfrage.

In der nachstehenden Zusammenstellung sind eine Reihe von Einsatzfällen genannt, die die Anwendung von Unterwasserlaboratorien vorteilhaft erscheinen lassen, da die Arbeiten wirtschaftlicher, schneller, sicherer und teilweise überhaupt nur auf diese Art durchgeführt werden können.

a) Bergungen von Schiffen, Flugzeugen, Raketen usw., die in größeren Tiefen liegen (vor allen Dingen in Schlechtwettergebieten),

b) Bergung wertvoller Schiffsgüter,

c) Reparaturen an Staudämmen,

d) Unterhaltung von Versorgungsstationen für U-Boote,

e) Abbau von wertvollen Mineralien und Erzen,

f) Durchführung und Überwachung von Unterwasserbohrungen nach Erdöl und Erdgas,

g) Bergung von Tauchbooten,

h) Verlegung von Pipelines, Aufbau von Verteilerstationen und Unterwasseraufbereitungsanlagen,

i) Aufbau von Vorratslagern für wichtige Geräte,

k) meeresbiologische, meeresgeologische Untersuchungen und Beobachtungen,

l) Unterwasseragrikultur, Fischfarmen,

m) Aufbau großer Unterwasseranlagen für die Erdölproduktion,

n) Einrichtung von Frühwarnstationen für die U-Boot-Abwehr,

o) Stationen für Verhaltensstudien am Menschen.

Entsprechend den verschiedenen Einsatzzwecken sind die UWLs in Form, Größe, Werkstoff und Ausstattung außerordentlich verschieden. Einerseits kann ein aufgeblasenes Zelt den Anforderungen genügen, während anderseits „Habitats" geplant sind, die 150 bis 200 Menschen für einen Zeitraum von mehreren Monaten beherbergen sollen.

Viele Probleme sind immer wieder gleichartig, so daß eine gewisse Systematik in diesen Fragenkomplex zu bringen nicht hoffnungslos erscheint.

In den folgenden Abschnitten wird versucht, anhand von Prinzipstudien das Fundamentale herauszuarbeiten. Beispiele aus der Praxis werden diese theoretischen Betrachtungen etwas auflockern.

## 2. Gesamtüberblick über die häufigsten Bauformen

Hier steht man vor der gleichen Situation wie bei den Taucherdruckkammern. Auch bei Unterwasserlaboratorien ist der Einsatzzweck maßgebend für die größenmäßige Auslegung, für die Ausstattung, für die Formgebung und den äußeren Aufbau. Wichtig ist, die Zahl der Personen zu wissen, die dauernd im UWL leben sollen, und ob das UWL hauptsächlich stationär zu betreiben ist oder ob der Standort häufiger gewechselt werden soll.

In den Betrachtungskreis sind auch noch Unterwasser-Aufenthaltsmöglichkeiten für kurzzeitige Taucheraufenthalte einzubeziehen. Dabei ist insbesondere an Unterwasser-Kommunikationsstellen (Telefonhauben) und UW-Iglus zu denken, die den großen UWLs als Satelliten zugesellt werden. Die Bilder 2, 3 und 4 zeigen gängige Bauformen; ein Anspruch auf Vollständigkeit wird nicht erhoben, da der Kombinationsmöglichkeit geometrischer Bauformen keine Grenzen gesetzt sind. Bei den skizzierten Anlagen handelt es sich um Einrichtungen mit der Möglichkeit, Taucher in das Wasser auszuschleusen. Reine Beobachtungskammern werden in diesem Zusammenhang nicht besprochen.

Eine weitere Bauform von UWLs ist in solchen Anlagen zu sehen, die kurzfristig für verschiedene Aufgaben umgerüstet und umgebaut werden können. Das heißt, während eine Sektion der Anlage beispielsweise mit dem Life-support-system immer gleich bleibt, werden andere Sektionen von Fall zu Fall ausgewechselt. Es ist verständlich, daß für Bergungsaufgaben andere Einrichtungen erforderlich sind, als es für den meeresbiologischen Einsatz der Fall ist.

### 2.1. Bauformen von Unterwasseraufenthaltsräumen für kurzzeitige Benutzung

Gasgefüllte Räume für kurzzeitige Unterwasseraufenthalte von Aquanauten werden meist größeren UWLs als Satelliten zugesellt. Ihre Abmessungen sind klein, die Ausrüstung ist bescheiden, und bei dem Werkstoff sind die Forderungen nicht so hoch wie bei einem dauernd bewohnten UWL. Die Aufgaben für diese kleinen Unterkünfte sind sehr verschieden und reichen von der UW-Telefonzelle bis zum UW-Depot. Das Bild 2 zeigt einige gängige Bauformen.

Bild 2  Bauformen von Unterwasser-Aufenthaltsräumen für kurzzeitige Benutzung     28 264

A  Um den Aquanauten die Möglichkeit zu geben, von entfernten Arbeitsplätzen aus zum Mutter-UWL zurückzutelefonieren, werden häufig einfache, **halbkugelförmige** „UW-Telefonzellen" eingesetzt. Die Halbkugelschalen — meist aus Acrylglas hergestellt — haben einen Durchmesser, der 600 mm selten überschreitet. Sie sind mit Atemgas gefüllt und von unten frei zugänglich. (Die einwandfreie Beschaffenheit dieses Atemgases muß regelmäßig überprüft werden.) Lassen es die Strömungsverhältnisse zu, wird diese Kalotte wie ein Luftballon an einem Ballastgewicht aufgehängt. Das einzige Instrument ist nur das Telefon; die Luftregeneration wird zuweilen durch Einblasen von Frischgas ersetzt.

168

B    Auch für Unterwasser-Iglus, die für den kurzzeitigen Aufenthalt von 1 bis 2 Tauchern eingerichtet sind, ist die **Halbkugelform** von Vorteil. Diese Halbkugelschalen sind in den Abmessungen, dem Strömungswiderstand und in der Herstellung sehr günstig. Bei einem Durchmesser von 2000 mm finden zwei Taucher genügend Raum, um bequem zu sitzen und um notfalls auch liegen zu können.
Ein stabiler T-Profilrahmen nimmt die flutbaren Ballastbehälter und eine kleine Flaschenbatterie für die Notgasversorgung auf. Die Inneneinrichtung mit $CO_2$-Regeneration, Sauerstoff-Versorgung, Beleuchtung und Kommunikationseinrichtungen läßt sowohl einen kurzzeitigen autonomen als auch einen mit großen Unterwasserlabors gekoppelten Einsatz zu. Größere Unterwasserparks lassen sich durch mehrere UW-Iglus zusammenstellen. Die gleiche Bauform wählt man auch für Unterwasserdepots; dabei kann die Instrumentierung entfallen, um möglichst viel Raum für die Regale zu schaffen.

C    Für Aufenthaltszeiten von mehreren Stunden bis zu wenigen Tagen sind kleine, **senkrecht stehende** Zylinder bekannt, die in zwei Räume aufgeteilt sein können (System Link). Bei einem Innendurchmesser von weniger als einem Meter ist die Unterbringung nur eines Tauchers möglich, wodurch grundlegende Sicherheitsbedingungen nicht erfüllt werden. Vorteile ergeben sich dann, wenn die Kammer als Taucherlift und an der Oberfläche gleichzeitig als Dekompressionskammer verwendet wird. Die Versorgung dieser Einrichtung erfolgt von der Oberfläche aus. Ähnliche Einsatzverhältnisse lassen sich erzielen, wenn eine zylindrische Tauchkammer als Sicherheitsraum in der Nähe eines UWLs stationiert wird.

D    Werden als Behältermaterial flexible Baustoffe wie beispielsweise gummierte Gewebe verwendet, finden häufig **kastenförmige** Ausführungen Verwendung. Zur Aufnahme der Zugbeanspruchung wird dann über den aufgeblasenen Ballon ein netzartiges Gebilde gelegt, das über einen Rahmen mit dem Ankerballast verbunden ist. Diese Einrichtungen können in größeren Einheiten gebaut werden und bieten 2 bis 4 Personen Platz. In warmen Gewässern kann auch ein Aufenthalt über längere Zeit in Frage kommen. Die Versorgung erfolgt regelmäßig von der Wasseroberfläche aus.

## 2.2. Bauformen von Unterwasserlaboratorien für längere Aufenthaltszeiten — einfache Bauweise

Die Ausstattung von Unterwasserlaboratorien für den längeren Aufenthalt von Tauchern erfordert gegenüber den unter 2.1. beschriebenen Einrichtungen eine wesentliche Erweiterung. Dabei wird nicht nur der Raumbedarf für die Instrumentierung größer, sondern auch der Lebensraum für die Besatzung muß merklich erweitert werden. Wird die Besatzungszahl klein gehalten, genügen für die Behälter übersichtliche und einfache geometrische Formen.

A    Die **Kugel** ist als günstige und übersichtliche Bauform beliebt, da sie aus festigkeitstechnischen Gründen dann interessant wird, wenn das Gehäuse nicht nur für Gleichdruck, sondern gleichzeitig für inneren und äußeren Überdruck ausgelegt werden muß. Es sind Ausführungen bekannt, die bis zu zehn Personen gleichzeitig aufnehmen. Um eine gute Raumausnutzung zu gewährleisten, sind mehrere Stockwerke in eine Kugel eingezogen, wobei die Kugeldurchmesser durchaus 6—8 m betragen können.

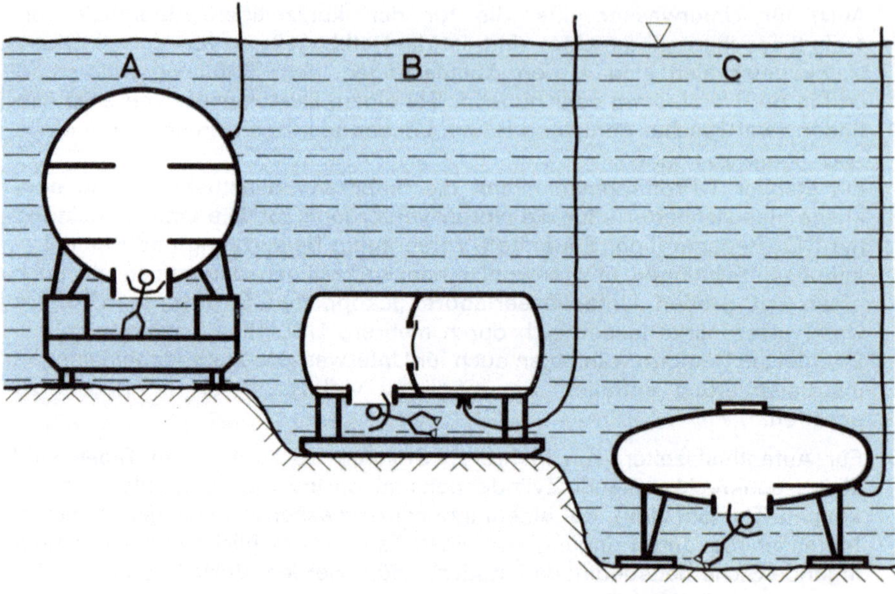



28 295

Bild 3  Bauformen von Unterwasserlaboratorien für längere Aufenthaltszeiten
(einfache Bauweise)

B  Der **liegende Zylinder** ist wahrscheinlich die am meisten angewendete Bauform für UWLs. Ein-, zwei- und dreiräumige Ausführungen sind bekannt. Es ist dann oft möglich, einen oder mehrere Räume mit innerem und äußerem Überdruck zu belasten. Dadurch kann das UWL in völlig geschlossenem Zustand abgesenkt werden, beziehungsweise lassen sich im UWL Dekompressionsvorgänge durchführen. Bei den einfachen Ausführungen dagegen muß in jedem Betriebszustand grundsätzlich Gleichdruck herrschen. Diese Tatsache kann aber, wie einige Vorfälle beweisen, beim Absenkvorgang zu erheblichen Schwierigkeiten führen.

Die Abmessungen der zylindrischen Körper reichen von 1,20 bis 4 m Durchmesser und sind 4 bis 17 m lang. Abhängig von den Abmessungen ist die Besatzungszahl. Die Mindestbesatzung sind 2 Personen, maximal finden 12 Insassen Platz. Mit Unterwasserlabors dieser Bauform wurden bis jetzt die größten Einsatztiefen erzielt.

C  Wären rein ästhetische Gesichtspunkte für die Formgebung eines Unterwasserlabors maßgebend, müßte man einem Ellipsoid den Vorzug geben. So ist auch nicht verwunderlich, daß sich futuristische Darstellungen meist dieser eleganten Form bedienen.

Aus fertigungstechnischen Gründen jedoch ist die Umsetzung in die Praxis weniger gefragt. Da aber festigkeitstechnisch und auch in bezug auf den Formwiderstand sehr günstige Werte vorliegen, kann mit einer baldigen Verwirklichung gerechnet werden. Bei einem Mindestdurchmesser von 4 bis 5 m müßten im Innern ideale Raumverhältnisse vorliegen.

170

### 2.3. Bauformen von Unterwasserlaboratorien mit integrierten Druckkörpern

Fertigungstechnische Gründe, praktische Überlegungen, Fragen des Transportes und die Erweiterungsmöglichkeit von Unterwasserlabors führen zu Konstruktionen, die eine Vielzahl von Einzelbehältern der unterschiedlichsten Formen umfassen. Drei markante Vertreter dieser UWL-Bauformen sind im Bild 4 schematisch dargestellt.

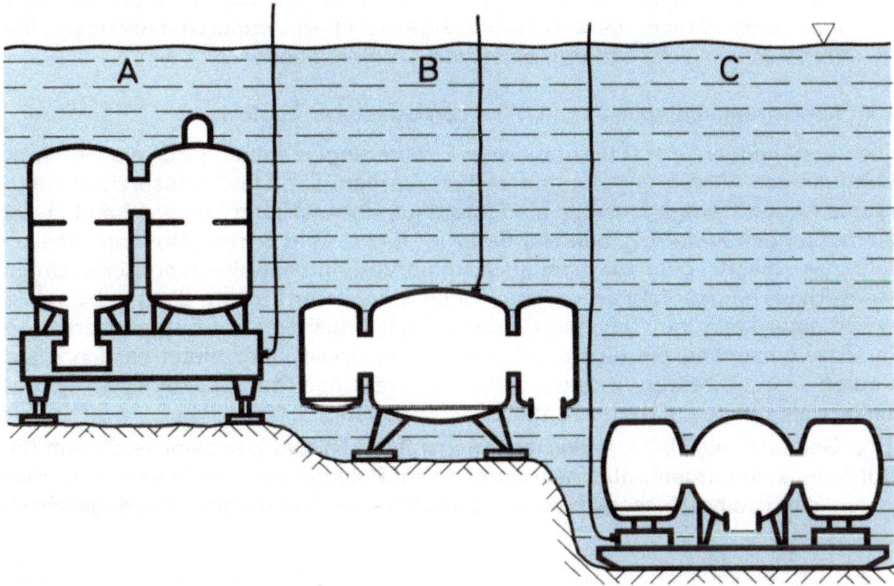


Bild 4  Bauformen von Unterwasserlaboratorien mit integrierten Druckkörpern        28 266

A   Die parallele Anordnung von zwei senkrecht stehenden Zylindern, die durch einen querliegenden Schacht miteinander verbunden sind, wurde erstmals für das Unternehmen „Tektite" verwendet. Es ist die Möglichkeit des Lebens und Arbeitens in zwei Stockwerken gegeben, außerdem kann eine sehr vorteilhafte Trennung von Wohn- und Arbeitsräumen beziehungsweise Maschinenräumen vorgenommen werden. Sinnvoll erscheint eine derartige Anordnung jedoch nur für größere Anlagen und für lange Benutzungszeiten. Die große seitliche Anströmfläche und die große Bauhöhe können für die Gesamtstabilität nachteilig sein.

B   Diese Ausführungsform ist durch einen größeren, zentralen Raum gekennzeichnet. Der Grundkörper kann sowohl als gedrungener, senkrecht stehender Zylinder oder auch als Kugelbehälter ausgeführt sein. Angeschlossen werden an diese Kernzelle mehrere Einzelräume, die je nach Aufgabenstellung durchaus auch verschiedene Formen und Abmessungen haben können. Bei entsprechender Vorplanung lassen sich diese Bauelemente auch zu einem späteren Zeitpunkt nachträglich anbauen, ohne den Gesamtbetrieb zu stören. Somit hat man ein „wachsendes" UWL vorliegen. Das erste UWL mit einem großen Zentralraum und angebauten Einzelräumen war das französische Starfish-Haus von Cousteau.

C   Wie bereits erwähnt, ist die Aneinanderreihung beliebig vieler und in Grenzen auch beliebig geformter geometrischer Körper möglich. So ist das amerikanische System „Bottom-Fix" bekanntgeworden, bei dem eine größere Anzahl verschieden großer Kugeln in unregelmäßiger Form aneinandergesetzt werden sollen. Dagegen nimmt sich das an sich schon relativ große UWL der „Underwater Test Range" auf Hawaii sehr bescheiden aus. Hier ist eine Kugel mit zwei auf gleicher Achse liegenden Zylindern verbunden. Das ganze System ruht auf einer Pontonstruktur. So ergeben sich auch über Wasser gute Schwimmeigenschaften, wodurch besonders das Verholen zu einem anderen Einsatzort problemloser wird.

### 2.4. Ausführungsbeispiele von UWLs verschiedener Bauform

Die vorstehenden, meist theoretischen Erläuterungen sollen durch die Beschreibung einiger Ausführungsformen vertieft werden. Die Unterwasseraufenthaltsräume für kurzzeitige Einsätze sind ihrer Aufgabenstellung entsprechend in den Abmessungen klein. Ein Beispiel dafür ist das in Bild 5 gezeigte Unterwasser-Iglu, das sowohl völlig autonom als auch im Verband mit einem größeren Unterwasserhaus eingesetzt werden kann. Beim autonomen Einsatz dient es beispielsweise einer kleineren Tauchergruppe als Ausgangsbasis für Bergungsarbeiten; im Zusammenhang mit einem größeren Unterwasserlabor bietet es den Aquanauten an entfernteren Arbeitsplätzen für kurzzeitige Ruhepausen einen Aufenthaltsraum, oder es steht für Notfälle zur Verfügung.

Das Gehäuse, als Halbkugelschale ausgebildet, ist aus korrosionssicherem und gut kälteisolierendem, glasfaserverstärktem Polyesterharz aufgebaut und nach unten durch eine flachgewölbte Bodenschale mit zentralem Ausstiegsschacht

Bild 5  DRÄGER-UW-Iglu vor dem Einsatz in der Nordsee (Im Hintergrund UW-Depot)   28 267

abgeschlossen. Da dieser Schacht nach unten ständig offen ist, muß die Luft im Iglu-Innern stets den gleichen Druck haben wie das umgebende Wasser, um ein Eindringen des Wassers zu verhindern.

In die Halbkugelschale sind zur Beobachtung der Umwelt vier großflächige Fenster eingesetzt; eine Lampe mit Blinklicht auf dem Iglu soll den Aquanauten in der Dunkelheit das Auffinden dieser Behausung erleichtern. Die Ausrüstung

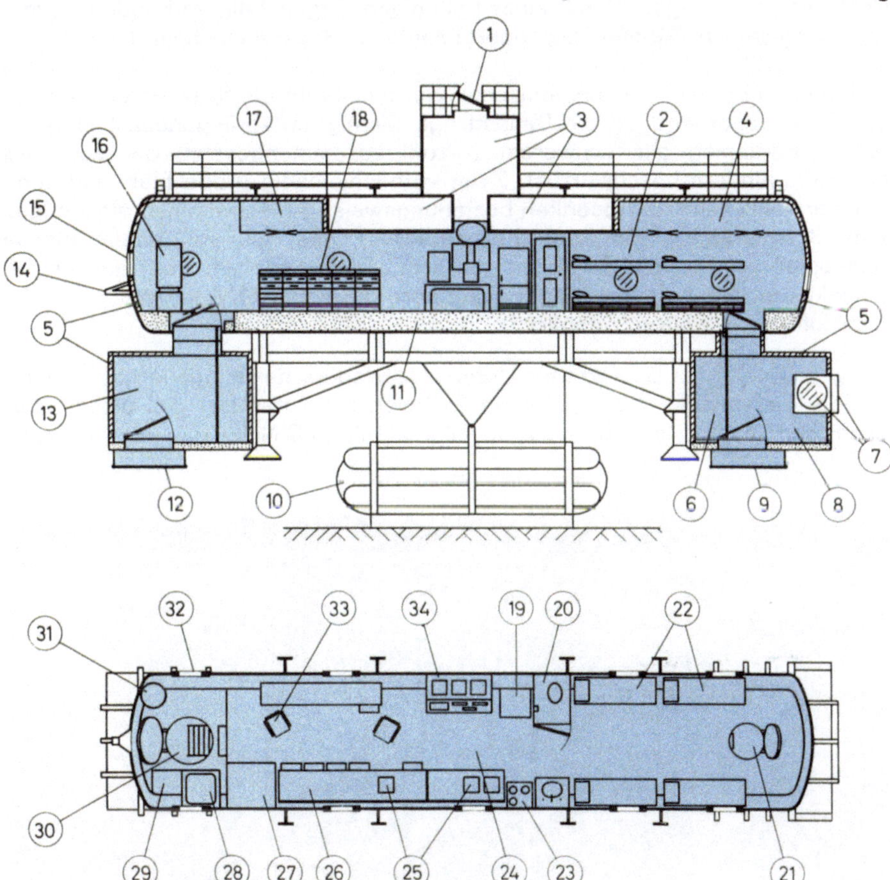

Bild 6  Schema des „Sealab III" (Seitenansicht und Draufsicht)                    28268

| 1 | Oberer Ausstieg | 13 | Tauchgerätelager | 25 | Spülbecken |
|---|---|---|---|---|---|
| 2 | Schlafraum | 14 | Kameragestell | 26 | Labortische |
| 3 | Ballasttanks | 15 | Fenster | 27 | Lüftungsaggregate |
| 4 | Trockenraum | 16 | Warmwasserboiler | 28 | Dusche |
| 5 | Isolierung | 17 | Lagerraum (trocken) | 29 | Waschmaschine |
| 6 | Kühlschrank | 18 | Laborraum | 30 | Hauptausstieg |
| 7 | Fenster | 19 | Kühlaggregat | 31 | Warmwasserbereiter |
| 8 | Beobachtungsraum | 20 | WC | 32 | Fenster |
| 9 | Luke | 21 | Luke | 33 | Stühle |
| 10 | Ballasttanks | 22 | Betten | 34 | Schalttafel |
| 11 | Betonboden | 23 | Infrarotherd | | |
| 12 | Ausstieg | 24 | Küche | | |

173

des Iglus besteht im wesentlichen aus einer elektrisch betriebenen $CO_2$-Absorptionsanlage, einem Sauerstoffzusatzgerät, das auf die jeweilige Belegungsstärke einzustellen ist, und einer normalen Luftzusatzeinrichtung für die Frischluftspülung und die Wasserstandsregulierung. Die dafür erforderliche Druckluft ist in zwei 50-l-Flaschen gespeichert, die auf dem Grundrahmen des Iglus angeordnet sind. Selbstverständlich sind eine Innenbeleuchtung und eine Wechselsprechanlage, die mit einer beliebigen Gegenstelle verbunden werden kann, vorgesehen. Für alle Fälle lagert im Iglu ein Reservetauchgerät.

Da selbst bei einem Kugelhalbmesser von nur 0,9 m ein Wasservolumen von 1,5 m³ verdrängt wird, ist die Ballastfrage wichtig. Im vorliegenden Fall wurde der Grundrahmen aus schwerem I-Profil zusammengesetzt, der zusätzlich mit Eisenzylindern beschwert ist. Zwei verhältnismäßig große Flut- und Lenztanks ermöglichen das Absenken beziehungsweise Aufschwimmen dieses Iglus ohne Kranassistenz. So kann beispielsweise das Iglu von einem kleinen Schleppfahrzeug an den Einsatzort gebracht und dort mit Hilfe von Tauchern abgesenkt werden. An Land ist der Transport mit einem LKW oder als Einachsnachläufer ohne weiteres möglich.

Die gebräuchlichste Bauform für Unterwasserlabors für langdauernde Einsätze in jeder Tiefenzone ist der liegende Zylinder. Ein gutes Beispiel dieser übersichtlichen Bauform ist hierfür das „Sealab III" der U.S.Navy, das schematisch im

Bild 7 „Sealab III", am Kran hängend, kurz vor dem mißglückten Ersteinsatz 28 269

Bild 8  Das Unterwasserlaboratorium „Aegir" und die „Holokai" an der Makai Range Pier    28270
(Makai Undersea Test Range, Oahu Hawaii)

Bild 6 dargestellt ist und im Bild 7 kurz vor dem mißlungenen Ersteinsatz in Kalifornien gezeigt wird.

Der Zylinder hat eine Länge von 17,4 m und einen Innendurchmesser von 3,65 m; er besitzt keine druckfeste Unterteilung. Der Gesamtraum wird nur durch flexible Wände in die Bereiche Labor, Küche und Schlafraum aufgeteilt. An den beiden Enden hat man gegenüber der „Sealab-II"-Ausführung nunmehr unten zwei kubische — nicht druckfeste — Räume angehängt. Einer davon dient als Lagerraum für Tauchgeräte und bildet gleichzeitig den Hauptausstieg, der zweite ist als Unterwasserbeobachtungsraum ausgelegt und hat besonders große Fenster. Aus Sicherheitsgründen hat auch dieser Raum einen Ausstieg. Interessant ist, daß das „Sealab" selbst nicht fest auf dem Meeresboden steht, sondern wie ein Ballon an Zugseilen am Ballast hängt.

Zum Absenken dieses UWLs ist ein Kran erforderlich.

Unterwasserlabors mit mehreren aneinandergekoppelten Einzelbaukörpern sind gegenüber den „Einzellern" offensichtlich stark in der Minderheit. „Prekontinent II", „Tektite I", „Sadko 2" und das „Aegir" in Hawaii sind bislang die einzigen bekannten Vertreter dieser Bauform.

Besonders interessant ist das „Aegir" der Makai Undersea Test Range auf Hawaii. Das Bild 8 zeigt, wie bei dieser großen Anlage in gleicher Achse zwei Zylinder und eine Kugel angeordnet sind. Zusammen mit zwei Rettungskammern, von denen jede 4 Personen aufnehmen kann, zwei Flut- und Lenztanks und den Flaschenbatterien ist alles auf einem Catamaran-Ponton angeordnet, wodurch eine ausgezeichnete See-Stabilität und gute Schleppeigenschaften erreicht werden. Selbst bei Windstärke 4 sind noch ausreichende See-Eigenschaften gewährleistet. Dieses UWL kann ohne jegliche Kranassistenz bis in Tiefen von 175 m absinken und wieder aufsteigen; es hat die Aufgabe, unter Wasser Wohnung und Arbeitsplatz für 4 bis 6 Aquanauten zu bieten und dient außerdem nach Sättigungstauchgängen als Dekompressionseinrichtung. An Bord sind alle Versorgungseinrichtungen so ausgelegt, daß ein autonomer Betrieb von 20 Tagen gewährleistet ist. Einmalig dürfte auch sein, daß die gesamte Anlage in einer Art Leasing-System der interessierten Industrie zur Verfügung steht.

## 3. Stationäre und mobile Unterwasserlaboratorien

Der größte Teil aller bisher bekannt gewordenen Unterwasserlabors wurde für den stationären Einsatz gebaut und technisch entsprechend ausgelegt. Das heißt, daß diese Labors über keinen Eigenantrieb für die horizontale Fortbewegung verfügen und auch in vertikaler Richtung nur bei sehr wenigen Aus-

Bild 9  UWL-Helgoland beim Transport von Hamburg nach Helgoland

28271

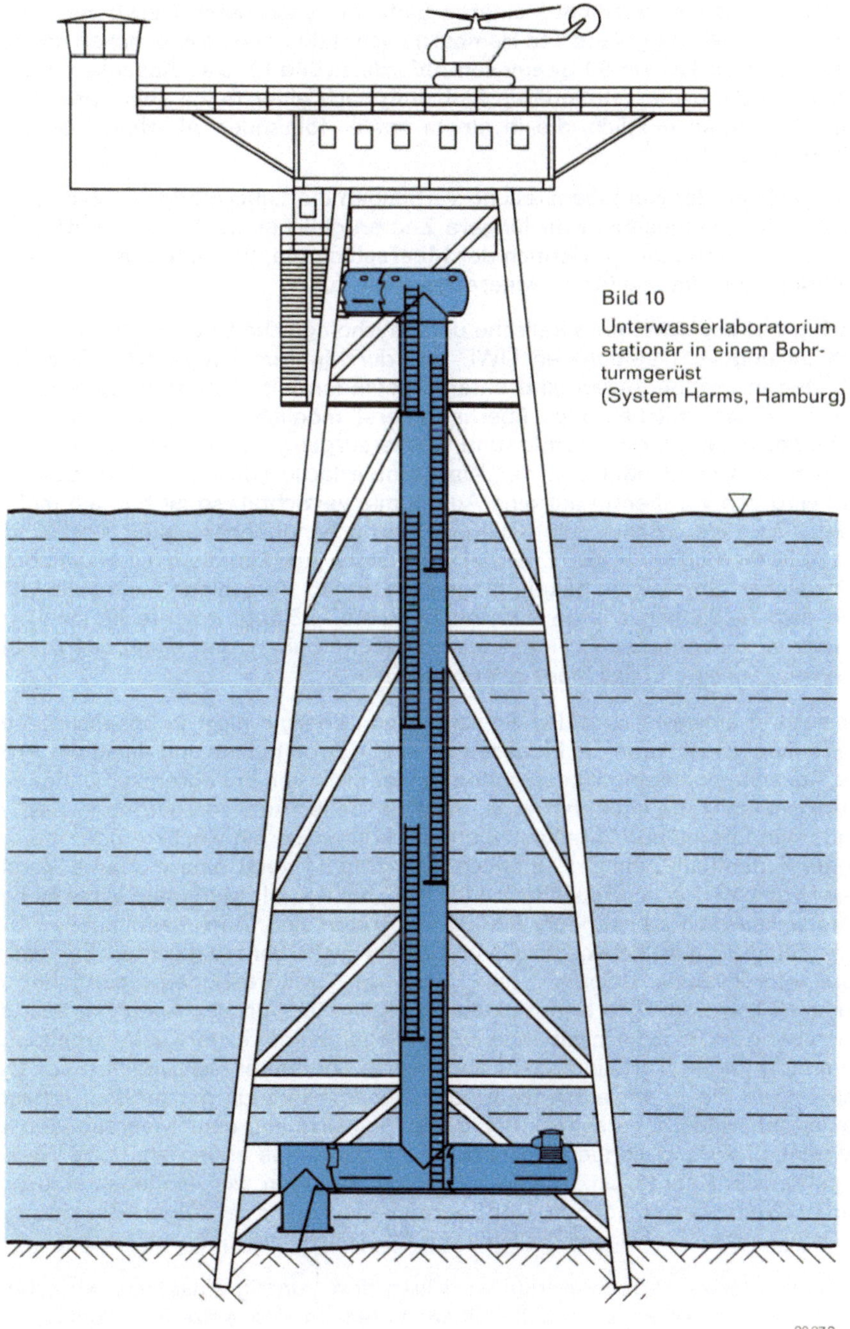

Bild 10
Unterwasserlaboratorium
stationär in einem Bohr-
turmgerüst
(System Harms, Hamburg)

führungsbeispielen eigenständig operieren können. Der Transport an die Einsatzstelle erfolgt meist durch Schleppen mit geeigneten Überwasserschiffen, am Kran hängend, oder bei kleineren Einheiten auch durch Decktransport. So wurde das UWL-Helgoland von Hamburg nach Helgoland im Kranhaken hängend über eine Strecke von 90 Seemeilen befördert (Bild 9). Das Absenken am Einsatzort ist bei diesen stationären Einheiten nach einer Reihe sehr unterschiedlicher Verfahren möglich, die in einem später folgenden Abschnitt näher beschrieben werden.

Entsprechend der Aufgabenstellung verbleiben die Laboratorien nach dem Verbringen an den Einsatzort für längere Zeit an gleicher Stelle. Dies trifft besonders für die Arbeiten im Bereich der Meeresbiologie, für taktische Zwecke und in geringerem Umfang für die Meeresgeologie zu.

Auch physiologische, physikalische und psychologische Untersuchungen lassen sich im und vom stationären UWL aus durchführen. Langwierige Bergungsarbeiten in großen Tiefen sind unter Umständen mit Hilfe stationärer Einrichtungen wirtschaftlicher oder überhaupt erst möglich. Erfolgt bei stationären Unterwasserlabors die Energie- und Gasversorgung mit nur sehr wenigen Ausnahmen von Land oder von der Wasseroberfläche (Schiff, Ponton, Boje) aus und wird von vornherein auf eine Autonomie verzichtet, so ist bei den mobilen UWLs in vielen Fällen die völlige Oberflächenunabhängigkeit vorzufinden. Diese Forderung wirkt sich finanziell sehr stark aus. Um die Kosten dennoch in erträglichen Grenzen zu halten, gingen die ersten Vorschläge für mobile UWLs von dem Gedanken aus, in alte, ausgediente U-Boote entsprechende Druckkörper einzubauen, die Schleuseneinrichtungen haben, und damit das Ausbringen von Tauchern in das Meer zu ermöglichen.

Da auch in einem U-Boot das Speichern von Energie nicht in unbeschränktem Maße möglich ist, kann die Liegezeit an einem Arbeitsplatz und damit die Arbeit der Aquanauten in einem bestimmten Revier nicht von unbegrenzter Dauer sein. Trotzdem ist, wenn ein entsprechender finanzieller Aufwand getrieben wird, mit modernen Energiebereitstellungsmethoden durchaus ein wochen- oder monatelanger Aufenthalt „vor Ort" möglich. Das Bild 11 zeigt eine moderne Version einer Kombination von Tauchboot und UWL, bei der alle Merkmale eines mobilen Unterwasserlabors besonders markant vertreten sind. Auch beim mobilen UWL wird auf die Oberflächenenergieversorgung nicht ganz verzichtet. Ein besonders interessantes Beispiel stellt dabei der „Meeresbodenwagen" der Fa. Cammell Laird dar. Die Konstrukteure gingen hier von der Annahme aus, daß eine über dem Grund schwebende Fortbewegung einer Unterwasserarbeitsplattform nicht immer Vorteile habe und teilweise überhaupt nicht möglich sei. Deshalb wurde dieses etwas seltsam aussehende Fahrzeug mit großen, schaufelbewehrten Rädern versehen, mit denen es sich auf dem Meeresboden bewegen soll. Eine besondere Einrichtung ist dabei das außen am „UW-Wagen" angebrachte Bohrgerüst, mit dem Probebohrungen zur Bodenuntersuchung durchgeführt werden können. Der Energiebedarf einer derartigen Einrichtung ist gewaltig und muß in diesem Fall von der Oberfläche aus gedeckt werden.

Mobile Unterwasserlaboratorien wird man dort günstig einsetzen, wo größere Bereiche zu bearbeiten und die Einsatztiefen an den einzelnen Punkten vergleichsweise kurz sind. Die Technik des Austauchens aus diesen Stationen heraus unterscheidet sich nicht vor der des Austauchens aus stationären Anlagen.

178

Vorteilhaft kann aber sein, daß man nach Beendigung einer Arbeit die Einrichtung bereits verholen kann, um eine nächste, möglicherweise stundenweit entfernte Arbeitsstelle anzulaufen, während die Taucher dekomprimieren, um dem nächsten Team Platz zu machen. Liegt eine tauchbootähnliche Ausführung einer solchen Arbeitsplattform vor, kann sogar schlechtes Oberflächenwetter unterfahren werden.

Der Vollständigkeit halber sollen auch noch die vielfältigen Möglichkeiten des militärischen Einsatzes erwähnt werden, da diese besondere Anwendungsart der Tauchtechnik einen breiten Anwendungsbereich findet.

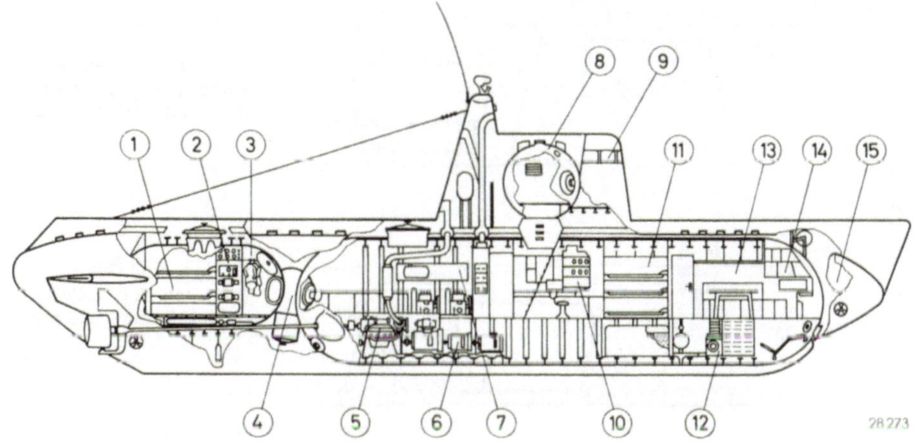

Bild 11  Mobiles Unterwasserlaboratorium

| 1 | Schlafstellen im UWL | 8 | großer Kugelraum |
|---|---|---|---|
| 2 | Elektrisches Schaltpult | 9 | Überwasser-Beobachtungsraum |
| 3 | Taucherraum | 10 | Zentrale |
| 4 | zwei Schleusenkammern (Transfer und Ausstieg) | 11 | Schlafstellen im Tauchboot |
| 5 | Diesel und Antriebsmotoren | 12 | Luftumwälzung und -reinigung |
| 6 | Generatoren | 13 | Aufenthaltsraum |
| 7 | Maschinenraum | 14 | Raum der Ozeanologen |
|  |  | 15 | Trimmzellen |

## 4. Versorgungssysteme

Die Versorgung von UWLs bei bestimmten Einsatzfällen — insbesondere bei stationären UWLs — kann zu einem großen Problem werden. Unter der Versorgung versteht man den Nachschub von:

a) Energie (meist in Form des elektrischen Stromes),

b) Gas (Sauerstoff, Stickstoff, Helium, Luft),

c) Wasser (Trinkwasser und Nutzwasser),

d) Nahrungsmittel,

e) Geräten, Ersatzteilen, Post und anderen Verbrauchsgütern.

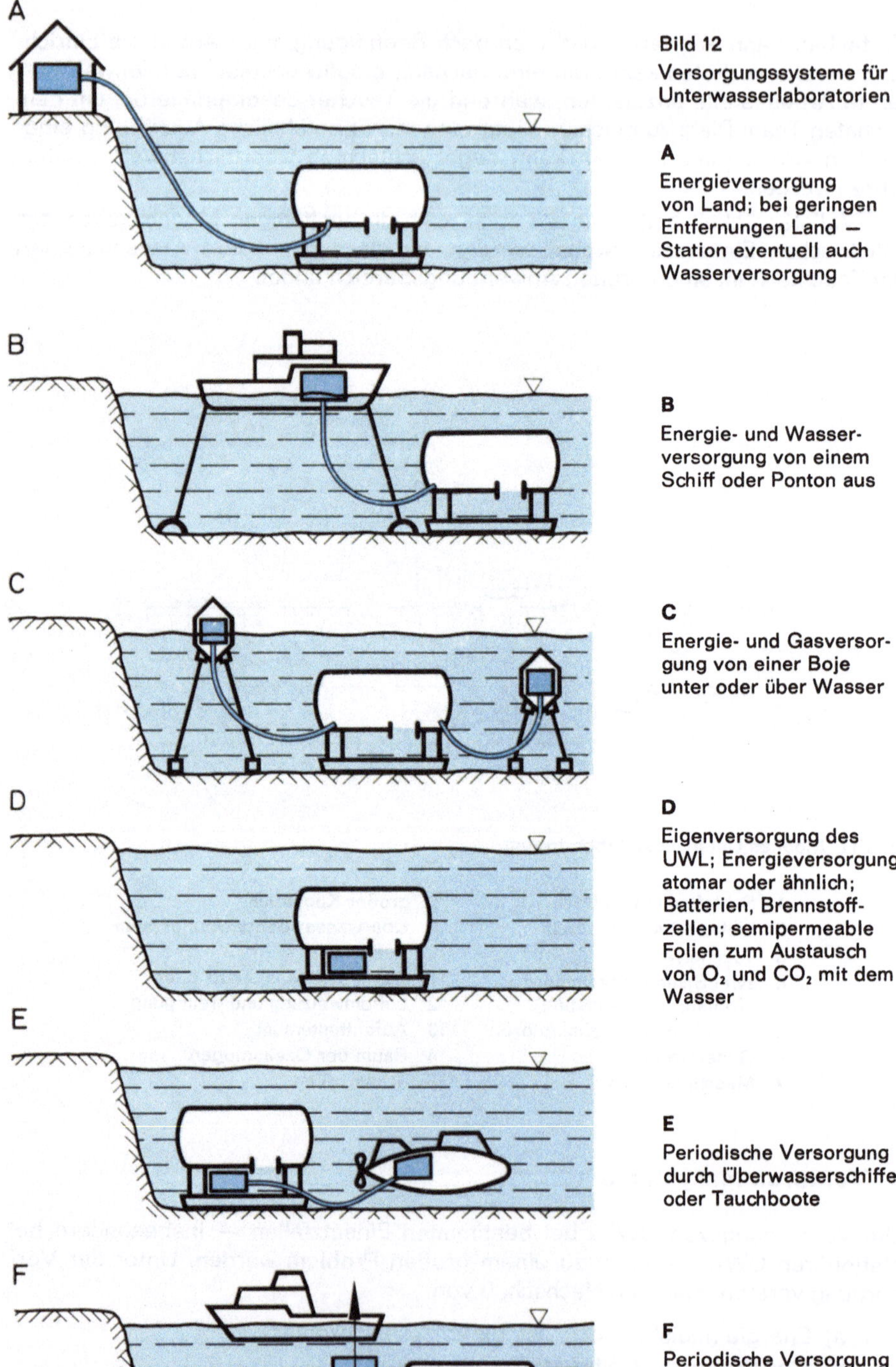



**Bild 12**
Versorgungssysteme für
Unterwasserlaboratorien

**A**
Energieversorgung
von Land; bei geringen
Entfernungen Land –
Station eventuell auch
Wasserversorgung

**B**
Energie- und Wasser-
versorgung von einem
Schiff oder Ponton aus

**C**
Energie- und Gasversor-
gung von einer Boje
unter oder über Wasser

**D**
Eigenversorgung des
UWL; Energieversorgung
atomar oder ähnlich;
Batterien, Brennstoff-
zellen; semipermeable
Folien zum Austausch
von $O_2$ und $CO_2$ mit dem
Wasser

**E**
Periodische Versorgung
durch Überwasserschiffe
oder Tauchboote

**F**
Periodische Versorgung
mit einem kompletten
Life-Support-Paket

28 274

Eine wesentliche Rolle spielt die Energieversorgung, da ohne elektrische Energie ein Betrieb eines Unterwasserhauses kaum denkbar ist. Geht man davon aus, daß für den Einsatz eines UWLs, das mit vier Personen besetzt ist, 25 kW zur Verfügung stehen müssen, so ist es verständlich, daß eine Batterieversorgung — wenn überhaupt — doch nur für eine kurze Zeit Energie liefern kann. Ähnlich ist es mit der Wasserversorgung, die nur von einem Schiff aus vorgenommen werden kann. Steht jedoch genügend Energie zur Verfügung, ist auch Süßwasser aus dem Seewasser zu gewinnen. (In einem sauberen Süßwassersee liegt natürlich dieses Problem nicht vor.) Im Bild 12 sind einige Versorgungssysteme für stationäre UWLs unter besonderer Berücksichtigung der Energieversorgung gezeigt.

Steht das Unterwasserlabor in Landnähe, so kann die Energieversorgung nach dem in A aufgezeigten System durchgeführt werden. In einer Landstation steht ein Generator, der die für das UWL und seine Notaggregate elektrische Energie erzeugt. Über ein Seekabel wird dann der Strom zum UWL geleitet. Dabei muß berücksichtigt werden, daß in der Brandungszone und in Gebieten mit starker Strömung dieses Kabel gut geschützt sein muß. Ist es möglich, das Kabel einzuspülen oder gar einzubetonieren, so ist man vor mancher unliebsamen Überraschung sicher. Auf dem gleichen Wege können auch Gase und Wasser zum UWL gebracht und Kommunikations- und Datenübertragungswege eingebaut werden. Faßt man alle Leitungen und Schläuche zusammen, erhält man eine sogenannte Nabelschnur, ähnlich wie sie bereits für Tieftauchanlagen beschrieben wurde. Eine derartige Landversorgung ist nicht billig und daher auch nur für kurze Entfernungen zu empfehlen. Zu berücksichtigen ist auch noch die Gefahr des Zerreißens dieser Nabelschnur durch ein ankerndes Schiff. Eine Absicherung muß eingeplant werden. Die Versorgung mit Nahrungsmitteln und Geräten und anderen festen Gütern erfolgt bei Bedarf von Schiffen aus.

Ändern UWLs häufig ihren Standort oder ist die Entfernung des Aufstellungsortes zum Land sehr groß, scheidet eine Nabelschnurverbindung fast immer aus. Für derartige Einsatzfälle kommt dann die Versorgung von einem Schiff oder Ponton aus in Frage, die in der Nähe des UWLs verankert sind. Von dieser Oberflächenstation aus kann dann die gesamte Versorgung durchgeführt werden. Energie, Wasser, Gas und feste Güter lassen sich auf kürzestem Wege zum UWL leiten.

Zweckmäßigerweise wird auch die gesamte Überwachungseinrichtung auf dieser schwimmenden Einheit installiert. Dieses Versorgungssystem hat aber auch schwache Seiten. Das sichere Verankern der Schiffe unter allen Wetterbedingungen ist nicht an allen Einsatzstellen möglich und bedarf daher besonderer Einrichtungen. Die ständige Bindung von Material und Menschen ist unverhältnismäßig groß, wenn man überlegt, daß auf einem Schiff 20 Besatzungsmitglieder notwendig sind, denen nur 3 oder 4 Aquanauten gegenüberstehen. Dieses Versorgungssystem wird auch nur für den kurzzeitigen Einsatz gewählt. Unter kurzzeitig ist ein Zeitraum von wenigen Tagen bis zu maximal einem Vierteljahr zu verstehen.

Als Alternative zu dieser Versorgungsart bietet sich für langzeitig geplante Einsätze das System nach C an. Bei diesem Verfahren wird eine große Boje mit allen Versorgungseinheiten in nächster Nähe des UWL verankert. Diese Boje kann unbemannt betrieben werden und arbeitet 14 Tage und länger wartungsfrei. Eine besondere Ausführung dieser Boje kann auch unter Wasser verankert

Bild 13
Versorgungsboje für das
UWL-Helgoland in der
Nordsee verankert
(System DFVLR)

28 275

werden, wodurch die Gefahr des Überranntwerdens, die bei der Überwasser-
version möglich ist, ausgeschaltet wird. Allerdings werden dann der gesamte Betrieb und die Wartung der Boje erheblich erschwert.

Ein Beispiel haben wir in der Boje, die für die Versorgung des UWL-Helgoland
in der Nordsee eingesetzt wurde. Das Bild 13 zeigt dieses schwimmende Kraft-
werk am Einsatzort bei ruhiger See. Diese Boje ist an drei je sechs Tonnen
schweren Tetrapoden verankert, so daß sie auch bei schwerster See sicher
liegt und nur innerhalb eines kleinen Bereiches verschwimmen kann. Diese Boje
ist so ausgelegt, daß sie ein Unterwasserlabor versorgen kann, das in maximal
100 m Wassertiefe aufgestellt ist. Ein Blick in das Innere zeigt das Bild 14.

182

Bei einem Durchmesser von 3 m und einer Gesamthöhe von 13 m besitzt diese Einrichtung ein Einsatzgewicht von ca. 16 Tonnen. Alle Aggregate sind so konstruiert, daß sie bis zu einer Schräglage von 45° und einer Beschleunigung von 2 g noch einwandfrei arbeiten.

Im Zentrum der Tonne und gewissermaßen als Herz der ganzen Anlage steht ein Dieselgenerator mit einer Leistung von 25 kVA. Das Aggregat ist so ausgelegt, daß es mindestens 1000 Stunden wartungsfrei betrieben werden kann. Der Dieselölvorrat, der im unteren Teil der Boje gelagert wird, reicht für einen ununterbrochenen Einsatz von wenigstens 20 Tagen. Treten unzulässige Betriebszustände ein, wird der Generator automatisch abgeschaltet. Die Leistung von 25 kVA wird nicht nur zur Versorgung des UWL verwendet, sondern auch dazu benutzt, um die beiden Hochdruckkompressoren in der Boje zu speisen. Diese Kompressoren mit einer Ansaugleistung von je 120 l/min dienen zur Druckluftversorgung des UWLs. Genauso wie der Dieselgenerator arbeiten auch die Kompressoren über lange Zeiträume wartungsfrei. Automatische Kondensatentleerung, Höchstdruckbegrenzung, Druckentlastung und Umschaltsteuerung, so daß die Aggregate nur wechselweise arbeiten, sind selbstverständlich. Der Schaltintervall für den Druck in den Vorratsbehältern des UWL beträgt 120÷200 kp/cm². Hilfsaggregate, wie Brennstoff-, Öl- und Bilgenpumpe, sowie ein großer Axial-Lüfter, der Frischluft in die Tonne fördert, gehören zu der weiteren Ausrüstung dieser Anlage. Da außer Druckluft für das UWL auch noch Sauerstoff, Stickstoff und Helium benötigt werden, befinden sich in der Tonne 14 Druckgasflaschen mit einem Inhalt von je 50 Litern. Sechs Sauerstoff- und jeweils vier Stickstoff- und Heliumflaschen sind zu einer Batterie zusammengefaßt.

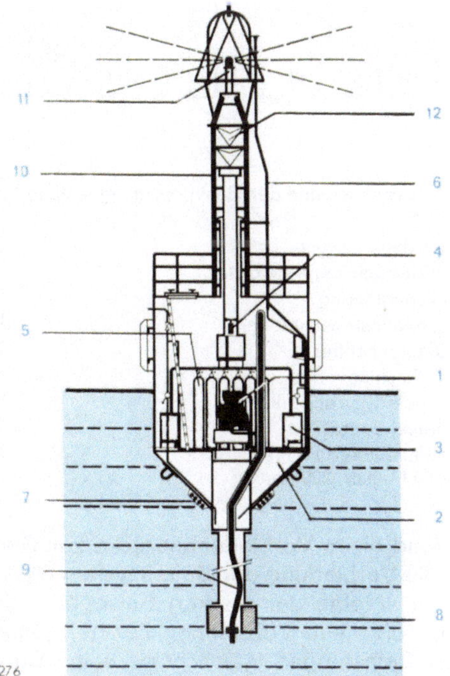


Bild 14
Schnittzeichnung der Versorgungsboje für das UWL-Helgoland

1 Dieselgenerator
2 Dieselölvorrat
3 Hochdruckkompressor
4 Axiallüfter
5 Flaschenbatterien für Sauerstoff, Stickstoff und Helium
6 Auspuffleitung
7 Kühlschlange
8 Ballast
9 Nabelschnur
10 Antennenmast
11 Blinklicht
12 Radarreflektoren

183

Geht man von einer ständigen Besatzung von vier Mann im UWL aus, dann reicht der Sauerstoffvorrat mindestens 14 Tage. Bei Einsätzen des UWLs in Tiefen bis zu ca. 30 m sind die Stickstoff- und Heliumvorräte nur bedingt erforderlich; sie müssen jedoch bei größeren Einsatztiefen zur Herstellung atemphysiologisch einwandfreier Gasgemische mit herangezogen werden. Das Bild 15 zeigt den Schaltplan der Gasversorgungseinrichtung dieser Anlage. Über reine Versorgungsaufgaben hinausgehend übernimmt die Boje auch noch Aufgaben, die der einwandfreien Kommunikation vom UWL zu einer Landstation dienen. Dazu sind in der Boje Sende- und Empfangsgeräte für eine Funksprechverbindung sowie eine Fernsehübertragungseinrichtung installiert.

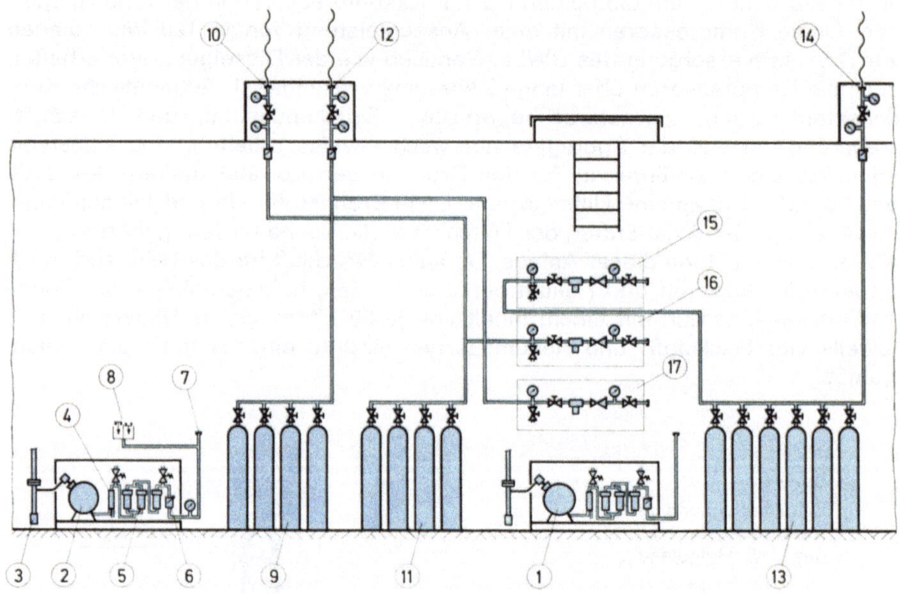

Bild 15  Schaltschema der Gasversorgungsanlage in einer UWL-Versorgungsboje          28 277

| 1 | Druckkompressor I | 10 | Füllanschluß für Heliumbatterie |
|---|---|---|---|
| 2 | Hochdruckkompressor II | 11 | Stickstoffbatterie, 4 Flaschen à 50 l Inhalt, 200 kp/cm² |
| 3 | Ansaugleitung | | |
| 4 | Kondensatabscheider | 12 | Füllanschluß für Stickstoff |
| 5 | Ölgeruchsfilter | 13 | Sauerstoffbatterie, 6 Flaschen à 50 l Inhalt, 200 kp/cm² |
| 6 | Rückschlagventil | | |
| 7 | Nabelschnuranschluß | 14 | Füllanschluß für Sauerstoff |
| 8 | Druckschalter | 15 | Anschlußschalttafel für Sauerstoff |
| 9 | Heliumbatterie 4 Flaschen à 50 l Inhalt, 200 kp/cm² | 16 | Anschlußschalttafel für Stickstoff |
| | | 17 | Anschlußschalttafel für Helium |

Während diese Verbindungsbrücke zur Gegenstation an Land drahtlos erfolgt, muß die Verbindung der Boje mit dem UWL durch eine Nabelschnur hergestellt werden. Infolge der starken Bewegung, die die Boje im Seegang ausführen kann, muß diese Verbindung flexibel gestaltet und dabei auch allen mechanischen Belastungen gewachsen sein. Durch eine S-förmige Auslegung der

184

Nabelschnur, erreicht durch die sinnvolle Anordnung von Auftriebs- und Ballast-
körpern, wird die Beweglichkeit erreicht. Die Versorgungsleitung mit einer Länge
von 65 m, die aus 16 einzelnen Leitungen und Schläuchen besteht, ist zum
Schutz gegen mechanische Beschädigungen mit einem abriebfesten, gewebe-
verstärkten Kunststoffmantel umgeben.

Die Boje stellt auch eine unübersehbare Markierung für den Aufstellungsort des
UWLs dar, weil sie in der unmittelbaren Nähe verankert ist. So dient sie auch
gleichzeitig als Anlegeplatz für die Versorgungsboote, die Nahrungsmittel, Wasser und andere Versorgungsgüter für das UWL bringen, oder aber, um einen
Mannschaftswechsel vorzunehmen.

Die drei bisher beschriebenen Versorgungssysteme sind in ihrer Art als konven-
tionell zu bezeichnen und in ihrer technischen Auslegung ohne größere Schwie-
tigkeitsgrade zu bewältigen. Nachteilig wirken sich bei all diesen Einrichtungen die Oberflächenabhängigkeit und die leichte Verletzbarkeit dieser Systeme
aus. Es werden seit langem immer wieder Überlegungen angestellt, wie man zumindest teilweise die Oberflächenabhängigkeit umgehen kann. Im Mittelpunkt
dieser Überlegungen steht auch wieder die Frage der Energieversorgung; wenn
diese zufriedenstellend gelöst ist, können auch die Gasversorgung und die
$CO_2$-Beseitigung günstiger durchgeführt werden.

Für die Energieversorgung unter höherem als dem Atmosphärendruck stehen
folgende Möglichkeiten zur Verfügung:

a) **Akkumulatoren** auf der Basis Blei—Säure, Nickel—Cadmium, Silber—
Zink, die bei Umgebungsdruck verwendet werden können. Nur die elektri-
schen Anschlüsse müssen isoliert sein und werden durch das Umgeben von
Öl oder Stickstoff vom Einfluß des Seewassers freigehalten. Für diese
Energiespeicher müssen entweder Lade- oder Auswechselmöglichkeiten vor-
gesehen werden. Nachteilig wirken sich die gewichtsbezogene, geringe
Stromspeicherkapazität und der hohe Preis aus. Für längere Versorgungs-
perioden und bei hohem Strombedarf werden Batterien für die normale
Stromversorgung von UWLs keine Verwendung finden.

Als Energiebedarf für bemannte Unterwasserstationen wird je nach Aufgabenstellung in der Literatur eine Größenordnung von 1—10 kW/Mann genannt. Unterseeische Produktionsstätten haben einen noch weit höheren
Energiebedarf.

b) **Brennstoffzellen** sind in den letzten Jahren für die Energieversorgung von
Unterwassersystemen immer mehr vorgedrungen. In diesen Einrichtungen
wird nicht elektrische Energie gespeichert, sondern chemische Energie in
elektrische Energie umgewandelt. Brennstoffzellen haben einen hohen Wirkungsgrad.

Als Brennstoff werden hauptsächlich Wasserstoff und Methanol verwendet,
wobei künftig auch der Einsatz von Kohlenwasserstoffen möglich ist.

Der Sauerstoff wird entweder gasförmig oder flüssig bevorratet oder aus
Wasserstoffsuperoxid gewonnen. Die Preise für komplette Anlagen sind
noch sehr hoch, so daß die Anwendung von Brennstoffzellen für die UWL-
Versorgung nur in wenigen Fällen genutzt wird. Es fällt dabei noch ein Neben-
produkt an: das als Abfall anfallende Wasser kann unter Umständen für die
Trinkwasserversorgung der Besatzung mit herangezogen werden.

c) **Verbrennungskraftmaschinen** für die Energieerzeugung kommen nur dann in Frage, wenn Brennstoff und Sauerstoff im System selbst mitgeführt werden können und damit die Oberflächenunabhängigkeit gewährleistet ist. Ein derartiges Verfahren stellt das bereits im Zweiten Weltkrieg für den U-Boot-Antrieb verwendete Walther-Prinzip dar. Dabei dient hochkonzentriertes Wasserstoffsuperoxyd als Sauerstoffträger für die Verbrennungskraftmaschine.

Bekannt sind das „kalte" und das „heiße" Verfahren.

Eine Anwendung für bemannte Unterwasserstationen ist derzeitig nicht bekannt.

d) **Energieversorgungssysteme mit nuklearen Energiequellen** können in der Meerestechnik Vorteile gegenüber den Brennstoffzellen bieten, da sich mit ihnen lange Einsatzzeiten ohne Erneuerung des Brennstoffes verwirklichen lassen. Zur Zeit ist einigermaßen wirtschaftlich elektrische Energie nur über den Umweg der Wärmeenergie zu gewinnen. Es würde aber zu weit führen, die Prinzipien der verschiedenen Systeme im einzelnen zu beschreiben; der interessierte Leser kann sich in einschlägigen Fachbüchern genauer informieren.

e) **Als weitere Energieträger, die in den Betrachtungskreis einzubeziehen sind, kommen Wärmespeicher, Wandler für thermische Energie, thermoelektrische Wandler, thermoionische Wandler und magneto-hydrodynamische Wandler in Frage.**

Abschließende Urteile über diese verschiedenen modernen Energieversorgungssysteme können noch nicht gegeben werden, da für eine Analyse der Kosten und Maße, bezogen auf die abgegebene Leistung, noch keine genauen Unterlagen vorliegen.

Im Versorgungssystem nach D (Bild 12) wird ein Verfahren angedeutet, bei dem Akkumulatoren, nukleare Energiequellen oder Brennstoffzellen die elektrische Versorgung übernehmen sollen. Dieser beinahe Idealfall scheitert aber derzeit meist noch an den Kosten. Eine Verbilligung der Akkumulatoren ist kaum noch zu erwarten, unter Umständen kann aber mit einer Verbilligung der Brennstoffzellen und eventuell auch der nuklearen Energiequellen gerechnet werden.

Eine zeitweise Unabhängigkeit von der Oberfläche wird erreicht, wenn, wie unter E gezeigt, eine periodische Energieversorgung durch Über- oder Unterwasserschiffe vorgenommen wird. Dabei können z. B. die Blei-Säure-Akkus eines UWLs aufgeladen werden. Da Speicherkapazität und Kosten derartiger Akkus in einem festen Verhältnis zueinander stehen, ist die Energiespeicherung auch hier als Kostenfaktor klar zu erkennen und entsprechend zu berücksichtigen.

Kleinere bemannte Unterwasserstützpunkte werden schon heute mit kompletten Life-Support-Paketen versorgt. Bei diesem in F angedeuteten System enthält das Paket außer einem Batteriesatz einen $CO_2$-Kanister mit Gebläse, Sauerstoffflaschen, Trinkwasser und Heißwasserbereiter, Nahrungsmittel und Lampen. Der Austausch, von einem Versorgungsschiff aus vorgenommen, erfolgt in einem bekannten Einsatzfall alle 24 Stunden.

### 4.1. Versorgung von bemannten Unterwasserstationen in Notfällen

Bei den bisherigen Betrachtungen stand die Versorgung der UWLs mit elektrischer Energie und teilweise mit Gasen im Vordergrund. Darüber hinaus gehören noch Wasser, Nahrungsmittel, Geräte und Ersatzteile sowie weitere Verbrauchsgüter dazu.

Geht man davon aus, daß die Süßwasserherstellung an Bord der Unterwasserstation wegen Energiemangels nicht durchgeführt werden kann, so muß das Wasser von der Oberfläche aus nachgeschoben werden. Bei einer Versorgung von Land oder von einem Schiff aus stellt immer ein Schlauch die Verbindung zum UWL her. Da dieses System eine gewisse Kontinuität in der Versorgung zuläßt, braucht die Speicherkapazität am UWL selbst nicht allzugroß zu sein. Bei einer Versorgung von einer schwimmenden Boje aus ist es vorteilhaft, am UWL einen ausreichenden Wasservorrat zu haben. Werden UW-Stationen periodisch von Tauchbooten aus versorgt, kann auch jedesmal Trinkwasser übernommen werden.

Sind Nahrungsmittel, kleinere wissenschaftliche Geräte, der persönliche Bedarf der Aquanauten, Drucksachen und Filme oder Atemkalk und Silicagel zum UWL zu transportieren, bedient man sich wasser- und druckdichter Versorgungsbehälter, die ein Fassungsvermögen von ca. 50 bis 100 Litern haben.

Das Bild 16 zeigt das Anbordnehmen eines sogenannten „Suppentopfes", wie diese Behälter bezeichnet werden. Diese Gefäße müssen bis zur maximalen Einsatztiefe druckfest und wasserdicht sein. Da äußerer, innerer oder Gleichdruck möglich ist, muß das Abdichtungsmittel so beschaffen sein, daß unter diesen Umständen die absolute Dichtheit gewährleistet ist. Da das Öffnen und Schließen des Deckels nicht viel Zeit beanspruchen darf, sind Schnellverschlüsse —

Bild 16   Aufnehmen eines Versorgungsbehälters                    28 278

wie beispielsweise Bajonettverschlüsse — zu verwenden. Deckel mit Schraubbolzen sollte man ablehnen. Bereits an der Wasseroberfläche ist der Versorgungsbehälter auf den Druck des UWLs einzustellen. Dafür sind am Versorgungsgefäß entsprechende Armaturen vorzusehen. Es genügen dazu ein Füllanschluß, ein Auslaßventil, ein Manometer und ein Sicherheitsventil. Das Austarieren wird entweder durch das Anbringen von Gewichten oder durch geschlossene Flutzellen ermöglicht.

Je nach der angestrebten technischen Perfektion erfolgt das Absenken des Vorratsbehälters zur Unterwasserstation entweder manuell durch Taucher, mit Hilfe einer Winsch von oben, wobei der Behälter unten von den Aquanauten in Empfang genommen wird, oder fast vollautomatisch mit einer Empfangseinrichtung am UWL; diese ermöglicht es, das Gefäß, das geringen positiven Auftrieb hat, von der Oberfläche niederzuholen und dann an Bord des UWLs zu nehmen, ohne daß dazu ein Taucher ins Wasser gehen muß. Die letzte Version ist wünschenswert, da, wie die Erfahrung gezeigt hat, die Aquanauten für solche Nebenarbeiten immer nur sehr ungern ins Wasser gehen.

Für den Transport von größeren Gegenständen zum UWL bedient man sich entweder großer Behälter, oder aber man benutzt eine Tauchkammer. Die Versorgungsgüter dürfen dann nicht wasserempfindlich sein, oder sie müssen wasserdicht verpackt sein, was verhältnismäßig leicht durch das Einschweißen in Foliensäcke erreicht wird. Diese Methode empfiehlt sich auch für die kleinen Behälter.

Die in diesem Abschnitt aufgezeigten Aspekte verdeutlichen, daß der reibungslose Betrieb von bemannten Unterwasserstationen ein logistisches Problem ist. Solange die Versorgungskette nicht unterbrochen wird, kann nach dem heutigen Stand der Technik mit einem gesicherten Ablauf einer derartigen Expedition gerechnet werden. Da aber trotz aller Vorsorgemaßnahmen nicht auszuschließen ist, daß unvorhersehbare Einflüsse den Nachschub trotzdem unterbrechen, müssen von vornherein Vorkehrungen getroffen werden, um den Betrieb bemannter Unterwasserstationen auch dann noch nahezu uneingeschränkt weiterführen zu können.

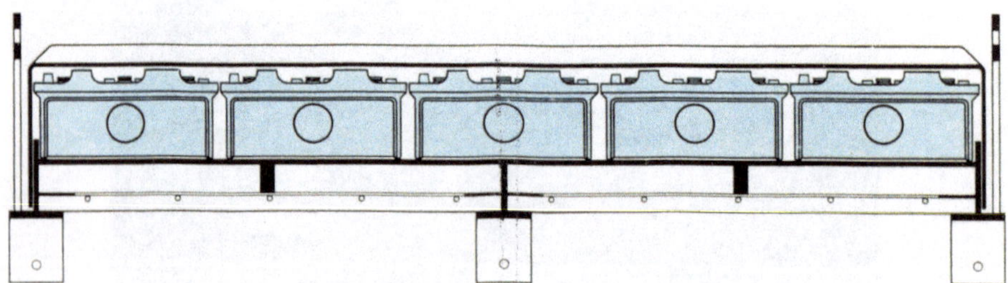

Bild 17  Schnitt durch eine Notstrombatterie für ein Unterwasserlaboratorium          28 279

Das erfordert das Einrichten einer Notversorgung, die sowohl für wenige Stunden als auch bis zu mehreren Wochen reicht. Es ist notwendig, daß bereits vor der Belegung einer Unterwasserstation die Notvorräte am Einsatzort sind, um auch längere Versorgungsunterbrechungen zu überbrücken. Daher müssen die Unterwasserstationen mit elektrischer Energie, mit Lebensmitteln, mit Trinkwasser, mit Sauerstoff und mit den Absorptionsmitteln für das Life-supportsystem ausgerüstet sein.

188

Die Versorgung mit elektrischer Energie schließt den Bedarf für Beleuchtung und Heizung, den Betrieb von Meßgeräten, Überwachungssystemen und für das Life-support-system mit ein.

Vorstehend wurde die Problematik der autonomen Energieversorgung behandelt. In der Notstromversorgung ergeben sich für die Energiequellen die gleichen Überlegungen. Demnach bleibt der Akkumulator oder eventuell auch noch

28 280

Bild 18   Notstrombatterie für ein Unterwasserlaboratorium mit abgenommener Abdeckhaube

die Brennstoffzelle nach. In fast allen Einsatzfällen bediente man sich handelsüblicher Autobatterien. Diese Autobatterien werden je nach Energiebedarf zusammengekoppelt und sind zuverlässige Notstromquellen. Das Bild 17 zeigt den Aufbau eines solchen „Energieblockes", Bild 18 den Energieblock kurz vor der Montage an ein UWL.

Diese Akkusätze arbeiten sicher unter dem Umgebungsdruck, wobei die Unterteile der Akkus im Wasser stehen können. Die Pole müssen vor Wassereinwirkung jedoch geschützt werden, das durch Einfetten mit säurefreiem Polfett geschieht. Um an den Anschlußstellen der Akkus einen Luftraum zu erreichen, stülpt man über das gesamte Akkupaket eine wasserdichte Haube aus einem isolierenden Material, wie beispielsweise aus glasfaserverstärktem Polyesterharz.

Um während des Absenkvorganges den Wasserspiegel konstant zu halten, kann man in die Haube über ein automatisch arbeitendes Steuerventil Luft oder Stickstoff einblasen. Der Bildung von explosionsfähigen Gasgemischen wird dadurch vorgebeugt, daß der Luftraum von Zeit zu Zeit mit reinem Stickstoff ausgespült wird. Eine feste Installation kann hierfür in den Armaturenplan des UWL mit eingeplant werden.

Eine Entladung von Akkus findet bekanntlich auch ohne Stromentnahme statt. Daher ist eine Ladeerhaltungseinrichtung einzuplanen, die einen gleichbleibenden Ladezustand auch bei langer Einsatzdauer garantiert. Um die regelmäßig erforderlichen Wartungsarbeiten durchführen zu können, sind Einrichtungen vorzusehen, die ein leichtes Transportieren der Akkus an die Wasseroberfläche ermöglichen.

Zwar haben die Aquanauten in ihrer nächsten Umgebung Wasser im Überfluß, jedoch ist es selten für den Genuß geeignet. So muß also auch bei einer Unterbrechung der Oberflächenversorgung genügend Trinkwasser vorhanden sein,

189

um die Besatzung mit Trinkwasser versorgen zu können. Dies ist verhältnismäßig problemlos, da flexible Container fast immer in beliebiger Zahl und Größe am UWL oder in dessen Nähe gelagert werden können. Schwierigkeiten sind nur dann zu erwarten, wenn beispielsweise durch große Unterwasserströmungen diese Behälter mechanisch zu hoch beansprucht und dadurch undicht werden. Eine sehr gute Lösung mit denkbar bestem mechanischem Schutz bietet sich an, wenn die flexiblen Trinkwasserbehälter in die starren Schwimmtanks des UWL eingesetzt werden können. In einem Wechselspiel zwischen See- und Trinkwasser hat der Schwimmtank dennoch immer den gleichen Füllungsgrad und damit das gleiche Gewicht.

Je nach Einsatztiefe bemannter Unterwasserstationen sind die erforderlichen Gasarten, insbesondere in Notfallsituationen, verschieden. Im ungünstigsten Fall ist mit der Bereitstellung von Sauerstoff, Stickstoff, Helium, Luft und eventuell fertigen Gasgemischen zu rechnen. Dazu müssen an den Unterwasserstationen entsprechende Speicherbatterien vorhanden sein. Ob dabei die Hochdruckflaschen in Bündeln zusammengefaßt oder in einzelnen Gruppen um die Standbeine (siehe Bild 19) aufgeteilt sind, ist von untergeordneter Bedeutung.

28218

**Bild 19** Flaschenbündel am Standbein des UWL-Helgoland, am Ballastkasten eine 300-Liter-Reserve-Preßluftflasche

190

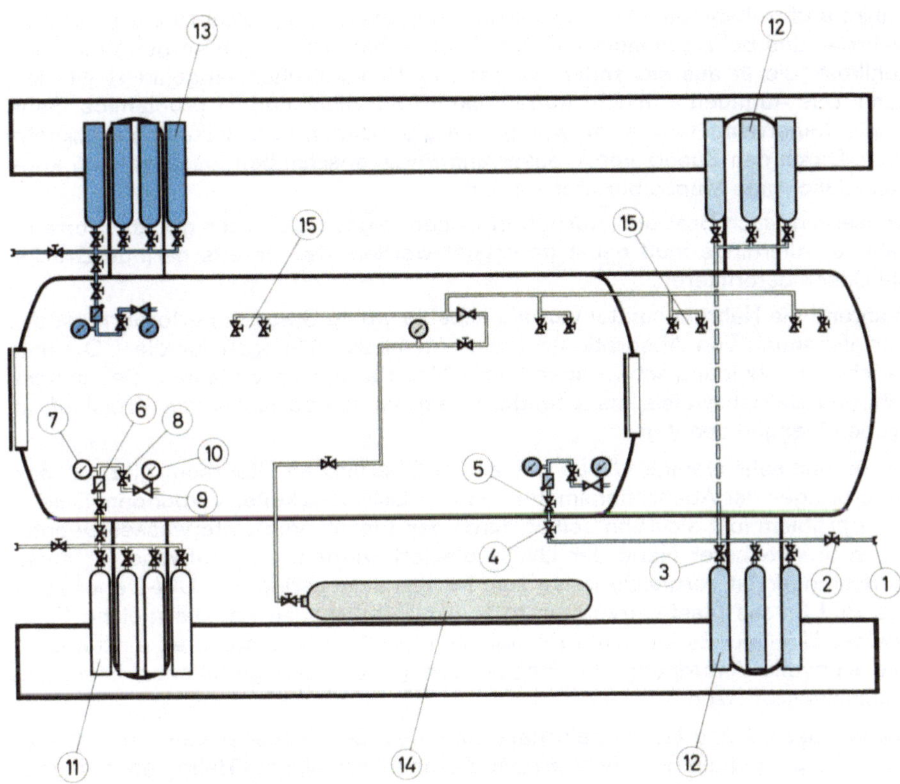

Bild 20   Notgasversorgungsanlage des UWL-Helgoland

28 282

| 1 | Füllanschluß | 9 | Druckminderer |
|---|---|---|---|
| 2 | Füllabsperrventil | 10 | Manometer für Arbeitsdruck |
| 3 | Flaschenventil | 11 | Vorratsflaschen für Stickstoff |
| 4 | Absperrventil, außen | 12 | Vorratsflaschen für Sauerstoff |
| 5 | Absperrventil, innen | 13 | Vorratsflaschen für Helium |
| 6 | Rückschlagventil | 14 | Vorratsflasche für Atemluft |
| 7 | Manometer für Vorratsdruck | 15 | Atemstellen |
| 8 | Entnahmeventil | | |

Einzelflaschen oder Flaschenbündel müssen leicht auswechselbar sein, um den Flaschenwechsel oder die Wartungsarbeiten leicht durchführen zu können. Das Lösen der Anschlüsse an den Flaschen sollte in einem gaserfüllten Dom erfolgen. Dadurch wird vermieden, daß Wasser in die Leitungen eindringt. Das Bild 20 zeigt den Schaltplan einer kompletten Notgasversorgungsanlage am Beispiel des UWL-Helgoland.

Die Bevorratung von Nahrungsmitteln ist eine Selbstverständlichkeit, da man damit rechnen muß, daß die Versorgungskette für längere oder kürzere Zeit unterbrochen wird. Es ist davon auszugehen, daß aus atemphysiologischen (toxischen) Gründen das Kochen bestimmter Speisen, vor allen Dingen aber das Braten, gefährlich ist. Auch von der Verwendung kohlensäurehaltiger Getränke und treibmittelhaltiger Dosenwaren (Spray, usw.) ist abzuraten. Gut bewährt — und bei Aquanauten auch beliebt — hat sich die Versorgung mit Tiefkühlkost, die in ausreichenden Mengen in Tiefkühltruhen eingelagert werden kann. Das Auftauen in einem Auftauofen erfolgt rasch und ist problemlos. Sehr wenig Lagerraum und auch wenig Energie beansprucht vakuumgetrocknete Kost. Durch den Zusatz von Wasser und durch anschließendes Erwärmen können leidlich gute Menüs bereitet werden.

Konserven, auch Brot und Kuchen in Dosen, eignen sich sehr gut zur Vorratshaltung. Allerdings muß damit gerechnet werden, daß bereits geringe Drücke die Dosen deformieren.

Während die Nahrungsmittel verhältnismäßig wenig Stauraum erfordern, ist die Vorratshaltung von Absorptionsmitteln (Atemkalk, Silicagel) für die $CO_2$- und Feuchtigkeitsbindung schwieriger. Diese Materialien werden je nach Belegungszahl und Betriebsweise, insbesondere beim völlig geschlossenen Kreislauf, in großen Mengen benötigt.

Da es nur sehr wenige UWLs mit einem Überfluß an Stauraum gibt, ist das Unterbringen der Absorptionsmaterialien mit Schwierigkeiten verbunden. Dieses Lagerproblem löst sich von selbst durch den Einsatz von Unterwasser-Depots, die in unmittelbarer Nähe der UWLs placiert werden. Der Aufwand für diese Einrichtungen ist vergleichsweise zum Nutzen sehr gering. Ein UW-Depot zeigt das Bild 5; das glasfaserverstärkte Kunststoff-Gehäuse hat die gleiche Form wie das UW-Iglu. Es ist nicht erforderlich, irgendwelche Armaturen einzubauen. Die sinnvolle Anordnung der Regale genügt, um den gegebenen Stauraum optimal auszunutzen.

Diese wasserdichte Halbkugelschale mit einem Durchmesser von 2 m schwebt durch Ketten gehalten an zwei großen Betonankern wie ein Ballon ca. 1 m über dem Meeresboden. Da die Absorptionsmaterialien vom Depot aus zum UWL durch das Wasser zu transportieren sind, werden sie von Anfang an in wasserdichten, 10 Liter fassenden Polyäthylenbehältern gelagert. In diesen Depots können auch andere Nachschubgüter untergebracht werden. Allerdings müssen die eingelagerten Gegenstände gegen Feuchtigkeitseinwirkung geschützt sein.


## 5. Sicherheitseinrichtungen

Bei der technischen Auslegung von bemannten Unterwasserstationen und deren Zusatzanlagen hat die Sicherheit für die Aquanauten eine vorrangige Stellung einzunehmen. Es sei hier betont, daß in jeder denkbaren Unfallsituation für die Aquanauten noch eine klare Rettungschance gegeben ist. Es ist ausgeschlossen, daß beispielsweise aufgrund finanzieller Schwierigkeiten Kompromisse bei den Sicherheitsvorkehrungen geschlossen werden, die dann zu einer unentschuldbaren Katastrophe führen. Sind die Mittel für ausreichende Sicherheitseinrichtungen bei einem geplanten Projekt nicht aufzubringen, so muß eine Verwirklichung aufgegeben werden.

Das Bild 21 zeigt einige wichtige Sicherheitselemente, die bei bemannten Unterwasserstationen zum Einsatz kommen können. Selbstverständlich sind nicht alle nachstehend aufgezeigten Möglichkeiten bei jedem UWL realisierbar, man tut aber gut daran, die jeweiligen Umstände genau zu untersuchen.

Geht man davon aus, daß der Aufenthalt der Aquanauten im UWL in jedem Einsatzfall die Nullzeit überschreitet, d. h., daß Austauchzeiten eingehalten werden müssen, dann ist die Dekompressionsmöglichkeit im UWL selbst eine wichtige Sicherheitseinrichtung. Dieses Verfahren setzt voraus, daß das gesamte UWL oder ein Teil davon — ungeachtet des äußeren Wasserdruckes — sich auf nahezu atmosphärischen Luftdruck absenken läßt. Bemannte Unterwasserstationen, die

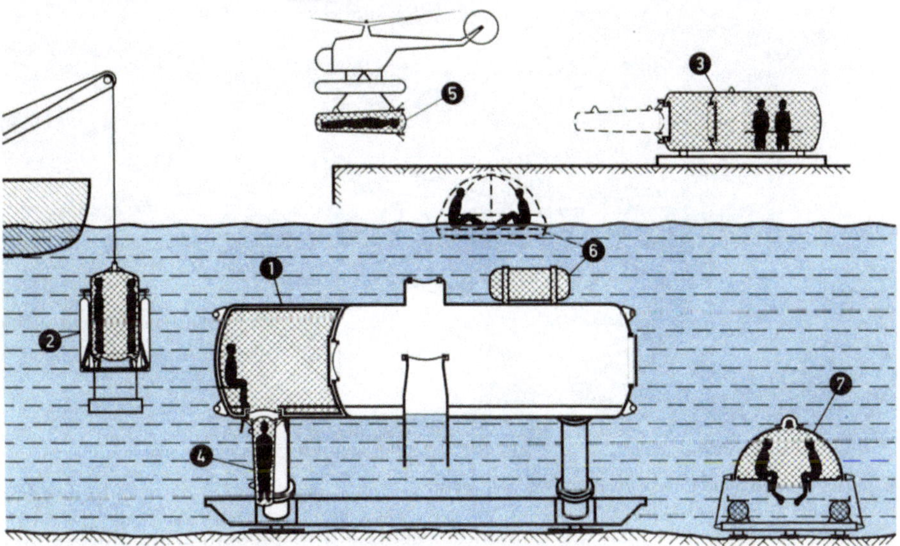

Bild 21   Sicherheitseinrichtungen für eine bemannte Unterwasserstation          28 283

| 1 | Dekompressionsraum im UWL | 5 | Transportable Einmann-Druckkammer |
|---|---|---|---|
| 2 | Lift für den Personenverkehr | 6 | Rettungsinsel |
| 3 | Stationäre Dekompressionskammer | 7 | Unterwasser-Iglu |
| 4 | Einmann-Rettungskammer | | |

ständig im Gleichdruck gefahren werden müssen, scheiden hierfür aus, es sei denn, daß man kleine Einmannkammern in das UWL einbringt, wie dies in einem bekannten Fall gemacht wurde. Diese Einmannkammern sind so bemessen, daß man sie mit dem entsprechenden äußeren Überdruck belasten kann. Besser ist es jedoch, wenn von vornherein ein Teil des UWLs so ausgelegt ist, daß er als Dekompressionskammer verwendet werden kann. Dort werden dann die Aquanauten beispielsweise über Nacht an den atmosphärischen Luftdruck zurückgewöhnt, so daß sie sich dann gleich nach der Ankunft an der Wasseroberfläche frei bewegen können.

Im Bild 22 ist ein Teil eines solchen Dekompressionsraumes dargestellt; man erkennt, daß eine Reihe von Instrumenten eingebaut ist, die von den üblichen Druckkammern her bekannt ist. Außer den Ventilen für Luftzu- und -ablaß für die Sauerstoffanreicherung, dem Manometer für die Kammerdruckanzeige und dem Druckschreiber müssen noch Meßgeräte für die Überwachung der Kammerluftzusammensetzung eingebaut sein, da während der Dekompression dieser Raum nicht mehr an die Gesamtraumluftanlage angeschlossen ist. Eine $CO_2$-Absorptionseinrichtung und eine Entfeuchtungsanlage, deren Leistungsfähigkeit der maximalen Belegung angepaßt sind, müssen eingebaut sein.

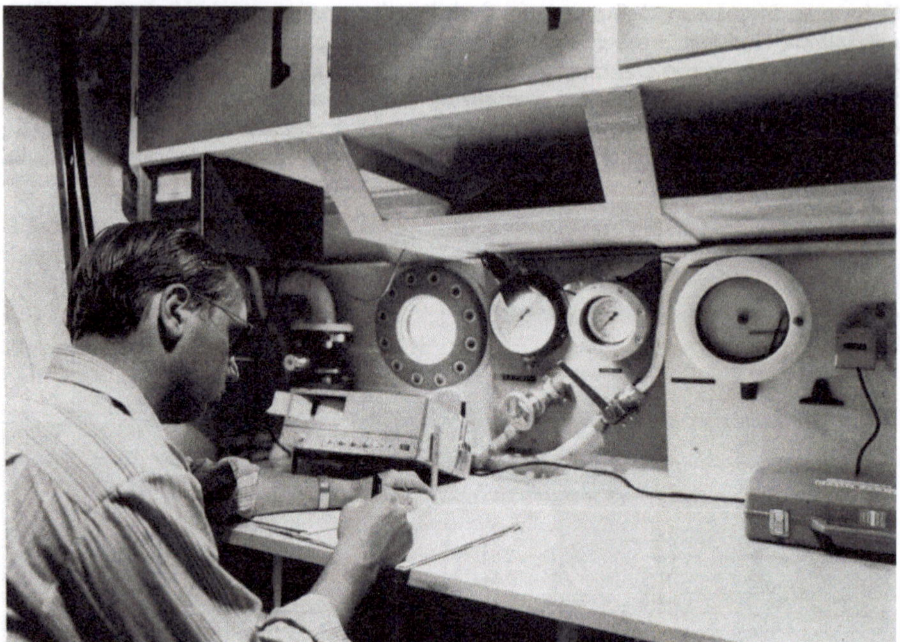

**Bild 22**  Dekompressionsraum im UWL-Helgoland

28 284

Da unter Umständen sich die gesamte Besatzung in diesem Dekompressionsraum befindet, muß nicht nur die Kommunikation zum restlichen UWL, sondern auch zur Überwachungszentrale an der Wasseroberfläche möglich sein.

Je nach Dekompressionsschema ist es angebracht, der Mannschaft das Atmen von reinem Sauerstoff zu ermöglichen. Ob dies durch eine fest installierte Anlage oder durch bewegliche Geräte geschieht, ist ohne Bedeutung. Wichtig ist nur, daß der Sauerstoffgehalt in der Gesamtatmosphäre des Dekompressionsraumes nicht in gefährliche Bereiche ansteigt. Da die Dekompressionszeiten meist sehr lang sind, ist nicht nur für genügend Nahrungsmittel zu sorgen, sondern auch den anderen menschlichen Bedürfnissen Rechnung zu tragen.

Es ist selbstverständlich, daß die Aquanauten zum Ausstieg aus dem UWL rekomprimiert werden müssen, die neuerliche Druckexposition kann aber so kurz gehalten werden, daß eine weitere Dekompression entfallen kann. Der Personentransfer unter Druck zum und vom UWL muß den Verhältnissen am jeweiligen Einsatzort angepaßt werden. Große Tauchtiefen, starke Strömungen und eine fehlende Dekompressionsmöglichkeit im UWL erfordern eine Tauchkammer (Lift). Bei Großanlagen kann dieser Lift an eine Deckdekompressionskammer angeschlossen werden, und selbst das druckdichte Ankoppeln an die Unterwasserstation ist durchaus möglich. Ein derartiger Lift, allerdings ohne die Möglichkeit des Ankoppelns an das UWL, war auch für das Sealab-III-Projekt vorgesehen.

Für Notfälle werden derartige Tauchkammern oft in unmittelbarer Nähe des UWLs auf dem Meeresboden aufgestellt, womit die Möglichkeit gegeben ist, bei einer schnellen Zwangsräumung die Mannschaft in diese — zwar enge — Rettungsröhre umzuschiften und unverzüglich an die Oberfläche zu bringen.

194

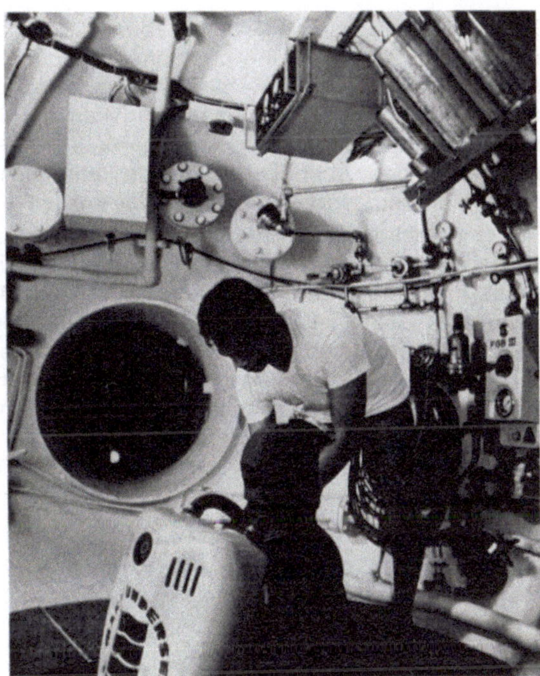

Bild 23
Taucher mit autonomem Tief-
tauchgerät verläßt den Kontroll-
raum des Unterwasserlabors
„Aegir" (Makai Undersea Test
Range, Oahu Hawaii)

28285

Bild 24
Einmann-Rettungskammer
am UWL-Helgoland

28286

Da bei keinem Einsatz auszuschließen ist, daß auch bei fachgerechter Dekompression im UWL der eine oder andere Aquanaut sich einer Nachbehandlung in einer Druckkammer unterziehen muß, ist es erforderlich, in der Oberflächenstation eine begehbare Behandlungskammer bereitzustellen. Die Anschlußmöglichkeit für eine Einmann-Transportkammer ist dem jeweiligen Einsatzfall entsprechend vorzusehen. Diese Anlage kann auch zur trockenen Dekompression der Versorgungstaucher mitverwendet werden.

Eine ganz besondere Sicherheitseinrichtung ist eine Einmann-Rettungskammer, die beispielsweise direkt an den Dekompressionsraum einer Unterwasserstation angeschlossen werden kann. Das Bild 24 zeigt eine derartige Kammer am UWL-Helgoland. Damit ist es möglich, einen kranken Aquanauten an die Wasseroberfläche zu bringen, ohne daß er ins Wasser einsteigen muß. An der Wasseroberfläche wird die Rettungskammer je nach Wetterlage von einem Versorgungsschiff, einem Seenotrettungskreuzer oder einem Hubschrauber aufgenommen. Die beidseitigen Kufen an der Rettungskammer erleichtern den Aufslipvorgang beim Seenotrettungskreuzer, der diese Kammer anstelle seines kleinen Tochterbootes aufnimmt.

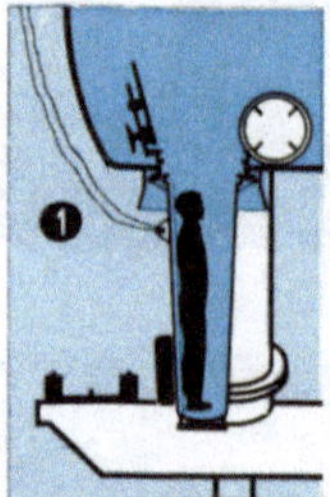 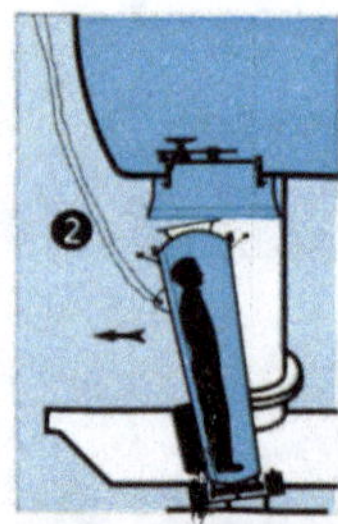 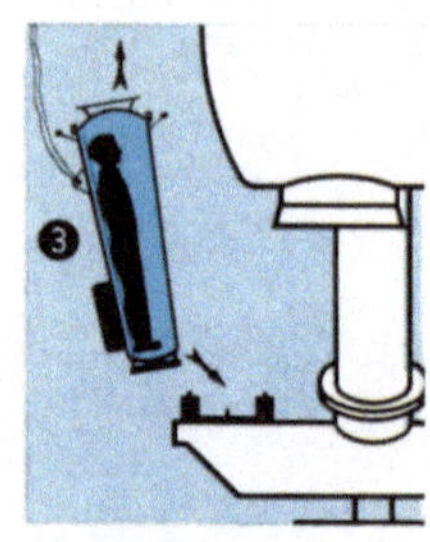

Bild 25 Abkupplungsvorgang der Einmann-Rettungskammer vom UWL-Helgoland          28 287

1  Einbringen des Tauchers in die Einmann-Rettungskammer
2  Beballastung und seitliches Abziehen der Rettungskammer
3  Abnehmen des Bodenballastes und Aufschwimmen der Rettungskammer

Im Bild 25 wird der Abkopplungsvorgang in den drei wichtigsten Phasen gezeigt. Dazu ist zunächst im UWL ein Druck einzustellen, der im konischen Anschlußschacht einen fixierten Wasserstand garantiert. Diese Wasserstandshöhe wird zweckmäßigerweise im Ausstiegsschacht markiert und nivelliert. Jetzt kann der Verschlußdeckel im UWL geöffnet werden und nach dem Herstellen des Druckausgleiches in der Einmannkammer auch deren Deckel. Die zu transportierende Person ist inzwischen auf einer Spezialtrage festgeschnallt worden, die jetzt in eine Führungsschiene in der Kammer eingesetzt wird. Vorher wurden die $CO_2$-Absorptionsbehälter mit Atemkalk beschickt. Nach dem Verschließen des Deckels der Rettungskammer werden durch Taucher eine Führungsleine außen an der Kammer angeschlagen, die drei Haltestrops gelöst und die Kammer so lange mit Ballast versehen, bis ein leichter Untertrieb erreicht ist. Nachdem die Rettungskammer aus dem Führungskonus freigekommen und seitlich abgezogen ist, wird der Zusatzballastrahmen abgenommen, wodurch die Kammer Auftrieb bekommt und selbständig nach oben treibt. Außer zum Personentransport kann die Kammer aber auch zur Beförderung von größeren Geräten verwendet wer-

196

den, die in kleineren Versorgungsbehältern keinen Platz haben. Es ist aber auch denkbar, daß an diesen UWL-Verschluß selbstfahrende, kleinere Tauchboote andocken. Dies wäre eine Möglichkeit, auf fortschrittliche Weise unabhängig vom Wetter den Mannschaftswechsel durchzuführen oder aber Wartungspersonal in das UWL einzuschleusen, das des Tauchens nicht kundig ist.

In der Makai Undersea Test Range wird ein anderes interessantes Rettungsverfahren praktiziert. Dort hat man direkt neben dem UWL-Behälter zwei kleine Not-Transferkammern aufgebaut, deren Hauptaufgabe darin besteht, als „Unterwasser-Ambulanz" zu dienen. In jeder dieser Kammern finden zwei, notfalls kurzzeitig vier Taucher Platz. Die kleinen Kammern sind mit der notwendigen Instrumentierung ausgerüstet.

An einem speziellen Windensystem lassen sich diese Kammern, die einen verhältnismäßig großen Auftrieb haben, nach oben „abseilen". Je nach den Wetterverhältnissen werden sie dort von einem Schiff aufgenommen, oder sie werden in ruhiges Wasser geschleppt. Es besteht die Möglichkeit, diese Rettungskammern an eine große Behandlungskammer anzuflanschen.

Nicht bei jedem Einsatz einer bemannten Unterwasserstation steht in der Zentrale an der Oberfläche eine große Behandlungskammer zur Verfügung, in der auch ein ärztlicher Eingriff vorgenommen werden kann. Zur Überführung eines Tauchers unter Druck zur nächstgelegenen großen Behandlungskammer haben sich Einmann-Transportkammern ausgezeichnet bewährt, die in einer besonderen Ausführung ohne weiteres außen an einem Hubschrauber hängend transportiert werden können (siehe Kapitel H, Abschnitt 4). Es kann im Notfall äußerst günstig sein, eine oder mehrere derartige Kammern sofort zur Verfügung zu haben.

Beim Zusammentreffen vieler unglücklicher Umstände kann es erforderlich werden, daß ein UWL ohne die erforderliche Oberflächenunterstützung geräumt werden muß. Tritt dieser Fall ein und ist eine Dekompression noch möglich, haben die Aquanauten dann eine Überlebenschance, wenn sie an der Wasseroberfläche einen schwimmenden Untersatz vorfinden. Dazu wird auf dem UWL eine Rettungsinsel installiert. Im Notfall läßt man diese Rettungsinsel aufschwimmen, wobei die Auslösung für das Aufblasen durch eine besondere Automatik erst kurz unterhalb der Wasseroberfläche erfolgt. Die Rettungsinsel ist durch ein Führungsseil mit dem UWL verbunden, so daß sie nicht abtreiben kann und von den Aquanauten nach dem Aufstieg auch gleich gefunden wird.

Ein Sicherheitsmoment für die Aquanauten bieten auch die Unterwasser-Iglus, die dem UWL als Satelliten zugesellt sind. Besonders an entfernten Arbeitsplätzen können  sie für die Taucher, die in Gefahr geraten sind, eine lebensrettende Einrichtung darstellen. Auf eine nähere Beschreibung an dieser Stelle kann verzichtet werden; sie wurde bereits im Abschnitt 2.4. vorgenommen.

Besondere Vorkehrungen sind in den UWLs gegen Feuergefahr zu treffen. Es ist davon auszugehen, daß so wenig wie möglich brennbare Materialien im UWL vorhanden sein sollten und daß offenes Feuer strikt zu verbieten ist. Für die Feuerbekämpfung selbst kann eine Sprinkleranlage gute Dienste leisten; für das Löschen von Bränden an elektrischen Einrichtungen dienen Feuerlöscher.

Alarmeinrichtungen für die Überwachung der Raumluft, Notatemanlagen und -Geräte werden noch an anderer Stelle eingehender behandelt.

## 6. Absenkverfahren – Ballast- und Trimmsysteme

Das Absenken einer Unterwasserstation stellt ein besonderes technisches Problem dar. Dies tritt als solches klar zu Tage, wenn man das Absenken bekannter UWLs auf diesen Punkt hin untersucht. Dabei können sicher nicht immer die schlechten Wetterbedingungen als Entschuldigung herangezogen werden, sondern allzuoft hat man diesem wichtigen Vorgang nicht die erforderliche Aufmerksamkeit gewidmet. Besonders betroffen sind dabei offene oder Gleichdrucksysteme, die prinzipiell mehr Anlaß zu Schwierigkeiten geben, als dies beim geschlossenen System der Fall ist.

Grundsätzlich sind drei Verfahren zu nennen, nach denen UWLs, die keinen Eigenantrieb haben, abgesenkt werden können. Daß dabei noch gewisse Varian-

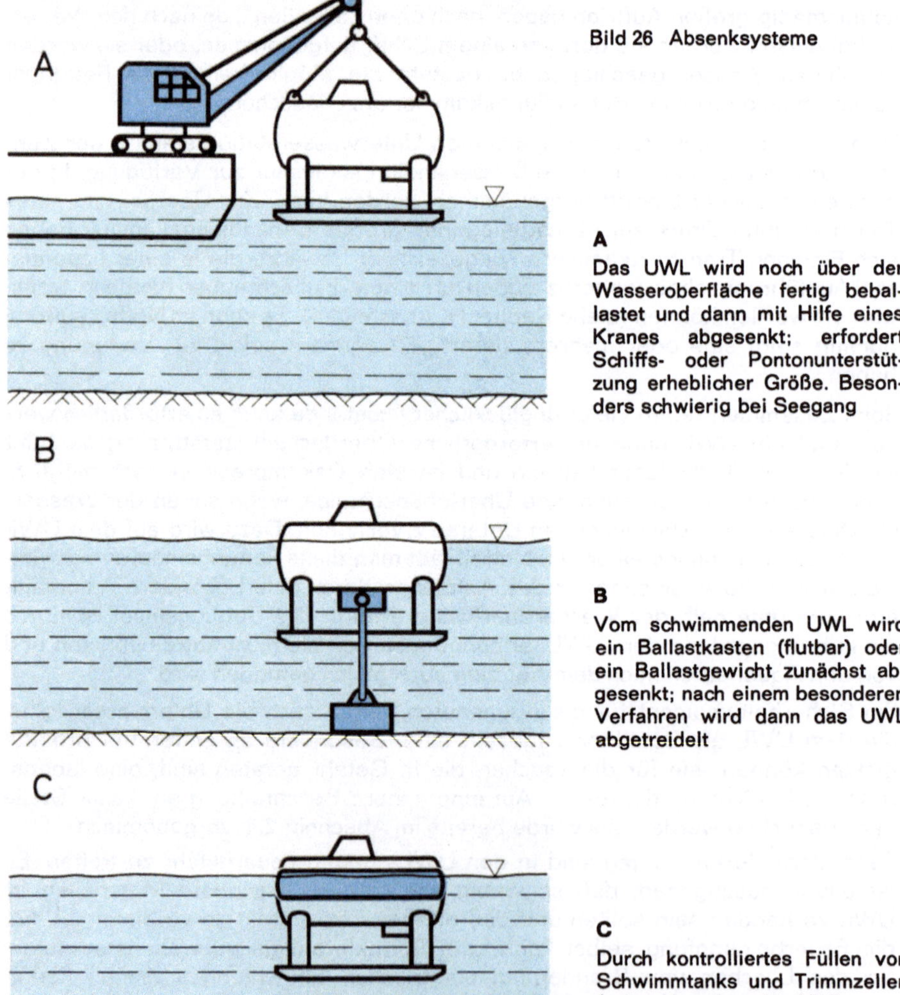



Bild 26  Absenksysteme

**A**

Das UWL wird noch über der Wasseroberfläche fertig beballastet und dann mit Hilfe eines Kranes abgesenkt; erfordert Schiffs- oder Pontonunterstützung erheblicher Größe. Besonders schwierig bei Seegang

**B**

Vom schwimmenden UWL wird ein Ballastkasten (flutbar) oder ein Ballastgewicht zunächst abgesenkt; nach einem besonderen Verfahren wird dann das UWL abgetreidelt

**C**

Durch kontrolliertes Füllen von Schwimmtanks und Trimmzellen freies Absenken des UWL

28 288

ten möglich sind, ist selbstverständlich. Das Bild 26 zeigt diese Hauptverfahren in einer Prinzipdarstellung.

Nach A wird dabei das UWL bereits über der Wasseroberfläche fertig mit Ballast versehen und dann auf Deck eines Schiffes, auf einem Ponton oder im Krangeschirr hängend an den Einsatzort transportiert. Dort muß es dann mit Kranhilfe bis zum Aufsetzen auf den Grund am Zugseil hängend abgesenkt werden.

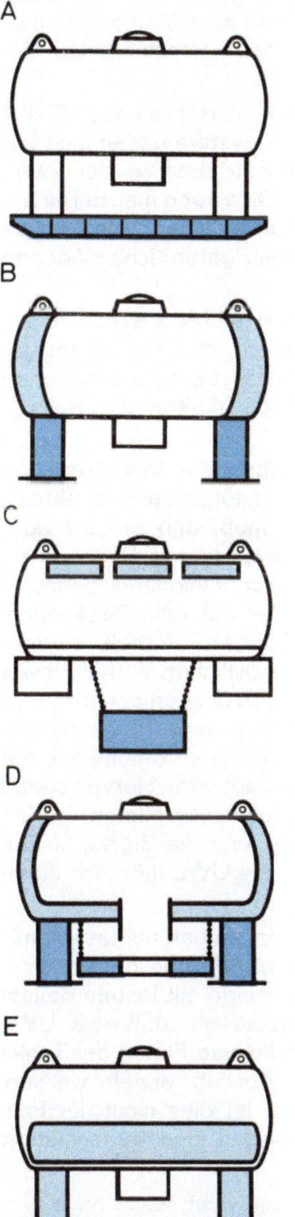

**A**

**A**

Der Ballast in den Standfüßen wird so bemessen, daß ein genügend großer Abtrieb erreicht wird, der gleichzeitig eine ausreichende hohe Standfestigkeit garantiert. Der Ballast selbst kann in Form stark eisengefüllter Betonblocks eingebracht werden. Absenk- und Aufstiegsvorgang sind nur mit Hilfe entsprechender Hebeeinrichtungen möglich.

**B**

**B**

Fester Ballast ist in die vier Standbeine beispielsweise in der Form von Beton einzubringen. Zum Absenken können die Tanks an den beiden Stirnseiten geflutet werden. Für den Aufstieg werden diese Tanks dann wieder gelenzt.

**C**

**C**

Das gesamte UWL hängt am Bodengewicht wie ein Ballon. Der Boden des UWL ist mit Beton ausgefüllt. Zum Absenken werden die in die Decke eingebauten Tanks geflutet.

**D**

**D**

Der ständige starre Ballast hängt in Form einer Betonplatte unterhalb des UWL. Die Standbeine können ebenfalls aufgefüllt sein. Fluttanks befinden sich an den Stirnseiten und in einem exzentrischen Kreisbogen um das eigentliche Gehäuse.

**E**

**E**

In die Kastenfüße wird fester Ballast in Form von eisengefüllten Betonblöcken eingefüllt. Die Standfüße sind als Trimmtanks ausgeführt, die für den Absenkvorgang geflutet werden können. Die Standfestigkeit wird durch das Fluten der seitlichen Ballasttanks erzielt.

Bild 27  Trimm- und Ballastsysteme

28289

Dieses Verfahren setzt vor allen Dingen bei großen Labors gutes Wetter voraus, damit der schwimmende Kran möglichst ruhig liegt. Ist dies nicht der Fall, kann die Last derartig ins Schwingen geraten, daß eine Überlastung des Kranes eintritt.

Im Verfahren nach B wird dagegen das UWL bereits in vorbelastetem Zustand an den Einsatzort geschleppt. Dort werden ein Vorlaufgewicht abgesenkt und die Trimmtanks geflutet, so daß der Auftrieb kleiner als der Untertrieb des Grundgewichtes ist, und dann das Labor mit einer Winde zum Grund hinuntergezogen. Dieses Verfahren ist sehr variabel und wird nach verschiedenen Methoden praktiziert.

Durch ein kontrolliertes Füllen von Trimmtanks wird beim Verfahren nach C das Absenken der Unterwasserstation durchgeführt. Dieses System eignet sich vor allen Dingen dann, wenn das UWL völlig geschlossen betrieben werden kann. In diesem Fall hat man das Absenkverfahren „im Griff". Dies kann man bei einem „offenen" UWL nicht behaupten, da hierbei mit veränderlichen Volumen zu rechnen ist, die bei Unachtsamkeit sehr schnell zu einem gefährlichen Absturz der Station führen können.

Während Trimmtanks hauptsächlich mit dem Absenken des UWLs selbst zu tun haben, sind die Ballasteinrichtungen dafür verantwortlich, daß bei einem gegebenen Volumen ein Abtrieb erreicht wird und am Einsatzort eine ausreichende Standfestigkeit vorhanden ist. Die verschiedenen Möglichkeiten der Ballast- und Trimmsysteme sind im Bild 27 dargestellt.

Im einfachsten Verfahren nach A wird in die Standfüße oder in tiefliegende Ballastkästen soviel fester Ballast eingebracht, daß ein genügend großer Abtrieb erzielt wird, der auch gleich so groß bemessen sein muß, daß er eine ausreichende Standsicherheit garantiert. Nach diesem System mit Ballast versehene UWLs können aber kaum schwimmend an ihren Einsatzort gebracht werden; sie müssen — wie schon erwähnt — entweder auf dem Deck eines Schiffes, einem Ponton oder direkt im Krangeschirr hängend verholt werden. Die Art des verwendeten Ballastmaterials hängt von den örtlichen Verhältnissen ab. Bleiballast kommt aus finanziellen Gründen — vor allen Dingen bei größeren Mengen — kaum in Frage, Eisenschrott ist dagegen recht preiswert zu erhalten. Dabei ist aber zu berücksichtigen, daß durch das starke Rosten des Eisens die Umgebung des UWLs unter Umständen ungünstig beeinflußt wird. Hervorragend bewährt haben sich Betonklötze, die mit Eisen (beispielsweise Nieten) gefüllt wurden. Man erreicht damit große spezifische Gewichte, und die Blöcke lassen sich gut handhaben. Ein selbständiges Aufschwimmen des UWL läßt sich durch das Herausnehmen einiger Blöcke erzielen.

Das Ballast- und Trimmsystem nach B läßt bereits ein selbständiges Manövrieren der Unterwasserstation in vertikaler Richtung zu. Um die gewünschte, tiefe Schwerpunktlage zu erzielen, sind dabei die Standbeine mit festem Ballast (Schrott oder Beton) gefüllt. Der Ballast ist so bemessen, daß das UWL noch eine sichere Schwimmlage aufweist. Durch das teilweise Fluten der Tanks an den beiden Stirnseiten kann ein kontrolliérter Abtrieb erzielt werden, wenn diese Tanks und das UWL selbst druckfest sind. Ist dies nicht der Fall, können sich beim Absenken Komplikationen ergeben, so daß eine Kranassistenz empfehlenswert ist.

Schwimmend wie ein Ballon hängt das UWL am Bodengewicht, wenn nach dem Verfahren C beballastet wird. Zusätzlich ist noch der Boden mit Beton ausgegossen, so daß außer der gewünschten Gewichtszunahme auch noch eine Verkleinerung des nutzlosen Volumens im UWL selbst erreicht wird. Zum Absenken werden Trimmtanks, die an der Decke des Druckkörpers angebracht sind, geflutet. Dieses System wird beim „Sealab II" und „Sealab III" der U.S. Navy angewendet. Weniger angewendet wird das Trimm- und Ballastsystem nach D. Eine Betonplatte, die auch als Vorläufer benutzt werden kann, hängt unter dem UWL; zusätzlich werden die Standbeine mit Ballastmaterial aufgefüllt. Zum Absenken und Aufschwimmen wird ein Tank, der den UWL-Körper exzentrisch umfaßt, geflutet oder gelenzt.

Das wahrscheinlich wirkungsvollste, wenn auch nicht billigste Trimm- und Ballastsystem zeigt die Ausführungsform nach E. Unter der Voraussetzung eines druckfesten UWL-Körpers ist hier eine 100 %ige Kontrolle der Ab- und Aufstiegsmanöver gegeben, wobei auf jede Kranhilfe verzichtet werden kann. Zum besseren Verständnis soll das angewendete Verfahren im einzelnen anhand des Bildes 28 beschrieben werden.

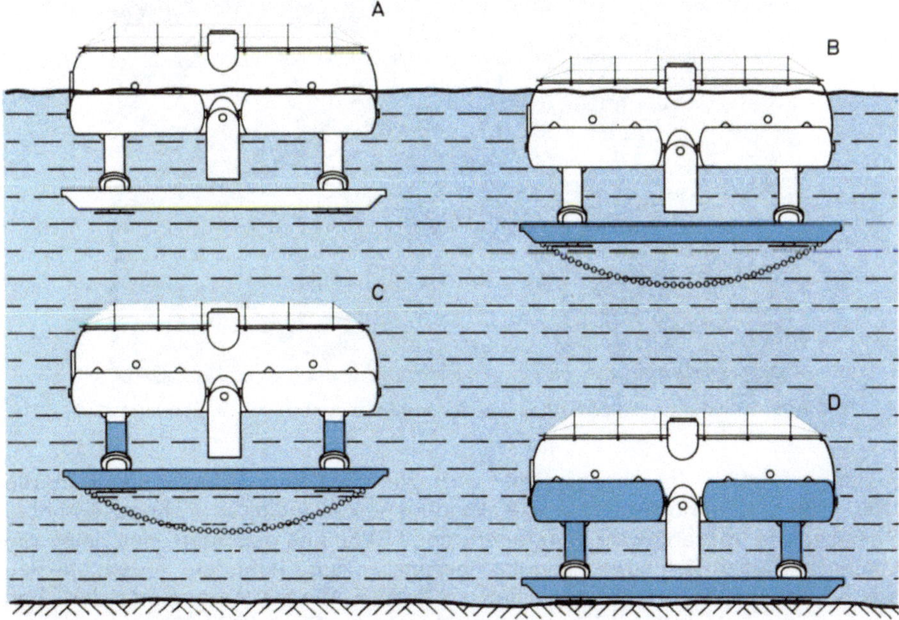


Bild 28  Ballast- und Trimmsystem des UWL-Helgoland                    28 290

Es ist davon auszugehen, daß die Eintauchtiefe des UWLs ohne veränderlichen Ballast zunächst der Darstellung nach A entspricht. Erst durch das Einsetzen der mit Kleinschrott gefüllten Betonklötze in die Ballastkästen wird die Schwimmsituation nach B erreicht. Um eine möglichst gute Schwimmlage an der Wasseroberfläche und während des Absenkens selbst stabile Lageverhältnisse zu haben, ist darauf zu achten, daß der Ballast möglichst tief angeordnet wird.

Zum genauen Austarieren der Schwimmlage sind an den Stirnseiten noch abdeckbare Kästen angebracht, die mit losem Schrott gefüllt werden können.

Um beim späteren Auftreffen des UWLs auf dem Meeresboden eine „weiche Landung" zu ermöglichen, sind an beiden Seiten der Ballastkästen bogenförmig

Ketten angehängt, die bei Grundberührung nach und nach den Abtrieb abbauen. Der mit dem festen Ballast und den Vorlaufketten erreichte Restauftrieb darf nun nicht größer sein als die Gewichtsaufnahme, die durch das Fluten der Standbeine nach C erzielt werden kann. Dabei sind die veränderlichen Verhältnisse zu berücksichtigen, die sich in See- und Süßwasser ergeben und die bei diesem relativ großen Volumen doch eine merkliche Rolle spielen. Bevor nun das Absenkmanöver eingeleitet wird, müssen der UWL-Körper und die seitlichen Schwimmtanks auf einen Druck gebracht werden, der dem Umgebungsdruck am Aufstellungsort entspricht. Dann werden die Standbeine über kreuz so lange geflutet, bis ein geringer (wenige kp) Untertrieb erreicht ist und das UWL ab-

Bild 29   Armaturen, die zum Absenken eines UWLs „unter Flur" angeordnet sind

zusinken beginnt. Ist das erreicht, wird zunächst kein Wasser mehr in die Trimmzellen aufgenommen, um die Abstiegsgeschwindigkeit nicht zu erhöhen. Der gesamte Vorgang wird vom Innern des UWLs aus gesteuert, das heißt, die Mannschaft kann sich beim Absenken bereits an Bord befinden. In dem speziell hier beschriebenen Fall befinden sich die für den Absenkvorgang erforderlichen Armaturen, wie Ventile und Anzeigegeräte, „unter Flur" (Bild 29), da sie ja nur hin und wieder gebraucht werden. An den Manometern kann der Füllstand der einzelnen Trimmzellen abgelesen werden.

Trifft das UWL auf dem Meeresboden auf, wobei zur Erreichung des vorgesehenen „Landeplatzes" eine entsprechende Verankerung an Leitleinen notwendig ist, tritt die bereits weiter oben beschriebene Abbremswirkung der Vorlaufketten ein. Waren die Absenkgeschwindigkeit und der Abtrieb klein genug, „schwebt" das UWL zunächst über dem Meeresboden. Durch das vollständige Fluten der Trimmzellen kann dann aber schnell ein Untertrieb erzielt werden, der zunächst eine ausreichende Standfestigkeit garantiert. In diesem Zustand werden nun, falls erforderlich, die Teleskopbeine ausgefahren, um eine waagerechte Lage der Station zu erzielen. Ist dann die endgültige Standposition erreicht, werden nach D die seitlichen Schwimmtanks geflutet, womit der endgültige Bodendruck und damit die gewünschte Standfestigkeit erreicht wird. Im vorliegenden Fall beträgt dieser Untertrieb 16 t.

Die Verteilung der Ballastgewichte, das in den Hohlkörpern vorhandene Auftriebsvolumen und die weit abgespreizten Beine ergeben für das Gesamtsystem eine optimale Standsicherheit, so daß große Unterwasserströmungen und Grundseen dieser bemannten Station keinen Schaden zufügen dürften. Selbst bei starken Kippbewegungen muß dieses Labor wieder in die aufrechte Position zurückfallen, da das Prinzip des Stehaufmännchens gewahrt ist.

Der hier beschriebene Vorgang des Absenkens wird sinngemäß beim Aufnehmen der Anlage durchgeführt. Mag sich zunächst die gesamte Verfahrensweise auch kompliziert ansehen, so hat sich doch unter Einsatzverhältnissen gezeigt, daß beispielsweise der Absenkvorgang vom Schließen der Luke bis zum Auftreffen auf den Meeresboden in 20 m Tiefe sich in weniger als 5 Minuten durchführen läßt.

## 7. Personentransfer zu bemannten Unterwasserstationen

Bei der Planung des Einsatzes muß von vornherein überlegt werden, wie der Personentransfer zum UWL durchgeführt werden soll. Wichtige Faktoren sind dabei: Häufigkeit des Mannschaftswechsels, Einsatztiefe, durchschnittliche Wetter- und Wasserverhältnisse sowie die finanzielle Ausstattung des Unternehmens. Im Vordergrund der Überlegungen haben, wie immer bei Tauchereinsätzen, die Sicherheitsfragen zu stehen. Im Bild 30 sind die hauptsächlich zum Personentransfer angewendeten Verfahren in einem Schema übersichtlich zusammengefaßt.

Beim Vorgehen nach A tauchen die Aquanauten zusammen mit der Unterwasserstation ab und nach erfolgter Exposition auf dem gleichen Wege wieder auf. Die Dekompression erfolgt dabei im UWL selbst. Erforderlich ist bei diesem Verfahren ein besonderes Ankersystem, wenn garantiert sein soll, daß immer wieder der gleiche Standort am Meeresboden erreicht wird. Vorteilhaft erscheint einerseits das große Sicherheitsmoment für die Aquanauten auch bei schlechten Umweltverhältnissen, während anderseits Dauerinstallationen am Meeresboden immer wieder von der Station getrennt werden müssen.

Nur bei geringen Wassertiefen und guten Umweltbedingungen können die Taucher ohne jedes Hilfsmittel, wie in B gezeigt, zum UWL abtauchen. Für den Aufstieg ist je nach Tauchtiefe und Tauchzeit mit einer Dekompression im UWL zu rechnen. Eine Führungsleine führt von einer Ankerboje an der Wasseroberfläche zur Station. Wichtig ist diese Leine, wenn mit großen Wasserströmungen zu rechnen ist. An der Wasseroberfläche muß ein Boot vorhanden sein, es sei denn, die Anlage steht direkt unter Land, so daß auf das Boot verzichtet werden kann.

Am häufigsten angewendet wird der Tauchertransfer mit einer Tauchkammer (System C) von einer Oberflächenbasis aus. Bei Tieftaucheinsätzen kann dabei die Mannschaft bereits in einer Deckkammer saturiert worden sein und wird dann mit der Tauchkammer unter Druck zum UWL transportiert. Das Aufnehmen der Mannschaft von der Unterwasserstation aus erfolgt unter dem Druck des Aufstellungsortes. Die Aquanauten kommen unter diesem Druck an die Oberfläche, dort wird der Lift mit der Deckkammer verflanscht, und die Taucher steigen zur Dekompression in die bequemere Druckkammer um. Eine derartige

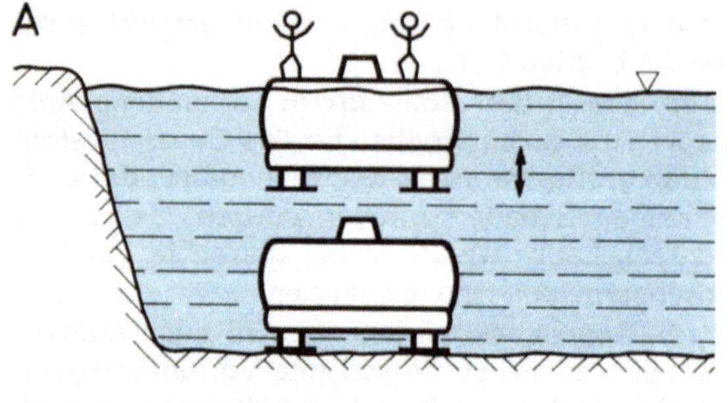

**Bild 30**
Personentransfer zu bemannten
Unterwasserstationen

**A**

Das UWL ist selbst mobil und
kommt zum Mannschaftswechsel
an die Oberfläche; Dekompression im UWL

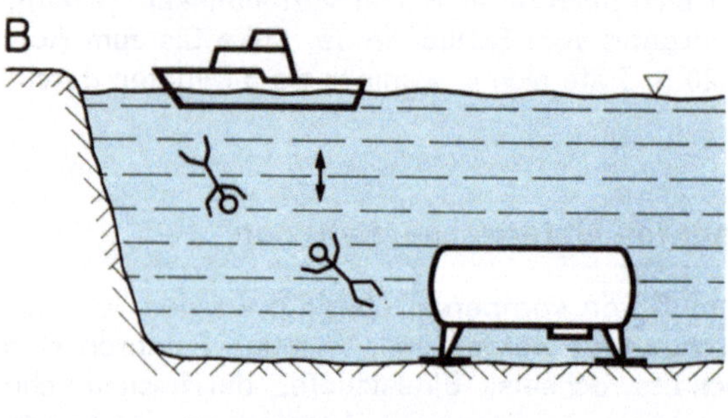

**B**

Die Taucher steigen frei oder in
einem Käfig ab; der Aufstieg
erfolgt nach vorheriger Dekompression im UWL

**C**

Der Tauchertransfer erfolgt in
einer Tauchkammer (Lift) zum
UWL; Umstieg durch das Wasser; Dekompression in einer
Deckkammer

**D**

Das UWL selbst ist mit einer
Tauchkammer ausgerüstet;
trockner Umstieg; Taucher dekomprimieren im UWL

**E**

Die Taucher werden mit einem
Tauchboot, welches auf das UWL
aufgesetzt werden kann, zum
UWL gebracht und auch wieder
abgeholt

28 292

Einrichtung mit speziellen Hebezeugen ist auf der amerikanischen „Elk River"
installiert. Das Bild 31 zeigt dieses Spezialschiff für die Versorgung eines Unterwasserlabors. Ein Nachteil dieses Verfahrens ist darin zu sehen, daß bei sehr
schlechtem Wetter besonders von kleinen Schiffen aus ein Absenken des Liftes
nicht immer möglich ist. Da das Anflanschen der Transferkammer an die UW-
Station mit einigen technischen Schwierigkeiten verbunden ist, müssen die
Taucher den Weg vom Unterwasserlabor zum Lift schwimmend zurücklegen.

Bild 31  Tauchertransfereinrichtung des amerikanischen Versorgungsschiffes „Elk River"

Dies ist bei der Anwendung des Verfahrens nach D nicht erforderlich. Durch
ein besonderes Windensystem kommt die Tauchkammer selbsttätig auf der
richtigen Anschlußposition des Unterwasserlabors an. Die Mannschaft kann
trocken umsteigen. Besteht die Möglichkeit, an der Wasseroberfläche die Transferkammer aufzunehmen und an eine Deckkammer anzuschließen, ist die Dekompression nach dem Ausstieg aus dem UWL durchführbar. Dieses Anflanschsystem entspricht im Prinzip genau dem in Kapitel K, Abschnitt 7, beschriebenen
U-Boot-Rettungssystem.

Technisch elegant, aber finanziell sehr aufwendig ist der Personentransfer zum UWL mit Tauchbooten. Dieses in E skizzierte Verfahren läßt einen Mannschaftswechsel bei jeder Wetterlage zu. Dabei ist es gleichgültig, ob das Tauchboot oben oder unten am UWL verflanscht wird. Beide Verfahrenswege sind gangbar, beide haben Vor- und Nachteile. Anzuwenden ist dieses System besonders in Gebieten mit häufigen Schlechtwetterlagen und bei bemannten Unterwasserstationen, die völlig autonom betrieben werden. Neuerdings wird ein Personentransport zum UWL auch mit sogenannten nassen Tauchbooten durchgeführt.

## 8. Technische Ausrüstung

Genauso variabel wie die äußere Gestaltung, die Größe, die maximale Einsatztiefe, die Belegzahl und noch viele andere Faktoren ist auch die technische Ausrüstung von bemannten Unterwasserstationen. Wenn nachstehend der Versuch gemacht wird, einen Überblick über die wichtigsten Technologien zu geben, so kann dies wegen der gegebenen, unendlich vielen Möglichkeiten auch wirklich nur als der Versuch einer zusammenfassenden Darstellung gewertet werden.

### 8.1. Außenmantel

Die verschiedenen Bauformen, die bei der Konstruktion von Unterwasserstationen möglich sind und von vielen Faktoren bestimmt werden, wurden bereits einleitend im Abschnitt 2. dieses Kapitels beschrieben, so daß an dieser Stelle auf eine Wiederholung verzichtet wird.

Abgestimmt auf die Bauformen sind auch die zum Einsatz gelangenden Behälterwerkstoffe. Man kann davon ausgehen, daß als häufigster Werkstoff Kesselbaustahl verwendet wird. Bei Gleichdrucksystemen mit kurzlebigem Einsatzcharakter kann jedoch auch gummiertes Gewebe verwendet werden, das durch ein Netz oder einen Gitterrahmen unterstützt wird. Da bei diesen Systemen der Innendruck dem am Ausstiegsschacht herrschenden Wasserdruck entspricht (Grenze Luft — Wasser), sind die Behälter wie ein Ballon aufgebläht. Für kleine Unterwasserstationen wird aus Gründen der Korrosion und der nahezu unbegrenzten Formgebungsmöglichkeit glasfaserverstärktes Polyester verwendet. Dieses Material bedarf keines besonderen Oberflächenschutzes und weist auch verhältnismäßig gute Isolationseigenschaften auf; im Gegensatz dazu muß Kesselbaustahl sehr sorgfältig vorbereitet werden. Nach einem gründlichen Sandstrahlen werden mehrere Farbschichten aufgetragen, wobei ein flammverzinkter Untergrund oder eine Bitumengrundierung gute Ergebnisse erwarten lassen.

Die Verwendung von gifthaltigen Farbstoffen für den äußeren Anstrich, die den Bewuchs hemmen, muß von Fall zu Fall geprüft werden. Bei Unterwasserstationen, die vornehmlich für meeresbiologische Arbeiten eingesetzt werden, sollte darauf verzichtet werden. Da ein gutes Erkennen des UWLs für die Aquanauten unter Umständen lebensnotwendig ist, ist ein heller Farbton zu wählen. Gelbe und orangefarbene Töne sind die hauptsächlich angewendeten Farben.

Energie steht nicht in jedem Fall in ausreichendem Maße zur Verfügung, so daß auch der Wärmehaushalt genauer untersucht werden muß. Beim Einsatz von Unterwasserstationen in kalten Gewässern oder großen Tiefen werden durch den ungeschützten Behältermantel erhebliche Wärmemengen abtransportiert. Dies läßt sich jedoch durch eine gute Isolierung verhindern. Bei Innenisolierungen, beispielsweise mit Kork, hat man zwar das Isoliermaterial dem unmittelbaren Seewassereinfluß entzogen, jedoch entstehen sehr unschöne, ungleiche Oberflächen. Unter Umständen bekommt man Schwierigkeiten mit dem Kleber durch das Abspalten toxischer Stoffe, so daß eine „Miefkiste" entsteht.

Vorteilhaft erscheint dagegen eine Außenisolierung. Dazu wird der Druckkörper mit einer ca. 50 mm dicken Lage aus Schaumglas beschichtet. Wie das Bild 32

Bild 32   Außenisolierung eines UWL mit Foamglas

zeigt, sind die einzelnen Segmente genau der Behälterform angepaßt und werden mit Bitumenkleber sorgfältig aufgeklebt. Bei guten Isolationswerten ist dieses Material bis 30 kp/cm² druckfest und gegen die Einwirkung von Seewasser resistent. Eine aufgespachtelte Gewebeabdeckung verfestigt den gesamten Verband, und eine anschließende leichte Blechabdeckung ergibt den erforderlichen, mechanischen Berührungsschutz. Damit sind die Nachteile einer Innenisolierung beseitigt.

Der Vollständigkeit wegen muß noch erwähnt werden, daß Betonbehälter für den UWL-Einsatz erwogen worden sind.

Entsprechend den variablen Aufgabenstellungen für den Einsatz von bemannten Unterwasserstationen sind auch die Ausrüstungselemente für den Behälter sehr verschieden. Regelmäßig wiederkehrend findet man den oberen Einstiegsschacht, die Beobachtungsfenster, das Ausstiegsluk und die Durchführung für den Anschluß der Versorgungsleitungen. Ebenso wie der Behälter selbst werden diese Bauelemente davon beeinflußt, ob es sich um eine Station handelt, die nur mit Gleichdruck gefahren werden kann, oder ob Druckdifferenzen zwischen dem Laborinnenraum und dem umgebenden Wasser möglich sind.

Der obere Einstiegsschacht (Bild 33) dient ausschließlich dazu, während der Vorbereitungsphase bei einem bereits gewasserten UWL den trockenen Einstieg zu ermöglichen und die Ausrüstung zu vervollständigen. Es ist davon auszugehen, daß das UWL auch für kurzzeitige Einsätze benutzt wird; da dieser Einstieg demnach häufiger gebraucht wird, ist ein Schnellverschluß in Form eines Bajonettverschlusses einzubauen. Aus Sicherheitsgründen ist dafür zu sorgen, daß dieser Verschluß sowohl von außen als auch von innen zu betätigen sein muß. Die Konstruktionshöhe des Turmes muß so sein, daß zumindest bei kleiner Wellenbildung kein Wasser in das Innere des UWLs schlagen kann. Von Vorteil ist der Einbau von Beobachtungsfenstern, da bei günstigen Verhältnissen von dieser Stelle aus ohne weiteres 360° der näheren Umgebung überschaubar sein können.

Bild 33  UWL-Helgoland in Vorbereitung zum Absenken
28 295

Weitere Beobachtungsfenster sind in den übrigen Behälter eingebaut. Dabei ist es für die Aquanauten besonders angenehm, wenn sie ein Fenster direkt vor ihrem Arbeitsplatz vorfinden. Zuweilen sind in UWLs Beobachtungsräume eingebaut, die mit großen Fenstern oder gar Beobachtungskuppeln ausgerüstet sind. Bei Gleichdrucklabors sind normale Sicherheitsvorkehrungen gegen mechanische Beschädigungen zu treffen; für Räume mit Überdruck gelten die gleichen Maßnahmen wie bei Tauchkammern oder Dekompressionsanlagen.

Zum Ausstieg der Aquanauten in das umgebende Wasser haben die UWLs einen oder mehrere Ausstiegsschächte, die aus physikalischen Gründen alle nach unten aus dem Gehäusekörper abgehen.

In Einsatzgebieten mit großen Tidenunterschieden ist bei der Schachtkonstruktion davon auszugehen, daß während eines Tidenzyklus kein Gas verloren gehen sollte. Dies trifft zu, wenn als Inertgas beispielsweise das teure Helium verwendet wird. Durch Nachrechnung ist zu ermitteln, wie lang ein Schacht werden muß, wenn das Luftvolumen des UWLs in Beziehung zum Schachtquerschnitt und zum maximalen Tidenhub gesetzt wird. Der Schacht selbst sollte verschließbar sein (Bajonettverschluß mit Hydraulikantrieb) und nach Möglichkeit Raum für zwei Taucher bieten. Das Bild 34 zeigt eine schematische Darstellung eines ovalen Ausstiegsschachtes, mit dem ein Tidenhub von ca. 3 m aufgefangen werden kann. Durch die außermittige Anordnung im UWL-Körper wird eine gute Raumausnutzung erreicht. Es muß aber darauf geachtet werden, daß der Überstand über den Flurboden hinaus nicht zu hoch wird, weil sonst das Übersteigen mit den schweren Tauchgeräten zu umständlich wird. Auf der anderen Seite bedingt aber auch ein langer Schacht nach unten eine zu hochbeinige und wenig standsichere Station.

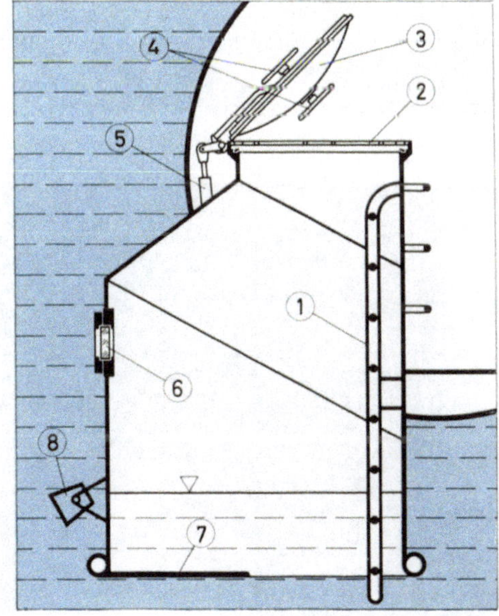


Bild 34
Ovaler Ausstiegsschacht eines
Unterwasserlaboratoriums

1 Leiter
2 Bajonettring
3 Tür
4 Handrad
5 Hydraulik
6 Fenster
7 Standfläche
8 Scheinwerfer

Als weitere Durchdringung des UWL-Körpers sind noch die Durchführungen für Gase, Energie und Kommunikation zu nennen. Zweckmäßigerweise werden diese Durchbrüche auch nach unten verlegt, da im differenzdrucklosen Zustand die geringste Gefahr bei einer Leckage besteht. Durch ein Zusammenfassen in einzelne Anschlußbereiche wird die Übersichtlichkeit erhöht. In Bild 35 und 36 sind die Durchbruchsektoren bei einem UWL dargestellt, wobei schwerpunktmäßig Gasdurchführungen, elektrische Durchführungen und Kommunikationsdurchführungen in einzelnen Anschlußdomen zusammengefaßt sind.

**Bild 35**
Abschlußdeckel der
Anschlußdome und
Unterflurmontage
von Rohrleitungen

28 297

**Bild 36**
Anschlußdome des
UWL-Helgoland

28 298

Diese Dome mit ihrer konischen Erweiterung werden nach dem Absenken der Station mit Stickstoff gefüllt; damit sind die Anschlußstellen dem Seewassereinfluß entzogen.

## 8.2. Life-support-system

Die Aquanauten, die in den Unterwasserstationen leben, sind in der Regel dauernd einem Druck ausgesetzt, der gleich dem umgebenden Wasserdruck ist. Entsprechend den atemphysiologischen Erfordernissen müssen unter diesem Druck eine Reihe von Bedingungen erfüllt werden, um die Atmosphäre auch für längere Zeiträume atembar und unschädlich zu halten. Wie bereits in Band I ausführlich behandelt, sind dabei vor allem die erlaubten Grenzpartialdruckwerte für Sauerstoff, Stickstoff und Kohlensäure einzuhalten. Weiter sind Kontaminationen mit CO, Kohlenwasserstoffen, Schwefelwasserstoffen und anderen toxischen Gasen zu vermeiden. Um einen guten Behaglichkeitsgrad für die Aquanauten zu gewährleisten, sind darüber hinaus auch noch die Temperatur und die Luftfeuchtigkeit ständig zu kontrollieren.

Abgestimmt auf die verschiedenen Anforderungen, die sich durch die unterschiedliche Einsatztiefe, Bauform und Besatzungszahl ergeben, sind auch die Life-support-systeme sehr verschieden ausgelegt. Daher können nur einige grundsätzliche Merkmale herausgearbeitet werden, ohne einen Anspruch auf Vollständigkeit ableiten zu wollen.

### 8.2.1. Luft

Die Luft atmosphärischer Zusammensetzung als Atemgas in Unterwasserlabors kommt nur dann zum Einsatz, wenn diese Labors in verhältnismäßig geringen Tiefen stehen. Geht man davon aus, daß für längere Zeiträume der Sauerstoffpartialdruck 0,3 bis 0,4 ata nicht überschreiten soll, dann ist Luft natürlicher Zusammensetzung im offenen System nur bis zu einer Tiefe von ca. 10 m verwendbar. Fährt man dagegen im geschlossenen Kreislauf mit $CO_2$-Absorption, kann man den Sauerstoff-Spiegel bis zu dem gewünschten Wert absinken lassen und führt dann nur noch so viel Luft zu, daß der verbrauchte Sauerstoff ersetzt wird. Für überschlägige Kalkulationen kann man dabei den durchschnittlichen Sauerstoff-Verbrauch pro Person auf 0,5—0,6 l/min veranschlagen. Für den Luftzusatz gibt es manuelle und vollautomatische Systeme, die sich gut auf den jeweiligen Einsatzfall abstimmen lassen.

Neben der Atemluft im UWL wird Luft aber auch noch zum Füllen der Tauchgeräteflaschen benötigt, sowie als technische Luft zum Anblasen der Trimm- und Schwimmtanks, zum Betrieb von Druckluftwerkzeugen, zum Leerblasen des Ausstiegsschachtes und für vieles mehr. Einen Teil des Gasschaltpultes im UWL-Helgoland zeigt Bild 37. Es ist deutlich zu erkennen, daß für alle notwendigen Steuer- und Überwachungsvorgänge eine recht große Anzahl Druckminderer, Ventile und Manometer erforderlich ist. Die Luftversorgung wird je nach Erfordernis und Möglichkeit entsprechend einem der Verfahren nach Abschnitt 4 durchgeführt; dabei ist zu unterstellen, daß für die Notversorgung am UWL selbst ein entsprechend großer Vorrat vorhanden sein muß.

### 8.2.2. Sauerstoff

Werden Unterwasserlabors in einem geschlossenen Kreislauf betrieben, was bei den meisten Einsätzen der Fall ist, so muß der verbrauchte Sauerstoff kontinuierlich oder diskontinuierlich ersetzt werden. Auch beim Einsatz von Sauerstoff-Helium-Gemischen ist dabei ein Sauerstoff-Partialdruckbereich von 0,3 bis 0,4 ata einzuhalten. Dies bedeutet, daß in einer Tauchtiefe von 100 m der Sauerstoffgehalt nur in den Grenzen zwischen 2,7 bis 3,6 % schwanken darf. An die Sauerstoffmeßgeräte werden hohe Forderungen gestellt. Da die Unterwasserstationen in der Regel aber doch recht großvolumige Anlagen sind, ändert sich die Gaszusammensetzung verhältnismäßig langsam.

Bild 37   Gasschaltpult und Meßstation im UWL-Helgoland

Erfolgt der Sauerstoffzusatz nicht manuell, ist eine automatische Zusteuerung über ein Sauerstoff-Partialdruckmeßgerät mit einem nachgeschalteten Magnetventil ohne weiteres möglich. Um eine gleichmäßige Verteilung zu sichern, wird der Zusatzsauerstoff am besten in den Verteilerstrang hinter dem Gebläse der $CO_2$-Absorptionseinrichtung eingespeist.

Außer der Fremdversorgung sind am UWL selbst genügende Mengen Sauerstoff in Reserve zu halten.

### 8.2.3. **Kohlendioxid**

Bei Normaldruck soll der Kohlendioxidgehalt der Atemluft 2 % nicht übersteigen (entsprechend einem Partialdruck von 0,02 ata), wobei grundsätzlich ein niedrigerer Anteil anzustreben ist. Wird das UWL mit Frischluft belüftet, also im offenen Kreislauf gefahren, dann sind zur Entfernung des Kohlendioxids Spülmengen erforderlich, die im Band I, Kapitel G, aus der Tabelle 17 zu entnehmen sind.

Die Menge des anfallenden Kohlendioxids steht in direktem Verhältnis zum Sauerstoffverbrauch der UWL-Besatzung. Für überschlägige Berechnungen kann davon ausgegangen werden, daß je Liter verbrauchten Sauerstoffs 0,9 Liter $CO_2$ erzeugt werden. Bei einem durchschnittlichen Sauerstoffverbrauch von 0,5 l/min und Person sind also täglich ca. 650 Liter Kohlendioxid aus der Raumluft zu entfernen. Außer der bereits schon angedeuteten Möglichkeit der Frischluftspülung bei Anlagen in geringen Tiefen steht noch das Ausgefrieren des Kohlendioxids oder das Auswaschen in Seewasser bei gleichzeitiger Anreicherung der Luft mit Sauerstoff zur Diskussion.

28 300

Bild 38  $CO_2$-Absorptionseinrichtung einfacher Art für ein UWL; diese Anlagen können auch für den Betrieb aus Notstrombatterien eingerichtet sein

Am weitaus häufigsten wird jedoch die Kohlendioxidabsorption mit Hilfe von Atemkalk durchgeführt. Kleine und einfache Anlagen bestehen nur aus einem elektrisch betriebenen Lüfter, auf den direkt ein Behälter mit Atemkalkfüllung aufgesetzt ist (Bild 38). Für die Lüftermotoren müssen dabei unbedingt die einschlägigen Sicherheitsvorschriften berücksichtigt werden. Bei der Errichtung größerer Anlagen wird dagegen regelmäßig eine zentrale Belüftung aller Räume gewählt werden. Das Schema in Bild 39 zeigt eine Einrichtung für ein zweiräu-

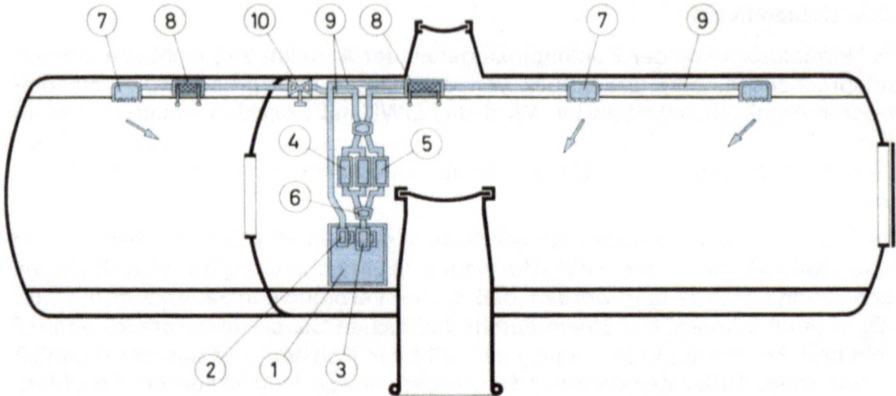


**Bild. 39** Zentrale Kohlendioxid-Absorptionsanlage in einem zweiräumigen Unterwasser- 28301
laboratorium

| | | | |
|---|---|---|---|
| 1 | Ansaugfilter | 6 | Luftverteilerkasten |
| 2 | Lüfter I | 7 | Deckenluftverteiler |
| 3 | Lüfter II | 8 | Heizregister |
| 4 | $CO_2$-Absorptionsfilter | 9 | Verteilerleitung |
| 5 | Feinstaub-Geruchsfilter | 10 | Absperrventil |

miges Unterwasserlabor, das mit maximal vier Personen belegt ist. Zwei Lüfter mit einer Gesamtanschlußleistung von 200 Watt sorgen für den erforderlichen Luftwechsel. Um eine ausreichende Geräuschdämpfung zu erzielen, sind diese Lüfter in ein Gittergehäuse eingebaut, das mit schallisolierenden Filtermatten ausgekleidet ist. Diese Filtermatten übernehmen gleichzeitig die Aufgabe der Staubabscheidung.

In einen Aufnahmerahmen sind sechs Absorptionsbehälter eingespannt — mit je vier Liter Kalkinhalt — und über entsprechende Verteilerrohre parallel geschaltet. Damit ist eine $CO_2$-Aufnahmekapazität von mindestens 2400 Litern erreicht. Bei einer vierköpfigen Besatzung wird daher der Atemkalkwechsel theoretisch nach ca. 20 Stunden Einsatzzeit erforderlich. Zur Absorption von Kohlenmonoxid, Feinstäuben, Geruchsstoffen und anderen Kontaminaten kann anstelle eines Kohlendioxidfilters zeitweilig auch ein Spezialfilter in den Aufnahmerahmen eingesetzt werden.

Über Verteilerrohre, die über der Deckenverkleidung untergebracht sind, strömt die „Frischluft" in regulierbare Ausströmrosetten, die so einzustellen sind, daß eine gleichmäßige Durchlüftung des gesamten UWLs erreicht wird. In das Rohrsystem sind elektrische Heizregister mit einer Gesamtaufnahmeleistung von 2500 Watt eingebaut, die eine regelbare Aufheizung des Luftstromes ermöglichen.

### 8.2.4. Wärme

Die Behaglichkeitstemperatur bei Einsätzen mit hohen Helium-Gehalten im Atemgas liegt bei ca. 36 °C. Für die Heizung von bemannten Unterwasserstationen kommt nur elektrische Wärmeerzeugung in Frage. Bewährt haben sich Systeme, wie bereits oben beschrieben, bei denen der gesamte Luftstrom des Umwälzkreislaufes aufgeheizt wird. Um die zu installierende Heizleistung im Rahmen zu halten, ist besonders in kalten Gewässern eine ausreichende Isolierung des UWL-Körpers erforderlich.

214

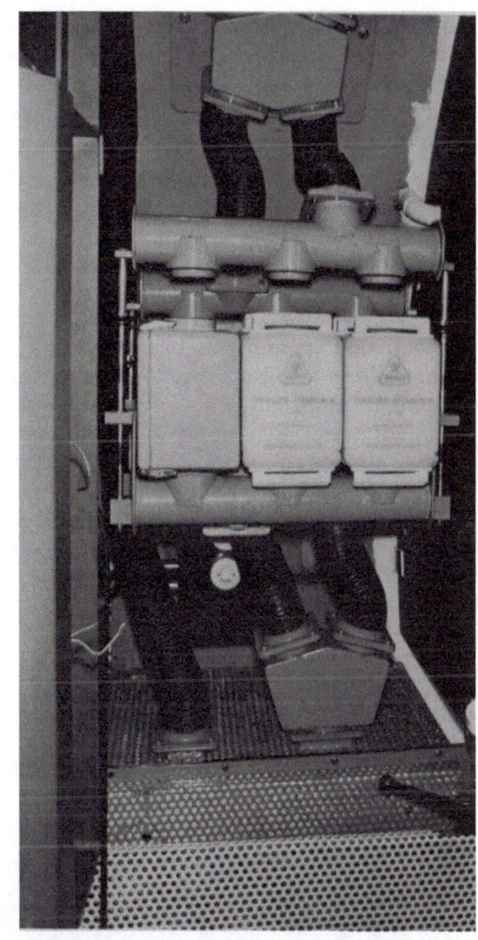

**Bild 40**
Umluftanlage des UWL-Helgoland;
im Gitterkasten befinden sich die
Lüfter

28 302

Für die örtliche Aufheizung können auch noch zusätzlich kleine Heizlüfter aufgestellt werden. Infrarot-Heizstäbe im Umkleideraum der Taucher wurden von den Aquanauten als sehr angenehm bezeichnet.

### 8.2.5. Feuchtigkeit

Die Beherrschung der Luftfeuchtigkeit in Unterwasserlaboratorien ist unter Umständen problematisch. Günstige Möglichkeiten ergeben sich, wenn eine klare Trennung des Naßraumes von den übrigen Labor- und Wohnräumen möglich ist. Bei kleineren Einheiten stößt diese Forderung auf Schwierigkeiten. Während für die Besatzung eine relative Luftfeuchtigkeit von 60—70 % angenehm wäre, erfordert die $CO_2$-Absorptionsanlage bei der Verwendung von Atemkalk Werte, die über 80 % liegen. Um eine gute Ausbeute des Atemkalkes zu sichern, ist man daher vielfach gezwungen, die höheren Feuchtigkeitswerte in Kauf zu nehmen. Ist die Luftfeuchtigkeitsregelung der Raumluft nicht zentral mit in die Umluftanlage eingefügt, können an den Schwerpunkten des Feuchtigkeitsanfalles Geräte getrennt aufgestellt werden. Auch hier spielt die zur Verfügung stehende Energie eine Rolle. Steht genügend elektrische Anschlußleistung zur Verfügung, wird man mit Hilfe von Kälteaggregaten die Feuchtigkeit auskondensieren. Ist dies nicht der Fall, wird eine absorptive Bindung der Feuchtigkeit an Chemikalien (beispielsweise an Silicagel) vorteilhaft sein. Bei der dezentralen Wasserausscheidung können beispielsweise die Notaggregate für die $CO_2$-Bindung verwendet werden.

Kühlschlangen mit Durchfluß von kaltem Seewasser oder Kontaktplatten können beim Vorliegen großer Temperaturunterschiede zwischen der Außen- und Innentemperatur ebenfalls gute Abscheideergebnisse erbringen.

### 8.2.6 Überwachungseinrichtungen (Meß- und Registriereinrichtungen)

Innerhalb des gesamten „Life-support-system" spielt das Messen und Registrieren aller wichtiger Parameter eine bedeutende Rolle. Dabei werden an die Instrumente nicht nur wegen der Meßgenauigkeit erhöhte Anforderungen gestellt, sondern auch deshalb, weil die Geräte unter Umständen größeren Drücken ausgesetzt sind. Zu beachten ist weiter, daß sehr heliumreiche Gasgemische einen Einfluß auf die elektrischen und elektronischen Systeme haben können. Ob die Überwachung der Atmosphäre nur im UWL selbst, an der Oberfläche oder gleichzeitig an beiden Stellen erfolgt, hängt vom Gesamtbetriebssystem ab. Im Bild 37 ist eine Überwachungszentrale gezeigt, in der die gesamten Messungen und Registrierungen im UWL selbst vorgenommen werden. Im einzelnen sind folgende Geräte eingebaut:

a) **Sauerstoffmeßgerät** zum Messen des Sauerstoffpartialdruckes im UWL. Dieses Gerät hat gleichzeitig eine Hoch- und Tiefwarnung, die so eingestellt werden kann, daß bei einer Unterschreitung des Sauerstoffpartialdruckes von 0,3 ata oder bei einem Überschreiten von 0,4 ata eine Warnung ertönt.

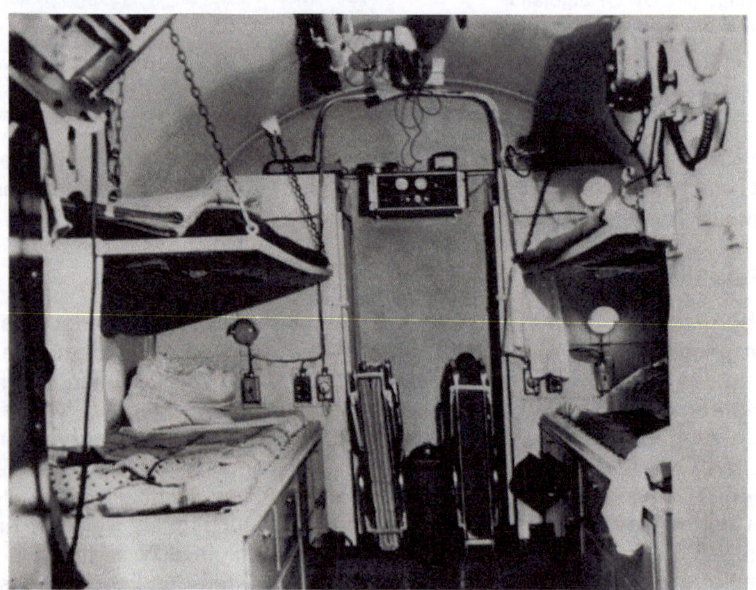

Bild 41   Schlafraum im UWL „Aegir"; Sauerstoff- und $CO_2$-Sensoren am Kammerende
(Makai Undersea Test Range, Oahu Hawaii)

216

Über dieses Gerät läßt sich auch ein Magnetventil für den automatischen Sauerstoffzusatz in die Atemluft steuern.

b) **$CO_2$-Meßgerät** zur Überwachung des $CO_2$-Partialdruckes. Hierbei kann eine Tiefwarnung entfallen, da der $CO_2$-Gehalt nie niedrig genug sein kann. Als zulässiger Maximalwert kann 0,02 ata $CO_2$-Partialdruck betrachtet werden. Möglich ist eine Schaltung der $CO_2$-Absorptionsanlage.

c) **CO-Meßgerät** zur Messung des CO-Partialdruckes. Dieses Gerät ist wichtig, da auch bei aller Vorsicht nicht immer vermieden werden kann, daß entweder CO im UWL entsteht oder eingeschleppt wird. Eine Hochwarnung ist eingebaut, die bei 50 ppm ein akustisches Signal gibt.

d) **Temperaturfühler** zur Messung der repräsentativen Temperatur im UWL. Achtung! Heliumreiche Gasgemische erfordern sehr hohe Raumtemperaturen, die regelmäßig über 30 °C liegen! Das Temperaturmeßgerät kann zur Steuerung der elektrischen Heizregister eingesetzt werden.

e) **Feuchtigkeitsmeßgerät** zur Bestimmung der relativen Luftfeuchtigkeit. Auch hier besteht die Möglichkeit, die Wasserabscheider zu steuern.

f) **Druckmesser** zur Raumdrucküberwachung, eventuell erweitert zur Druckdifferenzbestimmung im unteren Einstiegsschacht.

Alle diese Parameter werden mit der Messung kontinuierlich auf Bandschreibern registriert.

Bei Versorgungssystemen mit einem geschlossenen Kreislauf verbunden mit der Oberfläche, wie beispielsweise beim „Sealab II" und „Sealab III", ist auch in der Oberflächenstation die Einrichtung von Gasüberwachungsgeräten möglich. Gaschromatographen können hier die Gaszusammensetzung genau bestimmen. Nicht vergessen werden darf das Gasspürgerät mit Prüfröhrchen. Mit Hilfe dieses einfachen Meßverfahrens lassen sich eine Reihe wichtiger Gase erkennen und messen, ohne auf eine komplizierte Elektronik angewiesen zu sein.

### 8.2.7. Notatemanlage — Sauerstoffatemgeräte

Es sind eine Reihe von Möglichkeiten denkbar, wo die „Atemluft" im UWL für eine Einatmung nicht mehr geeignet ist: wenn beispielsweise bei einem Schwelbrand die CO-Konzentration schnell ansteigt und die Filterelemente überlastet sind oder wenn der Sauerstoffpartialdruck zu stark abgesunken ist. Für diese Fälle muß in jeder bemannten Unterwasserstation eine Notatemanlage vorhanden sein. Dazu wird ein von der Gasversorgung völlig unabhängiges Ringsystem aufgebaut. An bestimmten Punkten des UWL sind an dieses Ringsystem Halbmasken oder Mundstücke mit Lungenautomaten angeschlossen. Daraus können die Aquanauten im Ernstfall unverzüglich atembare „Luft" entnehmen. Wird im UWL dekomprimiert, empfiehlt sich auch hier das Atmen reinen Sauerstoffs in den unteren Austauchstufen. Da eine Anreicherung der „Luft" im UWL mit Sauerstoff aus Sicherheitsgründen vermieden werden muß, kommen für diesen Fall Sauerstoff-Kreislaufgeräte in Betracht, die im geschlossenen System arbeiten und eine eigene $CO_2$-Absorptionseinrichtung haben. Gut bewährt haben sich kleine, handliche Sauerstoffatemgeräte, die im Bergbau als Sauerstoff-Selbstretter bekannt sind.

### 8.3. **Kommunikationseinrichtungen**

Kommunikationseinrichtungen, die akustische und visuelle Verbindungen zwischen der bemannten UW-Station und der Wasseroberfläche ermöglichen, sind schon aus sicherheitstechnischen Gründen unerläßlich. Sie sind für die Übermittlung wichtiger Daten, für die Überwachung der Aquanauten und auch für die Abwicklung des Sprech- und Schreibfunkverkehrs erforderlich.

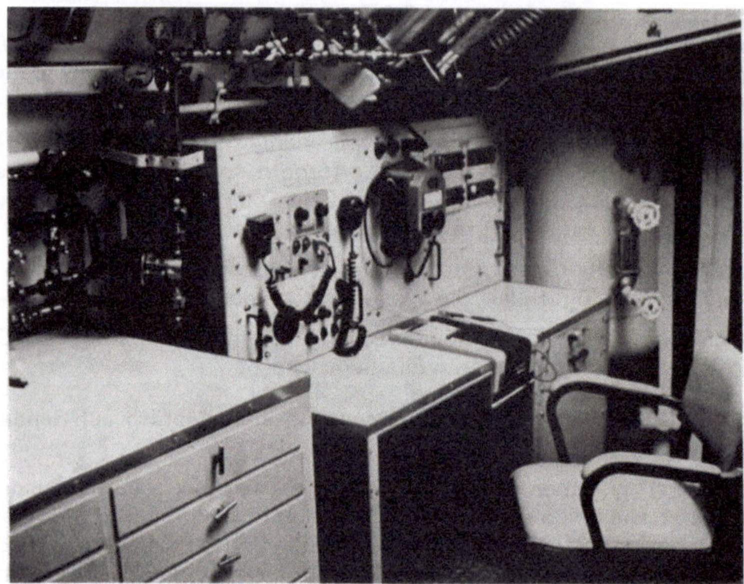


Bild 42   Kommunikationszentrale auf dem UWL „Aegir" (Makai Undersea Test Range)

Als mögliche Verbindungswege stehen zur Verfügung:

a) Drahtgebundenes Telefon von der UW-Station zur Oberflächenzentrale. Zu bevorzugen sind permanent dynamische Systeme, die bei ausreichender Lautstärke eine hohe Betriebssicherheit gewährleisten.

b) Posttelefone, die es ermöglichen, vom UWL aus mit den Teilnehmern des öffentlichen Fernsprechnetzes zu sprechen.

c) Lautsprecheranlagen für den Wechsel- oder Gegensprechverkehr, wobei es möglich ist, daß an jeder Sprechstelle gleichzeitig mehrere Partner an den Gesprächen teilnehmen.

d) Funksprechanlagen für den drahtlosen Sprechverkehr. Dabei kann eine kleine Boje, die über dem UWL verankert ist, die Sende- und Empfangsanlage sowie die Antenne aufnehmen. Die Verbindung Boje—UWL erfolgt über ein abgeschirmtes Kabel. Diese Einrichtung, mit der ohne weiteres viele Kilometer überbrückt werden können, wird vielfach als zweiter Kommunikationsweg neben einer Kabelverbindung gewählt.

Für alle Sprechverbindungen gilt gleichermaßen, daß bei großen Einsatztiefen mit der Verwendung von hochprozentigen Helium-Gemischen eine sehr starke Sprachverzerrung eintritt. Die Verständlichkeit kann dabei sehr schlecht werden. In jüngster Zeit wurden Verbesserungen durch die Einführung von sogenannten Helium-Unsramblern erzielt.

218

e) Telewriter ermöglichen außer der Übermittlung des geschriebenen Wortes auch die Durchgabe von Zeichnungen. Da diese Übertragungsart — im Gegensatz zur Sprache — vom Druck und von dem Atemgas nicht beeinflußt wird, stellt sie einen wichtigen Informationsweg dar. Die Übertragung kann sowohl drahtgebunden als auch drahtlos durchgeführt werden.

f) Die visuelle Überwachung der Aquanauten durch Fernsehanlagen ist obligatorisch. Gleichzeitig können mit diesen Einrichtungen auch Daten und Anzeigen von Meßinstrumenten vom UWL zur Oberflächenstation übermittelt werden.

Von diesen Kommunikationswegen werden fast immer mehrere Möglichkeiten gleichzeitig benutzt. Dabei ist darauf zu achten, daß sich eine gegenseitige Ergänzung und Absicherung ergibt. Besteht die Möglichkeit einer drahtgebundenen und drahtlosen Übermittlung, sollte man beide Wege gleichmäßig benutzen.

### 8.4. Sanitäre Einrichtungen

Eine der Voraussetzungen für ein ausreichend bequemes und normales Leben der Aquanauten unter Wasser ist, daß die sanitären Anlagen nicht zu spartanisch ausfallen. Dies bezieht sich nicht nur auf die Versorgung mit Trinkwasser, sondern auch auf Einrichtungen wie WC, Dusche, usw. Das Bild 43 zeigt schematisch die komplette Wasserversorgungsanlage des UWL-Helgoland, anhand dessen die notwendigen Einrichtungen besprochen werden.

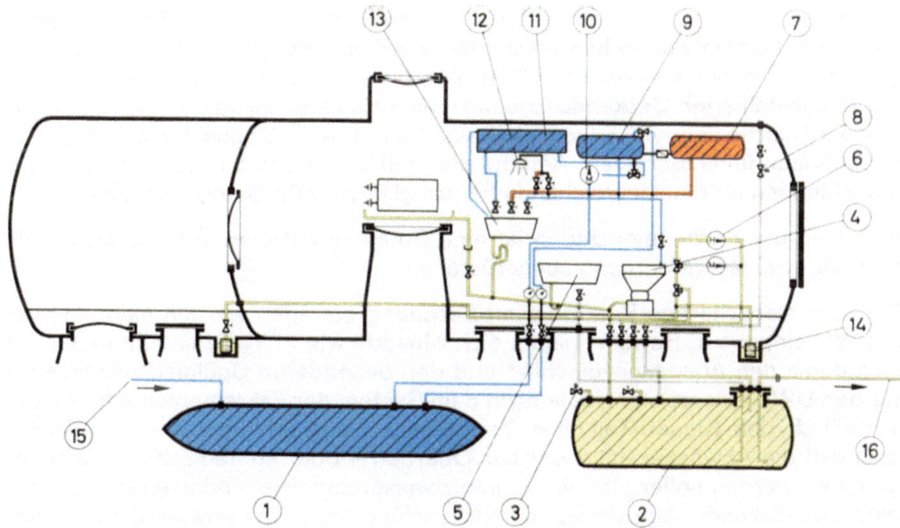

Bild 43  Sanitäreinrichtung im UWL-Helgoland                      28 305

| 1 | Frischwassertank | 9 | Drucktank |
|---|---|---|---|
| 2 | Schmutzwassertank | 10 | Frischwasserpumpe |
| 3 | Überdruckventil | 11 | Tageswassertank |
| 4 | Spülklosett | 12 | Brause |
| 5 | Spüle | 13 | Sitzbecken |
| 6 | Schmutzwasserpumpe | 14 | Bilge-Entwässerung |
| 7 | Warmwasserboiler | 15 | Frischwasseranschluß |
| 8 | Entlüftungsventil | 16 | Schmutzwasserabführschlauch |

Geht man davon aus, daß eine ständige Wasserversorgung von außen nicht möglich ist, so muß am UWL eine bestimmte Süßwassermenge gespeichert werden. Dies geschieht am besten in flexiblen Containern, die in Gitterrahmen oder in einem Schwimmtank gelagert werden. Je nach Besatzungszahl und Möglichkeit des Nachfüllens sind diese Container verschieden groß zu wählen. Die Container werden regelmäßig von der Oberfläche aus über eine flexible Schlauchleitung gefüllt, die entweder ständig angeschlossen oder nur im Bedarfsfall anzuschließen ist. Durch eine entsprechende Rohrverlegung innerhalb des Containers wird gewährleistet, daß auch bei geringem Füllstand noch Wasser aus diesem entnommen werden kann. Dabei ist zu beachten, daß die Süßwasserblase unter Umständen auf dem Salzwasser schwimmt. Nicht in jedem Einsatzfall ist es möglich, ein Gefälle vom Süßwasservorrat zu den Verbrauchern zu erreichen. Um den notwendigen Druck zu erhalten, ist eine Pumpe erforderlich. Da jedoch der Puffer im Leitungssystem recht gering ist, ist es von Vorteil, einen Druckakkumulator in das System einzubauen. An diesen Akkumulator sind die Verbrauchersysteme angeschlossen. Besonders wichtig ist die Warmwassererzeugung. Gut bewährt haben sich dafür Warmwasserzubereiter, die bei geringem Strombedarf einen ausreichend großen Warmwasservorrat garantieren. Um einen Vergleich zu haben: in einem Einzelfall, in dem vier Aquanauten eingesetzt waren, genügte ein Wasserboiler mit einer Speicherkapazität von 80 Litern und einem Anschlußwert von 4 kW vollkommen.

Die Hygiene der Taucher und die Möglichkeit, sich nach einem Tauchgang aufzuwärmen, erfordern in jedem Fall das Vorhandensein einer Dusche. Kann diese Dusche mit einem Sitzbecken kombiniert werden, wird der Aufwärmeffekt noch gesteigert. Besonders von Vorteil ist eine derartige Einrichtung, bei der außer der fest installierten Deckendusche noch eine Handdusche mit eingebaut ist. Da von der Dusche sehr viel Feuchtigkeit abgegeben wird, ist günstig, sie möglichst im Naßraum unterzubringen. Andernfalls muß durch den Einbau von Absaugeeinrichtungen für eine ausreichende Feuchtigkeitsabfuhr gesorgt werden.

Innerhalb der Kücheneinrichtung ist eine Spüle vorzusehen, die mit einer Kalt- und Warmwasserversorgung ausgerüstet ist.

Da allen menschlichen Bedürfnissen Rechnung getragen werden muß, ist auch ein WC eingebaut. Bewährt haben sich Klosetts wie in Yachtausführungen, die sich durch den Ausgangsverschluß und den besonderen Spülmechanismus gut für den UWL-Einsatz eignen. Je nach dem System der Exkrementenabfuhr ist es vorteilhaft, dem Klosett-Teil einen Zerkleinerer nachzuschalten. Geht man davon aus, daß die Abwässer entweder zur Oberfläche oder sporadisch ins Meer abgegeben werden sollen, ist ein Schmutzwassercontainer vorzusehen, der über eine ausreichende Aufnahmekapazität verfügt. Von dort aus wird dann über eine Schmutzwasserpumpe der Behälter von Zeit zu Zeit entleert. In das System der Schmutzwasserentfernung kann auch gleich die Bilgenentleerung mit eingebaut werden.

Die vorstehend beschriebene Einrichtung wird auch gehobenen Ansprüchen gerecht, wobei aber nicht verschwiegen werden soll, daß in vielen bekannten Einsatzfällen die Dusche durch einen Eimer warmen Wassers ersetzt wurde und die Aquanauten anstelle des Spülklosetts sich mit einem sehr einfachen chemischen Trockenklosett begnügen mußten. Dies ist kein erstrebenswerter Zustand und lädt bestimmt nicht zum wochenlangen Verweilen unter Wasser ein.

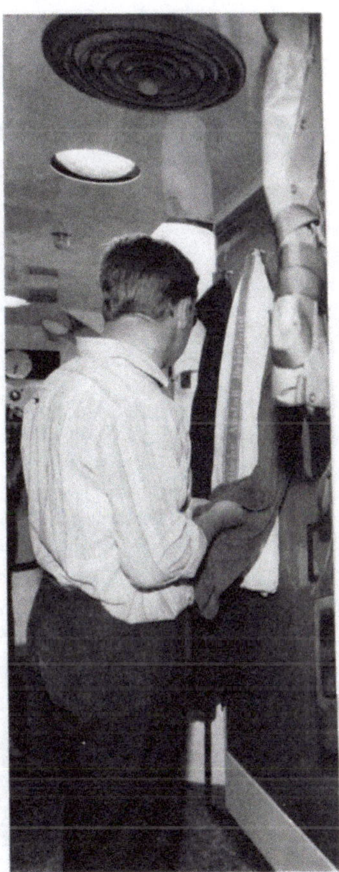

Bild 44
WC Raum
mit Spülklosett,
Wasserpumpen und
Steuerventilen
im UWL-Helgoland

28 306

## 8.5. Kücheneinrichtung

Eine gute Verpflegung ist für das Wohlbefinden der Aquanauten wesentlich. Übereinstimmend wird berichtet, daß die Insassen von Unterwasserstationen regelmäßig einen recht guten Appetit entwickeln, obwohl insbesondere in der Heliumatmosphäre manches nicht so richtig schmecken will. Geht man davon aus, daß eine Vollversorgung von der Oberfläche aus nicht gewünscht oder möglich ist, so muß eine entsprechende Kücheneinrichtung vorhanden sein. Diese Einrichtung muß auf die gewählte Verpflegungsform ausgerichtet sein. Dabei ist zu berücksichtigen, daß das Braten und Backen die „Atemluft" unzulässig verunreinigt und daß deshalb diese Tätigkeit strikt untersagt werden muß. Für langzeitige Einsätze hat sich die Verwendung fertiger Tiefkühlmahlzeiten bewährt; als Notversorgung kann gefriergetrocknete Nahrung, wie sie die Astronauten benutzen, dienen. Auf diese Versorgungsverhältnisse sollte dann die Kücheneinrichtung zugeschnitten sein.

Das Bild 45 zeigt die sehr kompakte Küchenanlage des Unterwasserlaboratoriums Helgoland. In der unteren Reihe befinden sich ein Tiefkühlschrank, ein Kühlschrank und daneben die erforderliche Kühlmaschine, darüber der automatische Auftauofen, daneben die Spüle mit einem Becken und fließend Kalt-

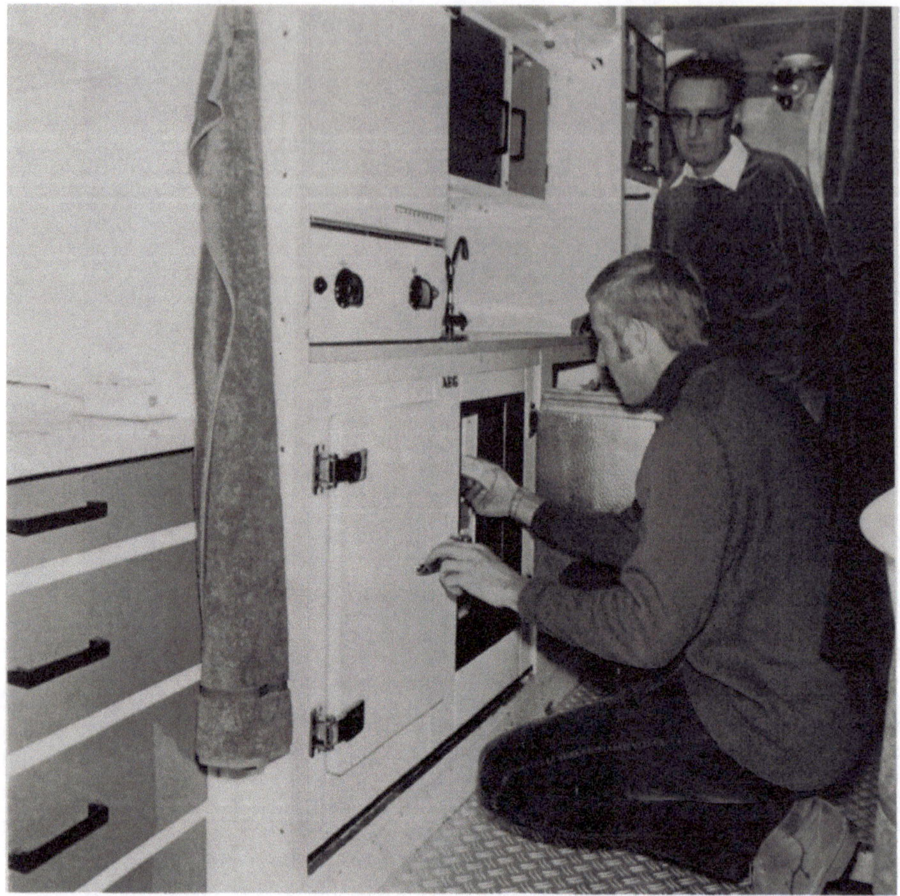



Bild 45   Kücheneinrichtung des UWL-Helgoland mit Tiefkühlschrank, Kühlschrank, Auftauofen,
Spüle, Geschirrschrank und Tageswassertank

und Warmwasser. Über der Spüle befindet sich eine Reihe von Geschirrschränken und direkt unter der Decke der Tageswassertank. Damit ist auf kleinstem
Raum eine völlig ausreichende Kücheneinrichtung für die Versorgung von
mindestens vier Personen untergebracht. Für das Zubereiten von heißen Getränken wird zusätzlich noch ein Heißwasserbereiter verwendet.

### 8.6. Elektrische Installationen

Das Beschreiben sämtlicher elektrischer Installationen, die in einer bemannten
Unterwasserstation eingebaut sind, kann nur summarisch vorgenommen werden. Ebenso muß der Hinweis genügen, daß alle einschlägigen Vorschriften zu
beachten sind, um die Aquanauten nicht zu gefährden. Verbraucher elektrischer
Energie können sein:

a) Innenbeleuchtung, Außenbeleuchtung, Scheinwerfer und Notbeleuchtung;

b) Meßinstrumente und Registriergeräte;

222

c) Motoren der Umwälzlüfter, Frischwasserpumpen und Schmutzwasserpumpen;

d) Kommunikationssysteme wie Funk und Fernsehen, Telewriter und Lautsprecheranlagen;

e) Kühlschränke, Kühltruhen, Auftauofen, Warmwasserbereiter, Kühlanlagen;

f) Kompressoren, Hydraulikpumpen, wissenschaftliche Geräte.

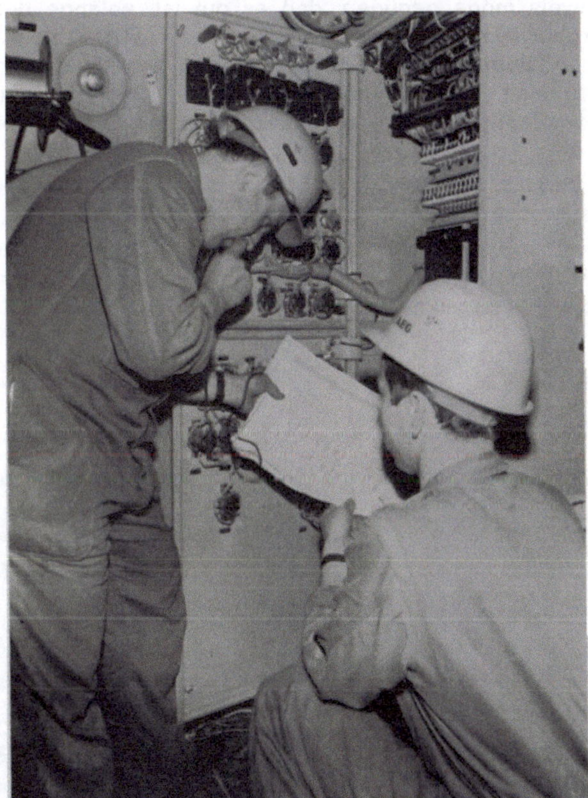


Bild 46  Elektrischer Schaltschrank auf dem UWL-Helgoland

Es ist zweckmäßig, alle Schalt- und Überwachungselemente in einem Schrank zusammenzufassen. Bild 46 zeigt einen Schaltschrank, von dem die Kabelstränge unter der Deckenverkleidung zu den einzelnen Verbrauchern gehen.

### 8.7. Allgemeine Einrichtungen

Die Aufgabenstellung, für die eine bemannte Unterwasserstation konzipiert ist, bestimmt außer der rein technischen Auslegung auch die allgemeine Einrichtung. Stationen für kurzzeitige Aufenthalte der Aquanauten, wie beispielsweise Iglus, oder Anlagen, die nur für kurze Einsatzperioden gebaut werden, sind spartanisch eingerichtet und entbehren jeglichen Komfort.

Völlig anders sieht es bei Anlagen aus, die monatelang besetzt sind und außerdem eine lange Lebensdauer haben sollen. Hier muß auch dafür gesorgt werden, daß der Aquanaut eine gewisse Bequemlichkeit vorfindet, und er muß auch die Möglichkeit haben, zumindest im beschränkten Maße, eine gewisse Intimsphäre aufzubauen.

Die Überlegungen müssen von einer angenehmen Beleuchtung über eine physiologisch richtige Farbgebung bis hin zum Behaglichkeitsklima gespannt sein. All die vielen Utensilien aufzuzählen, die notwendig sind, um unter Wasser auch nur ein einigermaßen erträgliches Leben zu ermöglichen, würde zu weit führen. Ein Hinweis möge genügen, daß es gut ist, solange das UWL noch an der Wasseroberfläche schwimmt, einen ganzen Tagesablauf aufmerksam durchzuspielen und dabei alle die Dinge zu notieren, die man auch bei schärfster Überlegung doch noch vergessen hat. Auch dann wird man beim nachfolgenden Einsatz immer wieder feststellen, daß trotzdem noch dieses oder jenes nicht bedacht wurde.

Damit soll der Versuch einer zusammenfassenden Darstellung des Komplexes „Bemannte Unterwasserstationen" abgeschlossen werden.

Mit einer Verfeinerung der Technologie und der noch breiteren Anwendung der Unterwasserstationen wird in einer späteren Überarbeitung sicher noch mancher interessante Abschnitt hinzuzufügen sein.

Bild 47  Aquanauten-Team des UWL-Helgoland nach erfolgreichem Abschluß des Ersteinsatzes

# N. Ausschleussysteme an Tauchbooten

## 1. Allgemeines

Ungeachtet der Einsatztiefe und der verwendeten Tauchgerätesysteme gibt es eine Reihe von verschiedenen Tauchmethoden, nach denen die Taucher an ihren Arbeitsplatz kommen können.

Eine Gegenüberstellung in Bild 1 im Kapitel L zeigt die verschiedenen Verfahren entsprechend ihren Einsatzcharakteristiken. Mit Ausnahme des Freitauchens und des Tauchens von Tauchbooten aus werden alle Methoden in anderen Kapiteln ausführlich beschrieben. Das erste Tauchverfahren ist für den angesprochenen Themenkreis ohne Belang, die zweite Tauchmethode soll in ihrer technischen Auslegung hier näher besprochen werden.

Das Ausschleusen von Tauchern aus Unterseebooten ist bei der Marine ein Verfahren, das schon im Zweiten Weltkrieg häufig angewendet wurde. Dabei hat man in vielen Fällen Kampfschwimmer aus Torpedorohren ausgeschleust, d. h., eine technische Veränderung brauchte am Boot nicht vorgenommen zu werden. In vereinzelten Fällen hatte man in die Torpedoausstoßrohre bereits Notatemstellen eingebaut für den Fall, daß die Atemgeräte der Taucher während des Ausschleusvorganges versagten.

Da gerade auch hier der Grundsatz „Tauche nie allein" zu berücksichtigen war, lagen sich im Torpedorohr in der Regel zwei Taucher Kopf an Kopf gegenüber. Erst später wurden in die U-Boote spezielle Taucherschleusen eingebaut, um das allzu Provisorische dieses ersten Verfahrens abzulösen.

Bei den hier zu behandelnden Ausschleustechniken sollen aber in erster Linie die kommerziellen Einsatzmethoden angesprochen werden. In diesem Zusammenhang ist die Erforschung und Nutzung des Kontinentalplateaus zum Schrittmacher dieser Technik geworden. Zwar verfügen die meisten derzeitig in der kommerziellen Taucherei eingesetzten Tauchboote nicht über ein Ausschleussystem, doch ist eine kleine Zahl von Booten bekannt, bei denen diese Technik bereits angewendet wird.

Da es immer noch eine große Anzahl von Einsatzfällen gibt, wo nur der tauchende Mensch allein effektive Arbeit leisten kann, muß diese Methode auch in Zukunft weiter ausgebaut werden. Auch als Rettungsmethode hat dieses Verfahren bereits Eingang gefunden. Darüber hinaus ist diese Umschleustechnik für den Mannschaftswechsel von UWLs sehr vorteilhaft, da sie vom Wetter weitestgehend unabhängig ist.

## 2. Schleusensysteme

Entsprechend der Aufgabenstellung, für die ein Tauchboot konzipiert ist, werden auch die Schleusensysteme verschiedenartig ausgelegt sein. Wie schon erwähnt, werden dabei für den taktischen Marineeinsatz Tauchboote verwendet, bei denen das Torpedoausstoßrohr als Personenschleuse eingesetzt wird. Im Bild 1 ist unter A dieses Prinzip angedeutet. Torpedorohre haben meistens einen lichten Durchmesser, der in einer Größenordnung von 500 mm liegt und

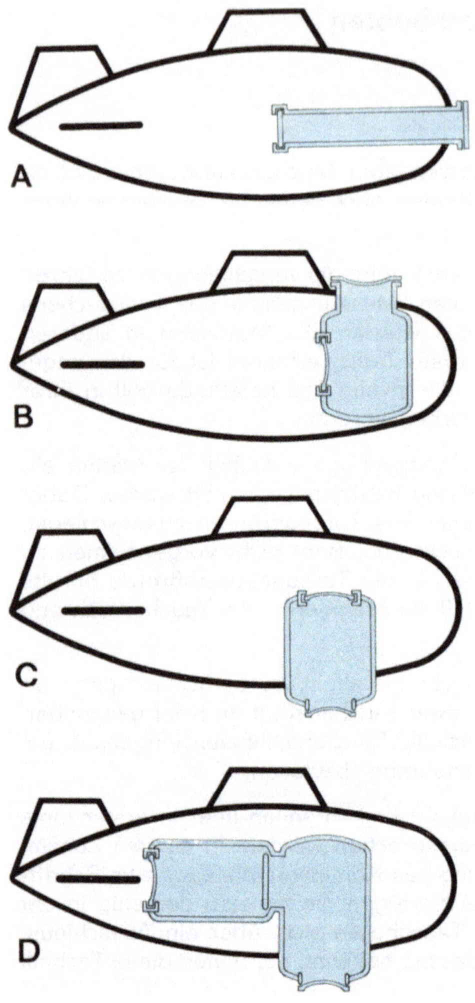

Bild 1  Schleusensysteme
für Tauchboote

**A**

Torpedoausstoßrohr, keine besonderen Vorkehrungen für das Ausschleusen von Tauchern. Anwendung praktisch nur im taktischen Marineeinsatz. Das Rohr wird beim Ausschleusen völlig mit Wasser geflutet.

**B**

Einfache Schleuse für Tauchboote im taktischen Einsatz. Die Ausschleusung der Taucher erfolgt in diesem speziellen Falle nach oben. Die Schleuse wird völlig mit Wasser geflutet.

**C**

Einfache Schleuse zum gleichzeitigen Ausschleusen von mehreren Tauchern. Die Dekompression wird in der Schleuse selbst durchgeführt. Vornehmlich für kurzzeitige Einsätze.

**D**

Schleuse mit angeschlossener Dekompressionskammer. Dieses System kann auch zum Sättigungstauchen eingesetzt werden. Für Tieftaucheinsätze werden die Druckbehälter vorteilhafterweise kugelförmig ausgeführt.

28 312

damit zur Aufnahme von Personen groß genug ist. Bei einer Länge von ca. 6000 mm ist es möglich, gleichzeitig zwei Taucher auszuschleusen, was dem Sicherheitsbedürfnis sehr entgegenkommt.

Zum Ausschleusen steigen die Taucher durch den inneren Verschluß in das luftgefüllte Rohr ein. Dabei werden die Tauchgeräte nicht angelegt sein können; sie liegen vor den Tauchern. Nach einer nochmaligen sorgfältigen Gerätefunktionsüberprüfung wird der innere Verschluß verriegelt und das Rohr langsam geflutet. Dabei steigt gleichzeitig der Druck im Rohr auf den umgebenden Wasserdruck an. Ist das Fluten durchgeführt, wird die vordere Klappe geöffnet, und die Taucher können das Rohr verlassen. Sinngemäß — jedoch in umgekehrter Reihenfolge — erfolgt das Einschleusen der Taucher. Notatemstellen in Form von Mundstück-Lungenautomaten erhöhen beim Schleusvorgang die Sicherheit für die Taucher erheblich. Je nach Ausschleustiefe können diese Atemstellen mit Luft atmosphärischer Zusammensetzung oder mit Sauerstoff-Helium-Gemischen gespeist werden.

Tauchtechnisch wichtig ist, daß bei diesem Vorgang die Trimmlage des Tauchbootes nicht verändert wird. Daher müssen beim Fluten des Rohres Maßnahmen gegen eine Gewichtsaufnahme getroffen werden.

Bei dem System B ist in das Tauchboot für das Ausschleusen der Taucher bereits eine Einrichtung eingebaut, wobei aber auch hier noch die Schleuse vollständig geflutet werden muß. Diese Anordnung findet man bei kleinen Marineeinheiten, wenn bei taktischen Einsätzen beispielsweise Kampfschwimmer ausgesetzt werden sollen. Dazu wird das Boot auf den Grund gelegt und in einem Schleusvorgang, der im Prinzip genauso vor sich geht, wie unter A beschrieben, können die Taucher dann ausgeschleust werden.

Mit der gleichen Schleuseneinheit sind zuweilen jedoch auch größere Tauchboote ausgerüstet. Da diese kleinen Kammern sehr schnell auf Druck gebracht werden können, sind sie geeignet für das sogenannte "free escape" der U-Bootbesatzung. Während der äußerst kurzen Kompressionsphase hat der Körper keine Zeit, Inertgas aufzunehmen, so daß die auszuschleusenden Personen unverzüglich — auch aus großen Tiefen — auftauchen können.

Beide Verfahren haben aber für die kommerzielle Taucherei keine Bedeutung. Die Tauchboote, die für gewerbliche Arbeiten eingesetzt werden, unterliegen meist aus finanziellen Gründen, aber auch aus anwendungstechnischen Erfordernissen großer räumlicher Beschränkung. Damit ist auch der Einbau von großzügigen Schleuseneinrichtungen ausgeschlossen.

Die Aufnahme von Systemen nach C ist in vielen Fällen jedoch möglich. Die Art der Anordnung und die Ausrüstung der Schleuse entsprechen dabei im wesentlichen denen von Tauchkammern. Ob dabei der Einstieg vom Bootsinnern aus durch ein oberes oder seitliches Luk erfolgt, ist von untergeordneter Bedeutung. Ebenso kann die geometrische Gestalt des Druckkörpers durchaus verschieden sein. Bei Tauchbooten für große Tiefen wird man anstelle einer zylindrischen Form eine Kugel wählen. Einige Ausführungsbeispiele zeigen die günstigen Kombinationsmöglichkeiten, die sich auch durch die Kugelraupenform ergeben.

Nachteilig wirkt sich aus, daß durch die räumliche Beschränkung die Mannschaftsdekompression beeinträchtigt ist; Systeme dieser Art sollten bei Tieftauchaufgaben nur für kurzfristige Einsätze benutzt werden, damit die erforderlichen Dekompressionszeiten nicht zu lang werden. Der entscheidende Unterschied zu A und B ist, daß — wie bei Tauchkammern — zum Schleusen die Kammer nicht mit Wasser gefüllt wird, sondern daß dieser Raum vor dem Öffnen der Ausstiegstür auf den umgebenden Wasserdruck gebracht wird.

Ideale Verhältnisse ergeben sich im Vergleich dazu bei Anwendung der Einrichtung nach System D. Hier ist eine Schleuse mit einem Dekompressionsraum kombiniert. Damit ist die Möglichkeit gegeben, die Taucher auch nach langdauernder Exposition unter hinreichend bequemen Bedingungen zu dekomprimieren. Das Tauchboot kann während dieser Phase zum nächsten Einsatzort verholen oder zu seinem Stützpunkt zurückkehren.

## 3. Ausführungshinweise

Die Druckbeanspruchung der Schleusen wird je nach Einbauweise im Tauchboot verschieden sein.

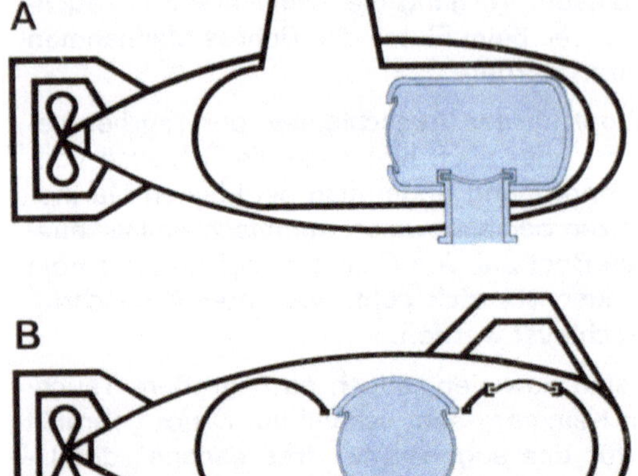

Bild 2
Systemmerkmale der Einbeziehung der Schleuse in den Druckkörper

**A**

Die Schleuse ist in den druckfesten Körper des Tauchbootes eingebaut. Die Belastung des Schleusenkörpers erfolgt in geflutetem Zustand von innen.

**B**

Die Schleuse stellt einen Teil des Tauchbootdruckkörpers dar. In gelenztem Zustand wird die Schleuse von außen belastet.

28 313

Ist die Schleuse in den druckfesten Körper des Tauchbootes eingebaut, d. h., wird sie von diesem völlig umschlossen, so wird der Behälter in der Ausschleusphase mit Innendruck belastet. Ist dagegen die Ausschleustür geschlossen und befindet sich der Schleusenraum auf atmosphärischem Druck — wie die Räume des übrigen Bootes —, wird nur die Verschlußtür des Ausstiegs von außen mit Druck beaufschlagt. Dieses System zeigt das Schema A in Bild 2.

Völlig anders sieht es aus, wenn die Schleuse einen Teil des druckfesten Tauchbootkörpers selbst darstellt. Dann ruht bei überdruckloser Schleuse der äußere

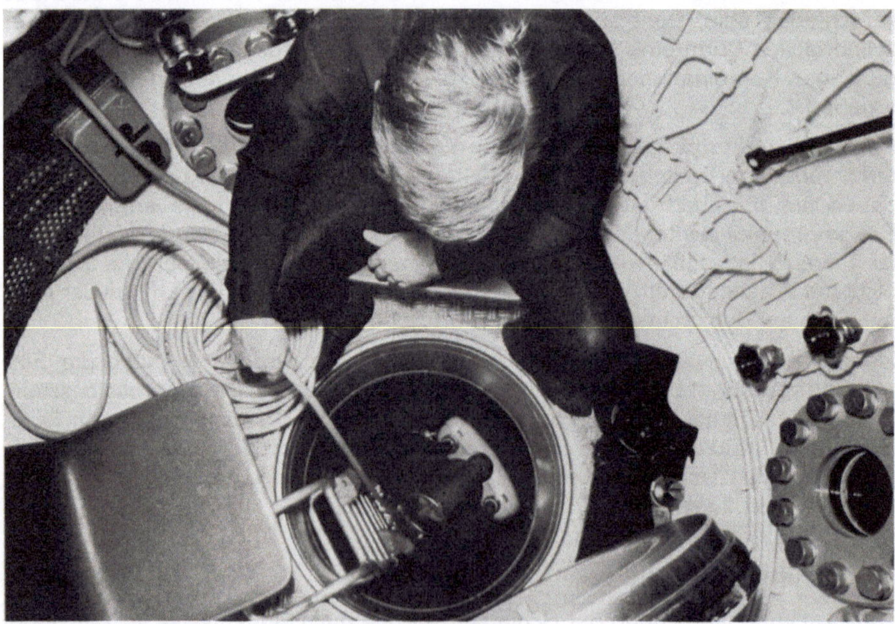

Bild 3  Ausstieg eines Tauchers aus einer Schleuse

28 314

Wasserdruck auf dem Schleusenbehälter und dem Bodenausstieg. Wird die Schleuse auf Gegendruck gebracht und der Druckausgleich mit dem umgebenden Wasser herbeigeführt, werden nur die Überstiege in die mit atmosphärischem Druck gefahrenen Kommandoräume belastet (Bild 2, System B).

Die verschiedenen Belastungsarten bedingen die Anwendung von Bauelementen, die sowohl aus dem Druckkammer- als auch aus dem Tauchkammerbau bekannt sind. In den einschlägigen Kapiteln sind diese Bauelemente (Druckbehälter, Fenster, Türen, Durchbrüche, usw.) ausführlich beschrieben, so daß in diesem Kapitel auf eine Wiederholung verzichtet werden kann.

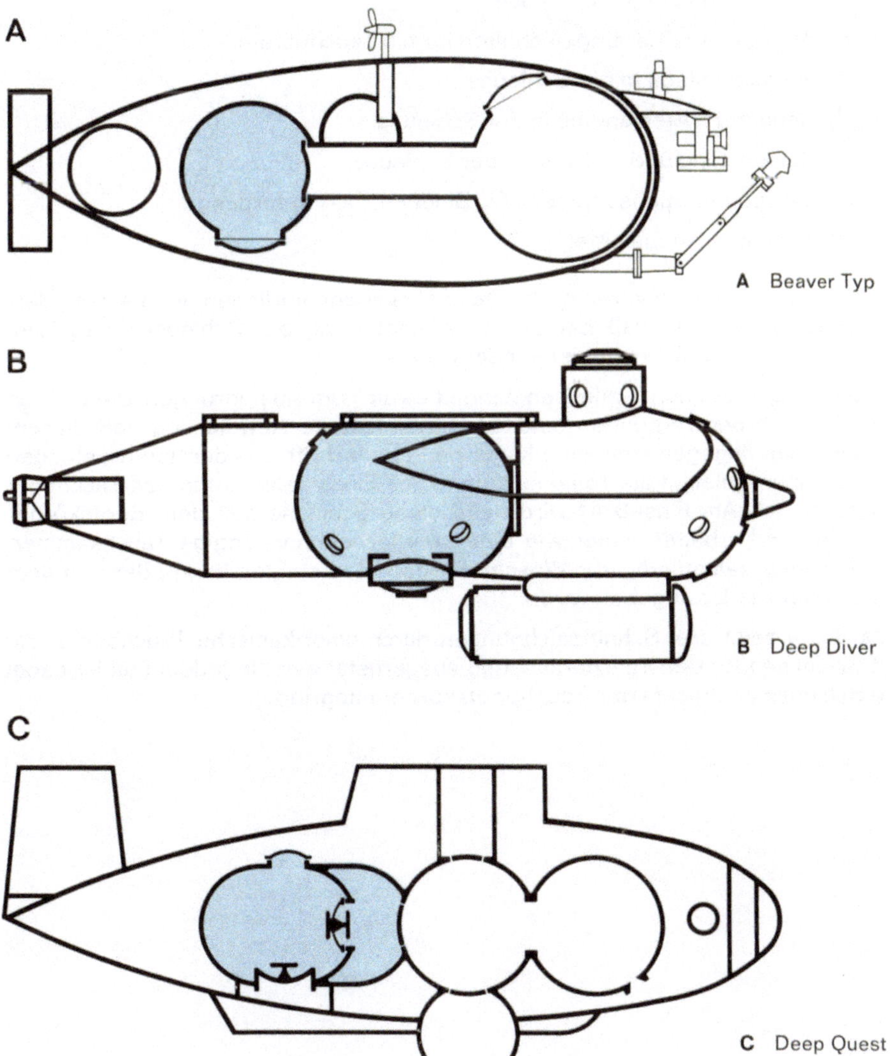


Bild 4  Schnittzeichnungen durch Tauchboote mit Personenschleusen    28315

Wenn man davon ausgeht, daß der Tauchereinsatz in der gleichen Weise durchgeführt wird wie von Tauchkammern aus, dann läßt sich daraus folgern, daß auch die Tauchbootschleusen in den Armaturen ähnlich wie die Schleusen der Tauchkammern ausgerüstet sein können. Allerdings muß dabei berücksichtigt werden, daß viele der notwendigen Steuerungsmaßnahmen vom Kontrollraum des Tauchbootes aus durchzuführen sind. Deshalb ist im Gegensatz zu den Tauchkammern, ähnlich wie bei den Druckkammern, eine Armaturenbestückung auch außerhalb des Druckkörpers erforderlich. Wesentliche Bedienungselemente sind:

a) Steuerungs- und Überwachungselemente innen und außen für den Druckaufbau in der Schleuse,

b) Atemgas-Versorgungseinheiten für die Tauchgeräte,

c) Notatemanlage in der Schleuse,

d) Sauerstoff-Atemanlage in der Schleuse,

e) Beleuchtung und Heizung in der Schleuse,

f) Luftregenerationsanlage ($CO_2$-Bindung, $O_2$-Versorgung),

g) Kommunikationsmittel.

Da hier außerordentliche räumliche Beschränkungen vorliegen, muß streng darauf geachtet werden, daß bei der Instrumentierung der Schleusen möglichst raumsparende Bauelemente verwendet werden.

Bei den beschriebenen Schleusen handelt es sich um Ausführungen, die fest mit dem Bootskörper verbunden sind. Eine interessante Abweichung von diesem System zeigt dagegen eine amerikanische Patentschrift, aus der hervorgeht, daß die Personenschleuse als völlig selbständiges Einsatzelement in das Tauchboot eingesetzt ist. Am Einsatzort wird dann diese Schleuse aus dem Bootskörper gestoßen und arbeitet weiter wie eine oberflächenunabhängige Tauchkammer, die entweder selbständig zur Wasseroberfläche aufsteigen kann oder von dem Mutterboot wieder abgeholt wird.

Das Bild 4 zeigt drei Schnittzeichnungen durch amerikanische Tauchboote, die mit Schleusen für den Taucherausstieg ausgerüstet sind. In jedem Fall ist dabei die Schleuse im druckfesten Tauchbootskörper integriert.

# O. Versorgungseinrichtungen

## 1. Allgemeines

Die Versorgungsaufgaben bei der Durchführung von Taucherarbeiten beschränken sich im wesentlichen auf das Bereitstellen von Gasen und Gasgemischen; außerdem umfassen sie die Energieversorgung und den Nachschub von Geräten und Material. Bei Tieftaucharbeiten werden an die Gasversorgung erhebliche Anforderungen gestellt, da außer Luft auch noch Stickstoff, Sauerstoff und Helium oder gar fertige Gasgemische in großen Mengen bereitzustellen sind. Der Aufbau und der Umfang einer Gasversorgungsanlage muß dem jeweiligen Einsatzzweck entsprechend ausgelegt sein. So sollen die am Schluß dieses Kapitels aufgeführten Anlagen auch nur richtungsweisende Anhaltspunkte vermitteln.

Im nachstehenden wird davon ausgegangen, daß an Einzelgasen Luft, Sauerstoff, Stickstoff und Helium und die verschiedenen Gemische aus diesen Gasen benötigt werden.

Werden für Versuchszwecke hin und wieder auch andere Gase wie beispielsweise Wasserstoff benötigt, so werden sie in diesem Kapitel nicht berücksichtigt, da sie noch keine praktische Bedeutung erlangt haben.

## 2. Luft

Die Luft atmosphärischer Zusammensetzung (siehe Band I, Kapitel G) wird in der Taucherei mengenmäßig — vielleicht mit Ausnahme spezieller Tieftauchaufgaben — am meisten benötigt.

Atemluft findet Verwendung:

a) zum Füllen von Preßlufttauchgeräten und schlauchversorgten Preßlufttauchgeräten

b) zum Versorgen von Standard-Helmtauchgeräten

c) zum Herstellen von Stickstoff-Sauerstoff-Gemischen

d) zum Füllen und zur Frischluftversorgung von Tauchkammern

e) zum Füllen und zur Frischluftversorgung von Dekompressionskammern

f) für den Antrieb von Taucherpreßluft-Werkzeugen

g) für das Füllen von Hebeballons usw.

h) für den Antrieb von Unterwassergleitern

i) zum Füllen von Schwimmwestenflaschen.

Die Druckluft entsteht durch das Verdichten atmosphärischer Luft mit Kolbenkompressoren, die je nach Aufgabenstellung als Nieder- oder Hochdruckkompressoren ausgelegt sind. Selten werden Rotations- und Membrankompressoren verwendet. Hin und wieder werden auch heute noch Handhebelpumpen zur Versorgung von Standard-Helmtauchgeräten eingesetzt.

Da die Luft in jedem Einsatzfalle unter höherem als dem atmosphärischen Druck eingeatmet wird, werden an die Reinheit besondere Anforderungen gestellt. So soll nach einer in Vorbereitung befindlichen deutschen Normvorschrift Luft für das Tauchen bis zu einer Tiefe von 40 m folgenden Forderungen entsprechen:

| | |
|---|---|
| Sauerstoffgehalt | $20-21$ % |
| Ölgehalt | $< 0,3$ mg/Nm³ |
| CO-Gehalt | $< 50$ cm³/Nm³ |
| $CO_2$-Gehalt | $< 1000$ cm³/Nm³ |
| Wasserdampfgehalt | $< 50$ mg/Nm³ |
| sonstige Anteile | keine |

Um diesen Anforderungen genügen zu können, müssen alle drucklufterzeugenden Anlagen mit besonderen Filtersystemen ausgerüstet sein.

## 2.1. Drucklufterzeugungsanlagen

Bei der Erzeugung von Druckluft zum Atmen unterscheidet man zwei Systeme:

a) Erzeugung von Druckluft, die unmittelbar vom Taucher verbraucht wird und
b) Erzeugung von Druckluft, die zunächst gespeichert und erst zu einem späteren Zeitpunkt verbraucht wird.

Anlagen für a) sind sogenannte Niederdruckanlagen, während Einrichtungen zum Füllen nach b) immer Hochdruckanlagen sind. Der Begriff Hoch- und Niederdruck ist relativ; in dem hier zu behandelnden Zusammenhang sind unter Niederdruck Drücke bis zu 25 kp/cm² zu verstehen und höhere Drücke als Hochdruck zu bezeichnen.

## 2.1.1. Handhebelpumpen

Die Luftversorgung von Standard-Helmtauchgeräten erfolgt fast nur noch aus Druckluftversorgungsanlagen, die mit Kompressor und Flaschenbatterie ausgerüstet sind. Nur in wenigen Fällen werden heute noch Handpumpen eingesetzt. Es ist daher ausreichend, ein einziges System zu beschreiben, wobei der Handhebelpumpe vor der Kurbelpumpe der Vorzug gegeben werden soll. Das Prinzip einer zweizylindrigen, einfachwirkenden Handhebelpumpe sei am Bild 1 erläutert.

Bei dieser Pumpe sind die Kolben mit kurzen Pleuelstangen an einer gußeisernen Grundplatte schwenkbar angelenkt. Die unten offenen Zylinder greifen von oben über die Kolben; sie sind ihrerseits über eine Stange mit einem Doppelhebel verbunden. Am Kolben zentral angeordnet sind ein gewichtsbelastetes Saugventil mit Kegeldichtung und die topfförmige Ledermanschette. Im Zylinderboden sitzt das Druckventil. Da es sich hier um eine einfach wirkende — aber zweizylindrige — Pumpe handelt, wird bei einem Bewegungszyklus zweimal der Zylinderinhalt gefördert. Von den Zylindern strömt die Luft über flexible Verbindungsschläuche in die zentrale Pumpensäule. Dort werden Wassernebel und feste Verunreinigungen in einem einfachen Filtersystem ausgeschieden. An der Pumpensäule wird der Taucher-Luftversorgungsschlauch angeschlossen.

Ein Tiefenmanometer zeigt unmittelbar die jeweilige Tiefe des Tauchers an. Diese Anzeige ist wichtig, da die Luftfördermenge für den Taucher proportional dieser Tiefe sein muß. Aus der Tabelle I sind Angaben über die Anzahl der Pumpenhübe in Abhängigkeit von Tauchtiefe und Arbeitsbedingungen zu entnehmen.

232

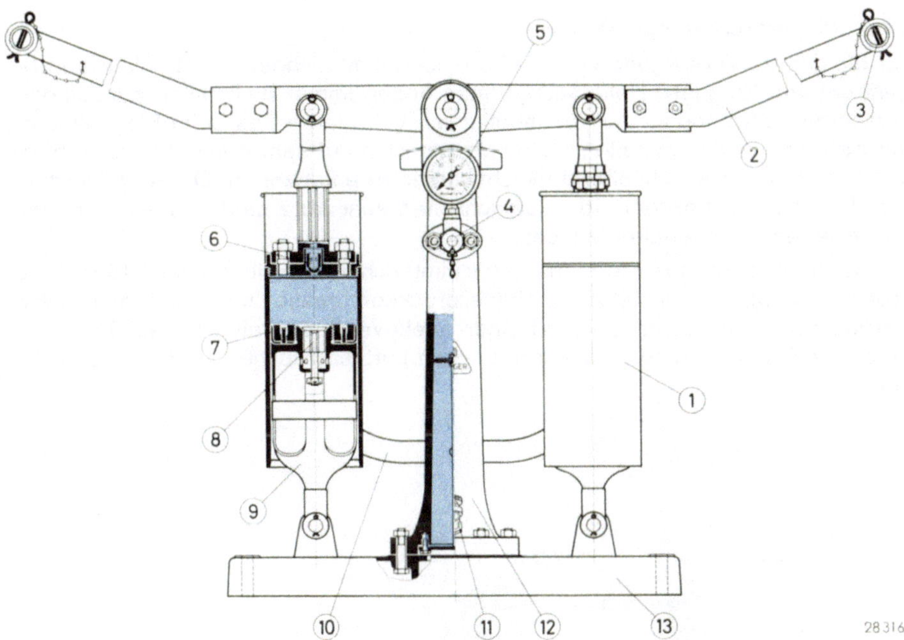



Bild 1   Funktionsschema einer Handhebelpumpe

| | | | |
|---|---|---|---|
| 1 | Zylinder | 8 | Saugventil |
| 2 | Doppelhebel | 9 | Kolben |
| 3 | Querholm | 10 | Verbindungsschlauch |
| 4 | Taucherschlauchanschluß | 11 | Entwässerungsventil |
| 5 | Manometer für Tiefenanzeige | 12 | Standsäule |
| 6 | Druckventil im Zylinderdeckel | 13 | Grundplatte |
| 7 | Ledermanschette | | |

Tabelle 1

## Abhängigkeit der Pumpenleistung von der Arbeitsleistung und Tauchtiefe

| Tauchtiefe [m] | 0 — 10 | 10 — 20 | 20 — 30 | 30 — 40 |
|---|---|---|---|---|
| Ruhe Beobachtung (20 Watt) | 1 Pumpe 2 Mann 9 — 18 Doppel-hübe | 1 Pumpe 4 Mann 18 — 30 Doppel-hübe | 1 Pumpe 4 — 6 Mann 30 — 40 Doppel-hübe | 2 Pumpen je 4 Mann 20 — 30 Doppel-hübe |
| Leichte Arbeit (25 — 40 Watt) | 1 Pumpe 2 Mann 18 — 35 Doppel-hübe | 1 Pumpe 4 Mann 35 — 40 Doppel-hübe | 2 Pumpen je 4 Mann 30 — 40 Doppel-hübe | 3 Pumpen je 6 Mann 30 — 40 Doppel-hübe |
| Schwere Arbeit (130 — 145 Watt) | 1 Pumpe 2 Mann 35 — 50 Doppel-hübe | 2 Pumpen je 4 Mann 35 — 50 Doppel-hübe | 3 Pumpen je 4 — 6 Mann 35 — 50 Doppel-hübe | Nicht mehr mit Handbetrieb |

### 2.1.2. Niederdruckkompressoren

Für die direkte Versorgung von Preßluft-Schwimmtauchgeräten (Schlauchtauch-geräten) und Standard-Helmtauchgeräten finden immer mehr Niederdruckkom-pressoren Verwendung. Aus ökonomischen Gründen ist es beim Flachwasser-tauchen nicht immer vorteilhaft, die Luft zunächst auf sehr hohe Drücke zu brin-gen, um sie dann anschließend gleich wieder zu entspannen. Da beim Tauchen bis 15 m Tiefe außerdem die Austauchzeiten sehr kurz sind, können auch die Luftreserven klein gehalten werden.

Für die direkte Versorgung eines Schwimmtauchers, der in maximal 15 m Tiefe arbeitet, genügt ein zweistufiger Niederdruckkompressor mit einem maximalen Betriebsdruck von 25 kp/cm² und einer effektiven Lieferleistung von 75 Nm³/h unter der Annahme eines durchschnittlichen Luftverbrauches an der Oberfläche von 50 l/min.

Bild 2
Niederdruck-
Kompressor für die
Versorgung von
Schwimmtauch-
geräten

28 317

Bei einer nassen Dekompression ist nach einer dreistündigen Grundzeit mit einem Luftverbrauch von ca. 1200 l zu rechnen. Geht man davon aus, daß bei einem maximalen Kesselbetriebsdruck von 25 kp/cm² nur 15 kp/cm² für diesen Zweck zur Verfügung stehen, kommt man mit einem Behälterinhalt von 80 NL aus. Eine Anlage für einen derartigen Versorgungsfall zeigt das Bild 2. Der auf dem Luft-kessel aufgebaute zweistufige Kolbenkompressor wird durch einen Benzin-motor angetrieben (Zweitakt oder Viertakt); hierfür kann jedoch ebenso ein Die-selmotor oder ein elektrischer Antrieb eingesetzt werden. Vom Kompressor-aggregat wird nach einer Zwischenkühlung die Luft direkt in den Luftkessel ein-gespeist. Je nachdem, ob die Anlage für die Versorgung von Schwimmtauchern oder Helmtauchern eingesetzt wird, unterscheidet sich die Anschlußschalttafel. Das Bild 3 zeigt eine fahrbare Luftversorgungsanlage für die Versorgung von zwei Helmtauchern.

In Sonderfällen werden bei der Versorgung von Taucherdruckkammern ebenfalls Niederdruckkompressoren verwendet, so bei der „Decom"-Kammer in Kapitel H, Abschnitt 5. Auf die Beschreibung der technischen Einzelheiten der Kompressoraggregate kann hier verzichtet werden.

Bild 3  Fahrbare Niederdruck-Luftversorgungsanlage für die Versorgung von zwei Schlauchtauchgeräten

### 2.1.3. Hochdruckkompressoren

Die Druckluftversorgungsanlagen auf Taucherschiffen, Tendern, Institutsschiffen usw. sind als Hochdruckanlagen ausgelegt, wobei Betriebsdrücke von 200 kp/cm² und neuerdings auch 300 kp/cm² vorherrschend sind. Je nach Aufgabenstellung werden die Liefermengen verschieden sein.

Während Sporttaucher mit Kompressoren auskommen, die effektive Liefermengen von weniger als 2 Nm³ Luft/h haben, sind für größere Tauchanlagen Leistungen von 20, 60 und mehr Nm³ Luft/h notwendig.

Je nach Anwendungszweck sind auch die Antriebsarten verschieden; unabhängig zu betreibende Kompressoren werden mit Benzin- oder Dieselmotor ausgerüstet, während stationäre Anlagen durch Elektromotoren angetrieben werden. Für Sporttaucher sind das Gewicht und der kompakte Aufbau einer Kompressoreinheit wichtig.

Eine gelungene Konstruktion eines sehr kleinen und leichten Sporttaucher-Kompressors zeigt das Bild 4. Dieser dreistufige Kompressor mit einer effektiven Förderleistung von 3,6 Nm³/h und einem maximalen Betriebsdruck von 225 kp/cm² hat ein Gewicht von 48 kg und ist mühelos im Kofferraum eines PKW mitzunehmen. Das Aggregat kann wahlweise mit einem Elektromotor oder

Bild 4
Bauer-Sporttauchkompressor
Modell „Utilus"

28 319

einem Benzinmotor angetrieben werden und hat eine komplette Filtereinheit, so daß einwandfreie Atemluft geliefert wird. Der Anschluß der Flaschen oder Flaschenpakete an das Kompressoraggregat erfolgt über einen flexiblen Hochdruckschlauch.

Für den stationären Einsatz dagegen ist das in Bild 5 und 6 gezeigte Kompressoraggregat eingerichtet. Diese Kompressorausführung stellt eine betriebsfertige Baueinheit dar, die am Aufstellungsort ohne zusätzliche Montagearbeiten sofort in Betrieb genommen werden kann.

28 320

Bild 5
DRÄGER-Kompressor
für Sporttaucher
Modell DK 6

Bild 6
Rückansicht des DRÄGER-
Kompressors Modell DK 6

28 321

Auf einem Gußrahmen sind alle wichtigen Bauelemente wie Kompressoraggregat, Motor, Abscheider, Filter und Schalttafel mit Fülleiste zusammengefaßt. Diese komplette Baueinheit ist auf ein Rohrgestell montiert, so daß die Erstellung eines Fundamentes entfällt. Die wichtigsten Funktionseinheiten sind nachstehend beschrieben.

## Kompressoraggregat — Leistung — Kühlung

Bei der gegebenen Drehzahl von 850 U/min wird mit dem vierzylindrigen, vierstufigen Kompressor eine effektive Förderleistung von ca. 7,2 Nm³/h erreicht. Der maximale Fülldruck beträgt 225 kp/cm². Mit dieser Förderleistung kann beispielsweise eine Flasche mit 4 Liter Inhalt in 7—8 Minuten auf einen Fülldruck von 200 kp/cm² gebracht werden.

Durch die vierstufige Verdichtung ergibt sich eine verhältnismäßig geringe thermische Beanspruchung von Kolben und Zylindern im Vergleich zu dreistufigen Anlagen. Entsprechend niedrig sind deshalb auch die Luftaustrittstemperaturen aus den einzelnen Verdichterstufen. Die Schmierung aller beweglichen Teile erfolgt über eine zuverlässig arbeitende Hochdruckölpumpe, wobei über ein spezielles Dosiersystem die einzelnen Schmierstellen mit der genau erforderlichen Ölmenge versorgt werden. Die Absicherung der einzelnen Druckstufen erfolgt durch sehr feinfühlig arbeitende, federbelastete Sicherheitsventile. Ein Differentialventil, das der vierten Stufe nachgeschaltet ist, verhindert ein Überfüllen der Geräteflaschen.

Eine gute Kühlung der geförderten Luft spielt bei der nachfolgenden Entölung und Entwässerung eine entscheidende Rolle. Daher wurde die Kühlung bei diesem Kompressoraggregat reichlich dimensioniert.

Die im äußersten Kranz des Radialgebläserades liegenden Kühlschlangen werden sehr intensiv von der Kühlluft umspült. Die hochkomprimierte Luft am Kühlschlangenausgang der 4. Stufe liegt daher auch bei ungünstigen Betriebsbedingungen nur wenige Grad Celsius über der Raumtemperatur. Durch die geschickte

237

Lenkung des Luftstromes werden auch noch Zylinder und Zylinderdeckel vom Gebläsewind bestrichen.

Das Schema (Bild 7) zeigt den Luftweg in einem vierstufigen Kompressor vom Eintritt durch das Ansaugfilter bis zum Austritt aus der Fülleiste.

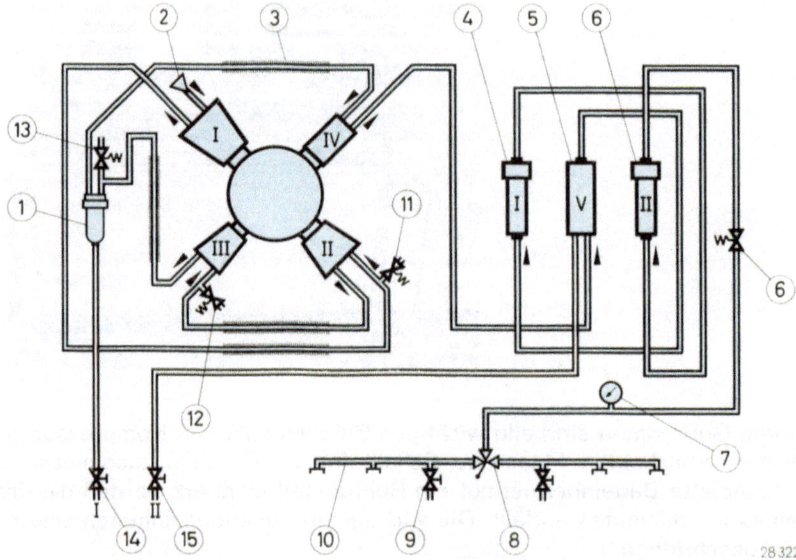

Bild 7   Schaltschema eines vierstufigen Kompressoraggregates

| | | | |
|---|---|---|---|
| 1 | Zwischenabscheider III. Stufe | 9 | Entlastungsventil |
| 2 | Micronic-Ansaugfilter | 10 | Fülleiste |
| 3 | Zwischenkühler | 11 | Sicherheitsventil I. Stufe |
| 4 | DRÄGER-Druckluft-Feinfilter | 12 | Sicherheitsventil II. Stufe |
| 5 | Vorreiniger | 13 | Sicherheitsventil III. Stufe |
| 6 | Sicherheitsventil | 14 | Kondensat-Ablaßventil I |
| 7 | Manometer | 15 | Kondensat-Ablaßventil II |
| 8 | Dreiweg-Umschaltventil | | |

## Öl- und Wasserabscheider — Luftfilterung

Um einwandfreie Atemluft zu erzeugen, ist eine reichlich dimensionierte Abscheider- und Filteranlage dem Kompressionsteil nachgeschaltet.

Damit ist gewährleistet, daß die geförderte Luft einen möglichst großen Reinheitsgrad aufweist. Wichtig ist, daß der Ölanteil unter der Geruchsschwelle (0,1 — 0,2 mg Öl/Nm³ Luft) liegt. Die Aufnahmekapazität der Hochdruckölgeruchsfilter ist so bemessen, daß ein Patronenwechsel erst nach längerer Betriebszeit erforderlich wird. Die Anordnung der Abscheider und Filter ist dem Schema, Bild 7 zu entnehmen.

Zum Entfernen des Staubes aus der angesaugten atmosphärischen Luft ist der 1. Kompressorstufe ein Micronic-Ansaugfilter vorgeschaltet; der Filtereinsatz kann mit wenigen Handgriffen ausgewechselt werden. Zwischen der 3. und 4. Verdichterstufe ist ein wartungsfrei arbeitender Zentrifugalabscheider eingebaut. Anschließend an die 4. Stufe wird die Luft noch einmal sehr stark zurück-

238

gekühlt, um dann in einem nach dem Zyklonprinzip arbeitenden Vorreiniger von flüssigen Öl- und Wasseranteilen gereinigt zu werden. Die Feinnachreinigung übernehmen zwei in Serie geschaltete Hochdruck-Ölgeruchsfilter. Durch die Serienschaltung dieser beiden Filterelemente wird eine optimale Abscheideleistung und Patronenausnutzung erzielt. Die hochaktivierten Absorptionsmassen in den Filtern sind patroniert und lassen sich leicht und schnell auswechseln.

**Schalttafel-Fülleiste**

In der Schalttafel sind in Arbeitshöhe alle zur Bedienung des Kompressors erforderlichen Armaturen übersichtlich zusammengefaßt. Der Schalter für den Elektromotor und ein Betriebsstundenzähler sind rechts auf der Schalttafel angeordnet, während links oben ein großes Fülldruckmanometer zu sehen ist. Dieses Manometer ist mit einem verstärkten Turbinenwerk ausgerüstet und gegen Stöße unempfindlich.

Ebenfalls auf der linken Schalttafelseite sind die Entwässerungsventile für den Zwischen- und Vorabscheider eingebaut.

Das abgeschiedene Kondensat wird in einem durchscheinenden Plastikbehälter aufgefangen.

Der reibungslose Füllbetrieb mit einem Kompressor ist sehr stark von der leichten und übersichtlichen Bedienungsmöglichkeit der Füllstelle abhängig. Durch den Dreiwege-Umschalthahn zwischen den beiden Füllzweigen werden die bei der Flaschenfüllung notwendigen Handgriffe auf ein Minimum reduziert. Die Wechselschaltung ermöglicht es bei insgesamt vier Anschlußstellen, daß jeweils zwei Flaschen gefüllt werden, während zwei andere Flaschen ausgewechselt werden können. So ist es möglich, daß der Kompressor während des Füllens einer größeren Flaschenpartie dauernd in Betrieb bleibt.

Die Anschlußstutzen haben Handanschlüsse, und Entlastungsventile in jedem Füllzweig ermöglichen die Druckentlastung der Anschlußstellen.

**Antrieb**

Der Kompressor wird von einem Drehstrommotor aus über zwei Keilriemen angetrieben.

Um einen unabhängigen Füllbetrieb zu gewährleisten, kann der Kompressor auch wahlweise mit einem Benzinmotor ausgerüstet werden. Allerdings sollte man bei stationärem Betrieb stets dem Elektromotor den Vorzug geben. Die Sauberkeit, die Geräuscharmut und die Unkompliziertheit des Antriebes bieten trotz der Abhängigkeit von der Stromversorgung Vorteile gegenüber einem Verbrennungsmotor.

Reicht die Fülleistung von 7,2 Nm³/h für den vorgesehenen Versorgungsfall nicht aus, stehen auch größere Kompressormodelle zur Verfügung; besonders bewährt hat sich eine Kompressorausführung mit einer Leistung von ca. 20 Nm³/h. Dieser Kompressor arbeitet nach dem gleichen Schema wie vorstehend ausführlich beschrieben. Die Verdichtung ist wiederum vierstufig, und die Kühlung erfolgt durch Luft. Der größeren Fülleistung entsprechend ist das Filtersystem ausgelegt; die Fülleiste umfaßt nun insgesamt sechs Flaschenanschlußstellen. Der Stern-Dreieck-Anlauf wird automatisch eingeleitet, und bei Erreichen des maximalen Fülldruckes kann der Kompressor über einen präzise arbeitenden Kontaktschalter stillgelegt werden. Werden 300 kp/cm² Fülldruck gefordert, so stehen auch für diesen Betriebsdruck Kompressoreinheiten zur Verfügung.

Das Bild 8 zeigt eine Weiterentwicklung der oben erwähnten Ausführung. Hier kann man zwischen zwei Betriebsdrücken wählen (225 kp/cm² und 330 kp/cm²); die Fülleiste ist so ausgelegt, daß an bestimmte Anschlußstellen nur Flaschen eines Fülldruckbereiches angeschlossen werden können. Eine elektrische und pneumatische Abblockung sorgt dafür, daß keine Flaschenüberfüllungen vorkommen können. Das Schaltschema einer derartigen Kompressoreinheit ist dem Bild 9 zu entnehmen.

Bild 8
Vierstufiger, stationärer
Hochdruck-Kompressor
Modell DK 18-300

28323

Werden Kompressoren hauptsächlich zum Füllen von Geräteflaschen verwendet, so sind die Füllzeiten für gängige Flaschengrößen interessant. Die Kurve in Bild 10 zeigt die Füllzeiten, die mit Kompressoren verschiedener Leistung erzielt werden. Bei einer gegebenen Einsatztrupp-Stärke läßt sich aus den Durchschnittswerten die effektive Kompressorleistung errechnen, um den Luftbedarf der Gruppe ohne Unterbrechung zu decken. Dabei ist zu berücksichtigen, daß für jeden Geräteträger genügend Reserveflaschen vorhanden sein müssen. Daraus ergibt sich folgende Formel:

$$K = L \cdot n \quad [l/min]$$

Es bedeutet:

K = erforderliche effektive Kompressorleistung [l/min]
L = durchschnittlicher Luftverbrauch je Geräteträger [l/min]
n = Anzahl der Geräteträger

Stellt man die Formel nach n um, so läßt sich auch die Anzahl der Geräteträger ermitteln, die von Kompressoren mit bestimmter effektiver Förderleistung versorgt werden können.

In der Taucherei muß berücksichtigt werden, daß der Luftbedarf sich mit der Tauchtiefe bei gleicher Arbeitsleistung ändert. Durch eine Anzahl von Reserveflaschen kann die Minderleistung eines Kompressors für eine bestimmte Zeit ausgeglichen werden. Die Erfahrung hat gezeigt, daß es sich lohnt, einen Kompressor mit einer größeren Leistung anzuschaffen.

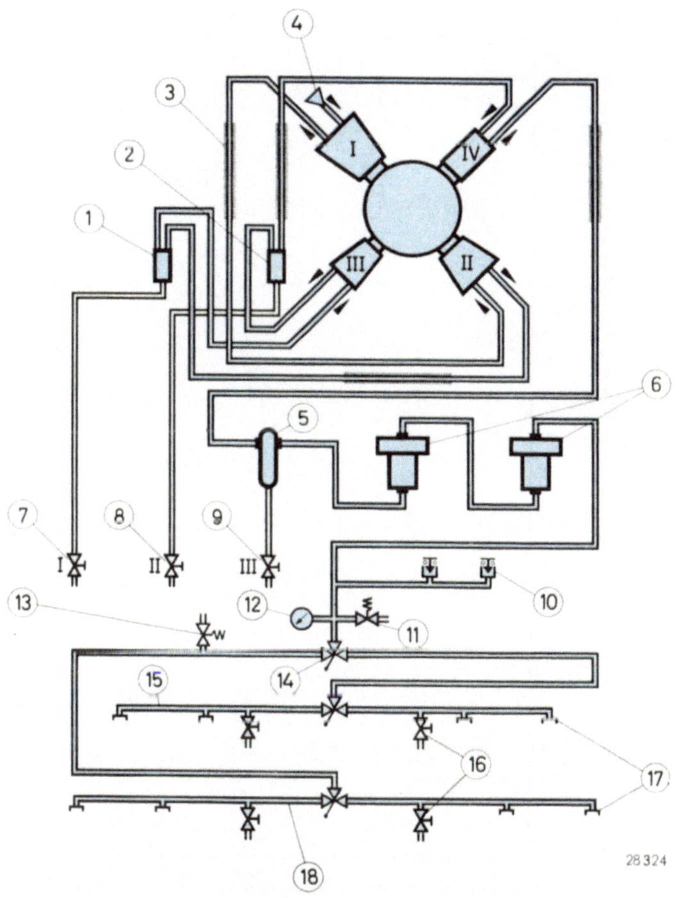



**Bild 9** Schaltschema eines Kompressors für 225/330 kp/cm² Betriebsdruck

| | | | |
|---|---|---|---|
| 1 | Wasserabscheider nach der II. Stufe | 10 | Elektro-pneumatische Druckschalter |
| 2 | Wasserabscheider nach der III. Stufe | 11 | Sicherheitsventil ND 300 |
| 3 | Zwischenkühler | 12 | Füllmanometer |
| 4 | Micronic-Ansaugfilter | 13 | Sicherheitsventil ND 200 |
| 5 | Vorreiniger | 14 | Dreiweg-Umschaltventil |
| 6 | DRÄGER-Druckluft-Feinfilter | 15 | Fülleiste ND 300 |
| 7 | Kondensat-Ablaßventil I | 16 | Entlastungsventil |
| 8 | Kondensat-Ablaßventil II | 17 | Füllanschluß |
| 9 | Kondensat-Ablaßventil III | 18 | Fülleiste ND 200 |

Sind außer den Tauchgeräten noch Druckkammern, Tauchkammern oder ganze Anlagensysteme zu versorgen, so reichen die Leistungen der bisher beschriebenen Kompressoren zur Luftversorgung kaum noch aus. Es sind dann stündlich Fördermengen erforderlich, die in der Größenordnung von 100 und mehr Nm³ Luft liegen.

Für derartig große Luftmengen haben sich die Junkers-Freikolben-Kompressoren außerordentlich gut bewährt. Diese Kompressoren mit einer Förderleistung bis 100 Nm³/h besitzen eine hohe Betriebssicherheit und liefern durch

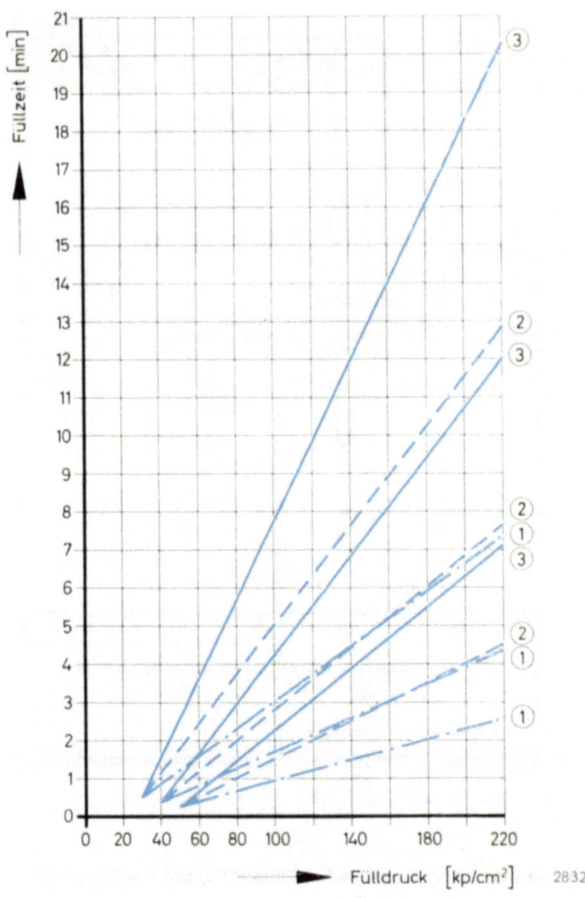


Bild 10  Füllzeiten für Druckluftbehälter verschiedener Größe mit Kompressoren unterschiedlicher Füll-Leistung

|  |  |  |
|---|---|---|
| ──────── Füll-Leistung  7,2 Nm³/h | ① | 4-l-Druckluftflasche |
| ── ── ── Füll-Leistung  12   Nm³/h | ② | 7-l-Druckluftflasche |
| ─ · ─ · ─ · ─ Füll-Leistung  20   Nm³/h | ③ | 11-l-Druckluftflasche |

ein raffiniert ausgeklügeltes Filtersystem eine einwandfreie, ölfreie und trockene
Luft. Der Antrieb dieser kompakten Anlagen (Bild 11) erfolgt nach dem Diesel-
prinzip; der Antriebskolben und der Kompressorkolben bilden eine Einheit, die
in einer Achse liegt.

Fast alle größeren Luftversorgungsanlagen werden aus Sicherheitsgründen mit
zwei Kompressoren ausgestattet; der zweite Kompressor dient als Reserve-
gerät.

Das Bild 12 zeigt schematisch eine Druckluftversorgungsanlage. Charakteristisch ist die Zweiteilung der Einrichtung. Zwei Kompressoren, die völlig

242

Bild 11
Junkers Freikolbenkompressor
in der Luftversorgungsanlage
eines Taucherschnellbootes

28 326

unabhängig voneinander betrieben werden können, speisen in zwei getrennte
Versorgungsleitungen ein, die an eine Batterieschalttafel angeschlossen sind.
Die Verteilerventile ermöglichen die wahlweise Entnahme aus der linken oder
rechten Batteriehälfte, während die andere Batteriehälfte gleichzeitig von den
Kompressoren gefüllt werden kann.

Auch für notwendig werdende Reparaturen ist es von Vorteil, wenn die Gesamt-
batterie in mindestens zwei unabhängige Hälften aufgeteilt ist. Ob dabei die
Batterie aus vielen kleineren Druckflaschen oder vorteilhafterweise aus wenigen
größeren Behältern besteht, hängt von Faktoren wie Raumaufteilung, Gewicht,

Bild 12
Schema einer größeren Druck-
luft-Versorgungsanlage mit zwei
Kompressoren und Doppeldruck-
luftspeicher

1 Kompressor I
2 Kompressor II
3 Kompressor-Absperrventil
4 Druckluftspeicher I
5 Druckluftspeicher II
6 Batterieschalttafel
7 Entwässerungsventile
8 Filtereinheit (Öl)
9 Sintermetallfilter
10 Verteilerschalttafel

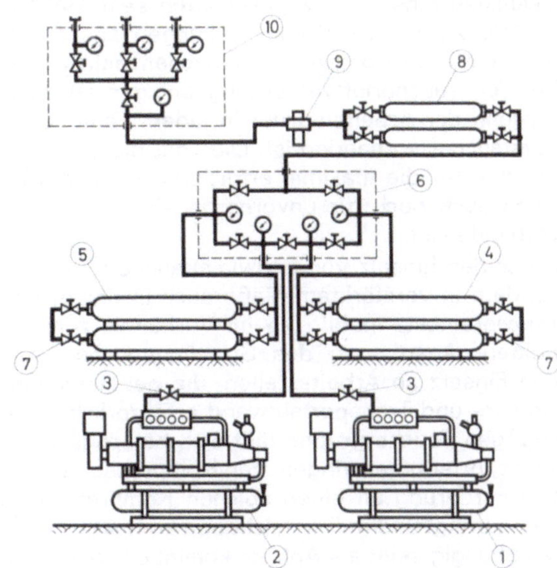

28 327

Preis, Transportmöglichkeit usw. ab. Vor der endgültigen Auslegung einer Druckluftversorgungsanlage muß man diese Überlegungen angestellt haben. Die in die Batterieschalttafel eingebauten Manometer zeigen den Füllungsstand der einzelnen Flaschengruppen an. Obwohl die Kompressoren selbst bereits mit Filtern für die Öl- und Wasserabscheidung ausgerüstet sind, wird vor die Verteilerschalttafel nochmals eine Aktivkohlefilteranlage eingebaut. Damit ist gewährleistet, daß in jedem Falle einwandfreie Atemluft in die Geräte und die Druckkammern gelangt. Ein nachgeschaltetes Sintermetallfilter entfernt die letzten Schmutz- und Staubpartikelchen und schützt so die Armaturen vor einer unter Umständen funktionsbeeinträchtigenden Verschmutzung. Von der Verteilerschalttafel aus gelangt die Luft zu den verschiedenen Verbraucherstellen. Wie bereits eingangs dargestellt wurde, muß gerade für Tieftauchanlagen die Luft besonders hohen Reinheitsanforderungen genügen. Spuren von $CO_2$ können bei hohen Gesamtdrücken schnell zu toxischen Partialdrücken führen. Deshalb muß dafür gesorgt werden, daß die Ansaugstutzen für die Kompressoren nicht im Maschinenraum, sondern an Oberdeck angeordnet sind. Dort dürfen sie dann auch nicht im Bereich von Schornsteinabgasen oder dergleichen liegen. Für die Kompressoren selbst gilt, daß sie immer einwandfrei belüftet und gekühlt werden müssen, da hohe Zylindertemperaturen unweigerlich zu erhöhter CO-Bildung führen.

Es ist empfehlenswert, die von der Vorratsbatterie abgegebene Luft von Zeit zu Zeit zu analysieren. Schnelle Ergebnisse mit hinreichender Genauigkeit können dabei mit Gasspürröhrchen erzielt werden.

Bei der Einrichtung von Druckluft-Speicheranlagen ist es wichtig, daß die Rohrleitungsquerschnitte ausreichend groß dimensioniert werden. Man kann immer wieder beobachten, daß beispielsweise die Füllzeiten von Dekompressionskammern unnötig verlängert werden, weil die Rohrquerschnitte zu klein bemessen sind. Als Rohrleitungsmaterial sollte man aus Korrosionsgründen Kupfer oder rostfreien Stahl verwenden. Messingrohre sind sehr schwingungsempfindlich und daher nicht zu empfehlen. Die Größe der Flaschenbatterie muß auf den jeweiligen Einsatzfall zugeschnitten sein; bei Druckkammeranlagen ist es von Vorteil, wenn zwei Kammerfüllungen aus der Flaschenbatterie möglich sind, ohne mit dem Kompressor zwischenzeitlich die Batterie auffüllen zu müssen.

Bei den Taucherluftversorgungsanlagen ist zu beachten, daß neben der Versorgung der Arbeitstaucher in jedem Falle auch noch genügend Luft für einen Hilfstaucher vorhanden ist. Dies gilt nicht nur für die Taucherarbeitszeit selbst, sondern für die maximal erforderliche Austauchzeit. Es ist nicht zum Nachteil, wenn auch noch für unvorhergesehene Situationen eine zusätzliche Reserve vorhanden ist.

Durch den Einsatz von Schwimmtauchern — nicht nur in Bereichen der Marine, sondern in verstärktem Maße auch in der gewerblichen Taucherei — wird der Tauchereinsatz mobil. Die im Verhältnis zum Helmtaucher leichtere und kompaktere Ausrüstung des Schwimmtauchers ermöglicht unter anderem auch den Einsatz an Arbeitsstellen, die bei Helmtauchern einen erheblich größeren Arbeits- und Transportaufwand erforderlich macht. Die Ausrüstung einer 2–3-köpfigen Tauchergruppe läßt sich beispielsweise ohne weiteres in einem VW-Transporter unterbringen, den Kompressor eingeschlossen.

Die Forderung an einen solchen Kompressor ist, daß er eine bestimmte Leistung bringt und daß er leicht und kompakt ist. In der Energieversorgung muß er unabhängig sein; als Antrieb kommt daher nur ein Verbrennungsmotor in Frage.

244

Als Antrieb für Kompressoren stehen Zweitakt- oder Viertakt-Benzinmotore und Dieselmotore zur Wahl. Sieht man von dem etwas höheren Gewicht und dem höheren Preis ab, bietet der Viertakt-Benzinmotor gegenüber den anderen Antriebsmotoren Vorteile und kann somit empfohlen werden. Diese Kompressoren sind im Prinzip so aufzubauen, wie vorher beschrieben. Das im Bild 13 gezeigte Modell entspricht im Aufbau und in der Wirkungsweise dem Aggregat nach Bild 5. Um einen möglichst niedrigen Schwerpunkt zu erhalten und ein gutes Transportieren zu ermöglichen, wurden alle Bauelemente in ein Rohrrahmengestell eingebaut. Um die vom Benzinmotor ausgehenden Schwingungen abzufangen, ist die Grundplatte gegen den Rohrrahmen in einer Gummilager-Schrägaufhängung befestigt.

Bild 13 Transportabler Hochdruckkompressor im Einsatz bei einer Bundesgrenzschutzeinheit

Ein reichhaltiges Zubehör — wie Schaltpultbeleuchtung, Kabellampe, großes Ansaugfilter und ein Abgasschlauch — ist zusätzlich beigefügt. Während dieser Kompressor zum Transport eines „fahrbaren Untersatzes" bedarf, können solche Aggregate auch als einachsige Nachläufer gebaut werden; unter Umständen bereitet das Heranfahren an den Einsatzort jedoch damit Schwierigkeiten.

## Ölfreie Hochdruckkompressoren

Die Anforderungen an die Reinheit der Druckluft, die für Atemzwecke eingesetzt wird, läßt den Einsatz von ölfreien Kompressoren zweckmäßig erscheinen.

245

Obwohl die Abscheidetechnik auch bei ölgeschmierten Aggregaten eine weitestgehende Entfernung von Öl und Wasser ermöglicht, ist die Ölabscheidung immer noch etwas problematisch, zumal dann, wenn eine absolute Ölfreiheit gefordert wird. Die Schwierigkeiten sind nicht zuletzt auch darin begründet, daß es z. Z. kaum möglich ist, die Größe des erreichbaren geringen Ölgehaltes von 0,1 — 0,2 mg/$m_n^3$ Luft meßtechnisch exakt im Volumenstrom nachzuweisen.

Für die Erzeugung ölfreier Druckluft kann aber neuerdings bei einer Reihe von Kompressoren auf eine Ölschmierung der bewegten Teile in den Zylinderräumen verzichtet werden, wenn sich dieselben nicht berühren.

Für diese sogenannten spaltgedichteten Ausführungen kommen anstelle der sonst üblichen Kolbenringe Labyrinthnuten an der Kolben- bzw. Zylinderwand zur Anwendung, die dem strömenden Gas einen genügend hohen Widerstand entgegensetzen. Bei trockenlaufenden Schraubenverdichtern ist es erforderlich, den Spalt zwischen den rotierenden Kolbenteilen kleinzuhalten.

Im Einsatz befinden sich auch schmierfreie Hochdruckkompressoren mit Kolbenringen aus besonderem Werkstoff (Graphitringe usw.), jedoch lassen hierbei die Standzeiten noch sehr zu wünschen übrig.

## 2.2. Taucherluftversorgungseinrichtungen

Werden Taucher, und das trifft insbesondere für Helmtaucher zu, von der Wasseroberfläche aus versorgt, so müssen zur Luftversorgung außer der Vorratsbatterie oder einem Kompressor zusätzliche Steuerelemente vorhanden sein. In der Regel liegt die Speicherluft oder die während des Tauchens erzeugte Luft nicht unter dem Druck vor, mit dem sie direkt dem Taucher zugeführt werden kann: es muß neben der Druckänderung auch noch eine Volumenstromregulierung vorgenommen werden. Die nachstehend beschriebenen Einrichtungen sind für diese Aufgaben vorgesehen.

### 2.2.1. Luftversorgungsschalttafel für Helmtaucher einschließlich Taucherautomat

Im Band I, Kapitel C, sind die Frischgas-Versorgungssysteme, die bei Helmtauchern zur Anwendung kommen können, herausgestellt. Demnach kommen für den hier zu betrachtenden Fall zwei Systeme in Frage: die manuelle Versorgung und die automatische Versorgung. Aus Sicherheitsgründen ist die manuelle Versorgung abzulehnen, so daß hier nur noch die automatische Luftzuführung zum Taucher zu betrachten ist.

Geht man davon aus, daß ein genügend großer Luftvorrat vorhanden ist, so muß zum Anschluß des Tauchers eine entsprechend eingerichtete Luftversorgungsschalttafel vorgesehen werden. Im Bild 14 ist eine derartige Einrichtung während eines Einsatzes auf einem Taucherschulboot zu sehen. Die Einzelelemente einer Anschlußtafel für 2 Helmtaucher sind im Bild 15 nochmals schematisch dargestellt.

Im Eingang des Luftstromes ist ein Hochdruckölgeruchsfilter eingebaut, das die letzten Ölteile herausfiltert, die nach der Hauptfilterung noch in der Luft verblieben sind. Die Absorptionsmasse in diesem Filter ist patroniert und läßt sich mit wenigen Handgriffen schnell auswechseln. Im Anschluß an deses Ölfilter liegt in der Leitung ein Sintermetallfilter, das feste Partikelchen aus der Luft ausscheidet. Damit ist gewährleistet, daß eine Verschmutzung der nachfolgenden empfindlichen Druckmindersysteme ausgeschlossen ist.

246

Bild 14 Helmtaucher-Luftversorgungsschalttafel auf einem
Taucherschnellboot der Bundesmarine

Über eine Verteilerleitung mit Manometer und zwei Absperrventilen wird die Luft zwei sogenannten, anschließend noch näher zu beschreibenden Taucherautomaten zugeführt und von dort in die Anschlußstellen für die Taucherschläuche geleitet.

Da an Taucher-Luftversorgungsschalttafeln mit zwei Anschlußstellen regelmäßig nur ein Taucher angeschlossen wird, besteht die Möglichkeit, beim Ausfall eines Versorgungszweiges durch eine entsprechende Ventileinstellung den zweiten Versorgungsweg einzuschalten. Anschlußstellen für Handhebelpumpen ermöglichen darüber hinaus, beim Ausfall der gesamten Speicheranlage notfalls den Taucher damit zu versorgen.

Was ist nun aber die Aufgabe des Taucherautomaten?

Aus dem Band I, Kapitel C, Abschnitt 2.3., ersieht man, daß der Luftbedarf eines Tauchers bei gleicher Tauchtiefe mit steigender Arbeitsleistung zunimmt; ebenfalls nimmt der Luftbedarf zu, wenn der Taucher bei gleicher Arbeitsleistung größere Tiefen aufsucht. Das Bild 5 im Kapitel C zeigt, daß diese Luftbedarfszunahmen proportional der Arbeitssteigerung bzw. der Tauchtiefenvergrößerung steigt.

Ein Taucherautomat muß es ermöglichen, daß reproduzierbare Luftvolumina eingestellt werden können, beziehungsweise muß er diese automatisch den neuen Verhältnissen anpassen. Im Bild 16 sind die Luftlieferkurven aufgezeichnet, die der DRÄGER-Taucherautomat D 6000 bei hinreichend großem Vordruck erbringt. Daraus ersieht man, daß beispielsweise in 30 m Tauchtiefe Luftmengen zwischen 80 l/min und 400 l/min eingestellt werden können. Diese Luftmengen

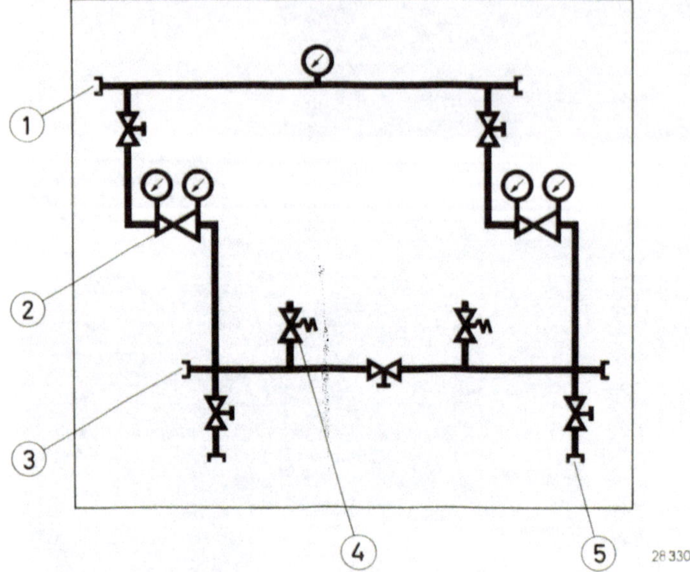


Bild 15  Schema einer Taucher-Luftversorgungsschalttafel für 2 Taucher

| | | | |
|---|---|---|---|
| 1 | Anschluß für Vorratsbatterie | 4 | Sicherheitsventil |
| 2 | Taucherautomat | 5 | Anschluß für Hebelpumpe |
| 3 | Anschluß für Taucher | | |

reichen aus, um Taucher zu versorgen, deren Arbeitsleistung zwischen Ruhe und Schwerarbeit liegt. Nimmt die Tauchtiefe zu, dann erhöht der Taucherautomat automatisch und proportional dieser Tauchtiefenzunahme die dem Helmtaucher zugeführte Luftmenge. Ist beispielsweise für mittlere bis leichtere Arbeit ein Grundwert von 50 l/min an der Oberfläche eingestellt, so erhöht sich diese Luftzufuhr automatisch in 10 m Tiefe auf 100 l/min, in 20 m Tiefe auf 150 l/min und in 30 m Tiefe auf 200 l/min.

Das heißt — gleiche Arbeitsleistung vorausgesetzt — der Taucher erhält auch bei Tiefenänderungen innerhalb des mit Luft zu betauchenden Bereiches zwangsläufig die jeweils richtige Luftmenge, um die erzeugte Kohlensäure aus seinem Helm auszuspülen und für den erforderlichen Sauerstoffnachschub zu sorgen.

Um die Luftversorgung den veränderten Arbeitsleistungen anzupassen, bedarf es lediglich der Einstellung eines Handrades am Automaten selbst.

Eines der wichtigsten Kriterien dieses Taucherautomaten ist es, daß mit ihm der gefürchtete Tauchersturz viel Gefährlichkeit verliert. Durch die automatische Anpassung der Luftzufuhr bei sich verändernder Tiefe wird auch bei sehr schnellem Tiefergehen — also beim Absturz der Taucher — die Luftblase in Helm und Anzug unverzüglich aufgefüllt und damit das „Blaukommen" des Tauchers verhindert. Manuelle Luftzuführungsmethoden sind deshalb diesem System unterlegen.

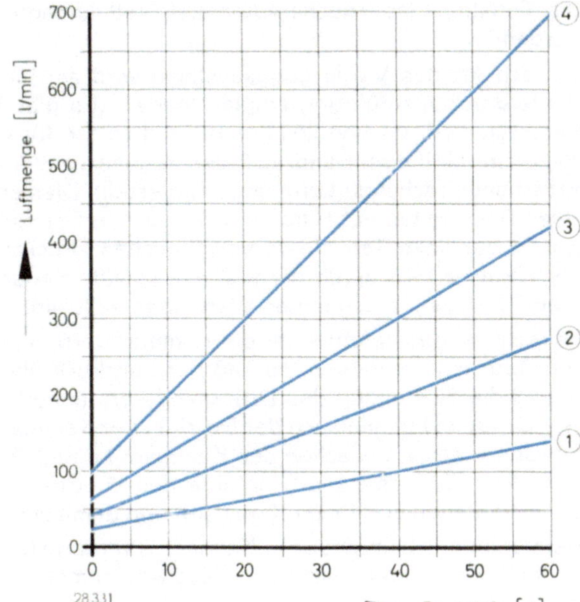

**Bild 16**
Luftlieferkurven
des DRÄGER-
Taucherautomaten
Modell D 6000

1 wenig
2 normal
3 viel
4 Höchstmenge



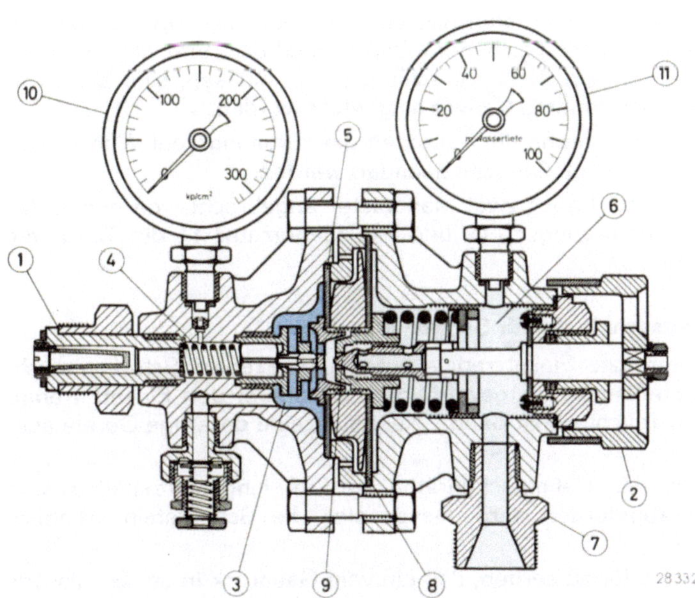



Bild 17  Schema zur Erklärung der Funktionsweise des DRÄGER-Taucherautomaten Modell D 6000

| | | |
|---|---|---|
| 1 Luftanschluß | 5 Membran (klein) | 8 Membran (groß) |
| 2 Handrad | 6 Kammer II | 9 veränderliche Drosselstelle |
| 3 Kammer I | 7 Anschluß des Taucher- | 10 Vordruckmanometer |
| 4 Einstellfeder | luftzuführungsschlauches | 11 Tiefenmanometer |

Die Funktion des Taucherautomaten soll anhand des Bildes 17 beschrieben werden:

Je nach Art des Versorgungssystems wird am Luftanschluß 1 die Hoch- oder Niederdruckluftzuführung angeschlossen. (Es gibt Taucherautomaten für einen Versorgungsdruck von 200 kp/cm² und solche für einen Versorgungsdruck von 25 kp/cm².) Mit dem Handrad 2 des Regulierventils wird die der auszuführenden Arbeit entsprechende Luftmenge eingestellt. Dies erfolgt durch die Veränderung eines Ringspaltes mit Hilfe einer konischen Spindel. Im Taucherautomaten entspricht der linke Teil einem gewöhnlichen Druckminderer, wobei der Druck n der Kammer I—3 durch die fest eingestellte Feder 4, die auf die kleine Membran 5 wirkt, auf einen festen Wert eingestellt wird.

Im rechten Automatenteil ist die Kammer II—6 mit dem Luftzuführungsschlauch zum Tauchen verbunden, so daß der Luftdruck über der zweiten großen Membran 8 die Einstellung des Druckminderers ändert, und zwar so, daß bei höherem Druck im Luftschlauch der Druck in der Kammer 3 stärker als bei geringerem Druck anwächst. Zwischen den Kammern I und II (3 und 6) befindet sich die veränderliche Drosselstelle 9. Infolge des Druckes in Kammer I strömt eine bestimmte Menge Luft in die Kammer II und damit zum Taucher.

Bei veränderlichem Druck in Kammer I werden auch veränderliche Mengen Luft in die Kammer II und damit zum Taucher strömen.

Die Größe der Membran 8 ist so gewählt, daß der Druck in der Kammer I so ansteigt, daß die durch die Drosselstelle strömende Luftmenge beim Tiefergehen des Tauchers entsprechend dem tatsächlichen Luftbedarf ansteigt. Da, wie bereits ausgeführt, die Luftmengen nicht nur entsprechend der Tiefe, sondern auch der geleisteten Arbeit entsprechend verschieden sein müssen, sind die erforderlichen Luftmengen am Handrad 2 zuvor eingestellt worden.

Selbstverständlich kann während der Tauchzeit die Luftmenge auf Wunsch des Tauchers in den vorgegebenen Grenzen geändert werden.

Am Taucherautomaten sind noch zwei Manometer angebracht, von denen das Manometer 10 den Versorgungsdruck und das Manometer 11 die Tauchtiefe des Tauchers anzeigen.

### 2.2.2. Luftversorgungsschalttafel für Schwimmtaucher

Der zeitlich sehr begrenzte Einsatzradius autonomer Preßluft-Schwimmtauchgeräte erfordert vor allem in der gewerblichen Taucherei den Einsatz fremdversorgter Geräte. In Tauchtechnik Band I, Kapitel B, sind derartige Geräte ausführlich beschrieben.

Da im Gegensatz zu den Helmtauchgeräten die Luft lungenautomatisch und nicht kontinuierlich abgefordert wird, lassen sich die Schalttafeln erheblich vereinfachen.

Es ist nur regelmäßig dafür zu sorgen, daß ein vom Gasdruck in der Gasflasche unabhängiger Niederdruck zur Verfügung steht; dies wird dadurch erreicht, daß z. B. direkt an die Vorratsbatterie ein Druckminderer angeschlossen wird.

Sollen mehrere Taucher aus einer Vorratsbatterie versorgt werden, kann man nützlicherweise mehrere Druckminderer und Absperrorgane auf einer gemeinsamen Schalttafel zusammenfassen. Steht von der Vorratsbatterie her keine einwandfreie Luft zur Verfügung, ist es sinnvoll, in den Schalttafeleingang je ein Ölgeruchsfilter und Sinterfilter einzubauen.

## 3. Sauerstoff ($O_2$)

Die geforderte Reinheit soll mindestens 99,5 % betragen.

Beim Tauchen findet Sauerstoff Anwendung:

a) zur Füllung der Sauerstoffflaschen von Tauchgeräten, die nach dem Prinzip des geschlossenen Sauerstoff-Kreislaufes arbeiten;

b) zur Füllung der Sauerstoffflaschen von Tauchgeräten, die nach dem Prinzip der selbständigen Mischgasherstellung arbeiten;

c) zur Herstellung von fertigen Gasgemischen zum Tauchen ($O_2$-$N_2$-Gemische oder $O_2$-He-Gemische);

d) für Sauerstoff-Atemanlagen in Druckkammern, Tauchkammern und UWLs;

e) für den Sauerstoffzusatz in Life-Support-Systemen.

Die Gewinnung von Sauerstoff erfolgt in Luftverflüssigungsanlagen, die nur beim Erzeuger stehen. An den Verbraucher wird der Sauerstoff entweder gasförmig — meist in 50-l-Flaschen und unter einem Überdruck von 200 kp/cm² — oder in flüssiger Form in entsprechenden Isoliergefäßen geliefert. Vorherrschend im Verbrauch ist noch gasförmiger Sauerstoff.

Da eine Erzeugung des Sauerstoffes beim Verbraucher nicht in Frage kommt, ist nur die Möglichkeit zu betrachten, wie ein Umfüllen von den großen Vorratsflaschen in die kleinen Geräteflaschen vorgenommen werden kann unter der Berücksichtigung von erforderlichen Fülldrücken, die bei 200 ÷ 300 kp/cm² liegen können. Während bis vor kurzem noch oft nach der Kaskaden-Methode aus größeren Flaschenbatterien umgefüllt wurde — unter der Hinnahme eines kleinen Druckverlustes —, wird diese Methode heute nicht mehr angewendet, da die erforderliche Drucküberhöhung über den Vorratsdruck hinaus nach dieser Methode nicht möglich ist.

Hier kann durch den Einsatz von Umfüllpumpen Abhilfe geschaffen werden. Ob diese von Hand betätigt oder von Motoren angetrieben werden, ist meist eine Frage der erforderlichen Leistung bzw. der Geldmittel.

### 3.1. Handumfüllpumpen für Sauerstoff

Wird Hochdrucksauerstoff nur bei wenigen Einsatzfällen und in geringen Mengen gebraucht, kann für das Umfüllen durchaus eine Handumfüllpumpe genügen. Moderne Handumfüllpumpen erfüllen heute alle Anforderungen, die an solche Aggregate gestellt werden. Sie sind betriebssicher, transportabel und können mit wenigen Handgriffen aufgestellt werden. Um eine unangenehme Flaschenkorrosion auszuscheiden und Einfrierungserscheinungen infolge des Feuchtigkeitsgehaltes des Sauerstoffes zu vermeiden, werden diese Pumpen serienmäßig mit Wasserabscheider und Hochdruck-Sauerstofftrockner ausgerüstet. Das Bild 18 zeigt eine komplette Sauerstoff-Umfülleinrichtung.

Der Deckel und zwei Seiten des Transportkastens sind abgeklappt. Die Seitenwände dienen mit ihren Trittrosten gleichzeitig als Grundplatte.

Bei der stationären Handumfüllpumpe sind alle wichtigen Bauelemente in einem stabilen Rohrrahmengestell zusammengefaßt. Auf der linken Seite des

Bild 18  Komplette Sauerstoff-Umfülleinrichtung mit transportabler Handumfüllpumpe    21 C45 b

Rahmenbügels ist die Handumfüllpumpe liegend angeordnet. Der innere Aufbau ist dem Bild 19 zu entnehmen. Es muß darauf hingewiesen werden, daß die Kunststoffabdichtungsmanschetten sehr gute Standzeiten haben. Geschmiert werden diese Pumpen mit einem Wasser-Glyzerin-Gemisch im Verhältnis 4 : 1. Zum Abscheiden des im Sauerstoff in flüssigem und dampfförmigem Zustand enthaltenen Wassers ist der Handumfüllpumpe eine Trockeneinrichtung nachgeschaltet. Ein Wasserabscheider nimmt den flüssigen Wasseranteil auf, während ein anschließend durchströmter Hochdruck-Sauerstofftrockner den im Sauerstoff verbleibenden dampfförmigen Wasseranteil herabsetzt. Die Aufnahmeleistung der verwendeten Trockenpatrone ist so bemessen, daß sie erst nach dem Umfüllen von ca. 400 Nm³ Sauerstoff ausgewechselt werden muß, d. h., daß bis zu einem Austausch z. B. 1000 Flaschen à 2 Liter Inhalt auf 200 atü gefüllt werden können.

Da beim Umfüllen mit Pumpen immer mehrstufig umgefüllt werden muß, um den gewünschten Enddruck zu erzielen, hat die Pumpe ein Sammelrohr, an das gleichzeitig drei Vorratsflaschen anschließbar sind. Alle Zubehörteile wie beispielsweise ein kompletter Werkzeugkasten, Ersatzteile und Schmierflasche werden in entsprechenden Aufnahmen im Transportkasten untergebracht.

Die Handumfüllpumpe wird in einer speziellen Ausführung auch für den stationären Betrieb geliefert, und zwar ohne den Transportkasten für die Wandmontage. Die erzielbare Umfüll-Leistung hängt natürlich sehr stark von der Leistung der Bedienungsperson ab. Versuche haben aber gezeigt, daß von einer Person/Stunde ca. 20 Stck. 2-Liter-Flaschen auf 200 kp/cm² umgefüllt werden

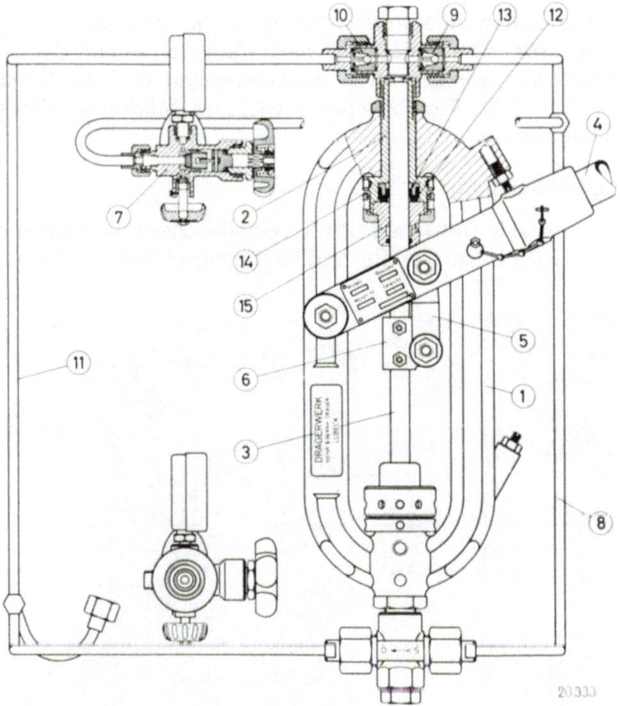



Bild 19  Schnittzeichnung einer Handumfüllpumpe

| | | | | | |
|---|---|---|---|---|---|
| 1 | Rahmen | 6 | Zugkopf | 11 | Druckleitung |
| 2 | Zylinder | 7 | Ventil | 12 | Kunststoff-Manschette |
| 3 | Kolbenstange | 8 | Saugleitung | 13 | Nutring |
| 4 | Handhebel | 9 | Saugventil | 14 | Zylindermutter |
| 5 | Pleuelstange | 10 | Druckventil | 15 | Führung |

können. In dieser Zeit sind auch alle Nebenarbeiten enthalten, wie z. B. das Auswechseln der Vorratsflaschen.

## 3.2. Elektrische Umfüllpumpen für Sauerstoff

Wird Sauerstoff beim Tauchen in größeren Mengen gebraucht oder zum Herstellen von Gasgemischen benötigt, ist das Umfüllen mit Handumfüllpumpen kaum mehr zumutbar. An die Stelle der Handumfüllpumpe tritt dann im stationären Betrieb die elektrisch betriebene Umfüllpumpe. Diese Pumpen wurden in den letzten Jahren hinsichtlich ihres konstruktiven Aufbaues wesentlich verbessert und sind heute für Betriebsdrücke bis zu 330 kp/cm² erhältlich. Stellvertretend für eine Reihe anderer ähnlicher Ausführungen soll hier das DRÄGER-Modell U 300 DS beschrieben werden. Diese Pumpe ist, wie Bild 20 zeigt, völlig gekapselt, wobei das Gehäuse das Pumpenaggregat, den Antrieb, das Schalttafelinnere und die Trockeneinrichtung umschließt. Außen sichtbar sind lediglich die Bedienungs- und Anzeigearmaturen, die auf einer Schalttafel übersichtlich angeordnet sind.

Trotz der geschlossenen Ausführung ist die Zugänglichkeit zu den Betriebs-
aggregaten außerordentlich einfach, da nach dem Abnehmen der Vorderklappe
sich die gesamte Pumpe nach vorne ausschwenken und die Schalttafel nach
oben aufschwenken läßt. Einige weitere wichtige Merkmale dieses Pumpen-
modelles sind folgende:

**Fülldruck und Umfülleistung**

Der z. Z. vorherrschende Betriebsdruck für Gasflaschenfüllungen auf dem Tauch-
gerätesektor beträgt 200 kp/cm². Es sind jetzt einige Geräte mit einem Flaschen-

26385

Bild 20  Elektrische Umfüllpumpe für Sauerstoff DRÄGER-Modell U 300 DS

druck von 300 kp/cm² auf dem Markt. Da der Umstellungsprozeß von 200 auf
300 kp/cm² entsprechend dem wesentlich gesteigerten Gesamtentwicklungs-
tempo schneller vor sich geht als die seinerzeitige Druckerhöhung von 150 auf
200 kp/cm², ist diese Pumpe bereits für einen maximalen Fülldruck von 330
kp/cm² gebaut. Selbstverständlich können mit dieser Pumpe auch Flaschen
mit einem Betriebsdruck von 200 kp/cm² gefüllt werden. Die pneumatisch-elek-
trische Umschaltsteuerung mit Abschaltautomatik bei Erreichen des gewünschten Betriebsdruckes läßt beides zu. Das Abschälten der Pumpe wird durch Prä-
zisionskontaktschalter erreicht, die sich durch eine ungemein große Robustheit
auszeichnen.

Um die Pumpenleistung gegenüber ähnlichen Modellen ohne Veränderung der
Baugröße zu erhöhen, wurde die Hubzahl der Kolbenpumpe von 90 auf 180 pro
Minute angehoben.

Die Umfülleistung, die sehr stark von den Vordruckverhältnissen abhängig ist, beträgt bei vierstufigem Umfüllen ca. 20 Stck. 2-Liter-Flaschen auf 300 kp/cm² in einer Stunde.

**Antrieb und Pumpenbock**

Die Antriebsanordnung ist im Bild 21, das u. a. das ausgeschwenkte Pumpenteil zeigt, gut zu erkennen. Dabei wird über einen Elektromotor mit direkt ange-flanschtem Getriebe eine Exzenterscheibe angetrieben, die ihrerseits mit einer Schubstange mit Kreuzkopf und Doppelkolben verbunden ist.

Bild 21  DRÄGER-Umfüllpumpe  U  300  DS,  Pumpenteil  ausgeschwenkt

Der Pumpenbock nimmt auf beiden Seiten gleichartige Zylinder mit entsprechen-den Steuerventilen auf.

**Kolben-Zylinderschmierung**

Die einwandfreie Kolben-Zylinderschmierung ist bei Sauerstoff-Umfüllpumpen äußerst wichtig. Da kein Öl und Fett als Schmiermittel im Sauerstoffbetrieb ver-wendet werden dürfen, ist die Auswahl an Schmiermitteln gering. Auch heute noch erscheint es am günstigsten, ein Wasser-Glyzerin-Gemisch im Verhältnis 4 : 1 zu verwenden. Wichtig ist, daß die Reibungsstellen Dichtring-Kolben stän-dig von diesem „Schmiermittel" umspült werden. Dies ist durch die Einführung der völlig geschlossenen Kreislaufschmierung gewährleistet. Eine Kontrolle der Schmierung ist dadurch gegeben, daß in der Schalttafel zwei durchsichtige

255

Kugelkalotten angeordnet sind, die von innen angespritzt werden, solange die Schmierung einwandfrei arbeitet.

**Mindestdruck-Schaltautomat**

Die Umfüllpumpe U 300 DS ist mit einem Mindestdruck-Schaltautomat ausgerüstet, der das drucklose Pumpen verhindert. In diesem Betriebszustand besteht die Gefahr, daß das Schmiermittel bei dem Pumpvorgang angesaugt wird, in den Vorabscheider gerät und von dort bei nicht rechtzeitigem Entleeren die Trockenpatrone schwer belastet. Der Druckpilot ist so eingestellt, daß erst bei Erreichen eines Vordruckes von mindestens 10 kp/cm² die Pumpe angeschaltet werden kann und somit das Ansaugen von Flüssigkeit vermieden wird.

**Wasserabscheider — Trockner**

Langjährige Beobachtungen haben gezeigt, daß mit der Einführung leichter Stahlflaschen das Korrosionsproblem besonders zu beachten ist. Da für eine Korrosion in der Flasche aber immer Feuchtigkeit vorhanden sein muß, gilt es beim Umfüllen von Gasen, und hier insbesondere bei Sauerstoff, möglichst trocken umzufüllen. Die Ansammlung von tropfbar flüssigem Wasser muß vermieden werden.

Ein mechanischer Wasserabscheider und ein nachgeschalteter Hochdrucktrockner mit Wasserabsorption unter Verwendung von hochaktiven KC-Perlen erweisen sich als brauchbare Lösung. Werden besonders hohe Anforderungen an die Trockenheit des umgefüllten Gases gestellt, so kann ein zweiter Trockner nachgeschaltet werden.

**Einrichtung zur Feuchtigkeitsmessung**

Auch für die Trockenpatrone in einer Umfüllpumpe kann die immer wieder gestellte Frage: „Wann ist ein Filter erschöpft?" — nicht schlüssig beantwortet werden.

Der Betriebszustand der Pumpe und die Wartung des Wasserabscheiders können zu unterschiedlichen Wasserangeboten führen, die eine Berechnung und damit eine Aussage bezüglich der zulässigen Gebrauchszeit einer Trockenpatrone nicht diskutabel erscheinen lassen.

Es gibt Wasserdampf-Prüfröhrchen, mit deren Hilfe die maximal zulässige Grenzkonzentration von 20 mg/m$_n^3$ leicht festgestellt werden kann. Um stets eine sichere Überwachung der Trockeneinheit des umgefüllten Sauerstoffes zu gewährleisten, wurde gleich eine Meßmöglichkeit in die Pumpe mit eingebaut.
Hierzu braucht dann nur noch ein geöffnetes Wasserdampf-Prüfröhrchen in den dafür vorgesehenen Anschluß in der Schalttafel gesteckt zu werden; 10 Minuten später liegt dann das Meßergebnis vor.

### 3.3. Benzinmotorgetriebene Umfüllpumpen für Sauerstoff

Der Antrieb von Umfüllpumpen mit einem Elektromotor setzt das Vorhandensein elektrischer Energie voraus. Diese Forderung kann aber nicht in jedem Bedarfsfalle erfüllt werden. Aus diesem Grunde gibt es — ebenso wie bei Kompressoren für Luft — Sauerstoffumfüllpumpen mit Verbrennungsmotorantrieb. Gebräuchlich ist dabei der Antrieb mit Benzinmotoren.

Da diese Pumpen im wesentlichen nach dem gleichen Prinzip arbeiten wie die in Abschnitt 3.2. beschriebene Ausführung, kann an dieser Stelle auf nähere Beschreibung von Einzelheiten verzichtet werden.

256

Das Bild 22 gibt Auskunft über den Gesamtaufbau einer derartigen Anlage. Interessant ist, daß zur Förderleistungserhöhung ein doppelter Pumpenbock eingeführt wurde und daß der Vorrat an Sauerstoff gleich mit der Pumpe mitgeführt wird. Um beim Ausfall der Motorpumpe wenigstens noch kleinere Mengen an Sauerstoff abgeben zu können, ist in die Schalttafel eine Handumfüllpumpe mit eingebaut.

Bild 22   Umfüllpumpe für Sauerstoff mit Benzinmotorantrieb

Das gesamte Gerät ist auf einem stabilen Grundrahmen aufgebaut. Als schützende Abdeckung dient ein Blechgehäuse mit sechs nach oben aufklappbaren Bedienungstüren. Im Normfalle wird diese Pumpe auf einem Vierrad-Nachläufer befördert, kann aber ebensogut auf einem PKW oder einem schwimmenden Untersatz montiert werden.

## 4. Stickstoff (N₂)

Stickstoff wird wie der Sauerstoff durch Abscheiden aus der verflüssigten Luft gewonnen. Er ist ein unbrennbares, farbloses, geruchloses und ungiftiges Gas (ein Inertgas), das in der Luft zu 78,03 Vol.-% enthalten ist. Das Molekulargewicht des Stickstoffes beträgt 28,0134 und sein spezifisches Gewicht 1,2505 kg/m³ (0 °C und 760 mm Hg).

Stickstoffgas wird in 40- oder 50-l-Flaschen unter einem Überdruck von 150 kp/cm² gehandelt.

In reiner Form findet Stickstoff in der Taucherei selten Anwendung; regelmäßig wird er aber für folgende Zwecke verwendet:

a) zur Herstellung von Sauerstoff-Stickstoff-Gasgemischen für Mischgas-Tauchgeräte; (dabei wird oftmals zur Mischungsherstellung der in der Luft enthaltene Stickstoffanteil herangezogen [Flachwasser-Tauchgeräte];)

b) in der Tieftaucherei zur Herstellung von 3-Komponenten-Gemischen aus Sauerstoff, Helium und Stickstoff; (dabei wird durch den Zusatz von Stickstoff nicht nur teures Helium gespart, sondern auch noch die Sprachkommunikation verbessert und die Wärmeabfuhr, hervorgerufen durch hohe Heliumgehalte, etwas eingeschränkt;)

c) zur Herstellung und zum Korrigieren der Gasatmosphäre in UWLs, um auch bei Flachwassereinsätzen einen genügend niedrigen Sauerstoffpartialdruck zu gewährleisten;

d) zum Auffüllen von Batteriekästen, Anschlußdomen und explosionsgefährdeten Arbeitsräumen, die unter Druck stehen.

An die Reinheit des Stickstoffes, der für Atemzwecke in der Taucherei verwendet wird, werden die gleichen Anforderungen gestellt wie es für die Luft der Fall ist.

### 4.1. Umfülleinrichtungen für Stickstoff

Da Stickstoff kaum unter hohem Druck zur Anwendung kommt, genügt hier — im Gegensatz zu Sauerstoff — in vielen Anwendungsfällen das einfache Überströmen aus einer Flasche oder Flaschenbatterie. Sollte ausnahmsweise Stickstoff unter höherem Druck gebraucht werden, als durch den Vorratsdruck gegeben ist, so können zu einer Druckerhöhung ohne weiteres Pumpeneinrichtungen verwendet werden, wie sie unter 3.1. bis 3.3. beschrieben wurden.

Werden besondere Vorkehrungen getroffen, so können von Fall zu Fall die Sauerstoff-Umfüllpumpen für diesen Zweck herangezogen werden.

## 5. Helium (He)

Helium ist ein Edelgas, das chemisch völlig reaktionsunfähig ist. Es ist geruchlos, unbrennbar und ungiftig. Helium ist in Spuren in der atmosphärischen Luft enthalten und kann durch fraktionierte Destillation bei der Luftverflüssigung gewonnen werden. Es kommt jedoch auch in amerikanischen und kanadischen Erdgasquellen vor (zu etwa 0,5—9%) und ist dadurch preislich gerade noch erschwinglich. Trotzdem verteuert der Einsatz von Helium das Tauchen erheblich. Das Atomgewicht von Helium beträgt 4,003 und das spezifische Gewicht 0,1785 kg/m³. Der Versand von Helium erfolgt in 30-l-Flaschen unter einem Betriebsdruck von 150 kp/cm².

In der Taucherei findet Helium Verwendung:

a) zur Herstellung von Fertiggas-Gemischen aus Sauerstoff und Helium, die in der Tieftaucherei benötigt werden;

b) in reiner Form in Mischgas-Tauchgeräten, die selbstmischend arbeiten;

c) zur Herstellung von atembaren Gasatmosphären in Tieftauchanlagen und Unterwasserlaboratorien.

Die Reinheitsanforderungen sind denen für Sauerstoff und Stickstoff gleichzusetzen.

### 5.1. Umfülleinrichtungen für Helium

Bei der Anwendung von Helium in der Taucherei besteht die Möglichkeit, daß dieses Gas auf einen Druck von 200 kp/cm² gebracht werden muß. Für diesen Zweck können dann Umfüllpumpen eingesetzt werden, die im Prinzip genauso wie die Sauerstoff-Umfüllpumpen arbeiten.

Bei diesen Pumpen muß darauf geachtet werden, daß Helium wegen der geringen Dichte besonders leicht zu Leckagen neigt. Gut bewährt hat sich für diesen Einsatzfall auch die Verwendung von Membrankompressoren, die weitestgehend verlustlos und ohne Berührung des zu fördernden Gases mit Schmiermitteln arbeiten.

Kolbenkompressoren mit besonderen Abdichtungssystemen werden für diese Zwecke gleichfalls in steigendem Maße eingesetzt.

## 6. Gasmischanlagen

Das Tauchen mit Luft atmosphärischer Zusammensetzung ist auf Tiefen begrenzt, die bis 50 — 60 m Wassertiefe liegen. Soll tiefer getaucht werden, so ist der Stickstoffanteil der Atemluft herabzusetzen, und bei Tauchtiefen über 90 m wird in normaler Luft auch der Sauerstoffanteil zu hoch.

Auch im Flachwasserbereich zwischen 0 und 50 m werden aus taktischen und ökonomischen Gründen immer mehr Tauchgerätesysteme eingesetzt, die mit Mischgasen arbeiten. Wie im Band I und II an verschiedenen Stellen bereits ausführlich beschrieben wird, finden fertige Gasgemische in folgenden Geräten Verwendung:

a) in Mischgas-Tauchrettern für das Austauchen aus havarierten U-Booten in Tiefen zwischen 0 — 40 m;

b) in Mischgas-Tauchgeräten für die Minendemontage (amagnetische und geräuschlose Geräte) in Tiefen zwischen 0 — 54 m;

c) in Tieftauchgeräten (zur Zeit) bis zu 350 m;

d) in Tieftauchsystemen und UWLs.

Dabei werden an die Genauigkeit der Gasgemische — insbesondere für das Tieftauchen — außerordentlich hohe Anforderungen gestellt. Die Herstellung der Gasgemische kann nach verschiedenen Verfahren erfolgen, die den jeweiligen Anforderungen angepaßt werden können.

Bei der Wahl des anzuwendenden Verfahrens ist es von entscheidender Bedeutung, ob mit der gewählten Einrichtung nur ein Gasgemisch mit festem Mischungsverhältnis hergestellt werden soll oder ob dieses Mischungsverhältnis variabel sein kann. Gleichfalls ist es wichtig zu wissen, ob das gewünschte Gemisch kontinuierlich oder diskontinuierlich anfallen kann.

In Bild 23 wird versucht, die verschiedenen Möglichkeiten dem Prinzip nach einzuordnen. Demnach stehen folgende Möglichkeiten zur Herstellung von Gasgemischen zur Auswahl:

### 6.1. Herstellung von Gasgemischen durch Überströmen

Sind nur hin und wieder Gasmischungen herzustellen und wird kein besonderer Wert darauf gelegt, Maximaldrücke in der Geräteflasche zu haben, so ist das

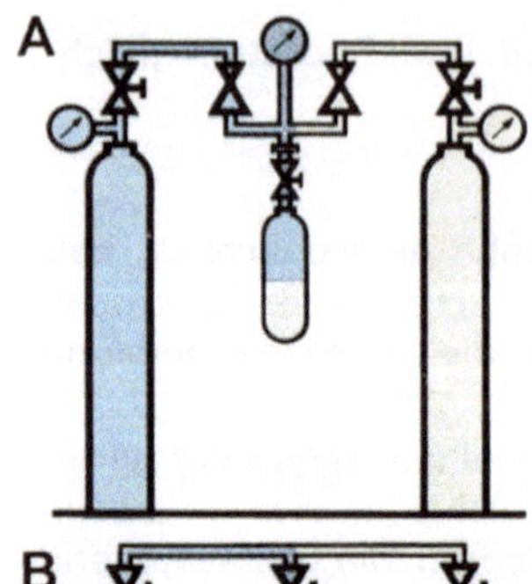

**A  Überströmen, manometrisch**

Nach Druck aus größeren Vorratsflaschen kein maximaler Druck erreichbar, diskontinuierliche Füllmethode, praktisch jedes Mischungsverhältnis

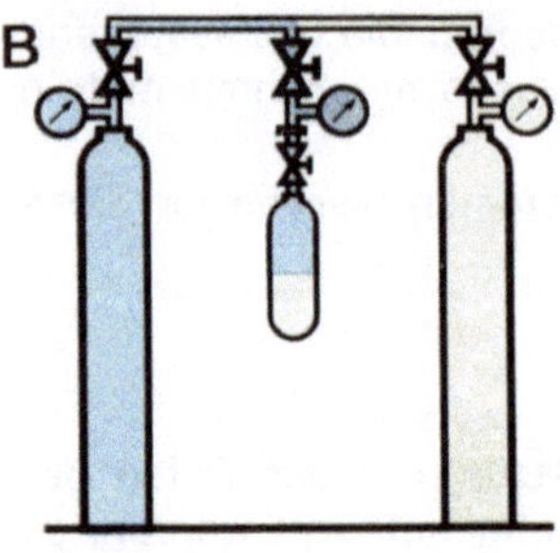

**B  Abströmen unter Gleichdruck**

Gleiche Vorratsflaschengröße, gleicher Druck in den Vorratsflaschen, diskontinuierliches Füllen, Mischungsverhältnis 50 : 50

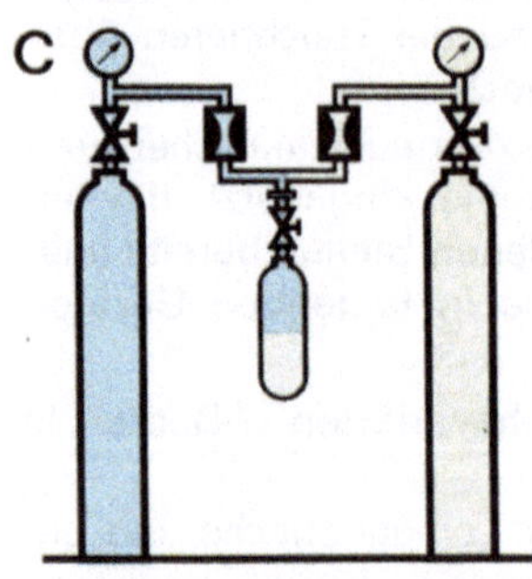

**C  Mischungszusammensetzung durch Dosierung bestimmt**

Beliebige Vorratsflaschengröße, Druck überkritisch in bezug auf den maximalen Geräteflaschendruck, kontinuierliches Füllen möglich, Mischungsverhältnis entsprechend den Dosierungen

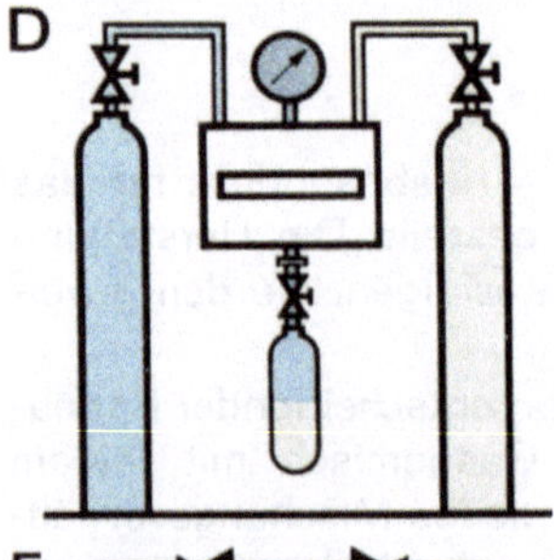

**D  Umfüllpumpe, manometrisch**

Beliebige Vorratsflaschengröße, beliebiger Druck in den Vorratsflaschen, diskontinuierliches Füllen, Mischungsverhältnis beliebig

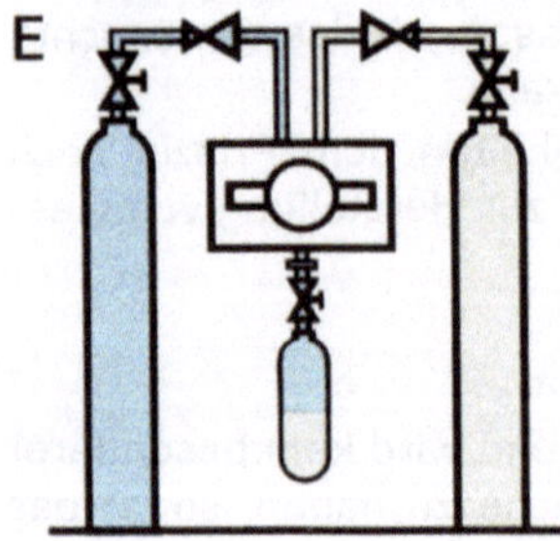

**E  Dosierpumpen**

Beliebige Vorratsflaschengröße, gleichbleibender Vorratsdruck vor der Pumpe durch Druckminderer geregelt, kontinuierliches Füllen möglich, Mischungsverhältnis beliebig

28 336

Bild 23  Möglichkeiten zur Herstellung von Gasgemischen

Überströmverfahren nach A eine durchaus brauchbare Methode, um schnell und preiswert zu verhältnismäßig genauen Gasgemischen zu kommen. Erforderlich ist allerdings, daß die Vorratsflaschen genügend hohe Vordrücke haben. Ist dies gewährleistet, so wird dann rein manometrisch umgefüllt, das heißt, entscheidend für die Genauigkeit der Mischung ist die Genauigkeit des Manometers. Beim Überströmvorgang muß auch berücksichtigt werden, daß die zu füllende Flasche vorher möglichst evakuiert war und eine gleichmäßige Temperatur gewährleistet ist. Die letztere Forderung kann man dadurch gut erfüllen, daß die zu füllende Flasche in einem Wasserbad — mit konstanter Temperatur — hängt. Umstritten ist immer noch die Frage, ob bei diesem Überströmvorgang eine genügend gute Durchmischung der Einzelkomponenten in der Geräteflasche erfolgt. Will man sicher gehen, so läßt man diese Flaschen ausreichend lange liegen, wobei sie von Zeit zu Zeit gedreht werden müssen, oder aber man legt sie von vornherein auf eine Wälzeinrichtung. In Bild 24 ist ein derartiger Apparat abgebildet, der mit wenigen Handgriffen auf verschiedene Flaschengrößen umzustellen ist.

28 337

Bild 24  Flaschenwälzeinrichtung für die innige Durchmischung
der verschiedenen Gase

## 6.2. Herstellung von Gasgemischen durch Abströmen unter Gleichdruck

Dieses System ist unter B skizziert und wird seit langem zur Gasgemischherstellung in den Tauchgeräten selbst benutzt. Es kann auch Verwendung finden, wenn Gasmischungen mit geringerem Druck herzustellen sind. Bei diesem Prinzip geht man davon aus, daß sich zwei oder mehrere unter gleichem Druck stehende Gefäße gleichzeitig entleeren, d. h., daß der Druck in den Einzelgefäßen in jeder Entleerungsphase genau übereinstimmt. Hat man also zwei Vorratsbehälter mit dem genau gleichen Volumen, so erhalten wir bei gleichmäßigem Abströmen konstant ein Gemisch im Verhältnis 1 : 1. Haben die Vorratsbehälter verschiedene Volumina, so entstehen Gemische genau im Verhältnis dieser Volumina.

Allerdings muß bei hohen Drücken die van der Walsche Zustandskonstante der Gase bei diesen oder den anderen Verfahren berücksichtigt werden.

Nach diesem System lassen sich Gasmischungen der verschiedensten Zusammensetzung herstellen.

Für die Genauigkeit der entstehenden Gasmischungen sind der gleiche Ausgangsdruck in den Vorratsflaschen und der genaue Inhalt (Wasserinhalt) bestimmend.

### 6.3. Herstellung von Gasgemischen durch Konstantdosierungen

Wird nach dem Prinzip C verfahren, bei dem die Gasgemischherstellung durch konstante Gasströme gekennzeichnet ist, ist dafür zu sorgen, daß der Druck vor den Düsen gleich und in bezug auf deren Hinterdruck immer überkritisch bleibt. Ist dies der Fall, so können auch bei verschiedenen Vorratsflascheninhalten und Drücken entsprechend den Düsenquerschnitten kontinuierlich die unterschiedlichsten Gasmischungen hergestellt werden. Es ist nicht Voraussetzung, daß die Düsen unbedingt starr sein müssen; es können auch veränderliche Systeme eingesetzt werden. Kritisch ist bei diesem Verfahren die Verschmutzungsgefahr der Düsen; es sind alle Vorkehrungen zu treffen, um dies zu vermeiden.

### 6.4. Herstellung von Gasgemischen mit Hilfe von Umfüllpumpen

Das beim Verbraucher wohl am häufigsten zur Anwendung kommende System der Gasgemischherstellung ist das der Umpumptechnik (Prinzip D). Ob dabei

28 338

Bild 25  Gasmischanlage zum Herstellen eines Gasgemisches von 50 % Sauerstoff und 50 % Stickstoff

Kompressoren oder Umfüllpumpen oder beides zugleich zur Anwendung kommen, ist von untergeordneter Bedeutung. Je nachdem, ob Gasmischungen aus Stickstoff und Sauerstoff oder solche aus Helium und Sauerstoff herzustellen sind, kann man durchaus verschiedene Gerätegruppen kombinieren. Im Prinzip wird aber wie beim System nach A die Mischungsbestimmung manometrisch vorgenommen. Da aber Pumpaggregate zur Verfügung stehen, sind die maximal zu erzielenden Fülldrucke nicht mehr von den Vorratsdrücken abhängig.

Je nach Aufgabenstellung kann man diese Anlagen sehr stark automatisieren, wie z. B. die Gasmischanlagen zur Herstellung eines Gemisches von 50 % Sauerstoff und 50 % Stickstoff. Diese Einrichtung (Bild 25) dient zum Auffüllen von Tauchretterflaschen. Man geht davon aus, daß der erforderliche Stickstoff über Luft atmosphärischer Zusammensetzung eingebracht werden kann. Da die Luft auch ca. $^1/_5$ Sauerstoff mitbringt, muß nur noch ein Teil der erforderlichen 50 % Sauerstoff durch Zupumpen von reinem Sauerstoff ergänzt werden. Die Anlage ist durch den Einbau von pneumatischen und elektrischen Sicherungen so abgeblockt, daß Fehlfüllungen kaum möglich sind. Einzige Bedingung beim Füllen ist, daß strikt darauf geachtet wird, daß die Geräteflaschen vor dem Anschluß an die Fülleiste völlig entleert wurden. Die Funktionsweise dieser Anlage ist dem Bild 26 zu entnehmen.

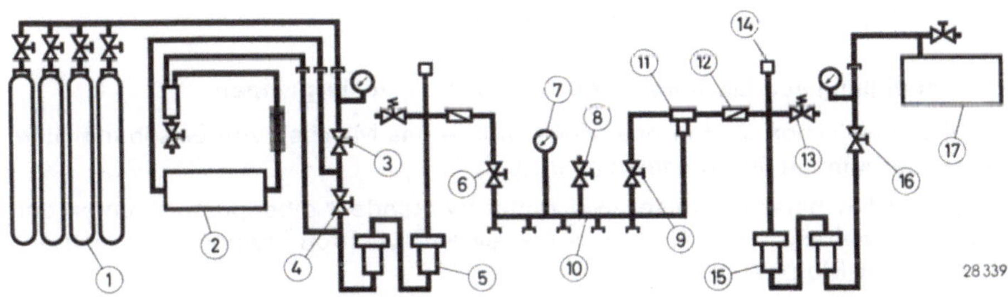

Bild 26  Funktionsschema einer Mischgasanlage
zur Herstellung eines Sauerstoff-Helium-Gemisches

| | | | |
|---|---|---|---|
| 1 | Sauerstoff-Vorrat | 6 | Sauerstoff-Füllventil |
| 2 | Umfüllpumpe | 7 | Fülldruckmanometer |
| 3 | Batterieventil | 8 | Entlastungsventil |
| 4 | Überströmventil | 9 | Druckluft-Füllventil |
| 5 | Hochdruck-Sauerstofftrockner | 10 | Fülleiste |
| | | 11 | Steuerventil |
| 12 | Rückschlagventil |
| 13 | Sicherheitsventil |
| 14 | Druckschalter |
| 15 | Druckluft-Reinigungsfilter |
| 16 | Kompressorventil |
| 17 | Kompressor |

Sind variable 4-Komponenten-Mischungen herzustellen, so kann dies ebenfalls mit einer weitgehend automatisierten Anlage erfolgen. Das Bild 27 zeigt eine derartige Einrichtung, wobei zwei Gase durch eine elektrische Umfüllpumpe, ein Gas durch eine Handumfüllpumpe und die vierte Komponente nur durch Überströmen gefördert werden.

Auch hier wird der Mischungsanteil manometrisch bestimmt, wobei für jedes Gas zwei Manometerdruckbereiche vorgesehen sind. Ein Wasserbad für die zu füllende Flasche sorgt für eine gleichmäßige Temperatur während des Füllvorganges.

Bild 27   Mischgasanlage für vier Gaskomponenten

## 6.5. Herstellung von Gasgemischen mit Hilfe von Dosierpumpen

Aus der chemischen Verfahrenstechnik wurde das Mischen von Gasen mit Hilfe von Dosierpumpen übernommen (Prinzip E).

Dabei werden beispielsweise zwei einfachwirkende Kolbenpumpen unter der Zwischenschaltung eines Getriebes von einem synchron laufenden Asynchron-Kondensator-Motor angetrieben.

Zum Einstellen der verschiedenen Mischungsverhältnisse dienen Wechselräder, die paarweise ausgetauscht werden können. Damit ist die kontinuierliche Mischgasherstellung gewährleistet.

Anstelle von Kolbenpumpen sind auch Membran- oder Faltenbalgpumpen einsetzbar.

## 6.6. Rückgewinnung von Helium

Insbesondere beim Betrieb von Tieftauchanlagen, Tauchsimulatoren und Druckkammern können große Mengen von verunreinigtem Helium anfallen.

Je nach Betriebsausstattung wird dieses Roh-Helium in großen Speicherballons aufgefangen und von dort aus mit Hilfe von Heliumkompressoren in Flaschenbatterien gedrückt, bis es weiterverarbeitet wird. Fallen kleinere Heliummengen an, kann man diese unter Umständen auch sofort aufbereiten.

In den Aufbereitungsanlagen wird die im Roh-Helium vorhandene Hauptkomponente Sauerstoff durch Auskondensieren bei hohem Druck und tiefer Temperatur (151 ata, − 205 °C) entfernt. Die übrigen Verunreinigungen des Roh-Heliums wie beispielsweise Wasser, Kohlendioxyd und Geruchsstoffe, gefrieren schon bei höheren Temperaturen und werden vor der Abkühlung des Roh-Heliums beseitigt. Das erfolgt mit Hilfe von abwechselnd eingesetzten Absorbern.

264

Aus Wirtschaftlichkeitsgründen wird in verschiedenen Druckstufen vorgereinigt. Da eine genauere Beschreibung dieser an sich nicht ganz einfachen Verfahren den Rahmen dieses Buches überschreiten würde, muß auf die einschlägige Fachliteratur verwiesen werden.

## 7. Komplette Gasversorgungsanlagen (Übersicht)

In der Taucherei ist jeder Einsatzfall anders gelagert als der vorhergehende, jedes Schiff unterschiedlich von anderen und auch jede Ausrüstung etwas anders, so daß es kaum einheitliche Gasversorgungsanlagen gibt. Trotzdem soll durch die nachstehende Zusammenfassung versucht werden, für einige Bedarfsfälle grundsätzliche Schemata herauszuarbeiten, die dann leicht den speziellen Gegebenheiten anzupassen sind.

Da aus den Schemata alles Wissenswerte zu entnehmen ist, wird nur dort ein Text beigefügt, wo es erforderlich ist.

### 7.1. Sauerstoffumfüllanlage zur Versorgung von Sauerstoff-Kreislaufgeräten

Sauerstoff wird an den Verbraucher in der Regel in gasförmigem Zustand abgegeben. Er ist in 50-l-Flaschen unter einem Druck von 200 kp/cm² gespeichert. Um in den zu füllenden Geräteflaschen den vollen Fülldruck zu erreichen (200 kp/cm²), müssen Umfüllpumpen zum Einsatz kommen. Bei größerem Bedarf an Geräteflaschen sind Handumfüllpumpen nicht mehr ausreichend. Die Sauerstoff-Umfüllanlage mit einem Elektromotor in Bild 28 kann als Standard-Einrichtung bezeichnet werden. Im Bedarfsfall ist die Vorratsbatterie zu erweitern.

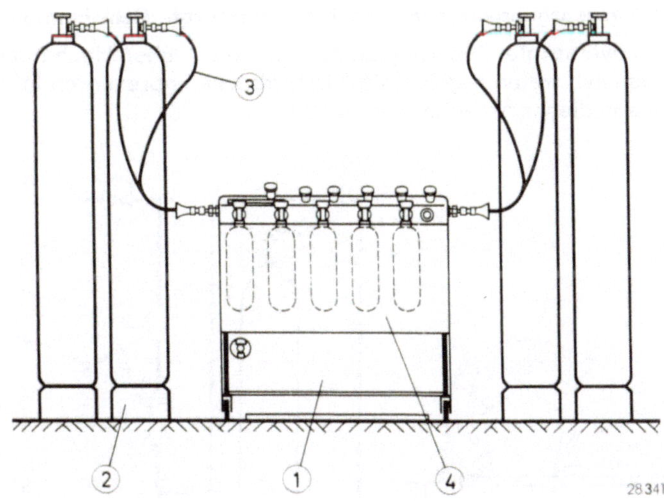

Bild 28   Sauerstoffumfüllanlage zur Versorgung von Sauerstoff-Kreislaufgeräten

1   Elektrische Umfüllpumpe
2   4 Sauerstoff-Vorratsflaschen 50 Liter Inhalt, 200 kp/cm² Betriebsdruck
3   4 Verbindungsschläuche
4   Wasserbad
    weiter erforderlich: Stromanschluß, Wasseranschluß

### 7.2. Anlage zum Füllen von Preßluftflaschen

Hierbei genügen Hochdruckkompressoren mit entsprechenden Fülleistungen. Allerdings ist zu beachten, daß das Öl einwandfrei aus der Luft beseitigt wird. Ist der Hochdruckkompressor für besondere Bedarfsfälle in seiner Füll-Leistung nicht ausreichend, können für einen sporadisch auftretenden Spitzenbedarf durch das Hinzufügen einer Speicherbatterie die Füllzeiten erheblich verringert werden, da dann nur noch die Druckspitzen nachzudrücken sind und die Batterie in Zeiten geringen Luftbedarfs aufgefüllt werden kann. Das Bild 29 zeigt eine derartige Einrichtung.

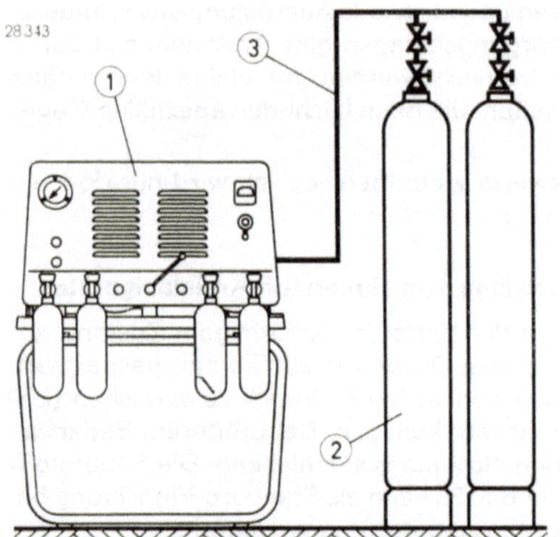


Bild 29  Anlage zum Füllen von Preßluftflaschen

1  Elektrisch angetriebener
   Kompressor
2  2—4 Vorratsflaschen 50 Liter
   Inhalt, 200 kp/cm² Betriebsdruck
3  Verbindungsleitung

### 7.3. Druckluftversorgungsanlage für schlauchversorgte Schwimmtauchgeräte

Werden fremdversorgte Schwimmtauchgeräte nicht über Hochdruck-Flaschenbatterien gespeist, treten regelmäßig Niederdruckkompressoren in Aktion. Eine einfache Anlage dieser Art zeigt das Bild 30.

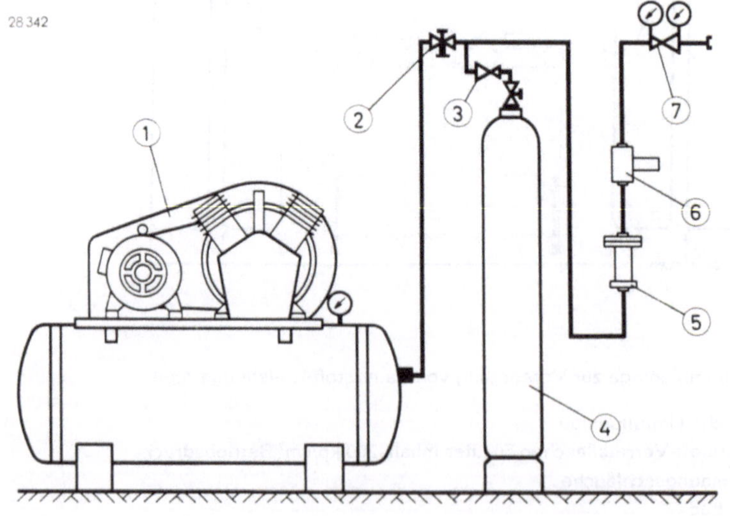


1  Niederdruck-
   kompressor
   Halteblock
2  Ventil mit
3  Druck-
   minderer
4  Vorrats-
   flasche
   50 Liter Inhalt
   200 kp/cm²
   Betriebs-
   druck
5  Druckluft-
   reinigungs-
   filter
6  Sintermetall-
   filter
7  Druck-
   minderer

Bild 30  Druckluftversorgungsanlage für einen schlauchabhängigen Schwimmtaucher

## 7.4. Komplette Taucher-Druckluftversorgungsanlage für Helmtaucher

Für mittlere Bedarfsfälle kann eine Anlage nach Bild 31 von großem Nutzen sein. Dabei ist es vorteilhaft, eine Doppelflaschenbatterie einzusetzen, um eine kontinuierliche Luftentnahme zu gewährleisten. Wird die Anlage auch in der kalten Jahreszeit betrieben, ist die Verwendung eines Luft-Anwärmkastens angebracht. Mit dem Hochdruckkompressor können gleichzeitig Geräteflaschen gefüllt werden.

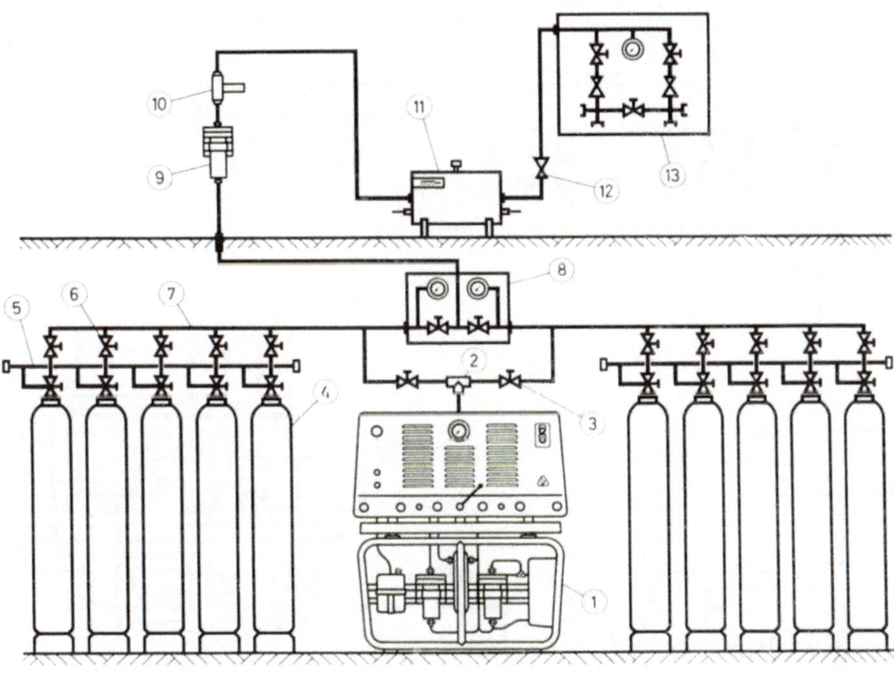

Bild 31  Komplette Taucher-Druckluftversorgungsanlage mit zwei Flaschenbatterien und einem Kompressoraggregat DK 18

| | | | |
|---|---|---|---|
| 1 | DRÄGER-Kompressor DK 18 | 8 | Schalttafel für Preßluftbatterie |
| 2 | T-Stück | 9 | Druckluft-Reinigungsfilter |
| 3 | Ventil | 10 | Sintermetallfilter |
| 4 | leichte Stahlflasche 50 l Inhalt | 11 | Anwärmkasten |
| 5 | Entwässerungsleitung | 12 | Druckminderer |
| 6 | Entnahmeventil | 13 | Taucher-Luftschalttafel |
| 7 | Sammelrohr | | |

### 7.5. Druckgasversorgungsanlage für Dekompressionskammer

Dekompressionskammern können aus Anlagen mit Druckluft versorgt werden, die beispielsweise dem Bild 12 dieses Kapitels entsprechen. Dabei ist zu beachten, daß die Speicherbatterie mindestens so groß bemessen sein sollte, daß die Kammer auf Betriebsdruck gefahren werden kann, ohne über den Kompressor zwischenzeitlich nachfüllen zu müssen. Hinzuzufügen wäre dann noch eine Sauerstoff-Flaschenbatterie mit 2 Flaschen à 50 Liter.

Wird in Dekompressionskammern auch mit Helium-Sauerstoff-Mischungen gearbeitet, kann eine Anlage nach Bild 32 zum Einsatz kommen.

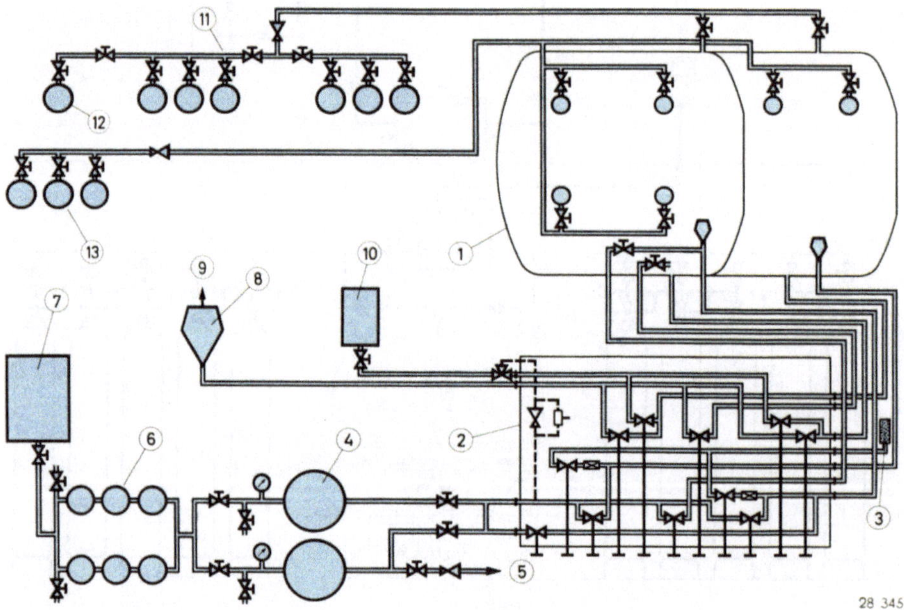


Bild 32 Versorgungsschema einer Dekompressionsanlage, die für Versuchseinsätze verwendet wird (Anlage bei der DFVLR in Bad Godesberg)

| | | | | | |
|---|---|---|---|---|---|
| 1 | Versuchskammer | 6 | Öl- u. Wasserabscheider | 10 | Vakuumpumpe |
| 2 | Bedienungspult | 7 | Kompressor | 11 | Heliumbatterie |
| 3 | Filter | 8 | Schalldämpfer | 12 | Sauerstoffflasche |
| 4 | Druckluftspeicher 200 atü | 9 | Abluft | 13 | Sauerstoffbatterie |
| 5 | zum Labor | | | | |

## 7.6. Gasversorgungsanlage für Tieftauchsystem

Die einleitend gemachten Ausführungen der Vielseitigkeit der möglichen Gasversorgungseinrichtungen kommen besonders bei den Tieftauchanlagen zum Ausdruck. Hier sind in der Tat die Variationsmöglichkeiten fast unbegrenzt. Das Bild 33 zeigt die komplette Gasversorgungsanlage für ein Tieftauchsystem, in dem auch Sättigungstauchgänge durchführbar sind.

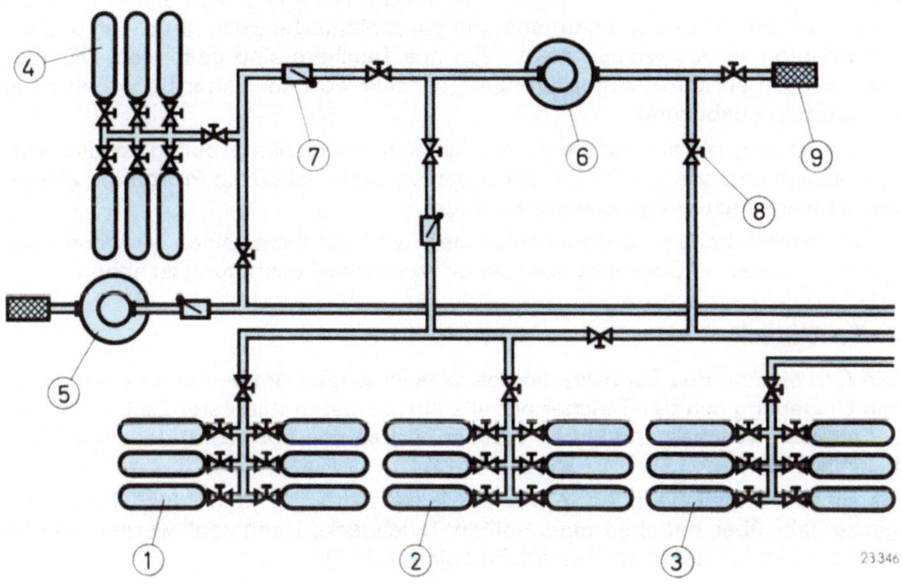

Bild 33  Gasversorgungsanlage für Tieftauchsystem

| | | | | | |
|---|---|---|---|---|---|
| 1 | gebrauchtes Mischgas | 4 | Luft | 7 | Rückschlagventil |
| 2 | Helium | 5 | Niederdruckkompressor | 8 | Ventil |
| 3 | Sauerstoff | 6 | Hochdruckkompressor | 9 | Ansaugfilter |

# P. Ausbildungs- und Testeinrichtungen

## 1. Allgemeines

Die stete Verbesserung der tauchtechnischen Geräte erhöht die an die Taucher gestellten Anforderungen. In vielen Fällen braucht der körperliche Einsatz nicht mehr so groß zu sein, da genügend technische Hilfsmittel vorhanden sind, um schwere Arbeiten zu erledigen; aber die psychologische Beanspruchung und die Anforderung an das technische Wissen des Tauchers sind gestiegen. Die Taucher müssen auf diese Anforderungen geschult werden; daher bedarf es einer gründlichen Ausbildung.

Voraussetzung für ein fachgerechtes und ökonomisches Training ist das Vorhandensein entsprechender Einrichtungen, zu denen auch die Prüfgeräte zählen, um die eingesetzten Tauchgeräte zu testen.

In der nachstehenden Zusammenfassung wird versucht, einen — wenn auch unvollständigen — Überblick über die erforderliche Ausstattung zu geben.

## 2. Tauchbecken

Die Gewöhnung des Tauchers an das Wasser erfolgt am besten in einer sicheren Umgebung, wo der Taucher notfalls sich selbst in kürzester Zeit „an Land" retten kann. Warmes und klares Wasser dürften den Fortschritt der Ausbildung beschleunigen.

Da diese Voraussetzungen in offenen Gewässern nur in wenigen Fällen das ganze Jahr über gegeben sind, sollten Tauchbecken angelegt werden, die für dieses Training besonders eingerichtet sind (Bild 1).

Bild 1  Tauchbecken für Tauchertraining und Testtauchen

28 347

270

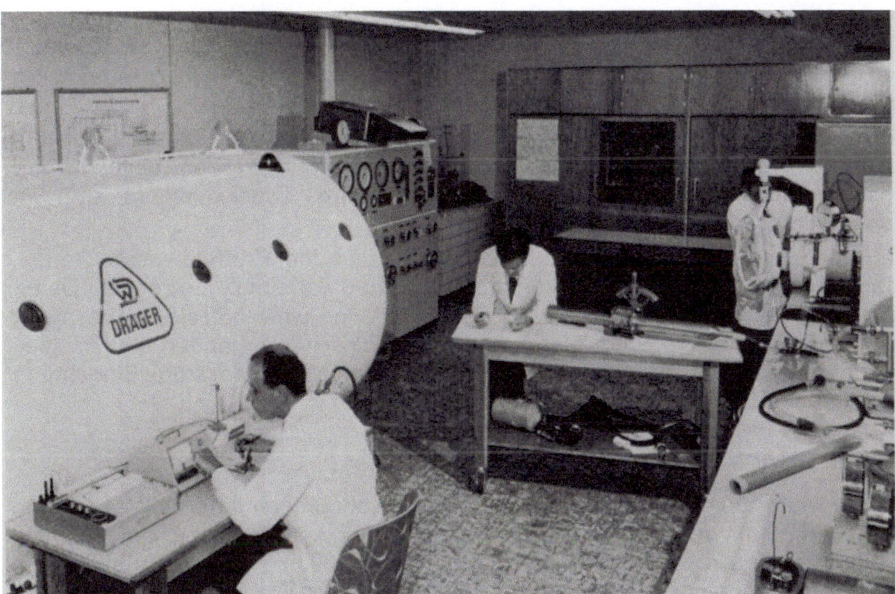

Bild 2   Druckkammer mit separatem Schaltpult in einem Prüffeld                    28 348

Trotz der bescheidenen Abmessungen (Länge 9 m, Tiefe 2 m) lassen sich in diesem Becken fast alle erforderlichen Trainings- und Testarbeiten durchführen. Wichtig ist ein bequemer und sicherer Beckeneinstieg, vorteilhaft in Form einer Treppe, die beispielsweise in 1 m Tiefe einen breiten Absatz hat, auf dem der Taucher gut stehen kann.

Die Beobachtung der Taucher unter Wasser ist durch die in das Becken eingelassenen großen Beobachtungsfenster möglich. Durch die Fenster können auch Film- und Fotoaufnahmen gemacht werden, die für eine Geräteentwicklung von großer Bedeutung sind, weil man dann in der Lage ist, nach einem Versuch beispielsweise die Bewegungsabläufe immer wieder zu studieren.

Ein Unterwasserlautsprecher gestattet es, die Taucher jederzeit anzusprechen und ihnen Anweisungen zu geben.

Mit Hilfe eines Meßwagens, der auf gleicher Höhe mit dem Taucher die Beckenlänge abfährt, können z. B. während des Tauchganges kontinuierlich Sauerstoff- und $CO_2$-Messungen durchgeführt werden.

Reproduzierbare Schwimmleistungen sind in einem Schwimmrahmen möglich, der in stationärer Lage des Tauchers ausgezeichnete Meßvoraussetzungen bietet.

Eine Anlage für akustische Messungen gibt die Möglichkeit, Geräuscherzeuger in Geräten aufzuspüren.

Da Versuchsabläufe oft stundenlang durchgeführt werden, muß die Wassertemperatur verhältnismäßig hoch sein. Eine Wasserreinigungsanlage sollte immer vorhanden sein, um stets kristallklares Wasser zu haben. Auch eine Kranlaufbahn über dem Versuchsbecken ist durchaus angebracht, um schwere und sperrige Versuchseinrichtungen in das Wasser einbringen zu können.

## 3. Taucherdruckkammern

Im Rahmen der Untersuchung für die Tauchertauglichkeit werden regelmäßig Teste in Taucherdruckkammern durchgeführt.

Auch kann die weiterführende Ausbildung, beispielsweise an Tieftauchgeräten, zunächst in einer gasförmigen Umgebung durchgeführt werden, bevor in den wassergefüllten Tauchsimulator umgestiegen wird. Druckkammern sind im Kapitel H dieses Bandes ausführlich beschrieben.

Bei Anlagen, die hauptsächlich der Ausbildung und dem Prüffeldeinsatz dienen, kann es von Vorteil sein, Druckkammerkörper und Schaltpult zu trennen. Damit ist die Kammer von allen Seiten zugänglich und eine einwandfreie Beobachtung der Insassen möglich. Sind ausreichend Blindflansche vorhanden, kommt dies der Errichtung von Versuchsaufbauten sehr entgegen. Eine derartige Einrichtung zeigt das Bild 2.

## 4. Arbeitstauchtopf

Für die weiterführende Ausbildung und die Gewöhnung an tieferes Wasser sind Tauchbecken mit geringen Wassertiefen nicht geeignet. Ausgezeichnete Dienste leisten hier die Arbeitstauchtöpfe mit Tiefen bis zu 30 m. Hierbei handelt es sich um stehende, oben offene Zylinder, die mit Wasser gefüllt sind. Um ausreichende Beobachtungsmöglichkeiten zu schaffen, sind diese Zylinder mit einer Reihe von meist runden Fenstern versehen. Zweckmäßigerweise sind diese Fenster in

Bild 3
Amerikanischer
Arbeitstauchtopf
in „Silver Spring"

28 349

272

verschiedenen Höhen angeordnet. Durch einen Teil der Fenster kann das Wasser durch von außen installierte Scheinwerfer beleuchtet werden.

Um bei sehr tiefen Tauchtöpfen in verschiedenen Wassertiefen arbeiten zu können, baut man einen in der Höhe beliebig verstellbaren Rost ein. Eine Krananlage über dem Arbeitstauchtopf ermöglicht das Einbringen schwerer Arbeitsstücke.

Da in diesen Behältern oft Unterwasserschweißarbeiten durchgeführt werden und dabei sehr viel Schmutz anfällt, muß die Wasserreinigungsanlage ausreichend groß dimensioniert sein. Eine Aufheizanlage für das Wasser ist obligatorisch.

Das Bild 3 zeigt einen großen amerikanischen Arbeitstauchtopf in freistehender Bauweise. Bei dieser Anlage ist das Wasserreinigungssystem so ausgelegt, daß eine nahezu 100 %ige Entsalzung erreicht wird und somit beispielsweise Beleuchtungseinrichtungen verwendet werden können, ohne daß besondere Isolationsmaßnahmen durchzuführen sind.

## 5. Tauchsimulatoren

Der Einsatz von Tauchsimulatoren ist sowohl für die Ausbildung von Tieftauchern als auch für Geräteprüfungen sehr wichtig.

Während Simulatoren für Versuche mit Tauchern und tragbaren Tauchgeräten relativ klein gehalten werden können und die wassergefüllten Zylinder oder Kugeln kaum einen Durchmesser von 3 m überschreiten, sind für die Prüfung und das Arbeiten mit Tauchkammern und Tauchbooten Anlagen notwendig, die bis zu 6 m Durchmesser haben. Dabei werden Drücke erzielt, die in der Größenordnung entsprechend 1000 m Wassertiefe liegen.

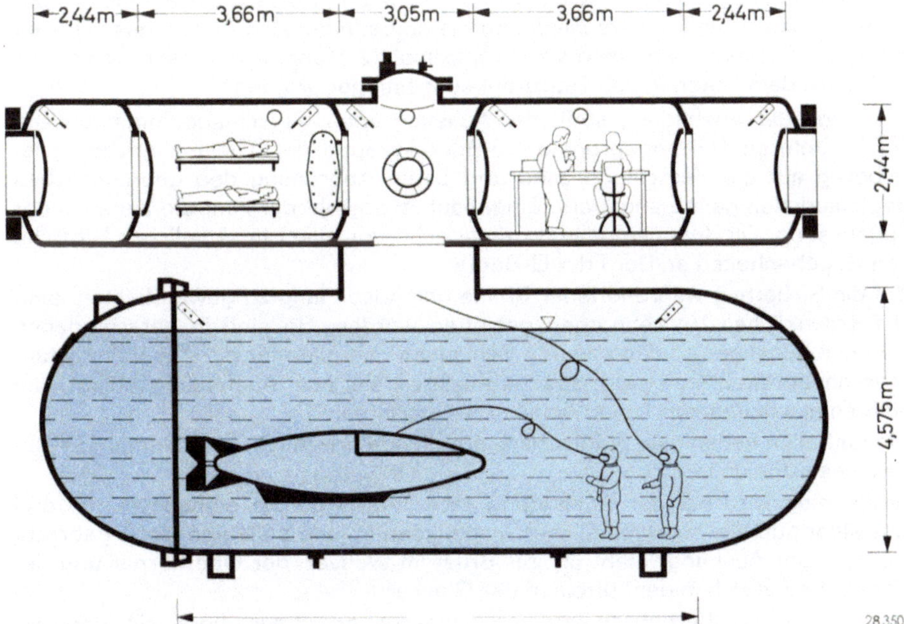


Bild 4  Tauchsimulator der U.S. Navy in Panama City, Florida

273

Die Zeichnung in Bild 4 zeigt eine im Bau befindliche amerikanische Anlage, die in ihrem Naßteil für einen Druck von 70 kp/cm² ausgelegt ist. Da der liegende zylindrische Teil mit einem Durchmesser von ca. 4,6 m im gesamten Querschnitt geöffnet werden kann, bereitet das Einbringen kleiner Tauchboote keine Schwierigkeiten.

Weitere Angaben zu Tauchsimulatoren sind in diesem Band im Kapitel I zusammengefaßt.

## 6. Tieftauchtöpfe

Das Austauchen aus havarierten U-Booten, gleich nach welchem System, muß von den Bootsmannschaften geübt werden, so daß für sie auch unter widrigen äußeren Umständen eine Überlebenschance gegeben ist. Dazu ist es erforderlich, U-Boot-Fahrern eine Ausbildung zuteil werden zu lassen, die an Realität nichts zu wünschen übrig läßt.

Es ist schwer denkbar, daß man für Ausbildungszwecke ein U-Boot absenkt und flutet; die erforderlichen Sicherungsvorkehrungen, die bei der Ausbildung an erster Stelle stehen, wären dann schwerlich gegeben. Deshalb bildet man schon seit Jahrzehnten U-Boot-Mannschaften in sogenannten Tieftauchtöpfen aus, die je nach technischem Aufwand eine mehr oder weniger wirklichkeitsnahe Ausbildung zulassen.

Die in Bild 5 gezeigte Anlage dürfte den meisten Anforderungen genügen. Der technische Aufwand ist zwar enorm, dafür ist aber eine Ausbildung möglich, die in bezug auf den Schwierigkeitsgrad stufenweise bis zu den höchsten Anforderungen gesteigert werden kann.

Da in dieser Einrichtung fast ausschließlich Austauchübungen durchgeführt werden, ist die Anlage in ihrer technischen Konzeption praktisch nur auf diese Ausbildung ausgerichtet. In verschiedenen Tiefen befinden sich Ausstiegsschleusen mit einem Fassungsvermögen von je maximal 12 Mann. Aus diesen Schleusen kann nach dem Fluten in den Tauchtopf ausgestiegen werden.

Das Ende der Ausbildung stellt der Ausstieg unter Gefechtsbedingungen aus der im unteren Teil angeordneten U-Boot-Attrappe dar. Diese Einrichtung ist in bezug auf die Verschlußorgane und deren Anordnung den gebräuchlichen Bootsmodellen genau angepaßt. Eingebaut ist sowohl der zentrale als auch der Bugausstieg. Die Inneneinrichtung entspricht, vor allem in räumlicher Hinsicht, den Gegebenheiten an Bord der U-Boote.

Um die Sicherheit während jeder Phase der Ausbildung zu gewährleisten, sind alle erdenklichen Vorkehrungen getroffen worden. So sind in verschiedenen Tiefen in günstiger Position zu den Schleusen Luftfallen für die Ausbildungstaucher angeordnet. Von dort aus beobachten sie den Ausbildungsablauf, um nötigenfalls helfend und unterweisend einzugreifen.

Die Luftfallen haben eine automatisch arbeitende Frischluftversorgung und Wasserniveauregelung.

Gleichzeitig wird bei der Ausbildung eine Taucherglocke eingesetzt, die drei Ausbilder aufnehmen kann. Diese Glocke kann in jede beliebige Höhe gebracht werden. Der Ausbilder steht bis zur Brust im Wasser, der Oberkörper und der Kopf befinden sich in der Luftblase der Glocke.

Der gesamte Taucherbetrieb wird von einem Steuerpult aus überwacht. Von dort aus ist das gesamte Topfinnere mit allen Schleusentüren zu übersehen. Dort

274

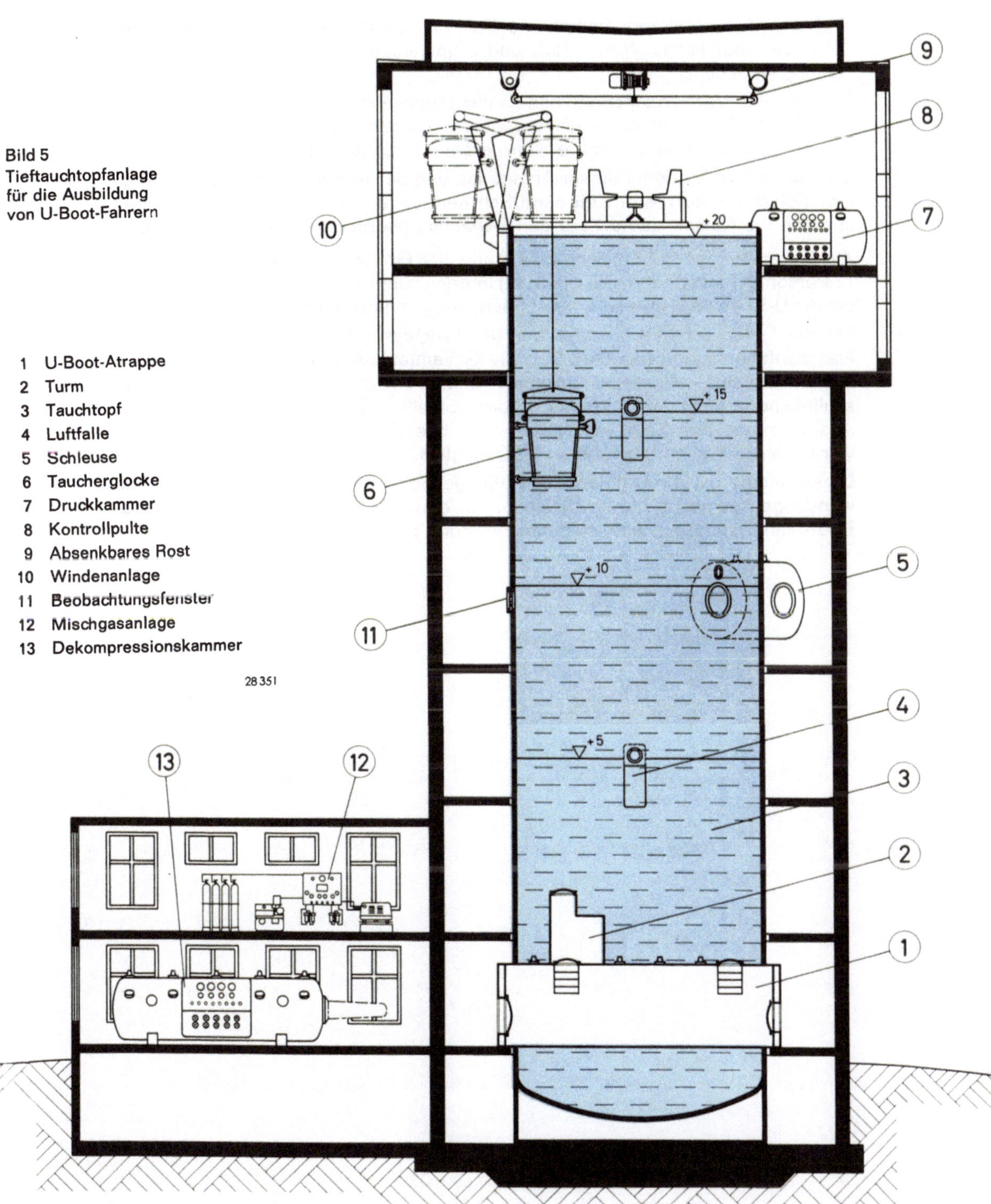


Bild 5
Tieftauchtopfanlage
für die Ausbildung
von U-Boot-Fahrern

1   U-Boot-Atrappe
2   Turm
3   Tauchtopf
4   Luftfalle
5   Schleuse
6   Taucherglocke
7   Druckkammer
8   Kontrollpulte
9   Absenkbares Rost
10  Windenanlage
11  Beobachtungsfenster
12  Mischgasanlage
13  Dekompressionskammer

28 351

+ 20
+ 15
+ 10
+ 5

sind alle Kommunikationsmittel wie Telefon, Lautsprechereinrichtungen, optische **und** akustische Warn-, Ruf- und Signalanlagen sowie eine Fernseheinrichtung eingebaut.

Da trotz aller Vorsichtsmaßnahmen es nicht ganz ausgeschlossen werden kann, daß ein Taucher beim Austauchvorgang doch einen Unfall erleidet, ist auf der oberen Plattform eine stationäre Mehrpersonendruckkammer aufgestellt.

Das besondere Merkmal dieser Anlage ist, daß der verunglückte Taucher durch eine Rutsche in kürzester Zeit ohne Schwierigkeiten in die Kammer geschoben und daß die Kammer sofort auf den Behandlungsdruck gebracht werden kann.

Zur Gesamtanlage gehört noch eine stationäre Großkammer, in der gleichzeitig 12 Personen Platz finden. Sie dient zu Untersuchungs- und Ausbildungszwecken, um die U-Boot-Aspiranten vor Ausbildungsbeginn untersuchen zu können.

Für das Füllen der Mischgasflaschen der Tauchretter ist eine halbautomatische Flaschenfüllanlage vorhanden. Daß die Gesamtanlage noch über umfangreiche Luftversorgungs-, Wasserversorgungs- und Reinigungsanlagen verfügt, sei abschließend erwähnt. Um darüber hinaus vor allen Dingen während der ersten Ausbildungsstufen die Wassergewöhnung besser zu ermöglichen, ist eine Erwärmung des Wassers bis auf + 30 °C möglich.

Diese Anlage mit ihren hohen Herstellungskosten zeigt, welche enormen Aufwendungen gemacht werden müssen, um die erforderliche Ausbildung für U-Boot-Mannschaften in wirklichkeitsnaher Form durchführen zu können.

# Q. Technische Daten, Ersteinsätze und Einsatztiefen von bemannten Unterwasserstationen

## 1. Allgemeines

In den folgenden zusammenfassenden Darstellungen wird versucht, über den weltweiten Einsatz von bemannten Unterwasserstationen zu berichten. Es muß dabei aber von vornherein berücksichtigt werden, daß ein solches Unterfangen Stückwerk bleibt, solange die Informationen vor allem aus den Ostblockländern lückenhaft und spärlich sind.

Aber auch die Angaben über westliche Unternehmungen sind nicht immer korrekt und nachprüfbar. Der Verfasser ist deshalb für jeden berichtigenden und ergänzenden Hinweis dankbar und wird die Angaben in einer späteren Wiederauflage dieser systematischen Zusammenfassung berücksichtigen. In einer tabellarischen Zusammenstellung wird zunächst versucht, die wichtigsten Kriterien zusammenzufassen, die den Aufbau und den Einsatz eines UWLs charakterisieren. Dabei wurde zum Einprägen des jeweils aufgeführten Projektes eine silhouettenhafte Darstellung vorangestellt. Dann folgen Angaben über das Einsatzjahr, das ausführende Land und den ersten Aufstellungsort sowie technische Daten und Hinweise bezüglich der Besatzungszahl, Einsatztiefe und Einsatzzeit.

An dieser Stelle muß auch noch gesagt werden, daß es nicht ganz einfach ist, den Begriff „Unterwasserlabor" scharf einzugrenzen. Man könnte sich darüber streiten, ob man die Tauchkammer von Link, die im „Man-in-Sea-I"-Projekt zum Einsatz kam, als UWL bezeichnen darf. Aber auch die von den Sowjets geplante „Bentos-300" ist, da sie eine gewisse Eigenmanövrierfähigkeit besitzt, nicht so ohne weiteres zu klassifizieren. Deshalb besteht durchaus die Möglichkeit, daß dieser Tauchkörper an anderer Stelle als Tauchboot eingeordnet wird. Nun — eine gewisse Großzügigkeit kann hier nicht schaden.

## 2. Technische Daten von bekannten Unterwasserstationen

| | Projekt Name | Ersteinsatz | Erbauer (Land) | Ab- messungen | Belegung (Zahl, Zeit) | Einsatztiefe | Atemgas | Art der Versorgung | Druck- verhältnis | Bemerkungen |
|---|---|---|---|---|---|---|---|---|---|---|
| | Man in Sea I E. A. Link | 1962 (Sept.) Mittelmeer Frankreich | USA | Länge 3,2 m $\emptyset$ 0,9 m | 1 Person 1—4 Tage | 61 m | 3 % $O_2$ 97 % He | vom Schiff Energie + Gas | Überdruck innen-außen möglich | zweiräumig Gewicht 1,9 t |
| | Precontinent I (Conshelf I) | 1962 (Sept.) Mittelmeer Frankreich | Frankreich | Länge 5,2 m $\emptyset$ 2,45 m | 2 Personen 1 Woche | 10 m | Luft | | Druck- ausgleich | |
| | Precontinent II (Conshelf II) | 1963 (Juni) Rotes Meer | Frankreich | $\emptyset$ umschr. ca. 11 m | 5 Personen 29—31 Tage (1 Woche) | 11 m (27 m) | Luft (5% $O_2$; 20% $N_2$; 75% He) | vom Schiff Energie + Gas | | Ballast 90 t |
| | Man in Sea II | 1964 (Juni/Juli) Bahamas | USA | | 2 Personen 49 Stunden | 132 m | 4 % $O_2$ 5 % $N_2$ 91 % He | | Druck- ausgleich | flexibler Behälter |
| | Sealab I | 1964 (Juli) Bermudas | USA | Länge 12,2 m $\emptyset$ 2,7 m Höhe 4,5 m | 4 Personen 11 Tage | 59 m | 4 % $O_2$ 17 % $N_2$ 79 % He | vom Schiff Energie + Gas | Druck- ausgleich | zweiräumig |
| | Sealab II | 1965 (Aug.) Pazifik, Cal. | USA | Länge 17,4 m $\emptyset$ 3,65 m | 28 Personen (3 Teams je 10 Tage) Carpenter 29 Tage | 60 m | 4 % $O_2$ 9 % $N_2$ 87 % He | Schiff Energie Eigengasvers. | Druck- ausgleich | Gesamtgewicht 200 t Dekozeit ca. 33 Std. |
| | Kitjesch | 1965 (Sommer) Krimküste | UdSSR | Länge 5,6 m $\emptyset$ 2,55 m | 4 Personen | 15 m | | von Land | | Rauminhalt 30 m³ dreiräumig |

| | Projekt Name | Ersteinsatz | Erbauer (Land) | Ab-messungen | Belegung (Zahl, Zeit) | Einsatztiefe | Atemgas | Art der Versorgung | Druck-verhältnis | Bemerkungen |
|---|---|---|---|---|---|---|---|---|---|---|
| | Precontinent III (Conshelf III) | 1965 (Okt.) Mittelmeer Frankreich | Frankreich | Länge 14 m Kugel ⌀ 7,5 m Höhe 8 m | 6 Personen 3 Wochen | 100 m | 1,9–2,3 % $O_2$ 1 % $N_2$ Rest He | v. d. Oberfläche Gas autonom | | Gesamtgewicht 130 t Ballastgewicht 70 t |
| | Permon II | 1966 (Juili) abgebr. Jugosl. Küste bei Split | CSSR | Länge 2 m Breite 2 m | 2 Personen | gepl. 30 m | | autonom | Druck-ausgleich | Wasser-verdrängung 5 $m^3$ |
| | Ikhtiandr 66 | 1966 (Aug.) Schwarz. Meer Krimküste | UdSSR | Länge 2 m Breite 1,8 m Höhe 2 m | 2 Personen 3 Tage | 11 m | Luft | von Land | | Einraumlabor Gew. 11 t |
| | Sadko 1 | 1966 (Okt.) Schwarz. Meer Kaukas. Küste | UdSSR | Kugel ⌀ 3 m | 2 Personen 6 Stunden (1 Monat auf 25 m) | 40 m | Sauerstoff-Stickstoff-Gemisch | von Land vom Schiff | Druck-ausgleich | Rauminh. 14 $m^3$ Ballastgew. 13,5 t |
| | Caribe I | 1966 (Jahresende) | Kuba | Länge ca. 3 m ⌀ ca. 1,5 m | 2 Personen 3 Tage | 15 m | | vom Schiff Gas teilw. autonom | Druck-ausgleich | |
| | Permon III | 1967 (März) See bei Bruntál | CSSR | Länge 2 m Breite 2 m | 2 Personen 4 Tage | 10 m | | Energie v. Land Gas autonom | | Ballastgew. 5 t Gew. d. Stat. 1,5 t |
| | Medusa I | 1967 (Juli) Klodno-See | Polen | Länge 2,2 m Breite 1,8 m Höhe 2,1 m | 2 Personen 3 Tage | 24 m | 37 % $O_2$ 63 % $N_2$ | von Land | Druck-ausgleich | Gew. d. Stat. 2,95 t |
| | Hebros I | 1967 (Juli) Bucht v. Warna | Bulgarien | Länge 5,5 m ⌀ 2 m | 2 Personen | 10 m | | | | keine näh. Angaben |

Q. TECHNISCHE DATEN, ERSTEINSÄTZE UND EINSATZTIEFEN VON BEMANNTEN UNTERWASSER-STATIONEN

|  | Projekt Name | Ersteinsatz | Erbauer (Land) | Ab-messungen | Belegung (Zahl, Zeit) | Einsatztiefe | Atemgas | Art der Versorgung | Druck-verhältnis | Bemerkungen |
|---|---|---|---|---|---|---|---|---|---|---|
|  | Oktopus | 1967 (Juli) Schwarz. Meer Krimküste | UdSSR |  | 3 Personen (einige Wochen?) | 10 m | Luft | von Land | Druck-ausgleich | zusammen-faltbar, halbkugelförmig |
|  | Ikhtiandr 67 | 1967 (Aug.) | UdSSR |  | 5 Personen |  |  |  |  | dreiräumig |
|  | Sadko 2 | 1967 (Okt.) Schwarz. Meer Kauk. Küste | UdSSR | Kugel $\varnothing$ 3 m (2 x) | 2 Personen 10 Tage | 25 m (50–60 m) |  | Energie v. Land – Schiff Gas autonom | Außen-überdruck 4 kp/cm$^2$ | Auftr. d. Lab. 12 t Ballastgew. 27 t |
|  | Kockelbockel | 1966 (Okt.) Sloterplas | Niederlande | Höhe 4,6 m $\varnothing$ 1,9 m | 4–6 Personen kurzzeitig | 15 m | Luft | Gas v. Ponton Energie autonom | Druck-ausgleich | Ballastgew. 8,6 t einräumig |
|  | UWL-Adelaide | 1967 - 1968 Ind. Ozean | Australien |  | mehrere Pers. |  |  | vom Ponton |  | keine genaueren Angaben |
|  | Romania LS I | 1968 ? Stausee Bicaz | Rumänien |  | 2 Personen |  |  | vom Schiff |  |  |
|  | Karnola | 1968 ? | ČSSR |  | 5 Personen | 8–15 m |  |  |  | keine vollst. Ang. |
|  | Tschernomor-1 | 1968 (Juni) Krimküste | UdSSR | Länge 8 m $\varnothing$ 3 m Höhe 6,1 m | 5×6 Personen insges. 1 Monat | 14 m (30 m vorb.) |  | von der Oberfl. (Schiff) | Druck-ausgleich | Wasserverdr. 62 t 3 Tage Autonomie |

| | Projekt Name | Ersteinsatz | Erbauer (Land) | Abmessungen | Bewegung (Zahl, Zeit) | Einsatztiefe | Atemgas | Art der Versorgung | Druck-verhältnis | Bemerkungen |
|---|---|---|---|---|---|---|---|---|---|---|
| | Medusa II | 1968 (Juli) Ostsee | Polen | Länge 3,6 m Breite 2,2 m Höhe 1,8 m | 3 Personen 14 Tage | 30 m | | vom Schiff | | |
| | Robinsub I | 1968 (Juli) Insel Ustica | Italien | Länge 2,5 m Breite 1,5 m Höhe 2 m | 1 Person | 10 m | Luft | von Land | Druck-ausgleich | Drahtkäfig, Plastikzelt Rauminh. 5 m³ |
| | Hebros II | 1968 Kap Maslennos | Bulgarien | Länge 6,7 m ⌀ 2,5 m | 2 Personen | 30 m (10 Tage?) | | von der Oberfl. | | nutzb. Vol. 30 m³ |
| | Sprut | 1968 Krimküste | UdSSR | Höhe 1,5 m ⌀ 2 m | 2–3 Personen 14 Tage | 10 m | | | | elastische netz-umschlungene Kugel |
| | BAH I | 1968 (Sept.) Ostsee | BR Deutschland | Länge 6 m ⌀ 2 m | 2 Personen 11 Tage | 10 m | Luft | vom Schiff | Druck-ausgleich | |
| | Ikhtiandr 68 | 1968 (Sept.) Krimküste | UdSSR | | mehrere Mannschaften insges. 8 Tage | 12 m | | von Land | | „gläsernes Gehäuse" Wasserverdr. 15 m³ |
| | Malter I | 1968 (Nov./Dez.) Maltertalsperre | DDR | Länge 4,20 m ⌀ 1,80 m Höhe 3,50 m | 2 Personen 2 Tage | 8 m | Luft | von Land u. autonom | Druck-ausgleich | nutzbares Volumen 10 m³ Gewicht 14 t |
| | Tektite I | 1969 (Febr.) | USA | Zyl.Höhe 5,5 m Zyl. ⌀ 3,8 m | 4 Personen 59 Tage | 12,7 m | 8 % $O_2$ 92 % $N_2$ | vom Schiff | Druck-ausgleich | Ballast 175 000 pds neg. Auftr. 20000 pds |

| Projekt Name | Ersteinsatz | Erbauer (Land) | Ab-messungen | Belegung (Zahl, Zeit) | Einsatztiefe | Atemgas | Art der Versorgung | Druck-verhältnis | Bemerkungen |
|---|---|---|---|---|---|---|---|---|---|
| Sealab III | 1969 (Febr. abgebr.) St. Clemente Cal. | USA | Länge 17,4 m $\varnothing$ 3,65 m | 5×12 Personen | 183 m | 2 % $O_2$ 6 % $N_2$ 92 % He | von Land vom Schiff | Druck-ausgleich | das Unternehmen wurde auf unbestimmte Zeit ausgesetzt |
| Robin II | 1969 (März) Genua Mittelm. | Italien | | 1 Person 7 Tage | 7 m | | | Druck-ausgleich | licht-durchlässiger Plastikbehälter |
| Aegir | 1969 (Nov.) Hawaii | USA | Lg. 2×4,6 m $\varnothing$ 2,75 m Kugel $\varnothing$ 3 m Ges.Lg. 15,2 m | 4–6 Personen | 147 m ? | variabl. Gasgemische | von Land von Boje | Innendruck 18,3 kp/cm² | Bodendruck 40 t |
| UWL-Helgoland | 1969 (Juli) Nordsee | BR Deutschland | Lg. 9,0 m $\varnothing$ 2,5 m Höhe 6 m | 4 Personen je 10 Tage | 23 m | Luft | von Boje | Innendruck 10 kp/cm² Außendruck 10 kp/cm² (teilw.) | ca. 64 t |
| Sublimnos | 1969 (Juni) Lake Huron Dunks Bay | Kanada | $\varnothing$ 2,4 m Höhe 2,7 m Gesamth. 6,4 m | 3 Personen (Stunden, Tage) | 10 m | Luft | von Land üb. Nabelschnur | Druck-ausgleich | Gew. ca. 8 t Ballast ca. 5 t |
| BAH II | 1969 (Juni/Juli) Bodensee | BR Deutschland | Länge 6 m $\varnothing$ 2 m | 2 Personen mehr. Tage | 10 m | Luft | von der Oberfl. | Druck-ausgleich | |
| SD-M | 1969 (August) Point Marfa Insel Malta | England | Länge 2,9 m Breite 1,85 m Höhe 1,85 m | 2 Personen 1–7 Tage | 9 m | Luft | autonom | Druck-ausgleich | aufblasbare gummierte Hülle mit Stahlrahmen |

| | Projekt Name | Ersteinsatz | Erbauer (Land) | Ab-messungen | Belegung (Zahl, Zeit) | Einsatztiefe | Atemgas | Art der Versorgung | Druck-verhältnis | Bemerkungen |
|---|---|---|---|---|---|---|---|---|---|---|
| | Tschernomor-2 | 1969 (Okt.) Bucht v. Geleudshik Schwarz. Meer | UdSSR | Länge 8 m ⌀ 3 m Höhe ca. 6 m | 4 Personen mehrere Wochen | 25 m | $O_2$ - $N_2$-Gemisch | autonom | | mit Rettungs-kammer Wasserverdr. ca. 75 t |
| | Atlantide | 1969 (Sept.) Lago di Cuvazzo | Italien | Länge 7 m ⌀ 2 m Zweiräumig | 12 Personen 25 Tage (3 Häuser) | 12 m | Luft | UW-Maschinen-kapsel | | Unterwasser-dorf mit 3 UWL's Maschinen-kapsel |
| | Hydro-Lab | | USA | Länge 5 m | 4 Personen | | | | | |
| | Glaucus | 1965 (Sept.) Breakwater bei Plymouth | England | Länge 3,7 m ⌀ 2,1 m | 2 Personen 7 Tage | 10 m | Luft geschlossener Kreislauf | Enegie v. d. Oberfl. | Druck-ausgleich | 13 t Ballast |
| | Sadko 3 | 1969 (Okt.) Schwarz. Meer Kauk. Küste | UdSSR | ⌀ 3 m Höhe 7 m | 3 Personen 14 Tage | 25 m | 15 % $O_2$ 85 % $N_2$ | autonom | Druck-ausgleich | Ballast 39 t |

# 3. Ersteinsätze von Unterwasserstationen

| | 1962 | 1963 | 1964 | 1965 | 1966 | 1967 | 1968 | 1969 |
|---|---|---|---|---|---|---|---|---|
| Januar | | | | | | | | |
| Februar | | | | | | | | Tektite I<br>Sealab III<br>(abgebr.) |
| März | | | | | | Permon III | | Robin II |
| April | | | | | | | | |
| Mai | | | | | | | Romania LS I ? | |
| Juni | | Precontinent II | Man in Sea II | | | | Karnola ?<br>Tschernomor-1 | Sublimnos<br>BAH II |
| Juli | | | Sealab I | | Permon II<br>(abgebr.) | Medusa I<br>Hebros I<br>Oktopus | Medusa II<br>Robinsub I | UWL-Helgoland |
| August | | | | Sealab II | Ikhtiandr 66 | Ikhtiandr 67 | Hebros II ?<br>Sprut ? | SD - M |
| September | Man in Sea I<br>Precontinent I | | | Glaucus<br>Kitjesch ? | | | BAH I<br>Ikhtiandr 68 | Atlantide |
| Oktober | | | | Precontinent III | Sadko 1<br>Kockelbockel | Sadko 2 | | Sadko 3<br>Tschernomor-2 |
| November | | | | | Caribe I? | | Malter I | Aegir |
| Dezember | | | | | | UWL-Adelaide 2 | | |

# 4. Einsatztiefen von Unterwasserstationen

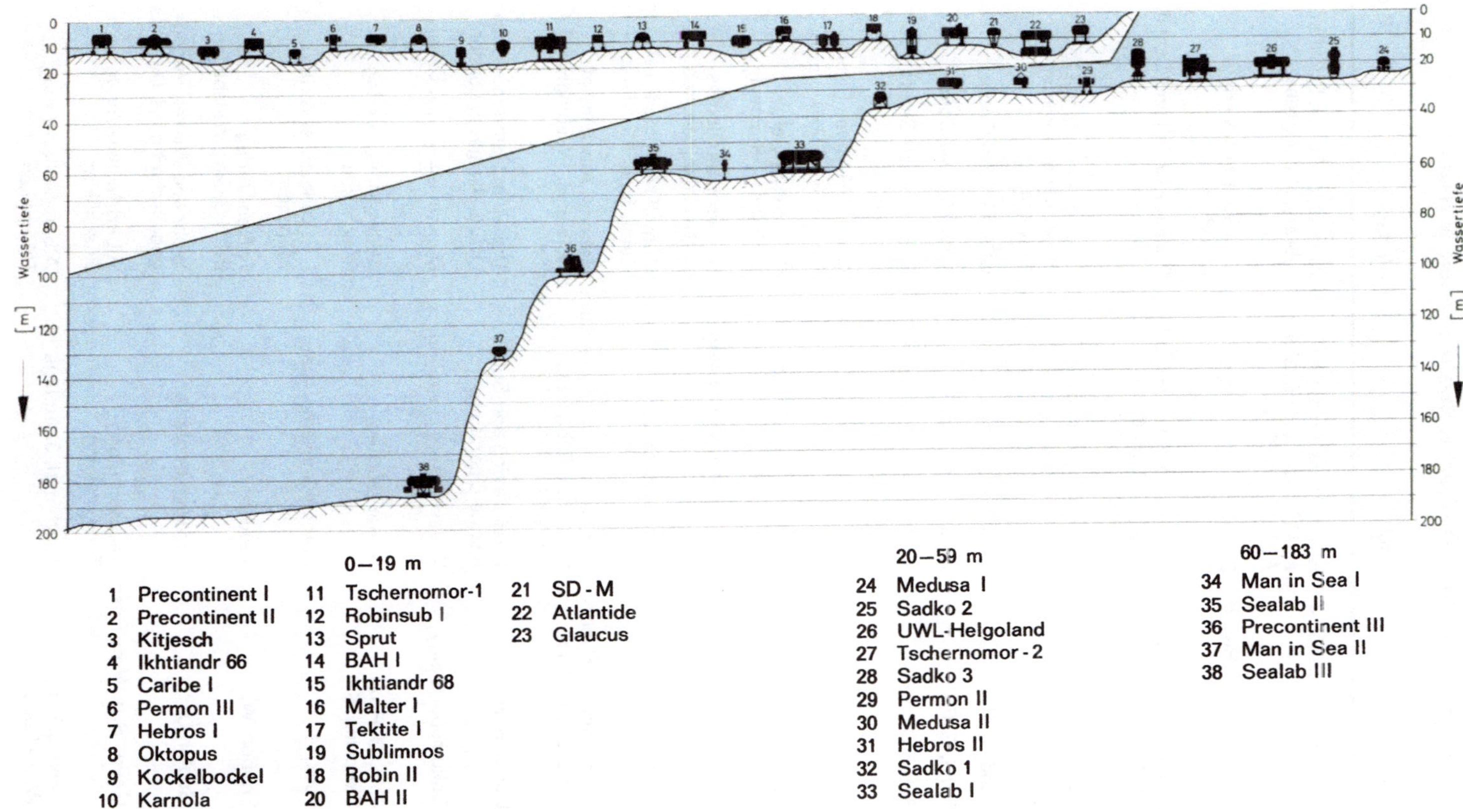



**0—19 m**

| | | | |
|---|---|---|---|
| 1 | Precontinent I | 11 | Tschernomor-1 |
| 2 | Precontinent II | 12 | Robinsub I |
| 3 | Kitjesch | 13 | Sprut |
| 4 | Ikhtiandr 66 | 14 | BAH I |
| 5 | Caribe I | 15 | Ikhtiandr 68 |
| 6 | Permon III | 16 | Malter I |
| 7 | Hebros I | 17 | Tektite I |
| 8 | Oktopus | 19 | Sublimnos |
| 9 | Kockelbockel | 18 | Robin II |
| 10 | Karnola | 20 | BAH II |

| | |
|---|---|
| 21 | SD - M |
| 22 | Atlantide |
| 23 | Glaucus |

**20—59 m**

| | |
|---|---|
| 24 | Medusa I |
| 25 | Sadko 2 |
| 26 | UWL-Helgoland |
| 27 | Tschernomor - 2 |
| 28 | Sadko 3 |
| 29 | Permon II |
| 30 | Medusa II |
| 31 | Hebros II |
| 32 | Sadko 1 |
| 33 | Sealab I |

**60—183 m**

| | |
|---|---|
| 34 | Man in Sea I |
| 35 | Sealab II |
| 36 | Precontinent III |
| 37 | Man in Sea II |
| 38 | Sealab III |

## Literatur zur Tauchtechnik, Taucherphysiologie und Medizin


| Autor | Titel | Verlag | Ersch.-Jahr |
|---|---|---|---|
| Aerospace Technology Division | Soviet Naval Medicine and Underwater Physiology ATD Report 67—7 | Aerospace Techn. Division, Library of Congress | 1968 |
| Alnor, P. C., R. Herget u. J. Seusing | Drucklufterkrankungen | J. Ambr. Barth Verlag, München | 1964 |
| Bennett, P. B. u. Elliot, D. H. | The Physiology and Medicine of Diving and Compressed Air work | Baillière Tindall and Casell, London | 1969 |
| Boerema, I. | Clinical Application of Hyperbaric Oxygen | Elsevier Publishing Cpy, Amsterdam - London - New York | 1964 |
| Bond, G. F. | Sealab I Chronicle | USN Medical Corps | 1964 |
| Bond, G. F. | Sealab II Chronicle | USN Medical Corps | 1965 |
| Bosch GmbH | Kraftfahrzeugtechnisches Taschenbuch | Robert Bosch GmbH, Stuttgart | 1954 |
| Brady, E. M. | Marine Salvage Operation | Cornell Maritime Press Cambr. Maryland | 1960 |
| Bühlmann, A. | Der Weg in die Tiefe | Documenta Geigy, Bulletin 1—5, Basel | 1961 |
| Bulenkow, S. Ye. | Manual of Scuba Diving | Spravochnik Ploutsa-Podvodnika, Moskau | 1968 |
| Cayford, I. E. | Underwater work | Cornell Maritime Press, Inc. Cambridge, Maryland | 1966 |
| Committee on Hyperbaric Oxygenation | Fundamentals of Hyperbaric Medicine, Publication No. 1298 | National Academy of Sciences, Washington D. C. | 1966 |
| Davis, R. H. | Deep deving and Submarine Operations | The Saint Catharine Press Ltd., 6. Ausgabe, London | 1955 |
| Dokumenta Geigy | Wissenschaftl. Tabellen 6. Auflage | Dokumenta Geigy, Basel | 1960 |
| Ehm, O. F. u. Seemann, K. | Sicher tauchen | Albert-Müller-Verlag, Rüschlikon | 1965 |
| Fock, H. | Marinekleinkampfmittel | I. F. Lehmanns-Verlag, München | 1968 |
| Freihen, W. | Tauchen | Falken-Verlag Erich Sicker, Wiesbaden | 1970 |
| Gabler, U. | Unterseebootsbau | Wehr und Wissen Verlagsgesellschaft mbH, Darmstadt | 1964 |
| Geyer, S. u. W. de Haas | Tauchschulung-Tauchtraining | Albert-Müller-Verlag, Rüschlikon | 1965 |
| Kenyou, L. u. W. de Haas | Tauch mit!, 3. Auflage | Albert-Müller-Verlag, Rüschlikon | 1966 |

| Autor | Titel | Verlag | Ersch.-Jahr |
| --- | --- | --- | --- |
| Lambertsen, C. J. | Underwater Physiology, Proceedings of the third Symposium on underwater physiology in Washington | The Williams and Wilkins Cpy, Baltimore | 1967 |
| Landois-Rosemann | Lehrbuch der Physiologie des Menschen, 2 Bände | Urban u. Schwarzenberg, München-Berlin | 1960 |
| Lerris, O. | Teori for Sportsdykkere | C. Lerris Forlag, Nordborg (Danmark) | 1969 |
| Marine-Nationale-GERS | La Plongée | Arthaud, Paris | 1961 |
| Mattes, W. | ABC des Tauchsports | Frank'sche Verlagsbuchhandlung, Stuttgart | 1964 |
| McCallum, R. I. | Decompression of compressed airworkers in civil Engineering | Oriel Press Ltd., Newcast upon Tyne | 1967 |
| Miles, S. | Underwater Medicine | Staples Press, London | 1966 |
| Moslener, C. D. | Tauchen mit Verstand | Antäus-Verlag, Lübeck | 1962 |
| Reusch, H. | Tauchen, Handbuch für Sporttaucher | Deutsche Militärverlag, Berlin-Ost (DDR) | 1970 |
| Schiffahrtmedizinisches Institut der Marine | Neue Wege des Tieftauchens und der Tiefseeforschung | wie Autor | 1968 |
| Stelzner, H. | Physiologie des Tauchens | Charles-Coleman-Verlag, Lübeck | 1962 |
| Stelzner, H. | Tauchertechnik | Charles-Coleman-Verlag, Lübeck | 1943 |
| Technische Universität, Berlin | Meerestechnik, 1. Aufbauseminar Vorlesungsmanuskripte | Technische Universität, Berlin | 1969 |
| The British Sub-Aqua Club | The British Sub-Aqua-Club Diving Manual | Eaton Publications | 1966 |
| US Navy Bureau of Medicine and Surgery | Submarine Medicine Practis | NAVMED-P 5054 Washington | 1956 |
| US Navy Department | U.S. Navy Diving Manual | NAVSHIPS 250−538 Washington | 1959 |

## Zeitschriftenauswahl

| Titel | Verlag |
| --- | --- |
| Aquatica | Internationale Revue für Unterwassersport u. -forschung<br>Rino Gamba, Lausanne<br>zweimonatlich |
| Astronautics and Aeronautics | American Institut of Aeronautics and Astronautics, Inc.<br>Philadelphia<br>monatlich |
| delphin | Revue der Unterwasserwelt<br>Delphin-Verlag, Buchholz b. Hamburg<br>monatlich |
| Hydrospace | Marine-Technology, Oceanics, Dredging,<br>Coastel Engineering<br>Spearhead Publications Ltd., Surrey<br>monatlich |
| Mondo sommerso | Etas Compass, Milano |
| Offshore | The Journal of the Ocean Business<br>monatlich<br>The Petroleum Publishing Cpy., Tulsa/Okla. |
| 'mt' | Meerestechnik,<br>VDI-Verlag, Düsseldorf<br>monatlich |
| Ocean Industry | Gulf Publishing Cpy., Houston/Texas<br>monatlich |
| Océans | Société Océans, Marseille<br>zweimonatlich |
| Offshore Technology | Devoted to all aspects of underwater exploration and engineering<br>monatlich<br>Scientific Surveys (Offshore) Ltd, London |
| plongées | Le magazin de la mer<br>Société Francaise d'Edition et de Presse, Paris |
| Poseidon | Zeitschrift für Tauchsport, Tauchtechnik,<br>Flossenschwimmen, Unterwasserphotografie etc.<br>DDR, Berlin |
| Seahorse | News of oceanography and limnology<br>Hydro Products, Division of Dillingham Corp.<br>San Diego, Cal. |
| Skin Diver Magazine | Diving action around the world<br>Petersen Publishing Cpy, Los Angeles/Cal.<br>monatlich |
| Sous-Marine | L'aventure techniques et exploration<br>Jean Albert Foëx, Paris |
| Tauchtechnik-Information | Drägerwerk AG, Lübeck |
| triton | Skin diving International<br>Eaton Publications, London<br>zweimonatlich |
| Undercurrents | Magazine for Professional Divers,<br>Undercurrents, New Orleans<br>monatlich |
| Under Sea Technology | The Industrie's recognized authority for Oceanography,<br>Marine Sciences and Undersea Defense<br>Compass Publications, Inc., Arlington/Va.<br>monatlich |